“十三五”国家重点出版物出版规划项目　世界名校名家基础教育系列

国家级精品课程教材

国家级资源共享课程教材

# 振动理论及工程应用

## 第2版

刘习军　贾启芬　张素侠　编著

李欣业　主审



机 械 工 业 出 版 社

本书主要包括了三方面的内容：首先结合单自由度、两自由度、多自由度和连续系统论述了振动理论的基本概念和基本分析方法。其次介绍了振动理论中的近似计算方法及工程上通用的有限元法。最后介绍了振动理论在工程中的应用实例及减振技术，利用简单实例说明了非线性振动的基本概念及应用。

为便于广大读者对振动理论概念的理解及在天津大学的国家资源共享课程“工程振动与测试”（http://www.icourses.cn/coursestatic/course_2244.html）上学习，本书采用模块式结构，其内容丰富，通俗易懂，由浅入深，以务实、应用为根本，便于学习。

本书既可作为高等工科院校的高年级本科生和研究生的教材，也适用于从事机械、航空、航天、船舶、车辆、建筑和水利等工程技术人员参考。

**图书在版编目（CIP）数据**

振动理论及工程应用/刘习军，贾启芬，张素侠编著. —2 版. —北京：机械工业出版社，2017.11（2023.1 重印）
“十三五”国家重点出版物出版规划项目　世界名校名家基础教育系列
ISBN 978-7-111-58116-1

Ⅰ.①振…　Ⅱ.①刘… ②贾… ③张…　Ⅲ.①工程振动学-高等学校-教材　Ⅳ.①TB123

中国版本图书馆 CIP 数据核字（2017）第 239047 号

机械工业出版社（北京市百万庄大街 22 号　邮政编码 100037）
策划编辑：姜　凤　责任编辑：姜　凤　汤　嘉　责任校对：刘志文
封面设计：张　静　责任印制：张　博
北京中科印刷有限公司印刷
2023 年 1 月第 2 版第 4 次印刷
184mm×260mm · 18 印张 · 437 千字
标准书号：ISBN 978-7-111-58116-1
定价：48.00 元

电话服务　　　　　　　　　　网络服务
客服电话：010-88361066　　机　工　官　网：www.cmpbook.com
　　　　　010-88379833　　机　工　官　博：weibo.com/cmp1952
　　　　　010-68326294　　金　　书　　网：www.golden-book.com
**封底无防伪标均为盗版**　　机工教育服务网：www.cmpedu.com

# 第 2 版前言

2016 年出版的第 1 版《振动理论及工程应用》教材，得到了国内一些院校的选用，在教学实践中受到了广大师生的欢迎和好评。同时我们也收到了一些很好的意见和建议，为更好地满足广大读者的需要，我们又编写了第 2 版。

第 2 版保持了第 1 版的体系和风格，通过对不同章节的选择，可供不同学时的课程使用。第 2 版对全书的内容做了必要的增删和修改，并修正了第 1 版中的错误。在此次修订中，将弹性体的复杂振动调整为选修章节，以“*”表示，在教学中，不同的学校可以根据专业及学时的不同需要进行选取，以扩展本版教材的使用范围。为了更适于教师讲授和学生自学，配套出版了《振动理论及工程应用辅导与习题解答》。

在本版教材中，主要进行了以下三方面的改进。

一、在本版教材中利用二维码链接资源来实现“助教”的功能，这是传统纸质教材与移动网络教学的有机结合，从而实现了移动学习。

二、在部分章节增加了实验结果录像（视频），例如：悬臂梁的振型实验、振型叠加法的验证、车桥耦合模态分析（传递函数法和自然环境法）等，使读者能从实验中体会和理解重要概念。

三、为了读者自学方便，并快速掌握章节的重点，教材采取了双色印刷，对文字中的重点部分进行了标注。在结构图和机构图中对不同的构件采用不同的颜色绘制，使读者更易理解和掌握。

以上三方面是本版教材的一次创新性的改进，贯彻了移动学习和服务于学习者这一理念，其中利用二维码链接资源，使概念形象化、图形结构立体化这一“助教”功能得以实现，很好地弥补了传统教材依靠文字和简图表达的局限性，并且还可对书中的内容进行扩展和深化。

第 2 版的修订工作和二维码链接的资源主要是由刘习军教授和张素侠副教授完成的。李想、施睿智、崔福将等同志参加了制图和标注工作，周安琪、陈胜利、陈迪、田冲、王正飞、简正坤、李想等同志参加了审校等工作。教研室的部分教师参加了对修改内容的讨论。

本书虽经多次修改，但限于水平，难免有错误和不妥之处，望读者不吝指正。

在教材中利用二维码链接资源来进行辅助教学，对我们来说，还是首次尝试，难免有一些不尽如人意的地方。二维码链接的内容可以随时进行升级、扩展和完善，读者如有任何宝贵的意见和建议，可随时联系我们（lxijun@ tju.edu.cn 或 ajiang2001@ sina.com）进行修改，在此致谢。

编　者

于天津大学

# 第1版前言

振动问题是近代物理学和科学技术众多领域中的重要课题。随着生产技术的发展，动力结构有向大型化、高速化、复杂化和轻量化发展的趋势，由此带来的振动问题更为突出。振动理论在当今不仅作为基础科学的一个重要分支，而且正走向工程科学发展的道路，它在机械、航空、航天、船舶、车辆、建筑和水利等工业技术部门中占有愈来愈重要的地位。

因此，许多学校在力学、机械、航空、航天、船舶、车辆、建筑、土木和水利等专业开设了相关的振动理论课程，并且在2013年为适应工程建设的需要，天津大学的国家资源共享课程“工程振动与测试”在网上（http://www.icourses.cn/coursestatic/course_2244.html）免费公开了教学及实验等全程录像，以便于大家以网络形式学习，为全程教育提供了平台。本书正是基于这一需求，集成了振动的基本理论和工程应用两大模块，它们相辅相成、融会贯通，又独立成章，以利于读者参考、查阅及自学。本书在编写中本着由浅入深、通俗易懂的原则，以务实为根本，着重介绍了有关的基本概念和原理，从而避免了烦琐的数学推导。它为工程技术人员的初学和应用创造了有利条件。

本书在编写方法上，一是确定了基本要求和学习重点，加强了基本概念、基本理论和基本分析方法的应用；二是适度加强了基本功训练，引导学习者首先掌握分析问题的方法和思路，进而增强逻辑思维能力和解决问题的能力；三是大胆地推陈出新，提高起点，结合工程实际阐述其原理，使其易学易懂，既反映了现代分析方法，又解决了实际问题，从而形成了本书的特色。

本书共10章：第1、2章简要介绍了振动的分类和频谱分析的基本知识，讨论了求解单自由度系统的振动和固有频率的几种常用计算方法。第3、4章重点讨论了多自由度系统的振动理论，两自由度系统作为多自由度系统振动理论的过渡，强化了多自由度系统中的基本概念和物理意义，从而可较容易地理解多自由度系统振动的振型叠加法等现代的计算方法。第5章介绍了解决多自由度振动系统中行之有效的数值计算方法。第6、7章介绍了弹性体系统的振动理论，其中包括杆、梁等弹性体的复杂振动等内容。第8章介绍了解决工程问题行之有效的常用方法——有限元法，并附有几个工程实例。第9章详细论述了工程中的减振技术，包括隔振、阻振、动力减振器和动力吸振器等技术。第10章通过实例介绍了非线性振动理论的基本概念和近似解析法，结合工程实例讨论了各种方法的应用范围及特点，解释了一些典型的非线性振动现象。本书除各章之中包含部分工程应用实例外，还配有相应的习题、习题答案及附录等。

本书是对多年课程讲授的经验总结，是在天津大学出版社出版的《工程振动与测试技术》、高等教育出版社出版的《工程振动理论与测试技术》等教材的基础上改编而成的，对有关内容进行了调整，尽量保留了原教材的优秀内容和例题，对减振技术及有限元章节增加了工程实例，使之更加便于学习应用。对非线性振动章节进行了重新改写，使其物理意义更明确，更容易接受。有关对工程振动概念详细解释及习题的解题技巧等方面的内容，放在《振动理论及工程应用辅导及习题解答》一书中。李欣业教授对本书进行了认真评阅，提出了非常宝贵的意见，在此表示衷心的感谢。

本书由刘习军、贾启芬、张素侠编写，刘习军负责统稿，张素侠对有关的习题进行了选编，黄元英、曹梦澜、张缨、刘今朝、钟顺、李向东等同志参加了制图和审校等工作。

本书可作为高等工科院校的工程振动理论课程的教材或教学参考书，或供通过资源共享课进行自学的人员使用，也可供从事机械、航空、航天、船舶、车辆、建筑和水利等的工程技术人员，以及进行理论研究和实验研究的有关工程技术人员参考。

限于水平，书中错误与不妥之处在所难免，恳请广大同行及读者指正。

编 者

于天津大学

# 目　　录

# 第 1 章
# 振动的基本知识

## 1.1 振动及其分类

机械振动是指物体在其稳定的平衡位置附近所做的往复运动。这是物体的一种特殊形式的运动。运动物体的位移、速度和加速度等物理量都是随时间往复变化的。

机械振动是一种常见的物理现象，如桥梁、机床的振动，钟摆的摆动，飞机机翼的颤动，汽车运行时发动机和车体的振动等。振动的存在会影响机器的正常运转，使机床的加工精度、精密仪器的灵敏度下降，严重的还会引发机器或建筑结构的毁坏；此外，还会引发噪声、污染环境，这是不利的一面。另一方面，人们利用机械振动现象的特征，设计制造了众多的机械设备和仪器仪表，如振动筛选机、振动研磨机、振动输送机、振动打桩机、混凝土振捣器，以及测量传感器、钟表计时仪器、振子示波器等。随着机器设备向着大型、高速、高效和自动化诸方面发展，需要分析处理的振动问题愈来愈重要。因此，掌握机械振动的基本理论，正确地运用它，对于设计制造安全可靠和性能优良的机器、仪器仪表、建筑结构，以及各种交通运输工具，并对有效地抑制、防止振动带来的危害是十分必要的。

为了便于研究振动现象的基本特征，需要将研究对象适当地进行简化和抽象，形成一种分析研究振动现象的理想化模型，在选择的力学模型中，它可能是一个零部件、一台机器或者一个完整的工程结构等，都被称为**系统**，即振动系统。振动系统可以分为两大类：**连续系统**与**离散系统**。具有连续分布的质量与弹性的系统，称为**连续弹性体系统**，并同时符合理想弹性体的基本假设，即均匀、各向同性且服从胡克定律。由于确定弹性体上无数质点的位置需要无限多个坐标，因此弹性体是具有无限多自由度的系统，它的振动规律要用时间和空间坐标的函数来描述，其运动方程是偏微分方程。

在一般情况下，要对连续系统进行简化，用适当的准则将分布参数“凝缩”成有限个离散的参数，这样便得到**离散系统**。所建立的振动方程是常微分方程。由于所具有的自由度数目上的区别，离散系统又称为**多自由度系统**，它的最简单的情况是**单自由度系统**。所谓系统的自由度数，是指在具有完整约束的系统中，确定其位置的独立坐标的个数。

在实际工程结构中，例如板壳、梁、轴等的物理参数一般是连续分布的，因此，这样的模型系统称为连续系统或**分布参数系统**。但是，为了能够便于分析，需要通过适当的准则将分布参数“凝缩”成有限个离散的参数，这样便得到了此结构的离散系统。

离散系统中的一种典型系统是由有限个惯性元件、弹性元件及阻尼元件等组成的系统，这类系统称为**集中参数系统**。其中，惯性元件是对系统惯性的抽象，表现为仅计质量的质点或者仅计转动惯量和质量的刚体；弹性元件是对系统弹性的抽象，表现为不计质量的弹簧、扭转弹簧或者仅具有某种刚度（如抗弯刚度、抗扭刚度等）但不具有质量的梁段、轴段等；阻尼元件既不具有惯性，也不具有弹性，它是对系统中的阻尼因素或有意识施加的阻尼件的抽象，通常表示为阻尼缓冲器。阻尼元件是一种耗能元件，主要以热能形式消耗振动过程中的机械能，这与惯性元件能贮存动能、弹性元件能贮存弹性势能在性质上完全不同。

实际振动系统是很复杂的，以系统的自由度数的不同，可分为单自由度系统和多自由度系统及弹性体系统等。从运动微分方程中所含参数的性质的不同，可分为线性系统和非线性系统。线性系统是在系统的运动微分方程式中，只包含位移、速度的一次方项。如果还包含位移、速度的二阶或高阶项则是非线性系统。工程实际中有很多振动系统未必是线性系统，但是，在微幅振动的情况下，略去高阶项，线性化系统就是它的理想化模型。因此，振动系统按运动微分方程的形式分为两种——线性振动和非线性振动。**线性振动**：描述其运动的方程为线性微分方程，相应的系统称为**线性系统**。线性振动的一个重要特性是叠加原理成立。**非线性振动**：描述其运动的方程为非线性微分方程，相应的系统称为**非线性系统**。非线性振动中叠加原理不成立。

值得指出的是，一般来说，线性振动系统是非线性系统的简化结果，它适合于叠加原理，解决问题比较方便，在解决工程问题时，若能应用线性振动理论来描述其物理现象，就首先利用线性振动理论解决。若不能完整地描述其物理现象，再利用非线性振动理论解决，但其计算过程要复杂得多。有关线性振动系统的结论，不能无条件地引申到非线性系统中去，否则，不仅在分析结果上会导致过大的误差，更重要的是无法预示或解释实际的振动系统中可能出现的非线性现象。

振动系统按激励的性质可分为固有振动、自由振动、受迫振动、自激振动和参数振动等。**固有振动**：无激励时系统所有可能的运动的集合。固有振动不是现实的振动，它仅反映系统关于振动的固有属性。**自由振动**：激励消失后系统所做的振动，是现实的振动。受迫振动：系统受到外部激励作用下所产生的振动。**自激振动**：系统受到由其自身运动诱发出来的激励作用而产生和维持的振动，这时系统包含有补充能量的能源。演奏提琴所发出的乐音，就是琴弦做自激振动所致。车床切削加工时在某种切削量下所发生的高频振动，架空电缆在风作用下所发生的舞动以及飞机机翼的颤振等，都属于自激振动。**参数振动**：激励因素以系统本身的参数随时间变化的形式出现的振动。秋千在初始小摆角下被越荡越高就是参数振动的例子。其中自激振动、参数振动属于非线性振动内容。

## 1.2 振动激励函数

周期运动的最简单形式是简谐振动。这种振动的表示方法及特点是描述其他振动形式的基础。一般的周期振动可以借助傅里叶级数表示成一系列简谐振动的叠加，该过程称为谐波分析。非周期振动则需要通过傅里叶积分做谐波分析。在振动理论中，首先遇到的是振动中的激励函数，由于振动激励函数种类繁多，下面只就常见的几种振动激励函数进行简单介绍。

### 1.2.1 连续函数与离散函数

在连续时间范围内（$-\infty<t<+\infty$）有定义的函数称为**连续时间函数**，简称**连续函数**。

仅在一些离散的瞬间有定义的函数称为**离散时间函数**，简称**离散函数**。这里“离散”是指函数的定义域——时间（或其他量）是离散的，它只取某些固定的值。

### 1.2.2 周期函数

周期函数是定义在（$-\infty$，$+\infty$）区间，每隔一定时间 $T$（或整数 $N$），按相同规律重复变化的函数。连续周期函数可表示为

$$f(t)=f(t+mT),\quad m=0,\ \pm1,\ \pm2,\ \cdots \tag{1-1}$$

离散周期函数可表示为

$$f(k)=f(k+mT),\quad m=0,\ \pm1,\ \pm2,\ \cdots \tag{1-2}$$

$k$ 为离散值。

### 1.2.3 实函数与复函数

物理可实现的函数（或序列）常常是时间 $t$（或 $k$）的函数（或序列），其在各时刻的函数（或序列）值为实数，称为**实函数**。

函数（或序列）值为复数的函数称为**复函数**。最常用的是复指数函数。连续时间的复指数函数可表示为

$$f(t)=\mathrm{e}^{st},\quad -\infty<t<+\infty \tag{1-3}$$

式中，复变量 $s=\sigma+\mathrm{j}\omega$；$\sigma$ 是 $s$ 的实部，记作 Re［$s$］；$\omega$ 是 $s$ 的虚部，记作 Im［$s$］。根据欧拉公式，上式可展开为

$$f(t)=\mathrm{e}^{(\sigma+\mathrm{j}\omega)t}=\mathrm{e}^{\sigma t}\cos(\omega t)+\mathrm{j}\mathrm{e}^{\sigma t}\sin(\omega t)$$

可见，一个复指数函数可分解为实、虚两部分，即

$$\mathrm{Re}[f(t)]=\mathrm{e}^{\sigma t}\cos\omega t$$

$$\mathrm{Im}[f(t)]=\mathrm{e}^{\sigma t}\sin\omega t$$

两者均为实函数。

### 1.2.4 冲激函数与阶跃函数

#### 1. 冲激函数

冲激函数也称单位脉冲（unit impulse）函数，用 $\delta(t)$ 表示，它具有以下性质

$$\delta(t)=\begin{cases}0,\ t\neq 0\\ \text{大于任何给定值，当 } t=0 \text{ 时；但有}\int_{-\infty}^{+\infty}\delta(t)\,\mathrm{d}t=1\end{cases} \tag{1-4}$$

并且

$$\delta(t)=\int_{-\infty}^{t}\delta'(x)\,\mathrm{d}x$$

单位脉冲是一种极限脉冲，其物理意义可用图1-1来解释。该图说明，若将$\delta(t)$看成是力函数，则$\delta(t)$是图1-1a所示冲量为1的矩形脉冲在脉宽$\varepsilon\to 0$时的冲击力的极限情况（图1-1b）。$\delta(t)$具有力的量纲。

工程应用中还定义了一种延时单位脉冲$\delta(t-t')$，其定义为

$$\delta(t-t')=\begin{cases}0,\text{当 } t\neq t' \text{ 时}\\ \text{大于任何指定值,当 } t=t' \text{ 时;但有}\int_{-\infty}^{+\infty}\delta(t-t')\mathrm{d}t=1\end{cases}\tag{1-5}$$

延时单位脉冲函数如图1-2所示。单位脉冲函数又称狄拉克$\delta$函数或简称狄拉克函数。狄拉克函数有以下特性：

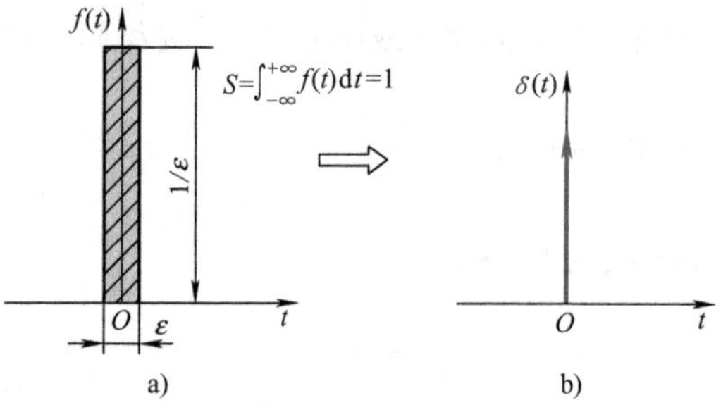


图1-1　单位脉冲的物理解释

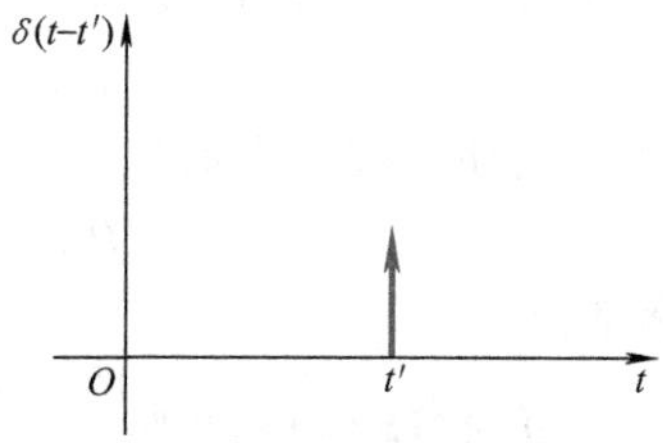


图1-2　延时单位脉冲函数

（1）$\int_{-\infty}^{+\infty}p\delta(t)\mathrm{d}t=p\int_{-\infty}^{+\infty}\delta(t)\mathrm{d}t=p$，$p$为常数。

（2）它的傅里叶变换：$F[\delta(t)]=\int_{-\infty}^{+\infty}\delta(t)\mathrm{e}^{-\mathrm{j}\omega t}\mathrm{d}t=\int_{-\infty}^{+\infty}\delta(t)\mathrm{e}^{-\mathrm{j}\omega 0}\mathrm{d}t=\int_{-\infty}^{+\infty}\delta(t)\mathrm{d}t=1$；这一特性表明，单位脉冲激振力提供白谱。

（3）$\int_{-\infty}^{+\infty}y(t)\delta(t-t')\mathrm{d}t=y(t')$，$0<t'<+\infty$

$$\int_{-\infty}^{+\infty}y(t)\delta'(t)\mathrm{d}t=-y'(0)$$

该式表明狄拉克函数的抽样特性。

（4）尺度变换特性。设$a$为常数，并且$a\neq 0$，则有

$$\delta(at)=\frac{1}{|a|}\delta(t)\quad\int_{-\infty}^{+\infty}\delta'(t)\mathrm{d}t=0$$

**2. 单位阶跃函数**

单位阶跃函数也称阶跃函数，用$\varepsilon(t)$表示，即

$$\varepsilon(t)=\begin{cases}0, & t<0\\ \dfrac{1}{2}, & t=0\\ 1, & t>0\end{cases}\tag{1-6}$$

单位阶跃函数有以下特性：

$$\begin{cases}\int_{-\infty}^{+\infty}\varepsilon(t)y(t)\mathrm{d}t=\int_{0}^{+\infty}y(t)\mathrm{d}t\\ \int_{-\infty}^{+\infty}\varepsilon'(t)y(t)\mathrm{d}t=-\int_{-\infty}^{+\infty}\varepsilon(t)y'(t)\mathrm{d}t=-\int_{0}^{+\infty}y'(t)\mathrm{d}t=y(0)\\ \int_{-\infty}^{t}\varepsilon(x)\mathrm{d}x=\begin{cases}0, & t<0\\ t, & t>0\end{cases}\end{cases} \tag{1-7}$$

**3. 冲激函数与阶跃函数的关系**

冲激函数与阶跃函数的关系为

$$\delta(t)=\frac{\mathrm{d}\varepsilon(t)}{\mathrm{d}t},\qquad \varepsilon(t)=\int_{-\infty}^{t}\delta(x)\mathrm{d}x \tag{1-8}$$

---

# 1.3　简谐振动

## 1.3.1　简谐振动的表示法

**1. 用正弦函数表示简谐振动**

用时间 $t$ 的正弦（或余弦）函数表示的简谐振动，其一般表达式为

$$x=A\sin(\omega t+\alpha) \tag{1-9}$$

式中，$A$、$\alpha$、$\omega$ 分别称为振幅、初相位和圆频率，它们是表征简谐振动的三要素。

一次振动循环所需的时间 $T$ 称为周期；单位时间内振动循环的次数 $f$ 称为频率。它们与圆频率的关系为

$$T=\frac{1}{f}=\frac{2\pi}{\omega},\quad f=\frac{1}{T}=\frac{\omega}{2\pi} \tag{1-10}$$

式中，周期 $T$ 的单位为 s（秒）；频率 $f$ 的单位为 Hz（赫兹）；圆频率 $\omega$ 的单位为 rad/s（弧度每秒）。图 1-3 描述了式（1-9）所示的运动，它可看成是该图中左边半径为 $A$ 的圆上一点沿圆周做等角速度 $\omega$ 的运动时在 $x$ 轴上的投影。

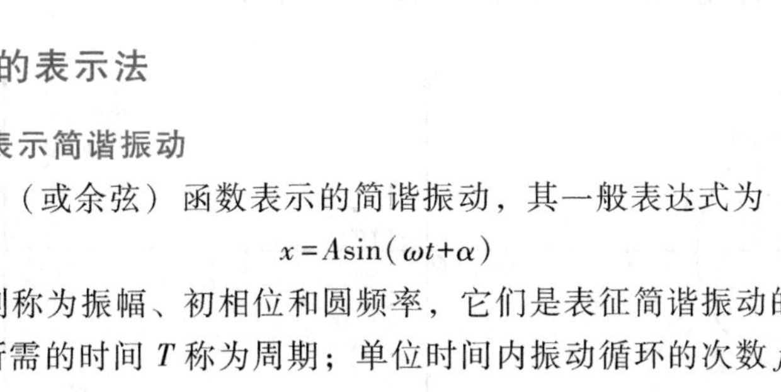

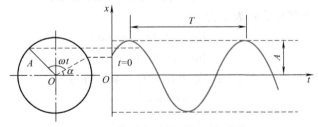

图 1-3　简谐振动的时间历程曲线

如果视 $x$ 为位移，则简谐振动的速度和加速度就是位移表达式（1-9）关于时间 $t$ 的一阶和二阶导数，即

$$\dot{x}=A\omega\cos(\omega t+\alpha)=A\omega\sin\left(\omega t+\alpha+\frac{\pi}{2}\right) \tag{1-11}$$

$$\ddot{x}=-A\omega^2\sin(\omega t+\alpha)=A\omega^2\sin(\omega t+\alpha+\pi) \tag{1-12}$$

可见，若位移为简谐函数，其速度和加速度也是简谐函数，且具有相同的频率。只不过在相位上，速度和加速度分别超前位移$\frac{\pi}{2}$和 π。比较式（1-12）与式（1-9），可得到加速度与位移有如下关系

$$\ddot{x}=-\omega^2 x \tag{1-13}$$

即简谐振动的加速度大小与位移成正比，但方向总是与位移相反，始终指向平衡位置。这是简谐振动的重要特征。

**2. 用旋转矢量表示简谐振动**

在振动分析中，简谐振动可以用平面上的旋转矢量表示。旋转矢量$\overrightarrow{OM}$的模为振幅 $A$，角速度为圆频率 $\omega$，任一瞬时$\overrightarrow{OM}$在纵轴上的投影 $ON$ 即为式（1-9）中的简谐振动表达式，如图 1-4a 所示。通常将这个旋转矢量画成如图 1-4b 所示。利用旋转矢量能直观形象地表示出上述位移、速度和加速度之间的关系，如图 1-4c 所示。

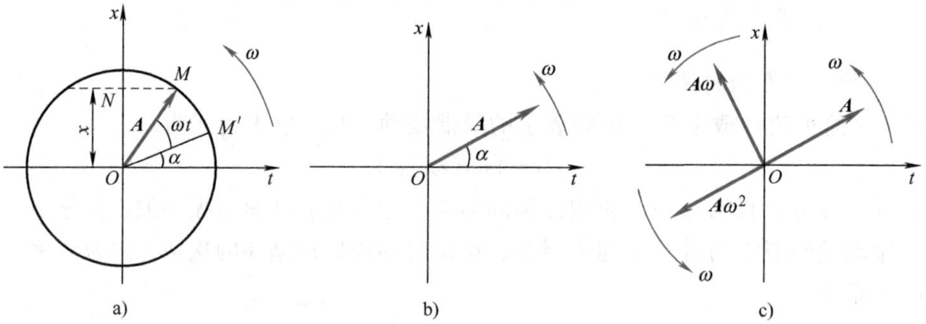


图 1-4　用旋转矢量表示简谐振动

a）旋转矢量图　b）简谐振动表示法　c）位移、速度、加速度表示法

**3. 用复数表示简谐振动**

简谐振动也可以用复数表示。记 $\mathrm{j}=\sqrt{-1}$，复数

$$z=A\mathrm{e}^{\mathrm{j}(\omega t+\alpha)}=A\cos(\omega t+\alpha)+\mathrm{j}A\sin(\omega t+\alpha) \tag{1-14}$$

复数 $z$ 的实部和虚部可分别表示为

$$\mathrm{Re}(z)=A\cos(\omega t+\alpha)$$

$$\mathrm{Im}(z)=A\sin(\omega t+\alpha)$$

因此，简谐振动的位移 $x$ 与它的复数表示 $z$ 的关系可写为

$$x=\mathrm{Im}(z) \tag{1-15}$$

由于

$$\mathrm{j}=\mathrm{e}^{\mathrm{j}\frac{\pi}{2}},\qquad -1=\mathrm{e}^{\mathrm{j}\pi}$$

故用复数表示的简谐振动的速度、加速度分别为

$$\dot{x}=\mathrm{Im}[\mathrm{j}\omega A\mathrm{e}^{\mathrm{j}(\omega t+\alpha)}]=\mathrm{Im}[A\omega\mathrm{e}^{\mathrm{j}\left(\omega t+\alpha+\frac{\pi}{2}\right)}] \tag{1-16}$$

$$\ddot{x}=\mathrm{Im}\left[-A\omega^2\mathrm{e}^{\mathrm{j}(\omega t+\alpha)}\right]=\mathrm{Im}\left[A\omega^2\mathrm{e}^{\mathrm{j}(\omega t+\alpha+\pi)}\right] \tag{1-17}$$

式（1-14）也可写成

$$z=A\mathrm{e}^{\mathrm{j}\alpha}\mathrm{e}^{\mathrm{j}\omega t}=\overline{A}\mathrm{e}^{\mathrm{j}\omega t} \tag{1-18}$$

式中

$$\overline{A}=A\mathrm{e}^{\mathrm{j}\alpha}$$

是一复数，称为复振幅。它包含了振动的振幅和相角两个信息。用复指数形式描述简谐振动将给运算带来很多方便。

### 1.3.2　简谐振动的合成

**1. 两个同频率振动的合成**

在同一平面内，有两个同频率的简谐振动

$$x_1=A_1\sin(\omega t+\alpha_1),\ x_2=A_2\sin(\omega t+\alpha_2)$$

这两个简谐振动对应的旋转矢量分别是 $\boldsymbol{A}_1$、$\boldsymbol{A}_2$。由于 $\boldsymbol{A}_1$、$\boldsymbol{A}_2$ 的角速度相等，故旋转时它们之间的夹角（$\alpha_1-\alpha_2$）保持不变，它们的合矢量 $\boldsymbol{A}$ 也必然以相同的角速度 $\omega$ 做匀速转动，如图 1-5 所示。由矢量的投影定理可知，合矢量 $\boldsymbol{A}$ 在 $x$ 轴上的投影等于其分矢量 $\boldsymbol{A}_1$、$\boldsymbol{A}_2$ 在同一轴上投影的代数和，于是得出

$$x=A_1\sin(\omega t+\alpha_1)+A_2\sin(\omega t+\alpha_2)=A\sin(\omega t+\alpha) \tag{1-19}$$

其中

$$\boldsymbol{A}=\boldsymbol{A}_1+\boldsymbol{A}_2$$

$$A=\sqrt{(A_1\sin\alpha_1+A_2\sin\alpha_2)^2+(A_1\cos\alpha_1+A_2\cos\alpha_2)^2}$$

$$\alpha=\arctan\frac{A_1\sin\alpha_1+A_2\sin\alpha_2}{A_1\cos\alpha_1+A_2\cos\alpha_2} \tag{1-20}$$

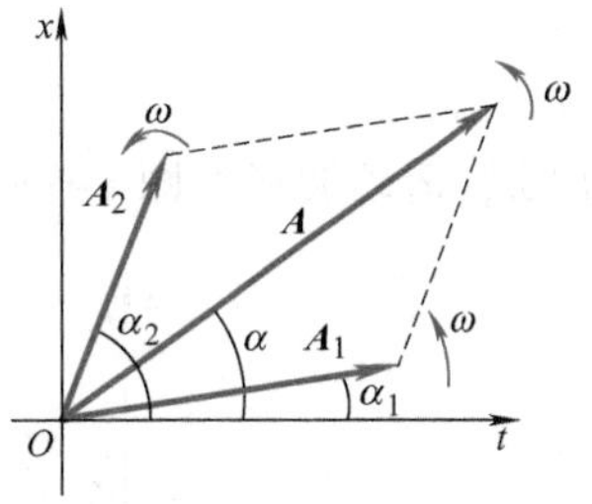


图 1-5　两个同频率简谐振动的合成

即两个同频率简谐振动合成的结果仍然是简谐振动，其角频率与原来简谐振动的相同，其振幅和初相角用式（1-20）确定。

**2. 两个不同频率振动的合成**

有两个不同频率的简谐振动

$$x_1=A_1\sin\omega_1 t,\ x_2=A_2\sin\omega_2 t \tag{A}$$

若 $\omega_1$ 与 $\omega_2$ 之比是有理数，即

$$\frac{\omega_1}{\omega_2}=\frac{m}{n} \tag{B}$$

式（B）经变换可写为

$$m\frac{2\pi}{\omega_1}=n\frac{2\pi}{\omega_2} \tag{C}$$

其中，$\dfrac{2\pi}{\omega_1}$和$\dfrac{2\pi}{\omega_2}$分别是两个简谐振动的周期 $T_1$ 和 $T_2$，取

$$T=mT_1=nT_2 \tag{D}$$

并且记 $x=x_1+x_2$，则

$$x(t+T)=x_1(t+T)+x_2(t+T)=x_1(t+mT_1)+x_2(t+nT_2) \tag{E}$$
$$=x_1(t)+x_2(t)=x(t)$$

可见 $T$ 就是 $x_1$ 与 $x_2$ 合成的周期。所以，当频率比为有理数时，可合成为周期振动，但不是简谐振动，合成振动的周期是两个简谐振动周期的最小公倍数。

若 $\omega_1$ 与 $\omega_2$ 之比是无理数，则找不到这样一个周期。因此，其合成振动是非周期的。

若 $\omega_1\approx\omega_2$，对于 $A_1=A_2=A$，则有

$$x=x_1+x_2=A_1\sin\omega_1 t+A_2\sin\omega_2 t$$
$$=2A\cos\left(\frac{\omega_2-\omega_1}{2}\right)t\sin\left(\frac{\omega_2+\omega_1}{2}\right)t$$

令

$$\omega=\frac{1}{2}(\omega_1+\omega_2),\quad \delta\omega=\omega_2-\omega_1$$

上式可表示为

$$x=2A\cos\frac{\delta\omega}{2}t\sin\omega t \tag{1-21}$$

式中的正弦函数完成了几个循环后，余弦函数才能完成一个循环。这是一个角频率为 $\omega$ 的变幅振动，振幅在 $2A$ 与零之间缓慢地周期性变化。它的包络线由下式确定：

$$A(t)=2A\cos\frac{\delta\omega}{2}t \tag{1-22}$$

这种特殊的振动现象称为“拍振”，或者说“拍振”是一个具有慢变振幅的振动，其拍频为 $\delta\omega$，运动波形如图1-6所示。拍振的现象在实验测量频率中是很有用的。

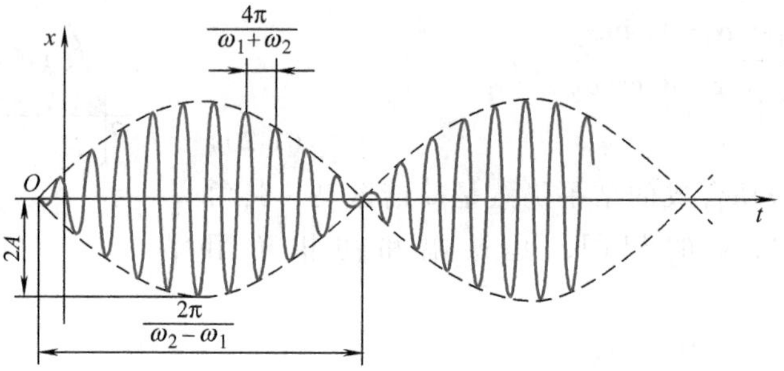


图1-6　拍振波形

## 1.4　周期振动的谐波分析

工程技术中，许多振动是非简谐的，但它们是周期性的。设周期振动 $x(t)$ 的周期是 $T$，则有

$$x(t)=x(t+nT),\quad n=1,2,3,\cdots \tag{1-23}$$

根据傅里叶级数理论，任何一个周期函数如果满足狄利克雷（Dirichlet）条件，则可以展成傅里叶级数，即

$$x(t)=\frac{a_0}{2}+\sum_{n=1}^{+\infty}(a_n\cos n\omega_1 t+b_n\sin n\omega_1 t) \tag{1-24}$$

式中，$\omega_1=\frac{2\pi}{T}$称为基频；系数 $a_0$、$a_n$、$b_n$ 由下式确定

$$\begin{aligned} a_0 &= \frac{2}{T}\int_0^T x(t)\mathrm{d}t \\ a_n &= \frac{2}{T}\int_0^T x(t)\cos n\omega_1 t\mathrm{d}t \\ b_n &= \frac{2}{T}\int_0^T x(t)\sin n\omega_1 t\mathrm{d}t \end{aligned} \tag{1-25}$$

常数项$\frac{a_0}{2}$表示周期振动 $x(t)$ 在一个周期 $T$ 中的平均值。

式（1-24）也可写成

$$x(t)=\frac{a_0}{2}+\sum_{n=1}^{+\infty}A_n\sin(n\omega_1 t+\varphi_n) \tag{1-26}$$

式中

$$A_n=\sqrt{a_n^2+b_n^2},\quad \varphi_n=\arctan\frac{a_n}{b_n},\quad n=1,2,3,\cdots \tag{1-27}$$

将其表示成复数形式为

$$x(t)=\sum_{n=-\infty}^{+\infty}X(n\omega_1)\mathrm{e}^{\mathrm{j}n\omega_1 t}$$

式中

$$X(n\omega_1)=|X(n\omega_1)|\mathrm{e}^{\mathrm{j}\varphi_n}$$

则

$$|X(n\omega_1)|=\frac{1}{2}\sqrt{a_n^2+b_n^2},\quad \varphi_n=\arctan\frac{a_n}{b_n}$$

可见，一个周期振动可视为圆频率顺次为基频 $\omega_1$ 及其整倍数的若干或无数简谐振动分量的合成振动过程。这些分量依据 $n=1,2,3,\cdots$分别称为基频分量、二倍频分量、三倍频分量等。$A_n$ 和 $\varphi_n$ 即圆频率为 $n\omega_1$ 的简谐振动的振幅及相角。因此，在振动力学中将傅里叶展开称为谐波分析。

为清晰表达一个周期函数中所含各简谐分量的频率、振幅及相角的关系，现以圆频率 $n\omega_1$（$n=1,2,3,\cdots$）为横坐标，以与之对应的振幅 $A_n$、初相角 $\varphi_n$ 分别为纵坐标绘制图 1-7。则图 1-7a 称为周期函数的幅值频谱图，简称幅值谱；图 1-7b 称相位频谱图，简称相位谱。图 1-7 表明，周期函数的谱线是互相分开的，故称为离散频谱。

函数的频谱，不但说明了组成该函数的简谐成分，也反映了该周期函数的特性。这种分析振动的方法称为频谱分析。由于自变量由时间改变为圆频率，所以频谱分析实际上是由时间域转入频率域。这是将周期振动展开为傅里叶级数的另一个物理意义。

虽然周期振动的谐波分析以无穷级数出现，但一般可以用有限项近似表示周期振动。

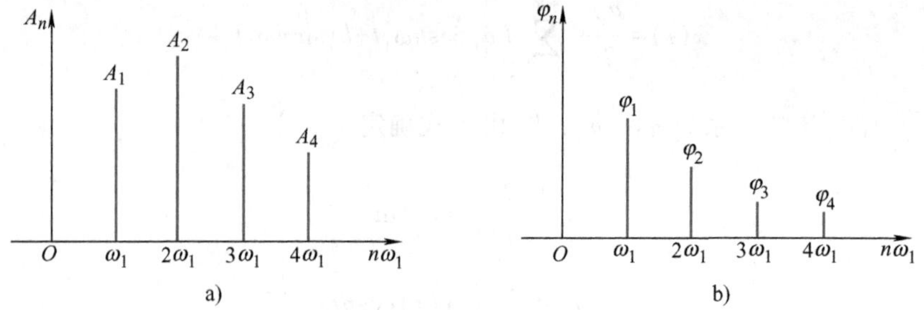


图 1-7 离散频谱

a）幅值谱 b）相位谱

**例 1-1** 已知一周期性矩形波如图 1-8 所示，试对其做谐波分析。

解：一个周期内的矩形波函数 $F(t)$ 可表示为

$$F(t)=\begin{cases} f_0, & 0<t<\pi \\ -f_0, & \pi<t<2\pi \end{cases}$$

由式（1-25）得

$$a_0=\frac{1}{\pi}\int_0^{2\pi}F(t)\,\mathrm{d}t=0$$

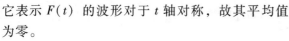

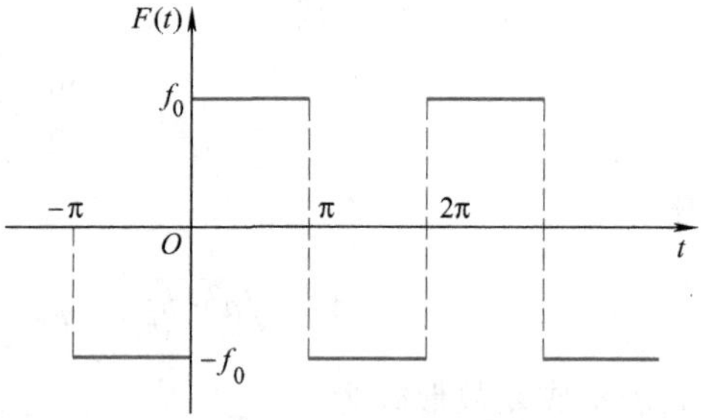


图 1-8 周期性矩形波

它表示 $F(t)$ 的波形对于 $t$ 轴对称，故其平均值为零。

$$a_n=\frac{1}{\pi}\left[\int_0^{\pi}f_0\cos n\omega_1 t\mathrm{d}t-\int_{\pi}^{2\pi}f_0\cos n\omega_1 t\mathrm{d}t\right]=0$$

$$b_n=\frac{1}{\pi}\left[\int_0^{\pi}f_0\sin n\omega_1 t\mathrm{d}t-\int_{\pi}^{2\pi}f_0\sin n\omega_1 t\mathrm{d}t\right]=\frac{2f_0}{n\pi}(1-\cos n\pi)=\frac{4f_0}{n\pi},\quad n=1,\ 3,\ 5,\ \cdots$$

于是，得 $F(t)$ 的傅里叶级数为

$$F(t)=\sum_{n=1}^{\infty}b_n\sin n\omega_1 t=\frac{4f_0}{\pi}\sum_{n=1,\ 3,\ 5,\ \cdots}^{\infty}\frac{1}{n}\sin n\omega_1 t$$

$$=\frac{4f_0}{\pi}\left(\sin\omega_1 t+\frac{1}{3}\sin 3\omega_1 t+\frac{1}{5}\sin 5\omega_1 t+\cdots\right)$$

将其表示成复数形式为

$$F(t)=\sum_{n=-\infty}^{+\infty}F(n\omega_1)\mathrm{e}^{\mathrm{j}n\omega_1 t}$$

其中

$$F(n\omega_1)=|F(n\omega_1)|\mathrm{e}^{\mathrm{j}\varphi_n}$$

则

$$|F(n\omega_1)|=\frac{1}{2}b_n,\quad \varphi_n=\arctan\left(\frac{a_n}{b_n}\right)=0$$

上式表明，$F(t)$ 是奇函数，在它的傅里叶级数中也只含正弦函数项。在实际的振动计算中，根据精度要求，级数均取有限项。$F(t)$ 的幅值频谱如图 1-9 所示。

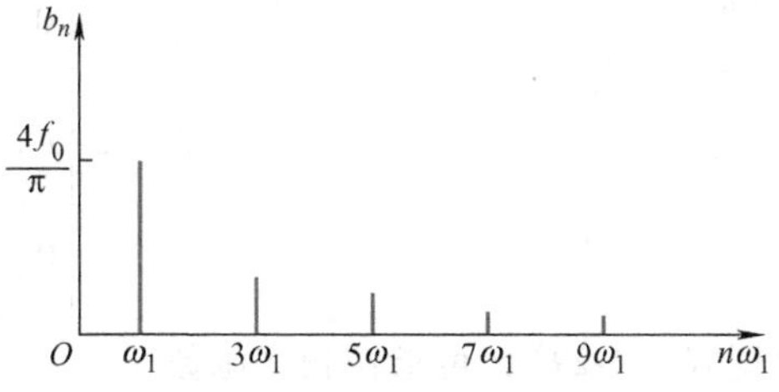

图 1-9　幅值频谱

在以后的内容中将看到，这种谐波分析的方法是分析振动的重要方法。对能用解析式表达的周期函数，均可应用本节讲述的方法分析。对那些通过测量得到的函数，则需用计算机或用频谱分析仪器去完成。

## 1.5　非周期函数的连续频谱

如果函数 $f(t)$ 的周期 $T$ 无限增大，则 $f(t)$ 称为非周期函数。傅里叶积分及傅里叶变换是研究非周期函数的有效手段。

由数学知识可知，若非周期函数 $f(t)$ 满足条件：①在任一有限区间满足狄利克雷条件；②在区间（$-\infty$，$+\infty$）上绝对可积，则在 $f(t)$ 的连续点处有

$$f(t)=\frac{1}{2\pi}\int_{-\infty}^{+\infty}\left[\int_{-\infty}^{+\infty}f(t)\,\mathrm{e}^{-\mathrm{j}\omega t}\mathrm{d}t\right]\mathrm{e}^{\mathrm{j}\omega t}\mathrm{d}\omega \tag{1-28}$$

上式称为函数 $f(t)$ 的傅里叶积分公式。如令

$$G(\omega)=\int_{-\infty}^{+\infty}f(t)\,\mathrm{e}^{-\mathrm{j}\omega t}\mathrm{d}t \tag{1-29}$$

则式（1-28）可写成

$$f(t)=\frac{1}{2\pi}\int_{-\infty}^{+\infty}G(\omega)\,\mathrm{e}^{\mathrm{j}\omega t}\mathrm{d}\omega \tag{1-30}$$

以上二式表明，$f(t)$ 与 $G(\omega)$ 可以通过积分互相表达，式（1-29）叫作 $f(t)$ 的傅里叶变换，记为

$$G(\omega)=F[f(t)] \tag{1-31}$$

$G(\omega)$ 称为 $f(t)$ 的象函数，它是圆频率 $\omega$ 的函数，式（1-30）的右端又称为 $G(\omega)$ 的傅里叶逆变换，记为

$$f(t)=F^{-1}[G(\omega)] \tag{1-32}$$

式（1-29）和式（1-30）构成一傅氏变换对。

在振动力学中，$G(\omega)$ 又称为非周期函数 $f(t)$ 的频谱函数。频谱函数的值一般是复数。它的 $|G(\omega)|$ 称为非周期函数 $f(t)$ 的频谱或幅值频谱。与周期函数的频谱不同，非周期函数的频谱图形是圆频率 $\omega$ 的连续曲线，故称连续频谱。一般地讲，对一个非周期函数 $f(t)$ 求傅里叶变换 $G(\omega)$，即表示对 $f(t)$ 做频谱分析。

**例 1-2**　试求图 1-10 所示的单个矩形脉冲的频谱图形。

解：$f(t)$ 可表示为

$$f(t)=\begin{cases}0, & -\infty<t<-\dfrac{\tau}{2}\\ E, & -\dfrac{\tau}{2}<t<\dfrac{\tau}{2}\\ 0, & \dfrac{\tau}{2}<t<+\infty\end{cases}$$

根据式（1-29），可求得频谱函数

$$G(\omega)=\int_{-\frac{\tau}{2}}^{\frac{\tau}{2}}E\mathrm{e}^{-\mathrm{j}\omega t}\mathrm{d}t=\frac{2E}{\omega}\sin\frac{\omega\tau}{2}$$

$f(t)$ 的傅里叶积分为

$$f(t)=\frac{1}{2\pi}\int_{-\infty}^{+\infty}\frac{2E}{\omega}\sin\frac{\omega\tau}{2}\mathrm{e}^{\mathrm{j}\omega t}\mathrm{d}\omega$$

其振幅频谱为

$$|G(\omega)|=2E\left|\frac{\sin\dfrac{\omega\tau}{2}}{\omega}\right|=E\tau\left|\frac{\sin\dfrac{\omega\tau}{2}}{\dfrac{\omega\tau}{2}}\right|$$

其频谱图如图 1-11 所示（其中只画出 $\omega\geqslant 0$ 这一半）。

傅里叶积分和变换，是研究瞬态振动与随机振动的重要工具。实际应用时，可使用计算机运算或应用各种快速傅里叶分析仪器（FFT）运算。

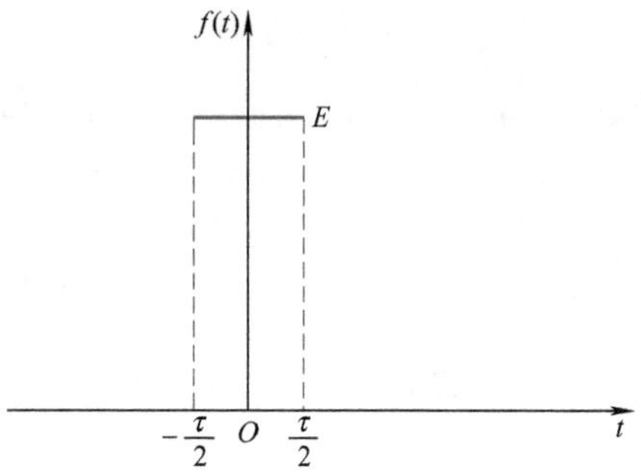


图 1-10　矩形脉冲

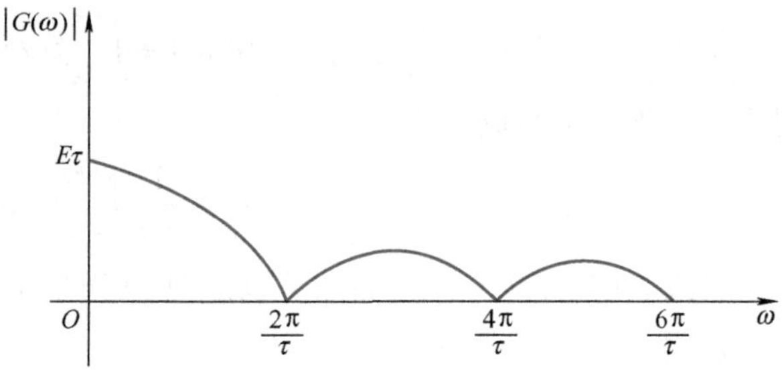


图 1-11　频谱图

## 1.6　拉普拉斯变换

一个函数当它满足了狄利克雷条件以后，还必须在（$-\infty$，$+\infty$）内满足绝对可积的条件，这样才可以进行傅里叶变换。但在实际应用中许多以时间 $t$ 作为自变量的函数往往在 $t<$

0 时是不需要考虑的，所以就产生了拉普拉斯（Laplace）变换。

定义　设函数 $f(t)$ 当 $t \geqslant 0$ 时有定义，而且积分

$$\int_0^{\infty} f(t)\,\mathrm{e}^{-st}\,\mathrm{d}t \ (s \text{ 是一个复参量})$$

在 $s$ 的某一域内收敛，则由此积分所确定的函数可写为

$$F(s) = \int_0^{\infty} f(t)\,\mathrm{e}^{-st}\,\mathrm{d}t \tag{1-33}$$

称此式为函数 $f(t)$ 的拉普拉斯变换式（简称拉氏变换式），记为

$$F(s) = L[f(t)]$$

$F(s)$ 称为 $f(t)$ 的拉氏变换（或称为象函数）。

若 $F(s)$ 是 $f(t)$ 的拉氏变换，则称 $f(t)$ 为 $F(s)$ 的拉普拉斯逆变换（或称为象原函数）。记为

$$f(t) = L^{-1}[F(s)] = \frac{1}{2\pi \mathrm{j}}\int_{\sigma-\mathrm{j}\infty}^{\sigma+\mathrm{j}\infty} F(s)\,\mathrm{e}^{st}\,\mathrm{d}t, \quad t > 0 \tag{1-34}$$

其变换与逆变换的关系简记为

$$f(t) \leftrightarrow F(s) \tag{1-35}$$

常用的几种拉氏变换的性质如下。

（1）线性性质

$$L[\alpha f_1(t) + \beta f_2(t)] = \alpha L[f_1(t)] + \beta L[f_2(t)]$$

$$L^{-1}[\alpha F_1(s) + \beta F_2(s)] = \alpha L^{-1}[F_1(s)] + \beta L^{-1}[F_2(s)]$$

（2）微分性质

$$L[f'(t)] = sF(s) - f(0)$$

（3）积分性质

$$L\left[\int_0^t f(t)\,\mathrm{d}t\right] = \frac{1}{s}F(s)$$

---

**例 1-3**　求正弦函数 $f(t) = \sin kt$（$t$ 为实数）的拉氏变换。

**解：** 由拉氏变换公式

$$\begin{aligned} L[\sin kt] &= \int_0^{+\infty} \sin kt\,\mathrm{e}^{-st}\,\mathrm{d}t \\ &= \frac{\mathrm{e}^{-st}}{s^2+k^2}(-s\sin kt - k\cos kt)\Big|_0^{+\infty} \\ &= \frac{k}{s^2+k^2}, \quad \mathrm{Re}(s) > 0 \end{aligned}$$

同理可得余弦函数的拉氏变换

$$L[\cos kt] = \frac{s}{s^2+k^2}, \quad \mathrm{Re}(s) > 0$$

即

$$\sin kt \leftrightarrow \frac{k}{s^2+k^2}, \quad \mathrm{Re}(s) > 0$$

$$\cos kt \leftrightarrow \frac{s}{s^2+k^2}, \quad \mathrm{Re}(s)>0$$

例 1-4　求函数 $\delta(t)$，$\delta'(t)$ 的象函数。

解：将 $\delta(t)$，$\delta'(t)$ 代入式（1-33），考虑到冲激函数及其导数的广义函数定义，得

$$L[\delta(t)] = \int_0^{+\infty} \delta(t)\mathrm{e}^{-st}\mathrm{d}t = \int_0^{+\infty} \delta(t)\mathrm{d}t = 1$$

$$L[\delta'(t)] = \int_0^{+\infty} \delta'(t)\mathrm{e}^{-st}\mathrm{d}t = -(-s)\mathrm{e}^{-st}|_{t=0} = s$$

即

$$\delta(t) \leftrightarrow 1 \qquad \mathrm{Re}(s)>-\infty$$

$$\delta'(t) \leftrightarrow s \qquad \mathrm{Re}(s)>-\infty$$

例 1-5　求复指数函数（式中 $s_0$ 为复常数）

$$f(t) = \mathrm{e}^{s_0 t}\varepsilon(t)$$

的象函数。

解：由式（1-33）可得

$$L[\mathrm{e}^{s_0 t}\varepsilon(t)] = \int_0^{+\infty} \mathrm{e}^{s_0 t}\mathrm{e}^{-st}\mathrm{d}t = \int_0^{+\infty} \mathrm{e}^{-(s-s_0)t}\mathrm{d}t = \frac{1}{s-s_0}, \quad \mathrm{Re}(s) > \mathrm{Re}(s_0)$$

即

$$\mathrm{e}^{s_0 t}\varepsilon(t) \leftrightarrow \frac{1}{s-s_0}, \quad \mathrm{Re}(s)>\mathrm{Re}(s_0)$$

若 $s_0$ 为实数，令 $s_0=\pm\alpha(\alpha>0)$，得实指数函数的拉氏变换为

$$\mathrm{e}^{\alpha t}\varepsilon(t) \leftrightarrow \frac{1}{s-\alpha}, \quad \mathrm{Re}(s)>\alpha$$

$$\mathrm{e}^{-\alpha t}\varepsilon(t) \leftrightarrow \frac{1}{s+\alpha}, \quad \mathrm{Re}(s)>-\alpha$$

若 $s_0$ 为虚数，令 $s_0=\pm\mathrm{j}\beta$，得虚指数函数的象函数为

$$\mathrm{e}^{\mathrm{j}\beta t}\varepsilon(t) \leftrightarrow \frac{1}{s-\mathrm{j}\beta}, \quad \mathrm{Re}(s)>0$$

$$\mathrm{e}^{-\mathrm{j}\beta t}\varepsilon(t) \leftrightarrow \frac{1}{s+\mathrm{j}\beta}, \quad \mathrm{Re}(s)>0$$

若令 $s_0=0$，得单位阶跃函数的象函数为

$$\varepsilon(t) \leftrightarrow \frac{1}{s}, \quad \mathrm{Re}(s)>0$$

由以上讨论可知，与傅里叶变换相比，拉普拉斯变换对时间函数 $f(t)$ 的限制要宽松得多，象函数 $F(s)$ 是复变函数，它存在于收敛域的半平面内，而傅里叶变换 $F(\mathrm{j}\omega)$ 仅是 $F(s)$ 收敛域中虚轴（$s=\mathrm{j}\omega$）上的函数。因此，能用复变函数的理论研究线性系统的各种问题，从而扩大人们的“视野”，使过去不易解决或不能解决的问题得到较满意的结果。但是，拉普拉斯变换也有不足之处，它们的物理含义常常很不明显，譬如圆频率 $\omega$ 有明确的

物理含义，而复频率 $s$ 就没有明显的意义。

## 习　题

1-1　若简谐振动的位移用复指数形式分别表示为 $u_1(t)=5e^{j\left(\omega t+\frac{\pi}{6}\right)}$ 与 $u_1(t)=7e^{j\left(\omega t+\frac{\pi}{2}\right)}$，试求：(1) $u_1(t)+u_2(t)$ 的合成运动 $u(t)$；(2) $u(t)$ 与 $u_1(t)$ 的相位差。

1-2　若两个简谐振动分别为 $u_1(t)=5\cos(40t)$ (cm)，$u_2(t)=3\cos(39t)$ (cm)，求：两个简谐振动的合成运动的最大振幅和最小振幅，并求其拍频和周期。

1-3　若两个简谐振动分别为 $x_1(t)=10\cos(\omega t)$(cm)与 $x_2(t)=15\cos(\omega t+2)$(cm)，分别利用三角函数、矢量、复数关系求 $x_1(t)+x_2(t)$ 的合成运动。

1-4　一个物体放在水平台面上，当台面沿铅垂方向做频率为 5Hz 的简谐振动时，要使物体不跳离平台，对台面的振幅应有何限制？

1-5　有一做简谐振动的物体，它通过距离平衡位置为 $x_1=5$cm 及 $x_2=10$cm 时的速度分别为 $v_1=20$cm/s 及 $v_2=8$cm/s，求其振动周期、振幅和最大速度。

1-6　一个机器内某零件的振动规律为 $x=0.5\sin\omega t+0.3\cos\omega t$，$x$ 的单位是 cm，$\omega=10\pi$rad/s。这个振动是否为简谐振动？试求它的振幅、最大速度及最大加速度，并用旋转矢量表示这三者之间的关系。

1-7　某仪器的振动规律为 $x=a\sin\omega t+3a\sin3\omega t$。此振动是否为简谐振动？试用 $x$-$t$ 坐标画出运动图。

1-8　已知以复数表示的两个简谐振动分别为 $3e^{j5\pi t}$ 和 $5e^{j\left(5\pi t+\frac{\pi}{2}\right)}$，试求它们合成后的复数表示式。

1-9　将图 1-12 所示的三角波展为傅里叶级数。

1-10　将图 1-13 所示的锯齿波展为傅里叶级数，并画出频谱图。

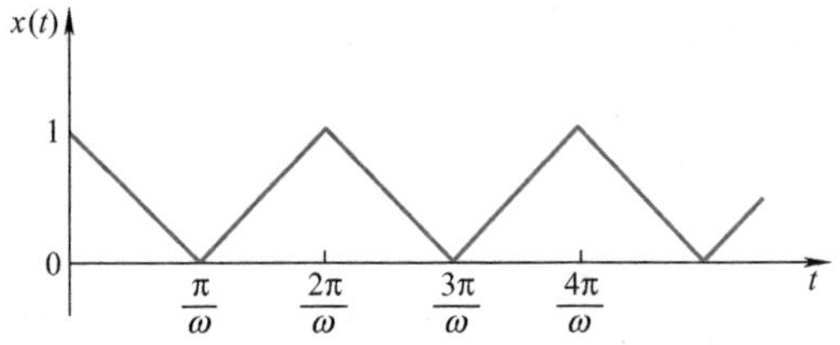


图　1-12

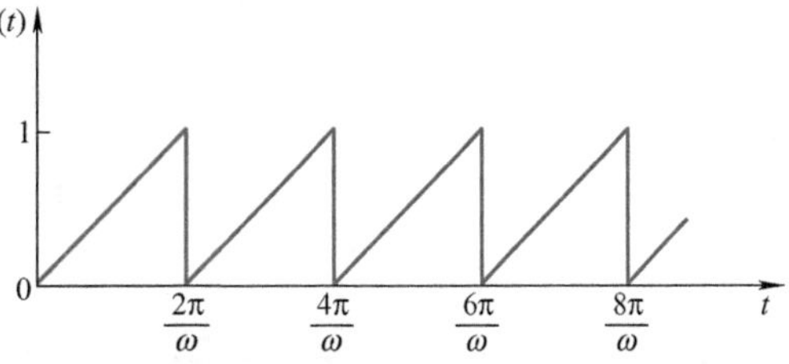


图　1-13

1-11　将图 1-14 所示的三角波展为复数傅里叶级数，并画出频谱图。

1-12　求图 1-15 所示的矩形脉冲的频谱函数并画出频谱图形。

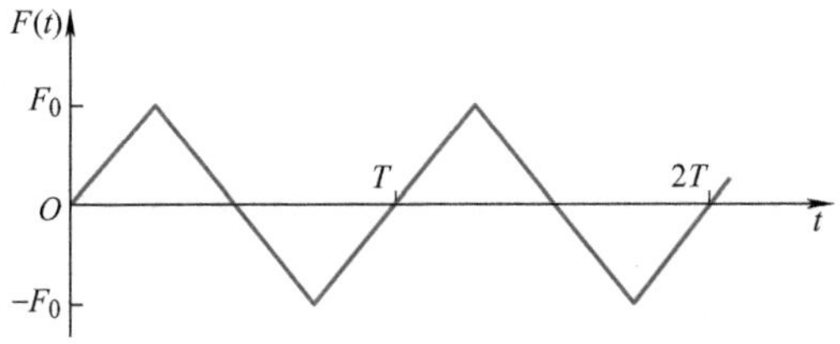


图　1-14

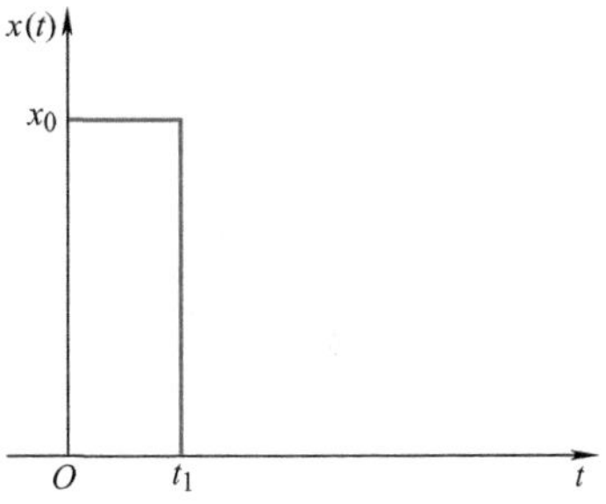


图　1-15

1-13　求图 1-16 所示的半正弦波的频谱函数并画出频谱图形。

1-14　求在 $t=0$ 时接入的周期性单位冲激序列 $\sum_{n=0}^{\infty}\delta(t-nT)$ 的象函数。

1-15　已知函数 $f(t)$ 的象函数为

$$F(s)=\frac{s}{s^2+1}$$

求 $e^{-t}f(3t-2)$ 的象函数。

1-16　已知 $L[\varepsilon(t)]=\frac{1}{s}$，利用阶跃函数的积分求 $t^n\varepsilon(t)$ 的象函数。

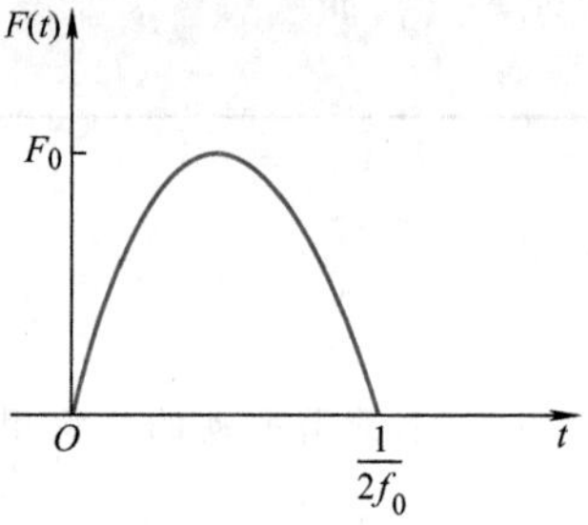


图　1-16

1-17　求 $F(s)=\frac{3s+3}{s^2+2s+10}$的象原函数 $f(t)$。

1-18　求 $F(s)=\frac{s+2}{s^2+2s+2}$的象原函数 $f(t)$。

1-19　求象函数 $F(s)=\frac{s+1}{[(s+2)^2+1]^2}$的象原函数。

# 第2章 单自由度系统的振动

以弹簧-质量系统为力学模型，研究单自由度系统的振动有着非常普遍的实际意义，因为工程上有许多问题通过简化，用单自由度系统的振动理论就能得到满意的结果。而同时对多自由度系统和连续系统的振动，在特殊坐标系中考察时，显示出与单自由度系统类似的性态。因此，揭示单自由度振动系统的规律、特点，为进一步研究复杂振动系统奠定了基础。

## 2.1 无阻尼系统的自由振动

设有质量为 $m$ 的物块（可视为质点）挂在弹簧的下端，弹簧的自然长度为 $l_0$，刚度系数为 $k$，如不计弹簧的质量，这就构成典型的单自由度系统，称之为弹簧-质量系统，如图 2-1所示。工程中许多振动问题都可简化成这种力学模型。例如，梁上固定一台电动机，当电动机沿铅垂方向振动时，梁和电动机组成一个振动系统，如不计梁的质量，则它在该系统中的作用相当于一根无重弹簧，而电动机可视为集中质量。于是这个系统可简化成如图 2-1所示的弹簧-质量系统。

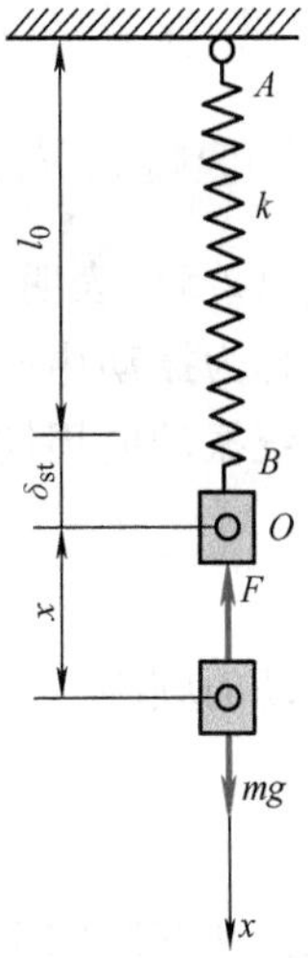

图 2-1 弹簧-质量系统

### 2.1.1 自由振动方程

以图 2-1 所示的弹簧-质量系统为研究对象。取物块的静平衡位置为坐标原点 $O$，$x$ 轴沿弹簧变形方向铅直向下为正。当物块在静平衡位置时，由平衡条件列平衡方程为

$$\sum F_x = 0 \quad mg - k\delta_{st} = 0 \tag{2-1a}$$

式中，$\delta_{st}$称为弹簧的静变形。

当物块偏离平衡位置 $x$ 距离时，物块的运动微分方程为

$$m\ddot{x} = -k(x+\delta_{st}) + mg \tag{2-1b}$$

将式（2-1a）代入式（2-1b），两边除以 $m$，并令

$$p_n=\sqrt{\frac{k}{m}} \tag{2-2}$$

则式（2-1）可写成

$$\ddot{x}+p_n^2x=0 \tag{2-3}$$

这就是弹簧-质量系统只在线弹性力 $-kx$ 的作用下所具有的振动微分方程，称之为无阻尼自由振动的微分方程，是二阶常系数线性齐次方程。由微分方程理论可知，式（2-3）的通解为

$$x=C_1\cos p_nt+C_2\sin p_nt$$

式中，$C_1$ 和 $C_2$ 为积分常数，由物块运动的起始条件确定。设 $t=0$ 时，$x=x_0$，$\dot{x}=\dot{x}_0$。可解得

$$C_1=x_0,\quad C_2=\frac{\dot{x}_0}{p_n}$$

$$x=x_0\cos p_nt+\frac{\dot{x}_0}{p_n}\sin p_nt \tag{2-4}$$

式（2-4）亦可写成下述形式

$$x=A\sin(p_nt+\alpha) \tag{2-5}$$

式中

$$\begin{cases} A=\sqrt{x_0^2+\left(\dfrac{\dot{x}_0}{p_n}\right)^2} \\ \alpha=\arctan\left(\dfrac{p_nx_0}{\dot{x}_0}\right) \end{cases} \tag{2-6}$$

式（2-4）、式（2-5）是物块振动方程的两种形式，称为**无阻尼自由振动**，简称**自由振动**。

### 2.1.2 振幅、初相位和频率

式（2-5）表明，无阻尼的自由振动是以其静平衡位置为中心的简谐振动。系统的静平衡位置称为**振动中心**，其振幅 $A$ 和初相角 $\alpha$ 由式（2-6）决定。

系统振动的周期

$$T=\frac{2\pi}{p_n}=2\pi\sqrt{\frac{m}{k}} \tag{2-7}$$

系统振动的频率

$$f=\frac{1}{T}=\frac{p_n}{2\pi}=\frac{1}{2\pi}\sqrt{\frac{k}{m}} \tag{2-8}$$

而系统振动的圆频率为

$$p_n=2\pi f \tag{2-9}$$

这表明，圆频率 $p_n$ 是物块在自由振动中每 $2\pi$s 内振动的次数。还可以看出，$f$、$p_n$ 只与振动系统的刚度系数 $k$ 和物块的质量 $m$ 有关，而与运动的初始条件无关。因此，通常将频率 $f$ 称

为**固有频率**，将圆频率 $p_n$ 称为**固有圆频率**。

由 2.1.1 节的式（2-1a）知，$k=\dfrac{mg}{\delta_{st}}$，代入式（2-2）得

$$p_n=\sqrt{\frac{g}{\delta_{st}}} \tag{2-10}$$

这是用弹簧静变形时的变形量 $\delta_{st}$ 表示自由振动固有圆频率的计算公式。

---

**例 2-1**　在图 2-2 和图 2-3 中，已知物块的质量为 $m$，弹簧的刚度系数分别为 $k_1$、$k_2$，分别求并联弹簧与串联弹簧直线振动系统的固有频率。

**解：**（1）并联弹簧

图 2-2a 所示的振动系统在运动过程中，物块始终做平行移动。取平衡位置时的物块为研究对象。物块受重力、弹性力作用处于平衡状态。两根弹簧的静变形都是 $\delta_{st}$。弹性力分别是 $F_1=k_1\delta_{st}$，$F_2=k_2\delta_{st}$。由平衡条件 $\sum F_x=0$，得

$$mg=F_1+F_2=(k_1+k_2)\delta_{st} \tag{a}$$

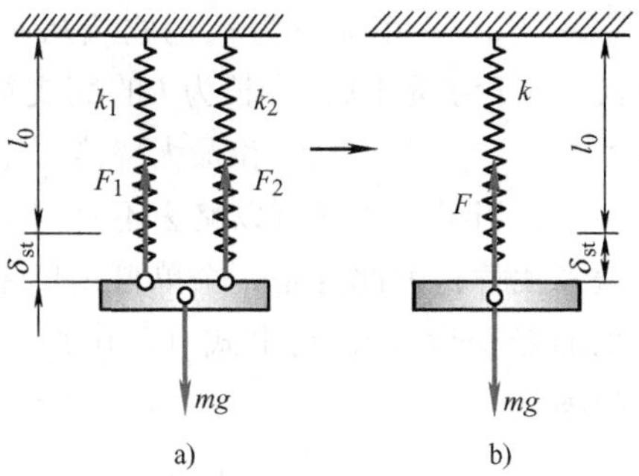

图 2-2　并联弹簧
a）并联弹簧　b）等效弹簧

如果用一根刚度系数为 $k$ 的弹簧来代替原来的两根弹簧，使该弹簧的静变形与原来两根弹簧所产生的静变形相等，如图 2-2b 所示，则

$$mg=k\delta_{st} \tag{b}$$

比较式（a）与式（b），得

$$k=k_1+k_2 \tag{c}$$

$k$ 称为并联弹簧的等效刚度系数。式（c）表明，并联后的等效刚度系数是各并联刚度系数的算术和。弹簧并联的特征是：两弹簧变形量相等。

由式（2-8），可求出系统的固有频率

$$f=\frac{1}{2\pi}\sqrt{\frac{k}{m}}=\frac{1}{2\pi}\sqrt{\frac{k_1+k_2}{m}}$$

（2）串联弹簧

当物块在静平衡位置时，它的静位移 $\delta_{st}$ 等于每根弹簧的静变形之和，即

$$\delta_{st}=\delta_{1st}+\delta_{2st} \tag{d}$$

因为弹簧是串联的，其特征是：两弹簧受力相等，即每根弹簧所受的拉力都等于重力 $mg$。

$$\delta_{1st}=\frac{mg}{k_1},\quad \delta_{2st}=\frac{mg}{k_2} \tag{e}$$

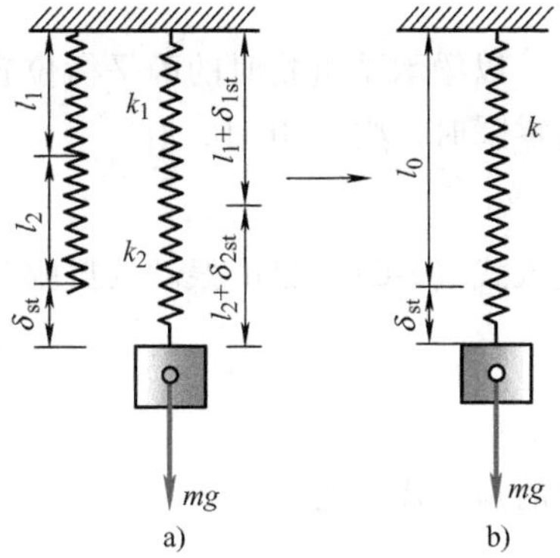

图 2-3　串联弹簧
a）串联弹簧　b）等效弹簧

如果用一根刚度系数为 $k$ 的弹簧来代替原来的两根弹簧，此弹簧的静变形等于 $\delta_{st}$（图 2-3b）。

$$\delta_{st}=\frac{mg}{k} \tag{f}$$

将式（e）、式（f）代入式（d），得

$$k=\frac{k_1k_2}{k_1+k_2}$$

$k$ 称为串联弹簧的等效刚度系数。表明串联后的刚度系数的倒数等于各串联刚度系数倒数的算术和。由此可知，串联后的等效刚度系数减小了，而且比原来任一刚度系数都要小。

可求出系统的固有频率为

$$f=\frac{1}{2\pi}\sqrt{\frac{k}{m}}=\frac{1}{2\pi}\sqrt{\frac{k_1k_2}{m(k_1+k_2)}}$$

**例 2-2**　一个质量为 $m$ 的物块从 $h$ 的高处自由落下，与一根抗弯刚度为 $EI$（其中 $E$ 为弹性模量；$I$ 为惯性矩）、长为 $l$ 的简支梁作塑性碰撞（见图 2-4），不计梁的质量，求该系统自由振动的频率、振幅和最大挠度。

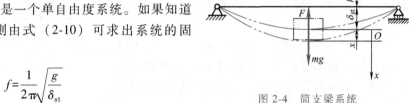

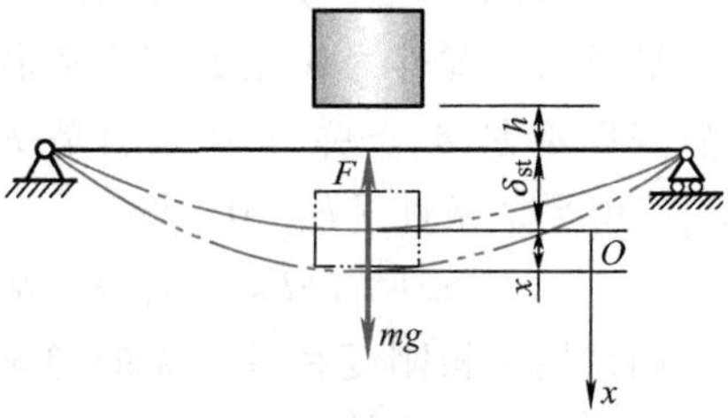

图 2-4　简支梁系统

**解**：当梁的质量可以略去不计时，梁可以用一根弹簧来代替，因此这是一个单自由度系统。如果知道系统的静变形 $\delta_{st}$，则由式（2-10）可求出系统的固有频率

$$f=\frac{1}{2\pi}\sqrt{\frac{g}{\delta_{st}}}$$

由材料力学可知，简支梁受集中载荷作用，其中点的静挠度为

$$\delta_{st}=\frac{mgl^3}{48EI}$$

可求出系统的固有频率为

$$f=\frac{1}{2\pi}\sqrt{\frac{48EI}{ml^3}}$$

以梁承受重物时的静平衡位置为坐标原点 $O$，建立坐标系如图 2-4 所示，并以撞击时刻为零瞬时，则 $t=0$ 时，有

$$x_0=-\delta_{st},\quad \dot{x}_0=\sqrt{2gh}$$

代入式（2-6），自由振动的振幅为

$$A=\sqrt{x_0^2+\left(\frac{\dot{x}_0}{p_n}\right)^2}=\sqrt{\delta_{st}^2+2h\delta_{st}}$$

梁的最大挠度为

$$\delta_{max}=A+\delta_{st}=\sqrt{\delta_{st}^2+2h\delta_{st}}+\delta_{st}=\frac{mgl^3}{48EI}\left(1+\sqrt{1+\frac{96EIh}{mgl^3}}\right)$$

### 2.1.3　单自由度系统的扭转振动

前面研究的单自由度振动系统，主要是弹簧-质量组成的直线振动系统。在工程实际中

还有许多其他形式的振动系统，如内燃机的曲轴、轮船的传动轴等。在运转中常常产生扭转振动，简称扭振。

图 2-5 所示为一扭振系统。其中 $OA$ 为一铅直圆轴，上端 $A$ 固定，下端 $O$ 固连一水平圆盘，圆盘对中心轴 $OA$ 的转动惯量为 $J_O$。如果在圆盘的水平面内加一力偶，然后突然撤去，圆轴就会带着圆盘做自由扭振，这种装置称为扭摆。在研究它的运动规律时，假定圆轴的质量可以略去不计，圆盘的位置可由圆盘上任一根半径线和该线的静止位置之间的夹角 $\varphi$ 来决定，称之为扭角。再假定圆轴的抗扭刚度为 $k_n$，它表示使圆盘产生单位扭角所需的力矩。根据刚体定轴转动微分方程建立该系统的运动微分方程

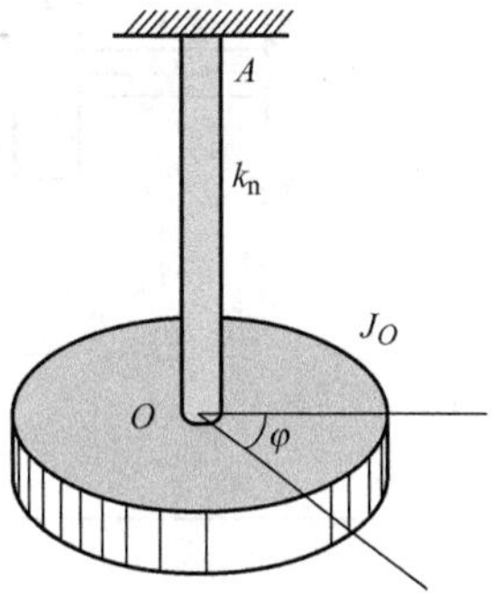


图 2-5　扭振系统

$$J_O \ddot{\varphi} = -k_n \varphi$$

令

$$p_n = \sqrt{\frac{k_n}{J_O}} \tag{2-11}$$

则上式改写为

$$\ddot{\varphi} + p_n^2 \varphi = 0 \tag{2-12}$$

可以看到，式（2-12）与式（2-3）具有相同的形式，因此，扭振的运动规律也具有与式（2-4）相同的形式，即

$$\varphi = \varphi_0 \cos p_n t + \frac{\dot{\varphi}_0}{p_n} \sin p_n t \tag{2-13}$$

综上所述，对于单自由度振动系统来说，尽管直线振动和扭振的结构形式、振动形式不一样，但其振动规律、特征是完全相同的。如果在弹簧-质量系统中，将 $m$、$k$ 理解为广义质量 $m_q$ 和广义刚度系数 $k_q$，将其坐标看成广义坐标 $q$，则对于单自由振动系统来说，它的自由振动微分方程的典型形式为

$$\begin{aligned} &\ddot{q} + p_n^2 q = 0 \\ &p_n = \sqrt{\frac{k_q}{m_q}} \end{aligned} \tag{2-14}$$

图 2-6a 所示为扭振系统两个轴并联的情况；图 2-6b 为两轴串联的情况；图 2-6c 则为进一步简化的等效系统。根据例 2-1 中有关串、并联弹簧的结论，可得到并联轴系的等效刚度系数为

$$k_n = k_{n1} + k_{n2}$$

串联轴系的等效刚度系数为

$$k_n = \frac{k_{n1} k_{n2}}{k_{n1} + k_{n2}}$$

为了应用上的方便，将不同弹性构件的等效刚度系数 $k$ 编入附录 A，供读者查阅。

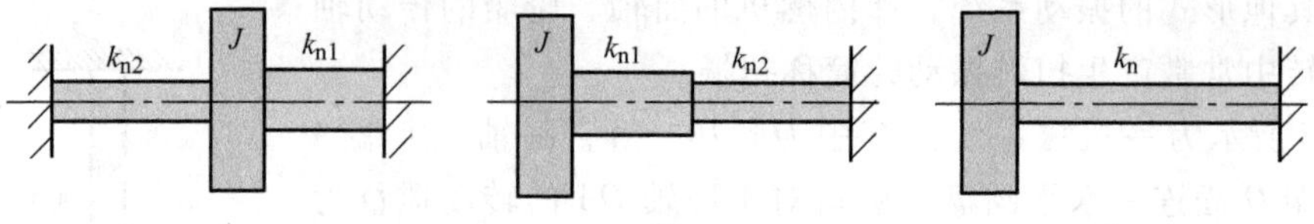


图 2-6　轴系扭振系统
a）并联情况　b）串联情况　c）等效系统

## 2.2　计算固有频率的能量法

计算振动系统的固有频率，是研究振动系统特征的重要任务之一。在上节中，一般是在求出振动系统的运动微分方程的基础上确定其固有频率的。在本节中，将介绍计算固有频率的能量法。能量法的理论基础是机械能守恒定律，应用能量法能够比较容易地求出保守系统的固有频率。

在图 2-1 所示无阻尼单自由度振动系统中，作用在该系统上的重力和弹性力都是保守力。根据保守力场中的机械能守恒定律，该系统在振动过程中，其势能与动能之和保持不变。即

$$T+V=常量$$

式中，$T$ 是动能；$V$ 是势能。如果取平衡位置 $O$ 为势能的零点，则系统在任一位置时，

$$\begin{cases} T=\dfrac{1}{2}m\dot{x}^2 \\ V=\dfrac{1}{2}kx^2 \end{cases} \tag{2-15}$$

当系统在平衡位置时，$x=0$，速度为最大，于是势能为零，动能具有最大值 $T_{max}$；当系统在最大偏离位置时，速度为零，于是动能为零，而势能具有最大值 $V_{max}$。由于系统的机械能守恒，因此

$$T_{max}=V_{max} \tag{2-16}$$

这是用能量法计算固有频率的公式。

例 2-3　船舶振动记录仪的原理图如图 2-7 所示。重物 $D$ 连同杆 $BD$ 对于支点 $B$ 的转动惯量为 $J_B$，求重物 $D$ 在铅直方向的振动频率。已知弹簧 $AC$ 的刚度系数是 $k$。

解：这是单自由度振动系统。系统的位置可由杆 $BD$ 自水平的平衡位置量起的 $\varphi$ 角来决定。系统的动能为$\dfrac{1}{2}J_B\omega^2$。

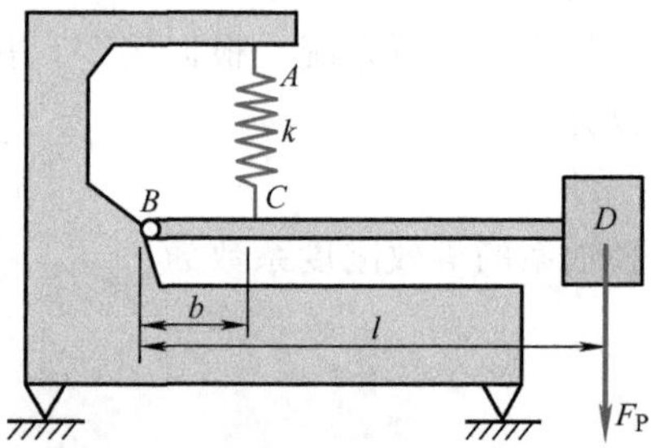


图 2-7　船舶振动记录仪的原理图

设系统做简谐振动，则其运动方程为

$$\varphi=\Phi\sin(p_{n}t+\alpha)$$

角速度及系统的最大动能分别为

$$\dot{\varphi}=\frac{d\varphi}{dt}=\Phi p_{n}\cos(p_{n}t+\alpha)$$

$$T_{max}=\frac{1}{2}J_{B}\dot{\varphi}_{max}^{2}=\frac{1}{2}J_{B}\Phi^{2}p_{n}^{2} \tag{a}$$

取平衡位置为系统的零势能点。设在平衡位置时，弹簧的伸长量为 $\delta_{st}$。此时，弹性力 $F_{st}=k\delta_{st}$，方向向上。

$$\Sigma M_{B}(F)=0,\quad F_{st}b-F_{P}l=0$$

$$k\delta_{st}b-F_{P}l=0 \tag{b}$$

该系统的势能

$$V=\frac{1}{2}k[-\delta_{st}^{2}+(\delta_{st}+b\varphi)^{2}]-F_{P}l\varphi=\frac{1}{2}kb^{2}\varphi^{2}+(kb\delta_{st}-F_{P}l)\varphi \tag{c}$$

将式（b）代入式（c）得

$$V=\frac{1}{2}kb^{2}\varphi^{2}$$

$$V_{max}=\frac{1}{2}kb^{2}\varphi_{max}^{2}=\frac{1}{2}kb^{2}\Phi^{2} \tag{d}$$

将式（a）、式（d）代入式（2-16）

$$\frac{1}{2}J_{B}\Phi^{2}p_{n}^{2}=\frac{1}{2}kb^{2}\Phi^{2} \tag{e}$$

解得

$$f=\frac{1}{2\pi}p_{n}=\frac{1}{2\pi}\sqrt{\frac{kb^{2}}{J_{B}}}$$

---

## 2.3　瑞利法

在前面的讨论中，都忽略了系统中弹簧的质量，使弹簧只有弹性而无惯性，于是将分布质量系统简化为单自由度系统计算固有频率。这种简化对于许多工程问题来说，计算精度能满足要求。但是在某些问题中，弹簧本身的质量可能占系统总质量的一定比例，它对固有频率的影响不能再忽略，否则会导致计算的固有频率偏高，从而产生一定的误差。

若考虑弹簧的质量，则问题就成为连续系统的振动问题。这将在以后章节中讨论。在本节中，仅讨论一种仍按单自由度系统求固有频率的近似方法，称为**瑞利法**。利用能量法，将弹簧的分布质量的动能计入系统的总动能，会得到相当准确的固有频率。

应用瑞利法，首先应假定系统的振动位形。对于图 2-8 所示系统，假设弹簧上各点在振动过程中任一瞬时的位移和一根等直弹性杆在一端固定另一端受轴向力作用下各截面的静变形一样。根据胡克定律，各截面的静变形与离固定端的距离成正比。依据此假设计算弹簧的

动能，并表示为集中质量的动能，为

$$T_s=\frac{1}{2}m_{eq}\dot{x}^2$$

式中，$m_{eq}$称为等效质量。系统的势能没有改变，与不考虑弹簧质量是一样的。然后应用能量法求系统的固有频率。

例 2-4　在图 2-8 所示系统中，弹簧长 $l$，其质量为 $m_s$。求弹簧的等效质量及系统的固有频率。

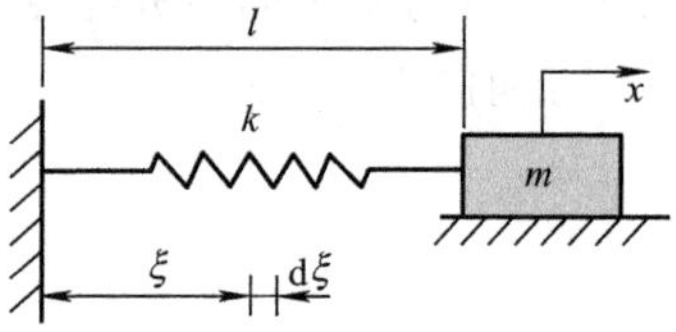

图 2-8　等效质量

解：令 $x$ 表示弹簧右端的位移，也是质量 $m$ 的位移。并假设弹簧各点在振动中任一瞬时的位移和一根直杆在一端固定另一端受轴向载荷作用时各截面的静变形一样，左端距离为 $\xi$ 的截面的位移为$\frac{\xi}{l}x$，则 d$\xi$ 弹簧的动能为

$$\mathrm{d}T_s=\frac{1}{2}\frac{m_s}{l}\mathrm{d}\xi\left(\frac{\xi}{l}\dot{x}\right)^2$$

弹簧的总动能

$$T_s=\int_0^l \mathrm{d}T_s=\frac{1}{2}\frac{m_s}{3}\dot{x}^2$$

由上式得弹簧的等效质量

$$m_{eq}=\frac{1}{3}m_s$$

再应用能量法可求出固有频率。系统的总动能为

$$T=\frac{1}{2}m\dot{x}^2+\frac{1}{2}\frac{m_s}{3}\dot{x}^2=\frac{1}{2}\left(m+\frac{m_s}{3}\right)\dot{x}^2$$

系统的势能为

$$V=\frac{1}{2}kx^2$$

设

$$x=A\cos(p_n t-\varphi)$$

考虑到方程（2-2），得固有频率为

$$f=\frac{1}{2\pi}p_n=\frac{1}{2\pi}\sqrt{\frac{k}{m+\frac{m_s}{3}}}$$

可见，应用瑞利法考虑弹簧质量的影响时，只要将弹簧质量的 1/3 加入质量 $m$ 中，可仍然按单自由度系统的固有频率公式计算。这样处理所得结果的精度已能满足要求。

例 2-5　设一均质等截面悬臂梁如图 2-9a 所示，梁端有一集中质量 $M$，梁单位长度质量为 $m$。若考虑梁的质量，试求梁的等效质量和系统的固有频率。

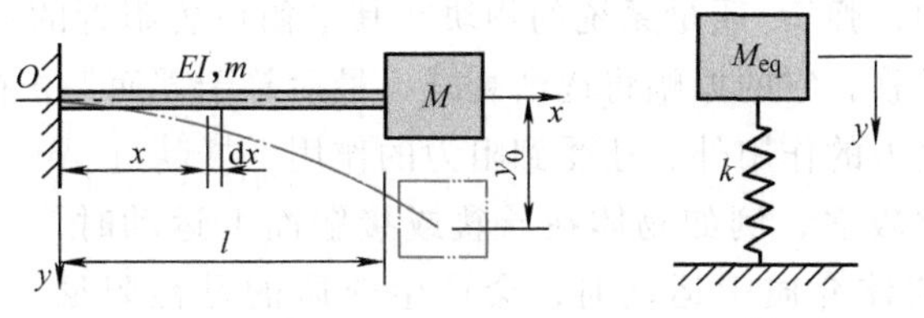


图 2-9　等截面悬臂梁

**解**：假设梁在自由振动中的动挠度曲线和悬臂梁自由端有集中载荷 $Mg$ 作用下的静挠度曲线一样，由材料力学可知，悬臂梁自由端的挠度为

$$y_0=\frac{Mgl^3}{3EI}$$

任一截面 $x$ 处的挠度表示为 $y_0$ 的函数

$$y=\frac{3lx^2-x^3}{2l^3}y_0$$

在振动时，$y$、$y_0$ 均是变量，则有

$$\dot{y}=\frac{3lx^2-x^3}{2l^3}\dot{y}_0$$

梁的动能

$$T_s=\frac{1}{2}\int_0^l m\,\dot{y}^2\mathrm{d}x=\frac{1}{2}m\left(\frac{\dot{y}_0}{2l^3}\right)^2\int_0^l(3lx^2-x^3)^2\mathrm{d}x=\frac{1}{2}\,\frac{33}{140}ml\,\dot{y}_0^2$$

式中，$ml$ 为梁的质量。因此梁的等效质量为

$$m_{eq}=\frac{33}{140}ml$$

则图 2-9a 的系统可以简化为图 2-9b 所示的单自由度系统。其质量为

$$M_{eq}=M+m_{eq}=M+\frac{33}{140}ml$$

刚度系数为

$$k=\frac{Mg}{y_0}=\frac{3EI}{l^3}$$

则系统的固有频率为

$$f=\frac{1}{2\pi}p_n=\frac{1}{2\pi}\sqrt{\frac{3EI/l^3}{M+\frac{33}{140}ml}}$$

## 2.4　有阻尼系统的衰减振动

在自由振动中，振动的振幅是不变的，振动将无限地延续下去。但是，实际观察到的结

果并非完全如此。例如，弹簧-质量系统的物块在其平衡位置附近的自由振动并非无限地延续下去，随着时间的推移，它的振幅将逐渐衰减，最后趋于零而停止振动。这说明，在振动过程中，物块除受恢复力的作用外，还受到阻力的作用。振动过程中的阻力统称为阻尼。

产生阻尼的因素比较多，例如物体在导轨或接触面上运动时，会产生库仑阻尼；在流体介质中运动时，会产生介质的黏性阻尼（如空气阻尼、油的阻尼）等。

黏性阻尼是最常见的一种阻尼，在低速（小于0.2m/s）运动中与速度的一次方成正比，这种阻尼也称为**线性阻尼**，表示为

$$\boldsymbol{F}_{\mathrm{R}}=-c\boldsymbol{v} \tag{2-17}$$

式中，负号表示阻尼力 $\boldsymbol{F}_{\mathrm{R}}$ 的方向总是与物体的速度方向相反。$c$ 称为**黏性阻尼系数**。它与物体的形状、尺寸及介质的性质有关，单位是N·s/m。本节中，只考虑这种阻尼对振动系统的影响。

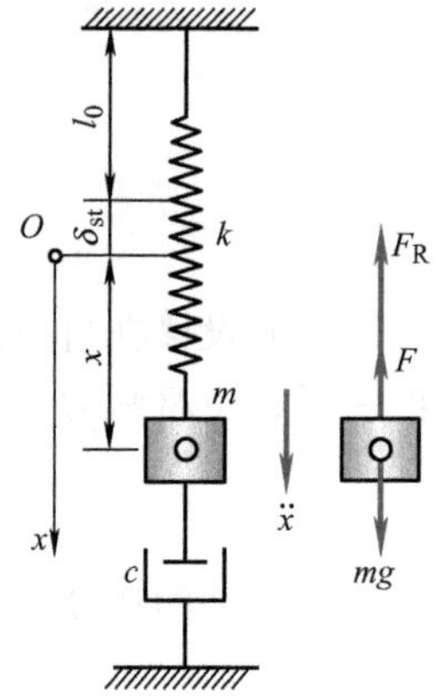

图2-10　有阻尼系统

图2-10所示为一有阻尼的弹簧-质量系统的简化模型。物块的下部为阻尼器。仍以静平衡位置 $O$ 为坐标原点，选 $x$ 轴铅垂向下为正，利用式（2-1a）的结果，则可写出物块的运动微分方程

$$m\ddot{x}=-c\dot{x}-k(x+\delta_{\mathrm{st}})+mg=-c\dot{x}-kx \tag{a}$$

将式（a）两边除以 $m$，并令 $p_{\mathrm{n}}^2=\dfrac{k}{m}$，$2n=\dfrac{c}{m}$，其中 $n$ 称为衰减系数，它的单位是 $\mathrm{s}^{-1}$。式（a）改写成

$$\ddot{x}+2n\dot{x}+p_{\mathrm{n}}^2x=0 \tag{2-18}$$

这就是有阻尼的自由振动微分方程。它是一个二阶常系数线性齐次微分方程。由微分方程理论可知，它的解具有如下形式

$$x=\lambda\mathrm{e}^{rt} \tag{b}$$

将式（b）代入式（2-18），得系统的特征方程为

$$r^2+2nr+p_{\mathrm{n}}^2=0 \tag{2-19}$$

特征方程的两个根为

$$\begin{cases}r_1=-n+\sqrt{n^2-p_{\mathrm{n}}^2}\\ r_2=-n-\sqrt{n^2-p_{\mathrm{n}}^2}\end{cases} \tag{2-20}$$

由此可见，随着 $n$ 与 $p_{\mathrm{n}}$ 值的不同，$r_1$ 与 $r_2$ 也具有不同的值，因而运动规律也就不同。下面按 $n<p_{\mathrm{n}}$，$n>p_{\mathrm{n}}$，$n=p_{\mathrm{n}}$ 三种情况进行讨论。

**1. $n<p_{\mathrm{n}}$，欠阻尼的情形**

这时特征方程有一对共轭复根

$$\begin{cases}r_1=-n+\mathrm{j}\sqrt{p_{\mathrm{n}}^2-n^2}=-n+\mathrm{j}p_{\mathrm{d}}\\ r_2=-n-\mathrm{j}\sqrt{p_{\mathrm{n}}^2-n^2}=-n-\mathrm{j}p_{\mathrm{d}}\end{cases} \tag{c}$$

式中，$\mathrm{j}=\sqrt{-1}$；$p_{\mathrm{d}}=\sqrt{p_{\mathrm{n}}^2-n^2}$。将式（c）代入式（b），注意到

$$\mathrm{e}^{\pm\mathrm{j}p_{\mathrm{d}}t}=\cos p_{\mathrm{d}}t\pm\mathrm{j}\sin p_{\mathrm{d}}t$$

于是，方程（2-18）的通解为

$$x=e^{-nt}(C_1\cos p_d t+C_2\sin p_d t) \tag{2-21}$$

式中，$C_1$、$C_2$ 是两个积分常数，由运动初始条件确定。当 $t=0$ 时，$x=x_0$，$\dot{x}=\dot{x}_0$，得到

$$C_1=x_0,\quad C_2=\frac{nx_0+\dot{x}_0}{p_d}$$

式（2-21）亦可写成下述形式

$$x=Ae^{-nt}\sin(p_d t+\alpha) \tag{2-22}$$

式中

$$\begin{cases} A=\sqrt{x_0^2+\dfrac{(\dot{x}_0+nx_0)^2}{p_d^2}} \\ \alpha=\arctan\left(\dfrac{x_0 p_d}{\dot{x}_0+nx_0}\right) \end{cases} \tag{2-23}$$

与式（2-22）对应的运动图如图 2-11 所示，可以看到，物块在平衡位置附近做往复运动，具有振动的性质。但它的振幅不是常数，而是随时间的推延而衰减。因此，有阻尼的自由振动并非按同样的条件做循环往复的周期振动，习惯上把它视为准周期振动，通常称为衰减振动。

（1）阻尼对周期的影响。

衰减振动，即欠阻尼自由振动的周期 $T_d$ 是指物体由最大偏离位置起经过一次振动循环又到达另一最大偏离位置所经过的时间。由振动方程(2-22)得到欠阻尼振动的周期

$$T_d=\frac{2\pi}{p_d}=\frac{2\pi}{p_n}\frac{1}{\sqrt{1-\left(\dfrac{n}{p_n}\right)^2}}=\frac{T}{\sqrt{1-\zeta^2}} \tag{2-24}$$

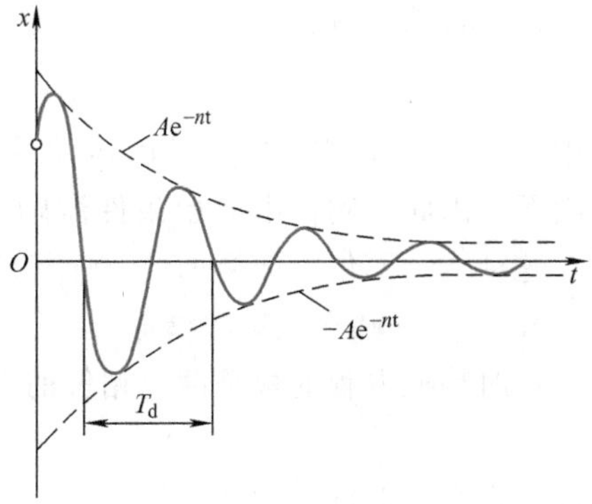

图 2-11　有阻尼系统的衰减振动

式中，$T=\dfrac{2\pi}{p_n}$为无阻尼自由振动的周期；且

$$\zeta=\frac{n}{p_n} \tag{2-25}$$

它等于衰减系数 $n$ 与系统的无阻尼自由振动固有圆频率 $p_n$ 之比，称为阻尼比。阻尼比是振动系统中反映阻尼特性的重要参数，在小阻尼情况下，$\zeta<1$。

由式（2-24）看出，由于阻尼的存在，衰减振动的周期加大。通常 $\zeta$ 很小，阻尼对周期的影响不大。例如，当 $\zeta=0.05$ 时，$T_d=1.00125T$，周期 $T_d$ 仅增加了 0.125%。当材料的阻尼比 $\zeta\ll1$ 时，可近似认为有阻尼自由振动的周期与无阻尼自由振动的周期相等。

（2）阻尼对振幅的影响。

由式（2-22）可以看出，衰减振动的振幅随时间按指数规律衰减。设经过一周期 $T_d$，在同方向的相邻两个振幅分别为 $A_i$ 和 $A_{i+1}$，即

$$A_i=Ae^{-nt_i}\sin(p_d t_i+\alpha)$$

$$A_{i+1}=Ae^{-n(t_i+T_d)}\sin[p_d(t_i+T_d)+\alpha]$$

注意到，$\sin[p_d(t_i+T_d)+\alpha]=\sin(p_d t_i+\alpha)$，两振幅之比为

$$\eta=\frac{A_i}{A_{i+1}}=e^{nT_d} \tag{2-26}$$

$\eta$ 称为振幅减缩率或减幅因数。如仍以 $\zeta=0.05$ 为例，算得 $\eta=e^{nT_d}=1.37$，即物体每振动一次，振幅就减少27%。由此可见，在欠阻尼情况下，周期的变化虽然微小，但振幅的衰减却非常显著，它是按几何级数衰减的。

振幅减缩率的自然对数称为对数减缩率或对数减幅因数，以 $\delta$ 表示

$$\delta=\ln\eta=nT_d \tag{2-27a}$$

将式（2-24）、式（2-25）代入上式，得

$$\delta=\frac{2\pi\zeta}{\sqrt{1-\zeta^2}}\approx 2\pi\zeta \tag{2-27b}$$

**2. $n>p_n$，过阻尼的情形**

这时，特征方程的根是两个不等的实根，

$$r_1=-n+\sqrt{n^2-p_n^2}$$

$$r_2=-n-\sqrt{n^2-p_n^2}$$

方程(2-18)的通解为

$$x=e^{-nt}\left(C_1 e^{\sqrt{n^2-p_n^2}t}+C_2 e^{-\sqrt{n^2-p_n^2}t}\right) \tag{2-28}$$

式中，$C_1$、$C_2$ 是积分常数，由运动的初始条件确定。式（2-28）中，已不含时间简谐函数的因子。因此，物体由初始条件激励产生的运动，随着时间的增大，将逐渐地趋于平衡位置。这种运动不仅是非周期的，而且已不再具有振动的性质了。

**3. $n=p_n$，临界阻尼的情形**

这时特征方程的根是两个相等的实根

$$r_1=r_2=-n$$

因此，方程（2-18）的通解为

$$x=e^{-nt}(C_1+C_2t) \tag{2-29}$$

式中，$C_1$、$C_2$ 为积分常数，由运动的初始条件确定。这种情形与过阻尼的情形相似，运动已无振动的性质。但它是过阻尼情形的下边界，同一个系统，受相同的运动初始条件激励，临界阻尼情形中位移最大，而且返回平衡位置最快。

值得注意的是，临界情形是从衰减振动过渡到非周期运动的临界状态。因此，这时系统的阻尼系数是表征运动规律在性质上发生变化的重要临界值。设 $c_c$ 为临界阻尼系数，由于 $\zeta=\frac{n}{p_n}=1$，即

$$c_c=2nm=2p_n m=2\sqrt{km} \tag{2-30}$$

可见，$c_c$ 只取决于系统本身的质量与刚度系数。由

$$\frac{c}{c_c}=\frac{2nm}{2p_n m}=\frac{n}{p_n}=\zeta$$

$\zeta$ 即阻尼系数与临界阻尼系数的比值，这就是 $\zeta$ 称为阻尼比的原因。

具有临界阻尼的系统与过阻尼系统比较，它为最小阻尼系统。因此质量 $m$ 将以最短的

时间回到静平衡位置，并不做振动运动，临界阻尼的这种性质有实际意义，例如大炮发射炮弹时要出现反弹，应要求发射后炮身以最短的时间回到原来的静平衡位置，而且不产生振动，这样才能既快又准确地发射第二发炮弹。显然，只有临界阻尼器才能满足这种要求。

**例 2-6**　为车辆设计欠阻尼减振器，要求振动一周后的振幅减小到第一幅值的 1/16。已知车辆质量 $m=500\text{kg}$，阻尼振动周期 $T_d=1\text{s}$。试求减振器的刚度系数 $k$ 和阻尼系数 $c$。

解：由 $\dfrac{x_1}{x_2}=\dfrac{1}{1/16}$ 得 $\dfrac{x_1}{x_2}=16$，则对数减缩率

$$\delta=\ln\frac{x_1}{x_2}=\ln 16=2.7726$$

解出阻尼比

$$\zeta=0.4037$$

求得固有圆频率

$$p_n=\frac{2\pi}{\sqrt{1-\zeta^2}}=6.8677\text{rad/s}$$

所以，临界阻尼系数、阻尼系数及刚度系数求得如下：

$$c_c=2mp_n=2\times500\times6.8677\text{N}\cdot\text{s/m}=6867.7\text{N}\cdot\text{s/m}$$

$$c=\zeta c_c=0.4037\times6867.7\text{N}\cdot\text{s/m}=2772.49\text{N}\cdot\text{s/m}$$

$$k=mp_n^2=500\times(6.8677)^2=23\ 582.65\text{N/m}$$

## 2.5　简谐激励作用下的受迫振动

由于阻尼的存在，自由振动都会逐渐衰减直至完全停止。要使系统持续振动，应在系统上施加激振力或激励位移等外部激励。这类在外部激励作用下所产生的振动称为受迫振动。本节中只讨论系统受有简谐激振力的情形。

### 2.5.1　振动微分方程

在图 2-12 中，具有黏性阻尼的振动系统上，作用有一简谐激振力

$$F_S=H\sin\omega t$$

式中，$H$ 为激振力的幅值；$\omega$ 为激振力的圆频率。以平衡位置 $O$ 为坐标原点，$x$ 轴铅直向下为正，利用式（2-1）的结果，则物块的运动微分方程为

$$m\ddot{x}=-c\dot{x}-k(x+\delta_{st})+mg+H\sin\omega t$$
$$=-c\dot{x}-kx+H\sin\omega t$$

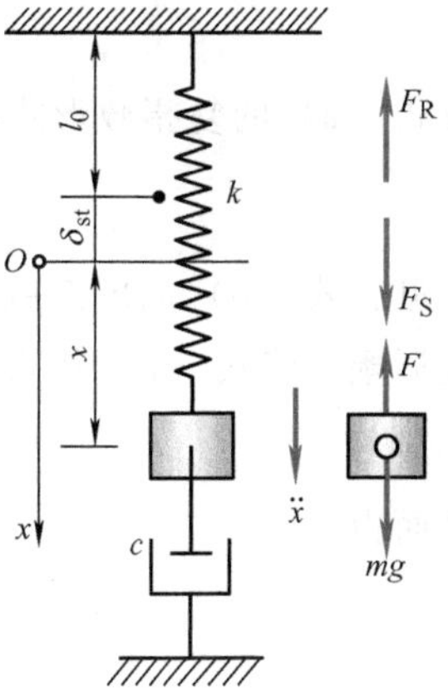


图 2-12　受迫振动系统

将上式两边除以 $m$ 并令 $p_n^2=\dfrac{k}{m}$，$2n=\dfrac{c}{m}$，$h=\dfrac{H}{m}$，其中 $h$ 表示单位质量受到的激振力的幅值。于是，上式可改写为

$$\ddot{x}+2n\dot{x}+p_n^2x=h\sin\omega t \tag{2-31}$$

这是具有黏性阻尼的单自由度受迫振动微分方程，是二阶常系数线性非齐次微分方程。它的解由两部分组成

$$x(t)=x_1(t)+x_2(t)$$

式中，$x_1(t)$ 是齐次微分方程 $\ddot{x}+2n\dot{x}+p_n^2x=0$ 的通解。对于欠阻尼的情形 $n<p_n$，由式（2-22）知，其通解为

$$x_1(t)=Ae^{-nt}\sin(p_dt+\alpha)$$

设 $x_2(t)$ 是非齐次方程（2-31）的特解。设特解为

$$x_2(t)=B\sin(\omega t-\varphi)$$

这样，非齐次方程（2-31）的解可写成

$$x(t)=x_1(t)+x_2(t)=Ae^{-nt}\sin(p_dt+\alpha)+B\sin(\omega t-\varphi) \tag{2-32}$$

由此看出，受迫振动是由两部分组成，前一部分是圆频率为 $p_d$ 的衰减振动，后一部分是圆频率为 $\omega$ 的受迫振动。由于阻尼的存在，衰减振动部分经过一定的时间之后就消失了。在衰减振动完全消失以前，系统的振动称为暂态过程，亦称为暂态响应。在此之后，是稳定的等幅受迫振动，这是受迫振动的稳态过程，亦称为稳态响应。因此，系统的稳态运动方程为

$$x=x_2=B\sin(\omega t-\varphi) \tag{2-33}$$

它是一简谐振动，其频率与激振力的频率相同，与激振力相比落后一相角 $\varphi$，称相位差。式中，$B$ 为受迫振动的振幅。

### 2.5.2 受迫振动的振幅 $B$、相位差 $\varphi$ 的讨论

**1. 振幅 $B$ 和相位差 $\varphi$**

利用复指数法求解，用 $he^{j\omega t}$ 代换 $h\sin\omega t$，则式（2-31）可写成

$$\ddot{x}+2n\dot{x}+p_n^2x=he^{j\omega t} \tag{a}$$

设式（a）的复指数形式的特解即稳态解为

$$x=x_2=\overline{B}e^{j\omega t} \tag{b}$$

可见，式（b）的虚部就是方程（2-31）的稳态解，即 $x=x_2=B\sin(\omega t-\varphi)$。式（b）中 $\overline{B}$ 为复振幅。将式（b）代入式（a），有

$$(-\omega^2+j2n\omega+p_n^2)\overline{B}e^{j\omega t}=he^{j\omega t}$$

从而得

$$\overline{B}=\frac{h}{p_n^2-\omega^2+j2n\omega}=Be^{-j\varphi} \tag{c}$$

式中，$B$ 为振幅 $\overline{B}$ 的模，有

$$B=|\overline{B}|=\frac{h}{\sqrt{(p_n^2-\omega^2)^2+(2n\omega)^2}} \tag{2-34}$$

$\varphi$ 为相角，也是$\overline{B}$的幅角，有

$$\varphi=\arctan\left(\frac{2n\omega}{p_n^2-\omega^2}\right) \tag{2-35}$$

以上两式表明，稳态受迫振动的振幅 $B$ 和相位差 $\varphi$ 只取决于系统的固有频率、阻尼、激振力的幅值及频率，与运动的初始条件无关。

若将式（2-33）设为方程的解直接代入式（2-31），利用三角函数运算，也可得到相同的结果。

**2. 幅频特性曲线**

强迫振动的振幅在工程实际中是很重要的参数，它关系着振动系统的变形、强度和工作状态。为了探讨振幅 $B$ 与 $p_n$、$n$、$\omega$ 等参数的定量关系，将式（2-34）改写为

$$B=\frac{\dfrac{h}{p_n^2}}{\sqrt{\left[1-\left(\dfrac{\omega}{p_n}\right)^2\right]^2+4\left(\dfrac{n}{p_n}\right)^2\left(\dfrac{\omega}{p_n}\right)^2}}=\frac{B_0}{\sqrt{(1-\lambda^2)^2+4\zeta^2\lambda^2}} \tag{2-36}$$

式中，$B_0=\dfrac{h}{p_n^2}=\dfrac{H}{k}$，相当于在激振力的力幅 $H$ 作用下弹簧的静伸长，称为**静力偏移**；$\lambda=\dfrac{\omega}{p_n}$ 是激振力频率与系统固有频率之比，称为**频率比**；$\zeta=\dfrac{n}{p_n}$为阻尼比。令 $\beta=\dfrac{B}{B_0}$表示振幅 $B$ 与静力偏移 $B_0$ 的比值，称为**放大系数或动力系数**。式（2-36）可改写为无量纲的形式

$$\beta=\frac{B}{B_0}=\frac{1}{\sqrt{(1-\lambda^2)^2+(2\zeta\lambda)^2}} \tag{2-37}$$

图 2-13 绘出了对应不同的阻尼比 $\zeta$，放大系数 $\beta$ 随频率比 $\lambda$ 变化的曲线族，即**振动响应**

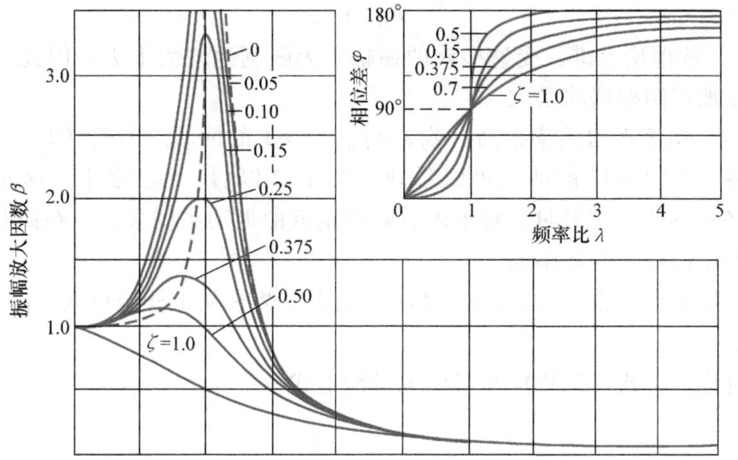


图 2-13　振动响应曲线

幅频特性曲线。

对于某一振动系统来说，$p_n$ 是不变的，激振力的圆频率 $\omega$ 从零开始增加，$\lambda$ 值也从零开始增加。下面将 $\lambda$ 的变化域分成三个区段来讨论幅频特性曲线的特征。

（1）低频区。指激振力的频率很低，或者说 $\omega \ll p_n$，$\lambda \to 0$ 的情形。由式（2-37）可以看出，此时放大系数 $\beta = \dfrac{B}{B_0} \approx 1$。表示受迫振动的振幅 $B$ 接近于静力偏移 $B_0$，即激振力的作用接近于静力作用。从图 2-13 看出，在低频区，阻尼比 $\zeta$ 对放大系数 $\beta$ 的影响很小，可略去不计。随着 $\lambda$ 值的增大，放大系数 $\beta$ 值逐渐增大，阻尼比 $\zeta$ 的影响也逐渐明显起来。

（2）共振区。工程实际中，关心的问题往往是在什么情况下 $\beta$ 达到极大值，也就是振动的振幅最大。为此，在式（2-37）中令

$$\frac{d\beta}{d\lambda} = 0$$

当 $\lambda = \lambda_m = \sqrt{1-2\zeta^2}$ 时，$\beta$ 达到极大值，即

$$\beta_{max} = \frac{1}{2\zeta\sqrt{1-\zeta^2}} \tag{2-38}$$

也就是说，当 $\omega = p_d = p_n\sqrt{1-2\zeta^2}$ 时，放大系数 $\beta$ 出现极大值，$p_d$ 称为共振圆频率。在许多实际问题中，$\zeta$ 值很小，$\zeta^2 \ll 1$，故可近似认为当 $\lambda = 1$ 时，$\beta$ 达到极大值，即

$$\beta_{max} \approx \frac{1}{2\zeta}$$

这说明当激振力的频率等于系统的固有频率，即 $\omega = p_n$ 时，受迫振动的振幅出现最大值，这种现象称为共振。所谓共振区是指 $\lambda = 1$ 邻近的振幅较大的区间。在这区间内，振幅变化十分明显，阻尼的影响也十分显著。阻尼比愈小，振幅的峰值愈大。在理想情形下，如果 $\zeta = 0$，式（2-37）可写成

$$\beta = \frac{B}{B_0} = \frac{1}{1-\lambda^2} \tag{2-39}$$

$\lambda = 1$ 时，$\beta \to \infty$，从理论上讲，受迫振动的振幅要无限制地增大下去。因此，在共振区内增加阻尼能够有效地抑制振幅的增大。

（3）高频区。指激振力频率很高，或 $\omega \gg p_n$，$\lambda \gg 1$ 的情形。由式（2-37）看出，$\beta$ 值逐渐减小而趋于零。由图 2-13 的曲线可以看到，当 $\lambda > 2$ 以后，$\beta$ 已很小，这时阻尼的影响又变得很小，可略去不计。这说明，对于固有频率很低的振动系统来说，在高频激振力的作用下，所产生的振动位移是非常小的。

应该指出，如果阻尼相当大，$\zeta > 0.77$ 时，放大系数 $\beta$ 从 1 开始单调下降而趋于零。

**3. 相频特性曲线**

为了便于讨论，将式（2-35）改写成无量纲形式

$$\varphi = \arctan\left(\frac{2\dfrac{n}{p_n}\dfrac{\omega}{p_n}}{1-\left(\dfrac{\omega}{p_n}\right)^2}\right) = \arctan\frac{2\zeta\lambda}{1-\lambda^2} \tag{2-40}$$

对应不同的阻尼比 $\zeta$，相位差 $\varphi$ 随 $\lambda$ 变化的曲线族如图 2-13 中的右上角所示，即**相频特性曲线**。

（1）低频区。当 $\lambda \ll 1$ 时，$\varphi \approx 0$，表明当激振力频率很低或 $\omega \ll p_n$ 时，相位差 $\varphi$ 接近于零，即受迫振动的位移与激振力几乎同相位。

（2）共振区。当 $\lambda = 1$ 时，$\varphi = 90°$，表明当激振力频率等于振动系统的固有频率时，相位差为 90°。值得注意，系统共振时，阻尼对相位差无影响，即无论阻尼多大，当 $\omega = p_n$ 时，相位差 $\varphi$ 总是等于 90°。在振动实验中，常以此作为判断振动系统是否处于共振状态的一种标志。

（3）高频区。当 $\lambda \gg 1$ 时，$\varphi = 180°$。表明当激振力频率远远高于固有频率时，受迫振动的相位差接近于 180°。这说明受迫振动的位移与激振力是反相位的。

应当指出，对于 $\zeta = 0$，当 $\lambda < 1$ 时，$\varphi = 0$；$\lambda > 1$ 时，$\varphi = 180°$；$\lambda = 1$ 时，$\varphi$ 角从 0 跳到 180°。

对于不同的阻尼值，相位差 $\varphi$ 角在 0 到 180°之间变化。

**例 2-7**　质量为 $M$ 的电动机安装在弹性基础上。由于转子不均衡，产生偏心，偏心距为 $e$，偏心质量为 $m$。转子以匀角速 $\omega$ 转动，如图 2-14a 所示，试求电动机的运动。弹性基础的作用相当于刚度系数为 $k$ 的弹簧。设电动机运动时受到黏性欠阻尼的作用，阻尼系数为 $c$。

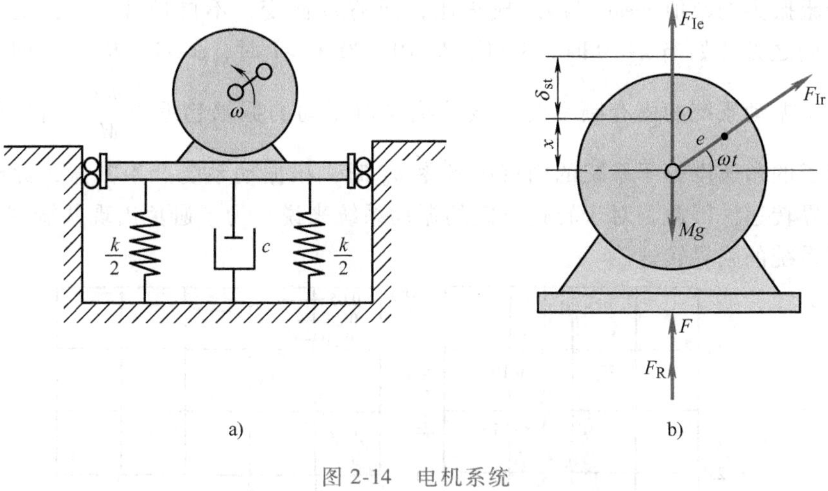


图 2-14　电机系统

**解：**取电动机的平衡位置为坐标原点 $O$，$x$ 轴铅直向下为正。作用在电动机上的力有重力 $Mg$、弹性力 $\boldsymbol{F}$、阻尼力 $\boldsymbol{F}_R$、虚加的惯性力 $\boldsymbol{F}_{Ie}$、$\boldsymbol{F}_{Ir}$，受力图如图 2-14b 所示。

根据达朗贝尔原理，有

$$\sum F_x = 0 \quad Mg - F - F_R - F_{Ie} - F_{Ir}\sin\omega t = 0$$

即

$$-c\dot{x} + Mg - k(x + \delta_{st}) - M\ddot{x} - me\omega^2\sin\omega t = 0$$

整理得

$$M\ddot{x} + c\dot{x} + kx = -me\omega^2\sin\omega t$$

令 $p_n^2 = \dfrac{k}{M}$，$2n = \dfrac{c}{M}$，则上式可写成

$$\ddot{x}+2n\dot{x}+p_n^2x=\frac{m}{M}e\omega^2\sin(\omega t+\pi)$$

式中，$\frac{m}{M}e\omega^2$ 与式（2-31）中的 $h$ 相当。因此，电动机做受迫振动的运动方程为

$$x=B\sin(\omega t+\pi-\varphi)$$

式中

$$B=\frac{me}{M}\frac{\lambda^2}{\sqrt{(1-\lambda^2)^2+4\zeta^2\lambda^2}}=b\frac{\lambda^2}{\sqrt{(1-\lambda^2)^2+4\zeta^2\lambda^2}}$$

$$\varphi=\arctan\frac{2\zeta\lambda}{1-\lambda^2}$$

式中，$b=\frac{me}{M}$。令放大系数 $\beta=\frac{B}{b}$，即

$$\beta=\frac{\lambda^2}{\sqrt{(1-\lambda^2)^2+4\zeta^2\lambda^2}}$$

绘出幅频特性曲线和相频特性曲线，如图 2-15 所示。由图可见，当阻尼比 $\zeta$ 较小时，在 $\lambda=1$附近，$\beta$ 值急剧增大，振幅出现峰值，即发生共振，这一点与图 2-13 所表示的情况是相同的。由于激振力的幅值 $me\omega^2$ 与 $\omega^2$ 成正比，即随 $\omega$ 而变，不再是常量。因此，该图与图 2-13 又有不同之处。如当 $\lambda\to0$ 时，$\beta\approx0$，$B\to0$；当 $\lambda\gg1$ 时，$\beta\to1$，$B\to b$，即电动机的角速度远远大于振动系统的固有频率时，该系统受迫振动的振幅趋近于$\frac{me}{M}$。当激振力的频率即电动机转子的角速度等于系统的固有圆频率 $p_n$ 时，该振动系统产生共振，此时电动机的转速称为临界转速。因此，对于转速恒定的振动系统来说，为了避免出现共振现象，务必使其转速远离系统的临界转速。

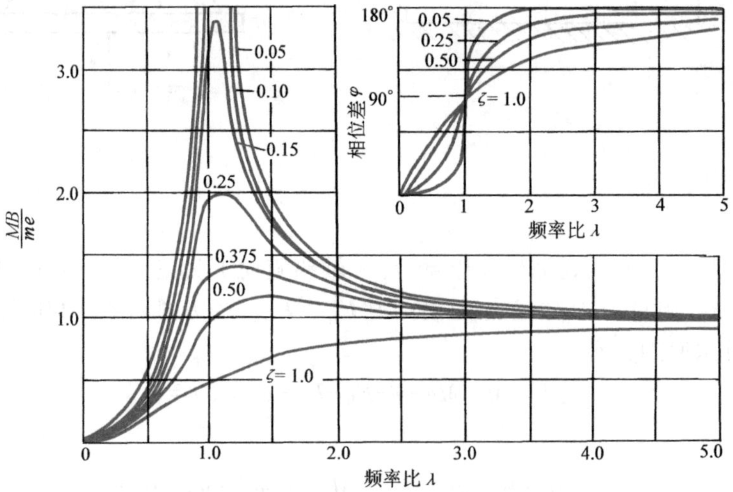


图 2-15　振动响应曲线（例 2-7）

**例 2-8**　在图 2-16 所示的系统中，物块受黏性欠阻尼作用，其阻尼系数为 $c$，物块的质

量为 $m$，弹簧刚度系数为 $k$。设物块和支承只沿铅垂方向运动，且支承的运动为 $y(t)=b\sin\omega t$，试求物块的运动规律。

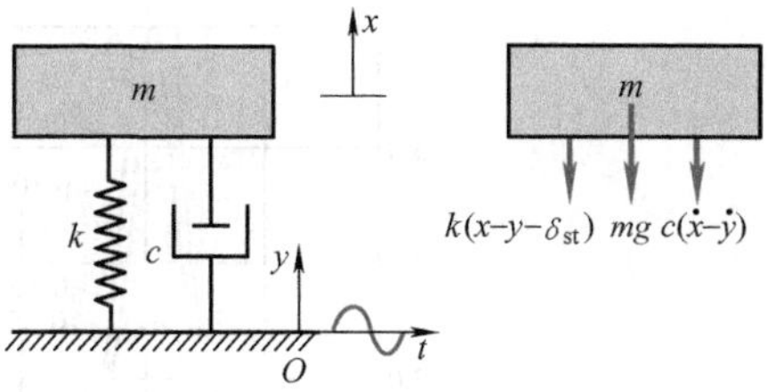


图 2-16 支承的运动

**解**：选取 $y=0$ 时物块的平衡位置为坐标原点 $O$，建立固定坐标轴 $Ox$，以铅垂向上为正。由图 2-16所示的受力图，建立物块的运动微分方程

$$m\ddot{x}=-c(\dot{x}-\dot{y})-k(x-\delta_{st}-y)-mg$$

即

$$m\ddot{x}+c\dot{x}+kx=c\dot{y}+ky \tag{a}$$

或写成

$$m\ddot{x}+c\dot{x}+kx=cb\omega\cos\omega t+kb\sin\omega t \tag{b}$$

力由两部分组成，一部分是由弹簧传递过来的 $ky$，相位与 $y$ 相同；另一部分是由阻尼器传递过来的 $c\dot{y}$，相位比 $y$ 超前$\dfrac{\pi}{2}$。

利用复指数法求解，用 $be^{j\omega t}$代换 $b\sin\omega t$，并设方程（a）的解为

$$x(t)=\overline{B}e^{j\omega t} \tag{c}$$

代入方程（a），得

$$\overline{B}=\frac{k+j\omega c}{k-\omega^2 m+j\omega c}b=Be^{-j\varphi} \tag{d}$$

式中，$B$ 为振幅；$\varphi$ 为响应与激励之间的相位差，显然有

$$B=b\sqrt{\frac{1+(2\zeta\lambda)^2}{(1-\lambda^2)^2+(2\zeta\lambda)^2}} \tag{e}$$

$$\tan\varphi=\frac{2\zeta\lambda^3}{1-\lambda^2+4\zeta^2\lambda^2} \tag{f}$$

方程（a）的稳态解为

$$x(t)=B\sin(\omega t-\varphi) \tag{g}$$

令放大系数 $\beta=\dfrac{B}{b}$，即

$$\beta=\frac{B}{b}=\sqrt{\frac{1+(2\zeta\lambda)^2}{(1-\lambda^2)^2+(2\zeta\lambda)^2}} \tag{h}$$

绘出幅频特性曲线和相频特性曲线，如图 2-17 所示。由图可见，当频率比 $\lambda=0$ 和 $\lambda=\sqrt{2}$时，无论阻尼比 $\zeta$ 为多少，振幅 $B$ 恒等于支承运动振幅 $b$；当 $\lambda>2$ 时，振幅 $B$ 小于 $b$，增加阻尼反而使振幅 $B$ 增大；当 $\lambda=\sqrt{1-2\zeta}$时（若 $\zeta$ 很小，则 $\lambda\approx1$），$\beta$ 出现峰值，发生共振现象。

在相频曲线中，对于 $\zeta=0$，$\lambda<1$，相位差 $\varphi=0$，$\lambda>1$，$\varphi=\pi$；对于 $\zeta>0$，有 $\lambda\to0$ 时，$\varphi\to0$；$\lambda\to\infty$ 时，$\varphi\to\dfrac{\pi}{2}$。

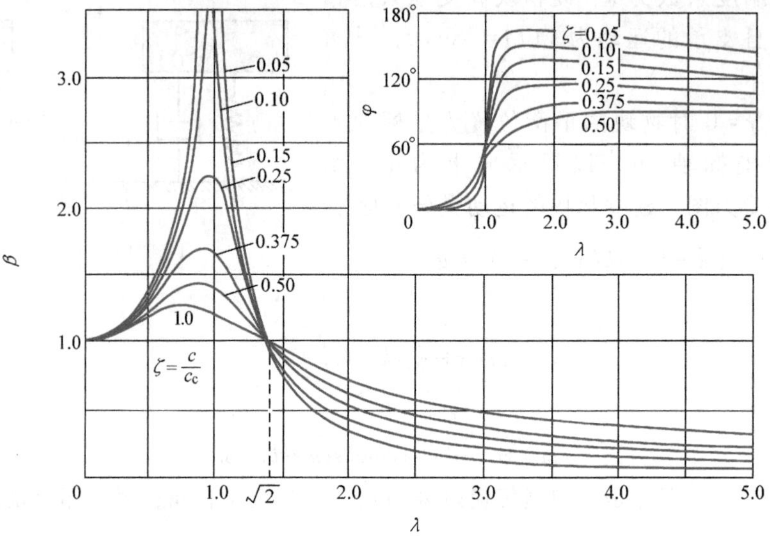


图 2-17　振动响应曲线（例 2-8）

此题也可设 $z(t)=x(t)-y(t)$，从而振动方程可表示为

$$m\frac{\mathrm{d}^2 z}{\mathrm{d}t^2}+c\frac{\mathrm{d}z}{\mathrm{d}t}+kz=m\omega^2 b\sin\omega t$$

所以可得到方程的解为

$$z=Z\sin(\omega t-\varphi)$$

式中

$$Z=\frac{m\omega^2 b}{\sqrt{(k-m\omega^2)^2+(c\omega)^2}},\quad \tan\varphi=\frac{c\omega}{k-m\omega^2}$$

则

$$x(t)=z+y=B\sin(\omega t-\varphi)$$

从而可得到与以上方法所求的结果相同的结果。

## 2.5.3　受迫振动系统力矢量的关系

已知简谐激振力 $F_S=H\sin\omega t$，稳态受迫振动的响应为

$$\begin{aligned} x &= B\sin(\omega t-\varphi) \\ \dot{x} &= B\omega\cos(\omega t-\varphi) \\ \ddot{x} &= -B\omega^2\sin(\omega t-\varphi) \end{aligned}$$

应用达朗贝尔原理，将图 2-12 所示的系统写成

$$\sum F_x=0\quad -m\ddot{x}-c\dot{x}-kx+H\sin\omega t=0 \tag{2-41}$$

它表明作用于物块的弹性力 $-kx$，阻尼力 $-c\dot{x}$，激振力 $H\sin\omega t$ 与物块的惯性力 $-m\ddot{x}$ 平衡。现将各力分别用 $kB$、$c\omega B$、$H$、$m\omega^2 B$ 的旋转矢量表示，位移旋转矢量用 $B$ 表示。则式（2-41）不仅反映了各项力之间的相位关系，而且可表示为一个力多边形，如图 2-18a 所示。

当 $\omega \ll p_n$，即 $\lambda \ll 1$ 时，相位差 $\varphi$ 很小。各力形成的封闭力多边形如图 2-18b 所示。它表明激振力的频率 $\omega$ 很小时，物块的速度、加速度均很小，所以其惯性力、阻尼力也很小。激振力主要靠弹性力来平衡。系统的振动很接近静力平衡状态。随着 $\omega$ 增大，惯性力、阻尼力等动力学因素也将增大。

当 $\omega = p_n$、$\lambda = 1$ 时，$\varphi = \dfrac{\pi}{2}$，各力形成的封闭力多边形如图 2-18c 所示。它表明，在共振时激振力主要靠阻尼力来平衡。

当 $\omega \gg p_n$、$\lambda \gg 1$ 时，各力形成的封闭力多边形如图 2-18d 所示。它表明，$\omega$ 很大时，惯性力增大，系统中动力学因素起主要作用。

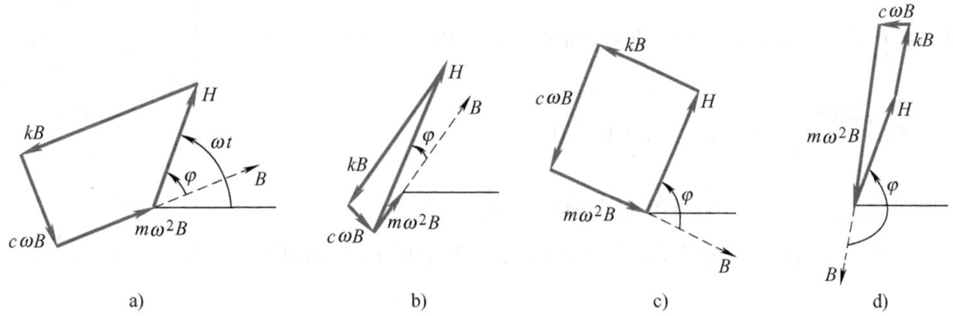


图 2-18　力矢量关系

a）力多边形　b）$\lambda \ll 1$　c）$\lambda = 1$　d）$\lambda \gg 1$

## 2.5.4　受迫振动系统的能量关系

从能量的观点分析，振动系统稳态受迫振动的实现，是输入系统的能量和消耗的能量平衡的结果。现在讨论在简谐激振力作用下的稳态受迫振动中的能量关系。

受迫振动系统的稳态响应为

$$x = B\sin(\omega t - \varphi)$$

式中，振幅 $B$ 和相位差 $\varphi$ 分别由式（2-34）和式（2-35）决定，周期为 $T = \dfrac{2\pi}{\omega}$。

**1. 激振力 $F_S = H\sin\omega t$ 做的功**

$$\begin{aligned} W_H &= \int_0^T F_S \dot{x}(t)\,dt = \int_0^T H\sin\omega t\omega B\cos(\omega t - \varphi)\,dt \\ &= \frac{HB\omega}{2}\int_0^T [\sin(2\omega t - \varphi) + \sin\varphi]\,dt = \pi BH\sin\varphi \end{aligned} \tag{2-42}$$

上式表明，在一个受迫振动周期中，激振力做正功，它向系统输入能量。力幅 $H$、振幅 $B$ 越大，做功越多。当激振力和振动的振幅一定时，在系统发生共振的情况下，相位差 $\varphi = \dfrac{\pi}{2}$，激振力在一个周期内做功为 $W_H = \pi BH$，做功最多。对于无阻尼系统（除共振情况外）相位差 $\varphi = 0$ 或者 $\varphi = \pi$。因此，每一周期内激振力做功之和为零，形成稳态振动。

**2. 黏性阻尼力 $F_R=-c\dot{x}$ 做的功**

$$
\begin{aligned}
W_R &= \int_0^T F_R \dot{x}(t)\,dt = \int_0^T (-c\omega^2B^2)\cos^2(\omega t-\varphi)\,dt \\
&= -c\omega^2B^2\int_0^T \frac{1}{2}[1+\cos2(\omega t-\varphi)]\,dt = -\pi c\omega B^2
\end{aligned}
\tag{2-43}
$$

上式表明，在一个周期内，阻尼做负功。它消耗系统的能量。而且做的负功和振幅 $B$ 的平方成正比。由于受迫振动在共振区内振幅较大，所以，黏性阻尼能明显地减小振幅、有效地控制振幅的大小。这种减小振动的方法是用消耗系统的能量而实现的。

**3. 弹性力 $F_E=-kx$ 做的功**

$$
\begin{aligned}
W_E &= \int_0^T F_E(t)\dot{x}\,dt = \int_0^T [-Bk\sin(\omega t-\varphi)\omega B\cos(\omega t-\varphi)]\,dt \\
&= -\frac{\omega kB^2}{2}\int_0^T \sin2(\omega t-\varphi)\,dt = 0
\end{aligned}
$$

上式表明，弹性力在一个振动周期内做功之和为零。

因此，在一个振动周期内激振力做功之和等于阻尼力消耗的能量。即

$$W_H=W_R \tag{2-44}$$

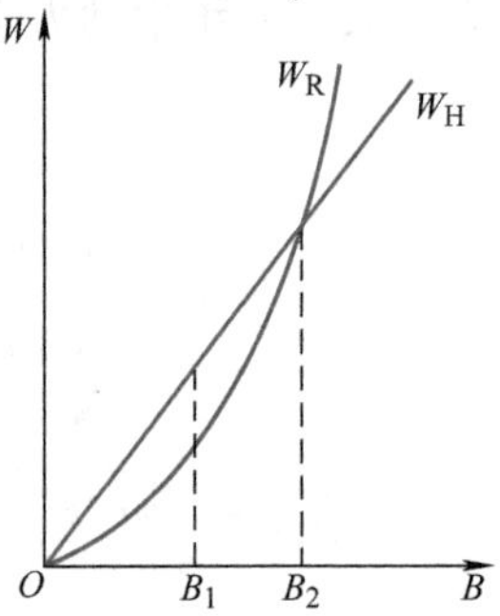


图 2-19　能量曲线

将 $W_H$、$W_R$ 随振幅 $B$ 变化的曲线画出，如图 2-19 所示。如果系统的振幅为 $B_1$ 时，一周期内激振力做的功 $W_H$ 大于阻尼力消耗的能量 $W_R$，则受迫振动的振幅将增加。由于输入的能量与振幅 $B$ 成正比而消耗的能量与振幅的平方 $B^2$ 成正比，因而，当振幅达到 $B_2$ 时，有 $W_H=W_R$，系统达到稳态振动。由此可见，系统运动的振幅表示了物块对外界能量吸收的能力。当 $\varphi=\frac{\pi}{2}$，即共振时，每一振动周期内系统吸收外界的能量是最多的，然而，这时阻尼对系统振幅的限制也是最大的。

## 2.5.5　等效黏性阻尼

在工程实际中，振动系统存在的阻尼大多是非黏性阻尼。非黏性阻尼的数学描述比较复杂。为了便于振动分析，经常应用能量方法将非黏性阻尼简化成等效黏性阻尼。等效的原则是：黏性阻尼在一周期内消耗的能量等于非黏性阻尼在一周期内消耗的能量。

假设在简谐激振力作用下，非黏性阻尼系统的稳态响应仍然是简谐振动，即

$$x=B\sin(\omega t-\varphi)$$

非黏性阻尼用 $F_N$ 表示，它在一个周期内做的功 $W_N$ 可用下式计算

$$W_N = \int F_N(t)\dot{x}\,dt \tag{2-45}$$

根据等效原则，非黏性阻尼在一周期内消耗的能量 $W_N$，与黏性阻尼在一周期内消耗的能量 $W_R=\pi c_e\omega B^2$ 相等。即令 $W_N=\pi c_e\omega B^2$，便得到等效黏性阻尼系数 $c_e$

$$c_{e}=\frac{W_{N}}{\pi\omega B^{2}} \tag{2-46}$$

再利用 $B=\dfrac{h}{\sqrt{(p_{n}^{2}-\omega^{2})^{2}+\left(\dfrac{c_{e}\omega}{m}\right)^{2}}}$ 和 $2n=\dfrac{c_{e}}{m}$，便得到在该阻尼作用下受迫振动的振幅

$$B=\frac{h}{\sqrt{(p_{n}^{2}-\omega^{2})^{2}+\left(\dfrac{c_{e}\omega}{m}\right)^{2}}}=\frac{H}{\sqrt{(k-m\omega^{2})^{2}+(c_{e}\omega)^{2}}} \tag{2-47}$$

**1. 库仑阻尼**

阻尼力表示为

$$F_{c}=\mu F_{N} \tag{2-48}$$

式中，$\mu$ 为摩擦因数；$F_{N}$ 为正压力；$F_{c}$ 的方向总是与相对运动方向相反。每四分之一周期内做功为 $F_{c}B$。因此，一周期内库仑阻尼消耗的能量为 $W_{c}=4F_{c}B$，将它代入式（2-46），得

$$c_{e}=\frac{4F_{c}}{\pi\omega B} \tag{2-49}$$

此即为库仑阻尼的等效黏性阻尼系数。再将 $c_{e}$ 代入式（2-47），得到稳态振动的振幅表达式

$$B=\frac{H}{k}\frac{\sqrt{1-\left(\dfrac{4F_{c}}{\pi H}\right)^{2}}}{1-\dfrac{\omega^{2}}{p_{n}^{2}}} \tag{2-50}$$

欲使上式有实数解，则需 $\dfrac{4F_{c}}{\pi H}<1$，即 $\dfrac{H}{F_{c}}>\dfrac{4}{\pi}$。一般情况下，摩擦力比较小，此条件可以满足。当共振时 $\omega=p_{n}$，振幅趋于无穷大。这是因为共振时每一周期内输入的能量 $W_{H}=\pi BH$，而库仑阻尼消耗的能量 $W_{c}=4F_{c}B$。由于 $F_{c}<\dfrac{\pi H}{4}$，所以 $W_{c}<W_{H}$，振幅必将不断增长。

**2. 结构阻尼**

材料或构件产生交变应力时，其内部阻力将消耗能量，称为结构阻尼。对相当多的材料所做的试验表明，应变在一个周期内的变化所消耗的能量与应变幅度 $B$ 的平方成正比，即

$$W_{S}=\alpha B^{2} \tag{2-51}$$

式中，$\alpha$ 是与材料有关的常数，其与圆频率 $\omega$ 无关。结构阻尼的等效黏性阻尼系数由式（2-46）确定

$$c_{e}=\frac{\alpha B^{2}}{\pi\omega B^{2}}=\frac{\alpha}{\pi\omega} \tag{2-52}$$

再将 $c_{e}$ 代入式（2-47），得振幅表达式

$$B=\frac{H}{\sqrt{(k-m\omega^{2})^{2}+\left(\dfrac{\alpha}{\pi}\right)^{2}}}=\frac{H}{k}\frac{1}{\sqrt{(1-\lambda^{2})^{2}+\left(\dfrac{\alpha}{\pi k}\right)^{2}}} \tag{2-53}$$

共振时，$\lambda=\dfrac{\omega}{p_n}=1$，得共振振幅

$$B_r=\frac{H}{k}\frac{\pi k}{\alpha}=\frac{\pi H}{\alpha} \tag{2-54}$$

对具有黏性阻尼的系统，由式（2-36）可得共振振幅

$$B_r=\frac{H}{k}\frac{1}{2\zeta} \tag{2-55}$$

在相同的激振力下，可由式（2-54）与式（2-55）相等，得到$\dfrac{\pi k}{\alpha}=\dfrac{1}{2\zeta}$，即求出结构阻尼系数

$$\alpha=\frac{1}{2\zeta\pi k} \tag{2-56}$$

式中，$\zeta$ 为黏性阻尼的阻尼比。

在工程中，也常常用实验的方法测得结构阻尼系数 $\alpha$。

3. 速度平方阻尼

所谓速度平方阻尼，是指振动系统的阻尼与速度的平方成正比，即

$$F_q=b\dot{x}^2 \tag{2-57}$$

式中，$b$ 为阻尼系数，是常数。阻尼的方向与速度的方向相反。速度平方阻尼在一个振动周期内做的功为

$$\begin{aligned}W_q&=\int_0^T F_q(t)\,\dot{x}\mathrm{d}t=4\int_0^{\frac{T}{4}} b\,\dot{x}^3\mathrm{d}t=4\int_{\frac{\varphi}{\omega}}^{\frac{\pi}{2\omega}+\frac{\varphi}{\omega}} bB^3\omega^3\cos^3(\omega t-\varphi)\mathrm{d}t\\&=\frac{4b}{3}B^3\omega^2[\cos^2(\omega t-\varphi)+2]\sin(\omega t-\varphi)\Big|_{\frac{\varphi}{\omega}}^{\frac{\pi}{2\omega}+\frac{\varphi}{\omega}}=\frac{8}{3}bB^3\omega^2\end{aligned} \tag{2-58}$$

由式（2-46），得速度平方阻尼的等效黏性阻尼系数为

$$c_e=\frac{\frac{8}{3}bB^3\omega^2}{\pi\omega B^2}=\frac{8b}{3\pi}\omega B \tag{2-59}$$

将 $c_e$ 代入式（2-47），得

$$B=\frac{3\pi m}{8b\omega^2}\sqrt{-\frac{(p_n^2-\omega^2)^2}{2}+\sqrt{\frac{(p_n^2-\omega^2)^4}{4}+\left(\frac{8bH\omega^2}{3\pi mk}\right)^2}} \tag{2-60}$$

### 2.5.6　简谐激励作用下受迫振动的过渡阶段

系统在过渡阶段对简谐激励的响应是瞬态响应与稳态响应的叠加。先考虑在给定初始条件下无阻尼系统对简谐激励的响应，系统的运动微分方程和初始条件写在一起为

$$\begin{cases}m\ddot{x}+kx=F_0\sin\omega t\\x(0)=x_0,\ \dot{x}(0)=\dot{x}_0\end{cases} \tag{A}$$

它的通解是相应的齐次方程的通解与特解的和，即

$$x(t)=C_1\cos p_n t+C_2\sin p_n t+\frac{F_0}{k}\frac{1}{1-\lambda^2}\sin\omega t$$

式中，常数 $C_1$、$C_2$ 根据式（A）中的初始条件确定

$$C_1=x_0$$

$$C_2=\frac{1}{p_n}\left(\dot{x}_0-\frac{F_0\lambda p_n}{k(1-\lambda^2)}\right)$$

于是得到式（A）的全解为

$$x(t)=x_1(t)+x_2(t)=x_0\cos p_n t+\frac{\dot{x}_0}{p_n}\sin p_n t-\frac{F_0}{k}\frac{\lambda}{1-\lambda^2}\sin p_n t+\frac{F_0}{k}\frac{1}{1-\lambda^2}\sin\omega t \tag{2-61}$$

式中，右端前两项即无激励时的自由振动，又称为系统对初始条件的响应；第三项是伴随激励而产生的自由振动，称为自由伴随振动，其特点是振动频率为系统的固有频率，但振幅与系统本身的性质及激励因素都有关；第四项则为稳态强迫振动。对于存在阻尼的实际系统，自由振动和自由伴随振动的振幅都将随时间逐渐衰减，因此它们都是瞬态响应。

现在考虑共振时的情况。假设初始条件为 $x(0)=0$，$\dot{x}(0)=0$，由式（2-61）得

$$x(t)=\frac{F_0}{k}\frac{-\lambda\sin p_n t+\sin\lambda p_n t}{1-\lambda^2}$$

由共振的定义，$\lambda=1$ 时上式是 $\frac{0}{0}$ 型未定义，利用洛必达法则算出共振时的响应为

$$x(t)=\frac{F_0}{k}\lim_{\lambda\to1}\frac{-\sin p_n t+p_n t\cos\lambda p_n t}{-2\lambda}=\frac{F_0}{2k}(\sin p_n t-p_n t\cos p_n t)$$

$$=-\frac{F_0}{2k}\sqrt{(p_n t)^2+1}\cos(p_n t-\alpha)$$

式中，$\alpha=\arctan\frac{-1}{p_n t}$。

可见，当 $\omega=p_n$ 时，无阻尼系统的振幅随时间无限增大。经过短暂时间后，共振响应可以表示为

$$x(t)=-\frac{F_0}{2k}p_n t\cos p_n t=\frac{F_0 p_n}{2k}t\sin\left(p_n t-\frac{\pi}{2}\right)$$

此即共振时的受迫振动，反映出共振时的位移在相位上比激振力滞后 $\frac{\pi}{2}$，且振幅与时间成正比地增大，如图 2-20 所示。

下面讨论有阻尼系统在过渡阶段对简谐激励的响应。在给定初始条件下的运动微分方程为

$$\begin{cases}m\ddot{x}+c\dot{x}+kx=F_0\sin\omega t\\ x(0)=x_0,\quad \dot{x}(0)=\dot{x}_0\end{cases} \tag{B}$$

用前面所述方法得到式（B）的全解为

$$x(t)=\mathrm{e}^{-\zeta p_n t}\left(x_0\cos p_d t+\frac{\dot{x}_0+\zeta p_n x_0}{p_d}\sin p_d t\right)+B\mathrm{e}^{-\zeta p_n t}\left[\sin\psi\cos p_d t+\frac{p_n}{p_d}(\zeta\sin\psi-\lambda\cos\psi)\sin p_d t\right]+B\sin(\omega t-\psi) \tag{2-62}$$

式中，$p_n=\sqrt{\frac{k}{m}}$；$\zeta=\frac{c}{2p_n m}$；$p_d=p_n\sqrt{1-\zeta^2}$；$\lambda=\frac{\omega}{p_n}$，$B=\frac{F_0/k}{\sqrt{(1-\lambda^2)^2+(2\zeta\lambda)^2}}$；$\psi=\arctan\frac{2\zeta\lambda}{1-\lambda^2}$。

式（2-62）中右端的三项分别是系统在无激励时的自由振动、自由伴随振动及稳态强迫振动。显然，当经过充分长时间后，作为瞬态响应的前两种振动都将消失，只剩下稳态强迫振动。

如果初始位移与初始速度都为零，则式（2-62）成为

$$x(t)=B\mathrm{e}^{-\zeta p_n t}\left[\sin\psi\cos p_d t+\frac{p_n}{p_d}(\zeta\sin\psi-\lambda\cos\psi)\sin p_d t\right]+B\sin(\omega t-\psi) \tag{2-63}$$

可见过渡阶段的响应仍含有自由伴随振动。图2-21表示出零初始条件下 $\omega\ll p_d$ 时系统在过渡阶段的振动情况。

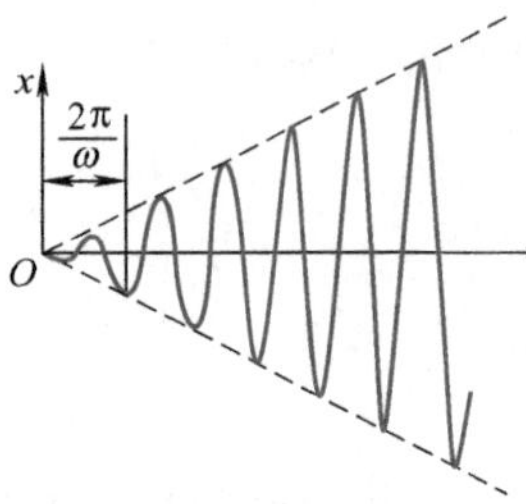


图 2-20 共振时的受迫振动

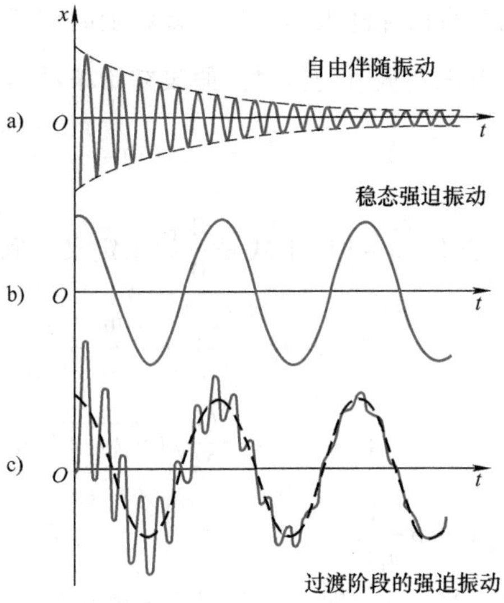


图 2-21 过渡阶段的响应

## 2.6 周期激励作用下的受迫振动

在实际问题中，遇到的大多是周期激励而很少为简谐激励。根据第1章中的分析，可以先对周期激励做谐波分析，将它分解为一系列不同频率的简谐激励。然后，求出系统对各个频率的简谐激励的响应。再由线性系统的叠加原理，将每个响应分别叠加，即得到系统对周期激励的响应。

设如图2-12所示的黏性阻尼系统受到周期激振力 $F_S(t)=F(t+T)$，其中 $T$ 为周期，记

$\omega_1=\dfrac{2\pi}{T}$为基频。由谐波分析方法，得到

$$F_S(t)=\frac{a_0}{2}+\sum_{n=1}^{\infty}(a_n\cos n\omega_1 t+b_n\sin n\omega_1 t) \tag{2-64}$$

这样，系统的运动微分方程为

$$m\ddot{x}+c\dot{x}+kx=F_S(t)=\frac{a_0}{2}+\sum_{n=1}^{\infty}(a_n\cos n\omega_1 t+b_n\sin n\omega_1 t) \tag{2-65}$$

由叠加原理，并考虑欠阻尼情况，得到系统的稳态响应

$$x(t)=\frac{a_0}{2k}+\sum_{n=1}^{\infty}[A_n\cos(n\omega_1 t-\varphi_n)+B_n\sin(n\omega_1 t-\varphi_n)] \tag{2-66}$$

式中

$$\begin{cases}A_n=\dfrac{a_n}{k}\dfrac{1}{\sqrt{(1-\lambda_n^2)^2+(2\zeta\lambda_n)^2}}\\ B_n=\dfrac{b_n}{k}\dfrac{1}{\sqrt{(1-\lambda_n^2)^2+(2\zeta\lambda)^2}}\\ \tan\varphi_n=\dfrac{2\zeta\lambda_n}{1-\lambda_n^2}\\ \lambda_n=\dfrac{n\omega_1}{p_n},\quad p_n^2=\dfrac{k}{m},\quad \zeta=\dfrac{c}{2mp_n}\end{cases} \tag{2-67}$$

---

**例 2-9**　图 2-1 所示的弹簧-质量系统，受到周期性矩形波的激励，如图 1-8（例 1-1 中）所示。试求系统的稳态响应。(其中 $T=\dfrac{12\pi}{p_n}$)

**解**：周期性矩形波的基频为

$$\omega_1=\frac{2\pi}{T}=\frac{p_n}{6}$$

式中，$p_n$ 是系统的固有圆频率。

由例 1-1，可将矩形波分解为

$$F(t)=\frac{4f_0}{\pi}\sum_{n=1,3,\cdots}^{+\infty}\frac{1}{n}\sin n\omega_1 t$$

由式（2-66），可得稳态响应

$$x(t)=\sum_{n=1,3,\cdots}^{+\infty}B_n\sin n\omega_1 t,\qquad B_n=\frac{4f_0}{n\pi k}\frac{1}{(1-\lambda_n^2)},\qquad \lambda_n=\frac{n\omega_1}{p_n}$$

式中，$n$ 为奇数。画出系统的响应频谱图如图 2-22 所示。从频谱图中看，系统只对激励所包含的谐波分量有响应。对于频率靠近系统固有频率的那些谐波分量，系统响应的振幅放大

因子比较大，在整个稳态响应中占主要成分。

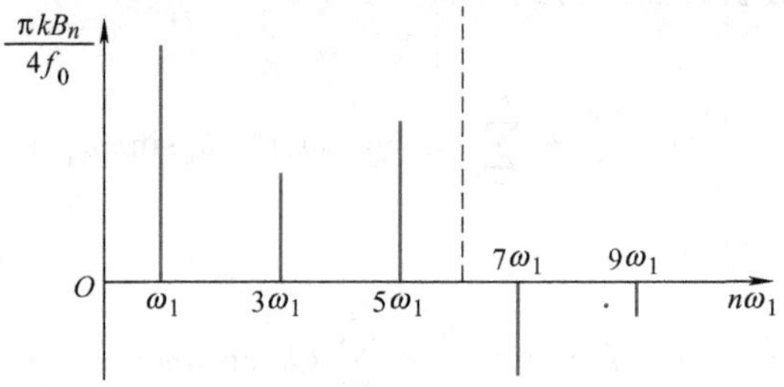


图 2-22　稳态响应频谱图

## 2.7　任意激励作用下的受迫振动

### 2.7.1　系统对冲量的响应

对作用时间短、变化急剧的力常用它的冲量进行描述。

现在来考察图 2-1 所示的系统中，物块对冲量的响应。设冲量的大小为 $\boldsymbol{I}$。物块受到冲量的作用时，由于物块的惯性并且冲量作用时间短、力的瞬时值很大，因此，物块的位移可忽略不计。但物块的速度却变化明显。

根据理论力学中的碰撞理论（冲量定理）

$$m\boldsymbol{v}-m\boldsymbol{v}_0=\boldsymbol{I}$$

若开始受冲量 $\boldsymbol{I}$ 前 $\boldsymbol{v}_0=0$，则可得物块受冲量作用获得的速度

$$v=\frac{\boldsymbol{I}}{m}$$

速度 $\boldsymbol{v}$ 与冲量$\boldsymbol{I}$方向相同。

如果取 $t=0$ 为冲量$\boldsymbol{I}$作用的瞬时，于是初位移 $x_0=0$，初速度 $\dot{x}_0=v=\dfrac{\boldsymbol{I}}{m}$。代入式（2-4）中，便得到单自由度无阻尼振动系统对冲量 $\boldsymbol{I}$ 的响应

$$x=\frac{\boldsymbol{I}}{mp_{\mathrm{n}}}\sin p_{\mathrm{n}}t \tag{2-68}$$

如果$\boldsymbol{I}$作用在 $t=\tau$的时刻，未加冲量前，系统静止，则物块的响应为

$$x=\frac{\boldsymbol{I}}{mp_{\mathrm{n}}}\sin p_{\mathrm{n}}(t-\tau) \tag{2-69}$$

同理，如果在 $t=0$ 时，冲量作用在有黏性阻尼的物块上（见图 2-10），对欠阻尼的情形，得其响应

$$x=\frac{\boldsymbol{I}}{mp_{\mathrm{d}}}\mathrm{e}^{-nt}\sin p_{\mathrm{d}}t \tag{2-70}$$

如果 $\boldsymbol{I}$ 在 $t=\tau$时作用，则其响应为

$$x=\frac{\boldsymbol{I}}{mp_{\mathrm{d}}}\mathrm{e}^{-n(t-\tau)}\sin p_{\mathrm{d}}(t-\tau) \tag{2-71}$$

## 2.7.2　系统对单位脉冲力的响应

单位脉冲力作用于图 2-10 所示单自由度系统时，其振动微分方程为

$$m\ddot{x}+c\dot{x}+kx=\delta(t)$$

对上式积分并取极限得

$$\lim_{\varepsilon\to 0}\int_{-\frac{\varepsilon}{2}}^{\frac{\varepsilon}{2}}(m\ddot{x}+c\dot{x}+kx)\,\mathrm{d}t=\lim_{\varepsilon\to 0}\int_{-\frac{\varepsilon}{2}}^{\frac{\varepsilon}{2}}\delta(t)\,\mathrm{d}t$$

$$\lim_{\varepsilon\to 0}\left\{(m\dot{x}+cx)\Big|_{-\frac{\varepsilon}{2}}^{\frac{\varepsilon}{2}}+k\int_{-\frac{\varepsilon}{2}}^{\frac{\varepsilon}{2}}x\mathrm{d}t\right\}=1$$

$$m\dot{x}\Big|_{-0}^{+0}+0+0=1$$

上式意味着在 $t=0$ 时 $\dot{x}(0)$ 有一突变，即

$$\dot{x}(0)=\frac{1}{m}$$

这就是说单位脉冲激励的效应使系统获得初始速度 $\dot{x}(0)=\frac{1}{\mathrm{m}}$。因为这一脉冲作用的时间很短，此后系统即做自由振动，并由下式决定

$$x(t)=A\mathrm{e}^{-nt}\sin(p_{\mathrm{d}}t+\alpha)$$

$$t=0,\ x(0)=0,\ \dot{x}(0)=\frac{1}{m}$$

根据初始条件可确定 $A$ 和 $\alpha$。最后将得到

$$x(t)=\frac{1}{mp_{\mathrm{d}}}\mathrm{e}^{-nt}\sin p_{\mathrm{d}}t \tag{2-72}$$

式中，$p_{\mathrm{d}}=p_{\mathrm{n}}\sqrt{1-\zeta^2}$，$p_{\mathrm{n}}=\sqrt{\frac{k}{m}}$，$n=\frac{c}{2m}$，$\zeta=\frac{c}{2\sqrt{mk}}=\frac{n}{p_{\mathrm{n}}}$。式（2-72）即为单位脉冲响应函数，又称为单自由度系统的时域响应函数，用 $h(t)$ 来表示，即

$$h(t)=\frac{1}{mp_{\mathrm{d}}}\mathrm{e}^{-nt}\sin p_{\mathrm{d}}t,\quad t\geqslant 0 \tag{2-73}$$

$h(t)$ 有以下特性：

$$h(t)=\begin{cases}\dfrac{1}{mp_{\mathrm{d}}}\mathrm{e}^{-nt}\sin p_{\mathrm{d}}t, & t\geqslant 0\\ 0, & t<0\end{cases} \tag{2-74}$$

$$h(t-\tau)=\begin{cases}\dfrac{1}{mp_{\mathrm{d}}}\mathrm{e}^{-n(t-\tau)}\sin p_{\mathrm{d}}(t-\tau), & t\geqslant\tau\\ 0, & t<\tau\end{cases} \tag{2-75}$$

不难发现 $h(t)$ 的表达式包含系统所有的动特性参数，它实质上是系统动特性在时域的一种表现形式，是单位脉冲冲量的响应。

### 2.7.3　单位脉冲响应函数的时-频变换

$h(t)$ 的傅里叶变换用 $H(\omega)$ 来表示，称之为频域响应函数，它是系统的动特性在频域的表现形式。运用欧拉公式得

$$h(t)=\frac{e^{-nt}}{mp_d}\cdot\frac{j}{2}(e^{-jp_dt}-e^{jp_dt})=\frac{j}{2mp_d}\{e^{-(n+jp_d)t}-e^{-(n-jp_d)t}\} \tag{2-76}$$

$$\begin{aligned}H(\omega)=F[h(t)]&=\frac{j}{2mp_d}\int_0^{+\infty}[e^{-(n+jp_d)t}-e^{-(n-jp_d)t}]e^{-j\omega t}dt\\&=\frac{j}{2mp_d}\int_0^{+\infty}[e^{-(n+jp_d+j\omega)t}-e^{-(n-jp_d+j\omega)t}]e^{-j\omega t}dt\\&=\frac{j}{2mp_d}\left\{\frac{1}{-[n+j(p_d+\omega)]}-\frac{1}{-[n-j(p_d-\omega)]}\right\}\\&=\frac{-1}{2mp_d}\left\{\frac{2}{[jn-(p_d+\omega)][jn+(p_d-\omega)]}\right\}\\&=\frac{-1}{m}\frac{1}{-n^2-(p_d^2-\omega^2)-j2n\omega}=\frac{1}{m}\frac{1}{n^2+p_d^2-\omega^2+j2n\omega}\\&=\frac{1}{m}\frac{1}{p_n^2-\omega^2+j2n\omega}=\frac{1}{k-\omega^2m+j\omega c}\end{aligned}$$

因此有

$$H(\omega)=\frac{1}{m}\frac{1}{p_n^2-\omega^2+j2n\omega}=\frac{1}{k}\frac{1}{1-\left(\dfrac{\omega}{p_n}\right)^2+j2\zeta\dfrac{\omega}{p_n}} \tag{2-77}$$

上式积分限从0到+∞，称为单边傅里叶变换。

### 2.7.4　系统对任意激振力的响应

在图2-10所示的系统中，作用有一任意激振力 $F(t)$。设 $n<p_n$ 为欠阻尼情形。仍采用前几节的符号规定，则得物块的运动微分方程

$$m\ddot{x}+c\dot{x}+kx=F(t) \tag{2-78}$$

图2-23表示任意激振力 $F(t)$ 的图形。当系统受到这种激振力的作用时，可以将激振力 $F(t)$ 看作是一系列元冲量的叠加。在时刻 $t=\tau$ 的元冲量为 $\boldsymbol{I}=F(\tau)\mathrm{d}\tau$，由式（2-71），得到系统对 $\boldsymbol{I}$ 的响应

$$\mathrm{d}x=\frac{F(\tau)\mathrm{d}\tau}{mp_d}e^{-n(t-\tau)}\sin p_d(t-\tau)$$

由线性系统的叠加原理，系统对任意激振力的响应等于系统在时间区间 $0\leqslant\tau\leqslant t$ 内各个元冲量的总和，即

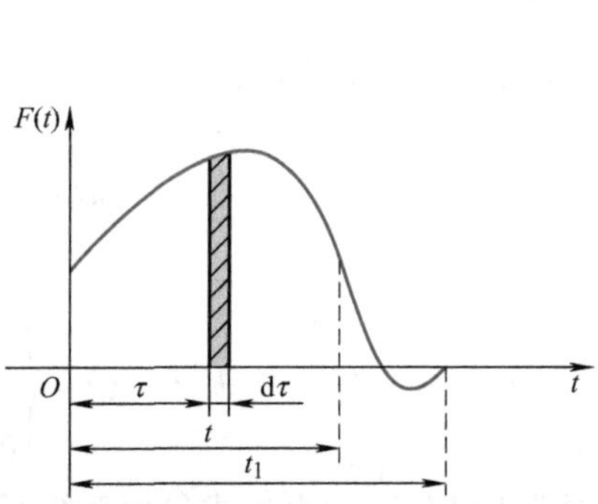

图2-23　任意激振力示意图

$$x(t)=\int_0^t \mathrm{d}x=\int_0^t \frac{F(\tau)}{mp_{\mathrm{d}}}\mathrm{e}^{-n(t-\tau)}\sin p_{\mathrm{d}}(t-\tau)\mathrm{d}\tau, \quad t\leqslant t_1 \tag{2-79}$$

式中，$t_1$ 为激振力停止作用的时间。对无阻尼的振动系统，可令式（2-79）中的 $n=0$，得到任意激振力的响应

$$x(t)=\int_0^t \frac{F(\tau)}{mp_{\mathrm{n}}}\sin p_{\mathrm{n}}(t-\tau)\mathrm{d}\tau \tag{2-80}$$

如果将单位脉冲响应函数的表达式（2-75）与式（2-79）、式（2-80）比较，可得到单自由度系统对任意激振力响应的统一表达式

$$x(t)=\int_0^t F(\tau)h(t-\tau)\mathrm{d}\tau, \quad t\leqslant t_1 \tag{2-81}$$

上式的积分形式称为卷积。因此，线性系统对任意激振力的响应等于它的脉冲响应与激励的卷积。这个结论称为博雷尔（Borel）定理，也称杜哈梅尔（Duhamel）积分。

应该注意，式（2-79）表示物块在激振力作用的时间区间以内的运动。如果在 $t=0$ 时系统有初始位移 $x_0$ 和初始速度 $\dot{x}_0$，则系统对任意激振力的响应为

$$x(t)=\mathrm{e}^{-nt}\left(x_0\cos p_{\mathrm{d}}t+\frac{nx_0+\dot{x}_0}{p_{\mathrm{d}}}\sin p_{\mathrm{d}}t\right)+\frac{1}{mp_{\mathrm{d}}}\int_0^t F(\tau)\mathrm{e}^{-n(t-\tau)}\sin p_{\mathrm{d}}(t-\tau)\mathrm{d}\tau,$$
$$t\leqslant t_1 \tag{2-82}$$

无阻尼振动系统的响应为

$$x(t)=x_0\cos p_{\mathrm{n}}t+\frac{\dot{x}_0}{p_{\mathrm{n}}}\sin p_{\mathrm{n}}t+\frac{1}{mp_{\mathrm{n}}}\int_0^t F(\tau)\sin p_{\mathrm{n}}(t-\tau)\mathrm{d}\tau, \quad t\leqslant t_1 \tag{2-83}$$

$t>t_1$，即激振力停止作用后，物块的运动称为剩余运动，其显然是以 $x(t_1)$、$\dot{x}(t_1)$ 为初始条件的运动。这个初始条件可由式（2-82）（或式（2-83））中将 $t_1$ 作为积分上限来求出。

---

**例 2-10** 无阻尼弹簧-质量系统受到突加常力 $F_0$ 的作用，试求其响应。

**解**：取开始加力的瞬时为 $t=0$，受阶跃函数载荷的图形如图 2-24 所示。设物块处于平衡位置，且 $x_0=x(0)=0$，$\dot{x}_0=\dot{x}(0)=0$。将 $F_0=F(\tau)$ 代入式（2-73），积分后得响应为

$$x(t)=\frac{F_0}{k}(1-\cos p_{\mathrm{n}}t)$$

可以看到，在突加的常力作用下，物块的运动仍是简谐运动，只是其振动中心沿力 $F_0$ 的方向移动一距离 $\frac{F_0}{k}$。$\frac{F_0}{k}$ 也是 $F_0$ 使弹簧产生的静变形。

若上述阶跃力从 $t=a$ 开始作用，如图 2-25 所示，则系统的响应为

$$\begin{cases} x=\dfrac{F_0}{mp_{\mathrm{n}}}\displaystyle\int_a^t \sin p_{\mathrm{n}}(t-\tau)\mathrm{d}\tau=\dfrac{F_0}{k}[1-\cos p_{\mathrm{n}}(t-a)], & t\geqslant a \\ x=0, & t<a \end{cases}$$

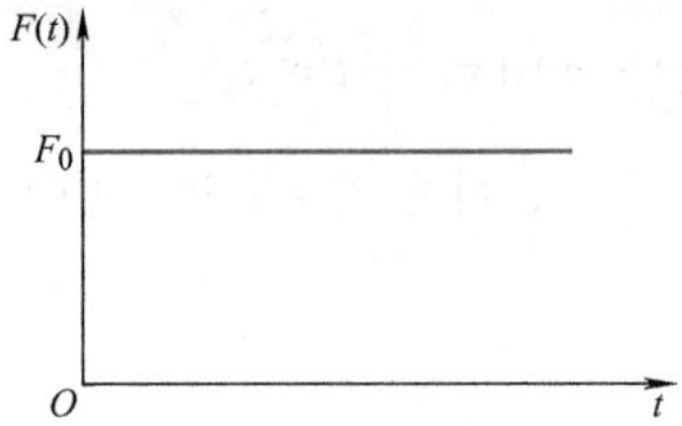


图 2-24 阶跃函数示意图

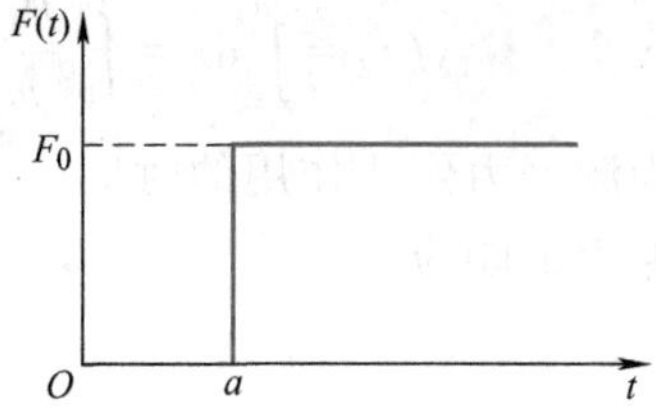


图 2-25 阶跃力示意图

例 2-11 无阻尼弹簧-质量系统，受到如图 2-26 所示矩形脉冲力作用，$F(t)=F_0$，$0\leqslant t\leqslant t_1$，试求其响应。

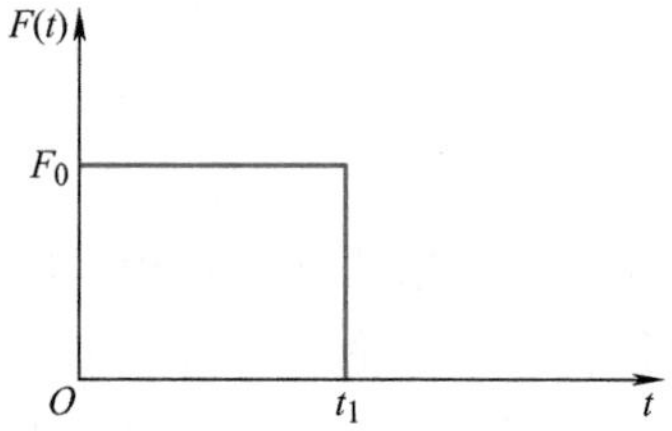


图 2-26 矩形脉冲力示意图

解：在 $0\leqslant t\leqslant t_1$ 阶段，系统的响应显然与上例的相同，即

$$x=\frac{F_0}{k}(1-\cos p_{\mathrm{n}}t) \tag{A}$$

当 $t>t_1$ 时，$F(t)=0$，由式（2-83），得

$$\begin{aligned}x&=\frac{1}{mp_{\mathrm{n}}}\left[\int_0^{t_1}F(\tau)\sin p_{\mathrm{n}}(t-\tau)\mathrm{d}\tau+\int_{t_1}^{t}F(\tau)\sin p_{\mathrm{n}}(t-\tau)\mathrm{d}\tau\right]\\&=\frac{1}{mp_{\mathrm{n}}}\int_0^{t_1}F_0\sin p_{\mathrm{n}}(t-\tau)\mathrm{d}\tau=\frac{F_0}{k}[\cos p_{\mathrm{n}}(t-t_1)-\cos p_{\mathrm{n}}t]\end{aligned} \tag{B}$$

所以系统的响应为

$$x(t)=\begin{cases}\dfrac{F_0}{k}(1-\cos p_{\mathrm{n}}t), & 0\leqslant t\leqslant t_1\\[2ex]\dfrac{F_0}{k}[\cos p_{\mathrm{n}}(t-t_1)-\cos p_{\mathrm{n}}t], & t>t_1\end{cases}$$

实际上，在 $t>t_1$ 阶段，物块是以 $t=t_1$ 的位移 $x_1$ 和速度 $\dot{x}_1$ 为初始条件做自由振动。因此，其响应也可用下面的方法求得。由式（A）

$$\begin{cases}x_1=\dfrac{F_0}{k}(1-\cos p_{\mathrm{n}}t)\\[2ex]\dot{x}_1=\dfrac{F_0}{k}p_{\mathrm{n}}\sin p_{\mathrm{n}}t\end{cases} \tag{C}$$

将式（C）表示的初始条件代入式（2-4），得

$$\begin{aligned}x(t)&=x_1\cos p_{\mathrm{n}}(t-t_1)+\frac{\dot{x}_1}{p_{\mathrm{n}}}\sin p_{\mathrm{n}}(t-t_1)\\&=\frac{F_0}{k}[\cos p_{\mathrm{n}}(t-t_1)-\cos p_{\mathrm{n}}t]\end{aligned} \tag{D}$$

式（D）与式（B）相同。

在 $t>t_1$ 阶段，物块振动的振幅为

$$A=\sqrt{x_1^2+\left(\frac{\dot{x}_1}{p_n}\right)^2}=\frac{F_0}{k}\sqrt{2(1-\cos p_n t_1)}=\frac{2F_0}{k}\sin\frac{p_n t_1}{2}=\frac{2F_0}{k}\sin\frac{\pi t_1}{T}$$

式中，$T$ 为系统自由振动的周期。可见，常力 $F_0$ 除去后的振幅随$\frac{t_1}{T}$而改变。在 $t_1=\frac{T}{2}$时，$A=\frac{2F_0}{k}$；在 $t_1=T$ 时，$A=0$，即除去 $F_0$ 后，系统静止不动。

### 2.7.5　传递函数

作为研究线性振动系统的工具，拉普拉斯变换方法有广泛的用途。它是求解线性微分方程，特别是常系数线性微分方程的有效工具。用拉氏变换可简单地写出激励与响应间的代数关系。

现在说明如何用拉氏变换方法求解单自由度黏性欠阻尼系统对任意激励的响应。由式（2-78），得物块的运动微分方程

$$m\ddot{x}+c\dot{x}+kx=f(t) \tag{2-84}$$

式中，$f(t)$ 表示任意的激振力。并设 $t=0$ 时 $x=x_0$，$\dot{x}=\dot{x}_0$。

对式（2-84）两端各项做拉氏变换

$$L[x(t)]=\int_0^{+\infty}e^{-st}x(t)\,dt=X(s)$$

$$L[\dot{x}(t)]=\int_0^{+\infty}e^{-st}\dot{x}(t)\,dt=-x_0+sX(s)$$

$$L[\ddot{x}(t)]=\int_0^{+\infty}e^{-st}\ddot{x}(t)\,dt=-\dot{x}_0-sx_0+s^2X(s)$$

$$L[f(t)]=\int_0^{+\infty}e^{-st}f(t)\,dt=F(s)$$

将以上结果代入式（2-84），经整理得

$$(ms^2+cs+k)X(s)=F(s)+m\dot{x}_0+(ms+c)x_0$$

有

$$X(s)=\frac{F(s)+m\dot{x}_0+(ms+c)x_0}{ms^2+cs+k} \tag{2-85}$$

式（2-78）是系统的响应在拉氏域中的表达式。将式（2-85）进行拉氏逆变换，便得到系统在时间域中响应的表达式。

在式（2-85）中，如不计运动的初始条件，即令 $x_0=\dot{x}_0=0$，则式（2-85）可写成

$$X(s)=\frac{F(s)}{ms^2+cs+k}$$

或

$$\frac{X(s)}{F(s)}=\frac{1}{ms^2+cs+k} \tag{2-86}$$

令

$$H(s)=\frac{1}{ms^2+cs+k} \tag{2-87}$$

则

$$H(s)=\frac{X(s)}{F(s)}$$

或

$$X(s)=H(s)F(s) \tag{2-88}$$

$H(s)$ 称为系统的传递函数，它定义为系统响应的拉氏变换与激励的拉氏变换之比。对方程（2-84）表示的系统，其传递函数如式（2-87）。

式（2-88）表明，在拉氏域中，系统的响应是系统的传递函数和激励的乘积。

---

**例 2-12** 具有黏性欠阻尼的系统，受到阶跃力 $F(t)=F_0$ 的作用，且 $t=0$ 时，$x_0=\dot{x}_0=0$，试用拉氏变换方法求系统的响应。

**解：** 系统的传递函数已由式（2-87）求出

$$H(s)=\frac{1}{ms^2+cs+k}$$

阶跃力 $F_0$ 的拉氏变换为

$$F(s)=L[F_0]=\int_0^{+\infty}\mathrm{e}^{-st}F_0\mathrm{d}t=\frac{F_0}{s}$$

于是，得响应的拉氏变换为

$$X(s)=H(s)F(s)=\frac{F_0}{ms^2+cs+k}$$

引入记号 $p_{\mathrm{n}}^2=\frac{k}{m}$，$2\zeta p_{\mathrm{n}}=2n=\frac{c}{m}$，上式写成

$$X(s)=\frac{F_0}{m}\left(\frac{1}{s}\frac{1}{s^2+2\zeta p_{\mathrm{n}}s+p_{\mathrm{n}}^2}\right)=\frac{F_0}{m}\left(\frac{A_1}{s}+\frac{A_2s+A_3}{s^2+2\zeta p_{\mathrm{n}}s+p_{\mathrm{n}}^2}\right)$$

式中，系数 $A_1$、$A_2$、$A_3$ 可由部分分式方法确定

$$A_1=\frac{1}{p_{\mathrm{n}}^2},\qquad A_2=-\frac{1}{p_{\mathrm{n}}^2},\qquad A_3=-2\zeta p_{\mathrm{n}}$$

最后得到

$$X(s)=\frac{F_0}{mp_{\mathrm{n}}^2}\left[\frac{1}{s}-\frac{s+\zeta p_{\mathrm{n}}}{(s+\zeta p_{\mathrm{n}})^2+p_{\mathrm{d}}^2}-\frac{\zeta p_{\mathrm{n}}}{(s+\zeta p_{\mathrm{n}})^2+p_{\mathrm{d}}^2}\right]$$

对上式做拉氏逆变换，即得响应

$$x(t)=\frac{F_0}{k}\left[1-\mathrm{e}^{-\zeta p_{\mathrm{n}}t}\left(\cos p_{\mathrm{d}}t+\frac{\zeta p_{\mathrm{n}}}{p_{\mathrm{d}}}\sin p_{\mathrm{d}}t\right)\right]$$

## 2.8 响应谱

响应谱是系统在给定激励下的最大响应值与系统或激励的某一参数之间的关系曲线图。最大响应值可以是系统的最大位移、最大加速度、最大应力或出现最大值的时刻等；参数可以选择为系统的固有频率或激励的作用时间等。响应谱中有关的量都化为无量纲的参数表示。

响应谱在工程实际中是很重要的，它揭示出最大值出现的条件或时间等。如受迫振动的幅频特性曲线。当振动系统已定，激振力的大小已定时，该曲线表示出受迫振动的振幅和激振力频率的关系。振幅就是振动位移的最大值，由曲线便能确定最大振幅出现时的激振力频率的值。因此，幅频特性曲线就是一种响应谱。

在例 2-11 中，得出了在矩形脉冲力 $F(0)=F_0$，$0\leqslant t\leqslant t_1$ 作用下的系统的响应。

当 $0\leqslant t\leqslant t_1$ 时

$$x(t)=\frac{F_0}{k}(1-\cos p_n t)$$

或

$$x(t)=x_{st}(1-\cos p_n t) \tag{2-89}$$

式中，$x_{st}=\frac{F_0}{k}$，表示静力 $F_0$ 使弹簧产生的变形。

当 $t\geqslant t_1$ 时

$$x(t)=x_{st}[\cos p_n(t-t_1)-\cos p_n t] \tag{2-90}$$

在此阶段，物体做自由振动，振幅为

$$A=2x_{st}\sin\frac{\pi t_1}{T} \tag{2-91}$$

由式（2-89）看出，当 $t_1<\frac{T}{2}$时 $x(t)$ 与 $\dot{x}(t)$ 都是正值，$x(t)$ 单调增加，其极值出现在 $t>t_1$ 的范围，而且等于剩余振动的振幅。如果以$\frac{x_m}{x_{st}}$为纵坐标，$x_m$ 表示位移的极值，$\frac{t_1}{T}$为横坐标，式（2-91）的图形就是矩形脉冲力的位移响应谱，如图 2-27 所示。

从图 2-27 看出，如果 $F_0$ 作用的持续时间 $t_1<\frac{T}{6}$，剩余振动的振幅将小于静变形 $x_{st}$。

如果用 $t_m$ 表示出现位移极值的时刻，则由式（2-90）可求出速度的表达式

$$\dot{x}(t)=x_{st}p_n[\sin p_n t-\sin p_n(t-t_1)]$$

令 $\dot{x}(t)=0$，得

$$\sin p_n t_m = \sin p_n(t_m - t_1)$$

$$t_m = \frac{T}{4} + \frac{t_1}{2}$$

或

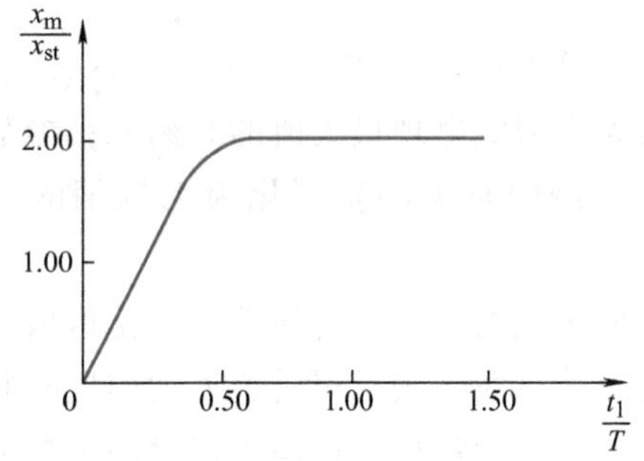


图 2-27　位移响应谱

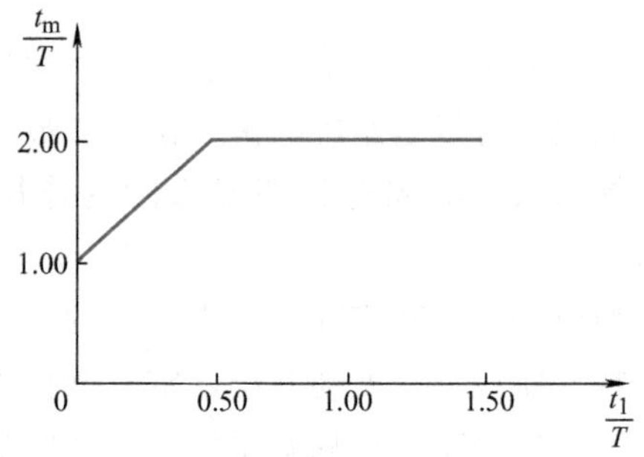


图 2-28　时间响应谱

$$\frac{t_m}{T} = \frac{1 + 2\dfrac{t_1}{T}}{4} \tag{2-92}$$

式（2-92）的响应谱如图 2-28 所示。它表示在矩形脉冲力的作用下其位移极值出现的时刻与作用力持续时间 $t_1$ 的关系。

## 习　题

2-1　已知 $m = 2.5\text{kg}$，$k_1 = k_2 = 2\times10^5\text{N/m}$，$k_3 = 3\times10^5\text{N/m}$，求图 2-29 所示系统的等效刚度系数及固有圆频率。

2-2　图中简支梁长 $l = 4\text{m}$，抗弯刚度 $EI = 1.96\times10^6\text{N}\cdot\text{m}^2$，且 $k = 4.9\times10^5\text{N/m}$，$m = 400\text{kg}$，分别求图 2-30所示两种系统的固有圆频率。

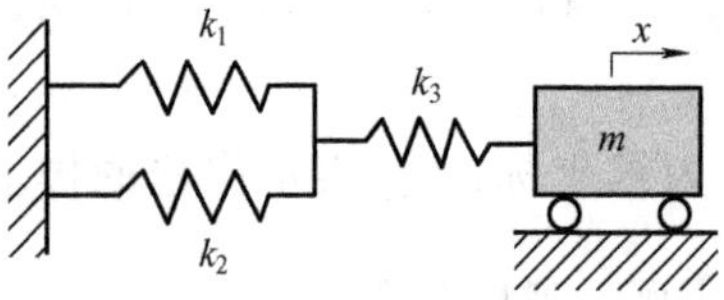


图　2-29

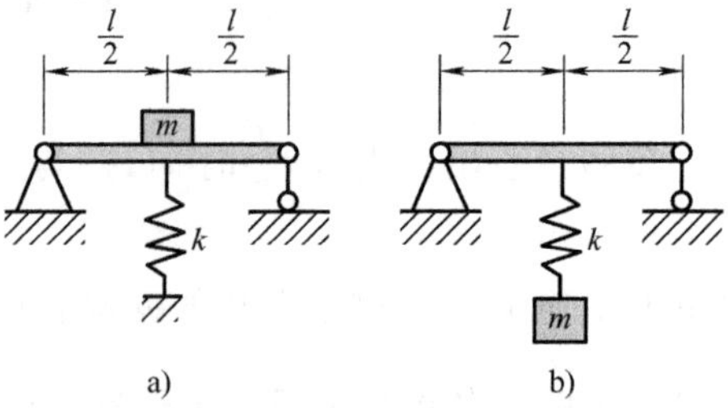


图　2-30

2-3　一单层房屋结构可简化为图 2-31 所示的模型，房顶质量为 $m$，视为一刚性杆；柱子高 $h$，视为无质量的弹性杆，其抗弯刚度为 $EI$。求该房屋做水平方向振动时的固有圆频率。

2-4　一均质等直杆，长为 $l$，重量为 $W$，用两根长 $h$ 的相同的铅垂线悬挂成水平位置，如图 2-32 所示。试写出此杆绕通过重心的铅垂轴做微摆动的振动微分方程，并求出振动固有周期。

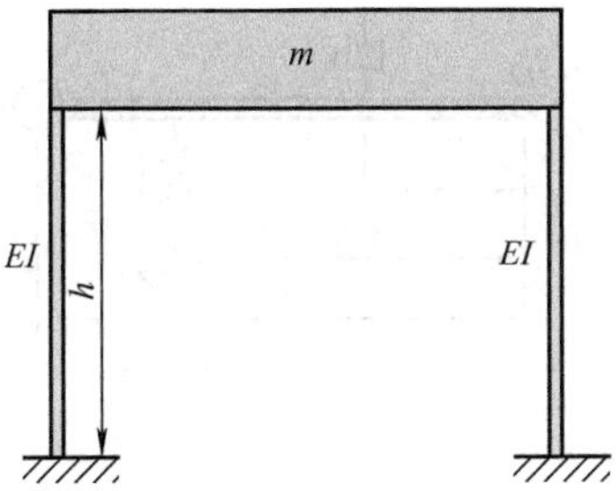


图　2-31

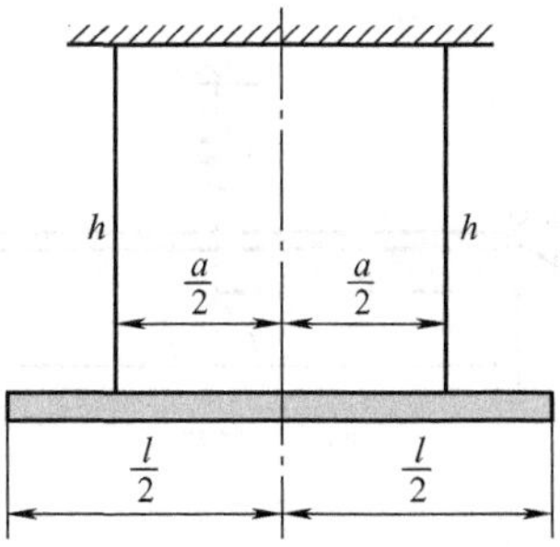


图　2-32

2-5　求图 2-33 中系统的固有频率，悬臂梁端点的刚度系数分别是 $k_1$ 和 $k_3$，悬臂梁的质量忽略不计。

2-6　求图 2-34 所示的阶梯轴–圆盘系统扭转振动的固有频率。其中 $I_1$、$I_2$和 $I_3$是三个轴段截面的极惯性矩，$J$ 是圆盘的转动惯量，各个轴段的转动惯量不计，材料的切变模量为 $G$。

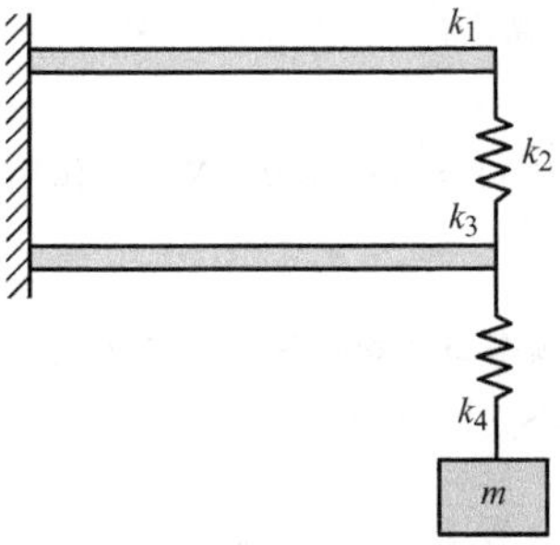


图　2-33

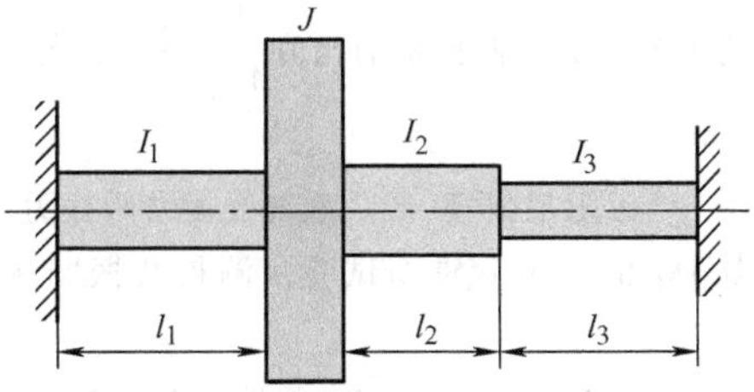


图　2-34

2-7　如图 2-35 所示，质量为 $m_2$ 的均质圆盘在水平面上可做纯滚动，鼓轮绕轴的转动惯量为 $J$，忽略绳子的弹性、质量及各轴承间的摩擦力，求此系统的固有频率。

2-8　如图 2-36 所示，刚性曲臂绕支点的转动惯量为 $J_0$，求系统的固有频率。

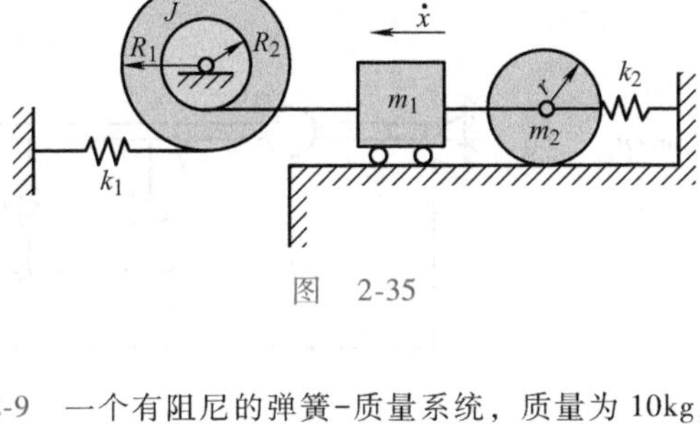


图　2-35

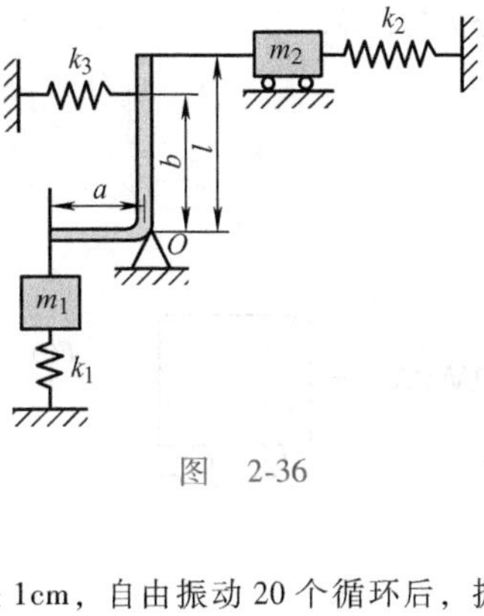


图　2-36

2-9　一个有阻尼的弹簧–质量系统，质量为 10kg，弹簧静伸长是 1cm，自由振动 20 个循环后，振幅从 0.64cm 减至 0.16cm，求阻尼系数 $c$。

2-10　一长度为 $l$、质量为 $m$ 的均质刚性杆铰接于 $O$ 点并以弹簧和黏性阻尼器支承，如图 2-37 所示。写出运动微分方程，并求临界阻尼系数和固有频率的表达式。

2-11　如图 2-38 所示的系统中，刚性杆质量不计，试写出运动微分方程，并求临界阻尼系数及固有频率。

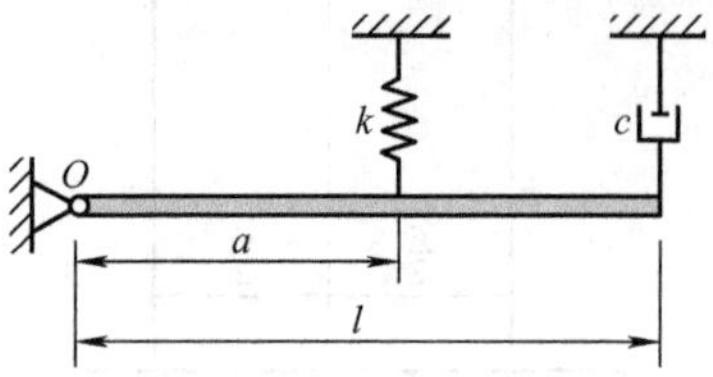


图　2-37

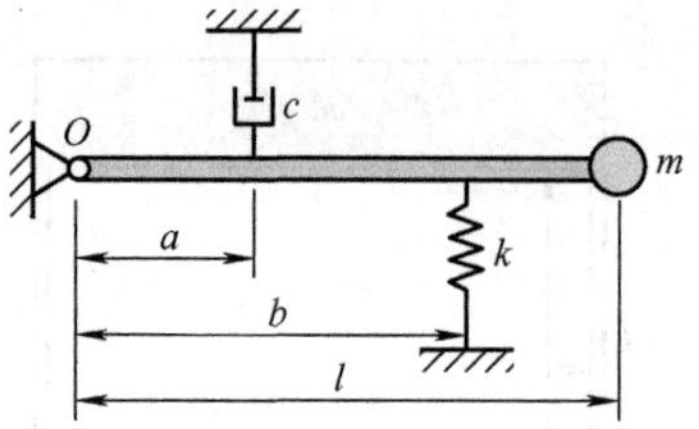


图　2-38

2-12　如图 2-39 所示，质量为 2000kg 的重物以 3cm/s 的速度匀速运动，与弹簧及阻尼器相撞后一起做自由振动。已知 $k=48\ 020\text{N/m}$，$c=1960\text{N}\cdot\text{s/m}$，问重物在碰撞后多少时间达到最大振幅？最大振幅是多少？

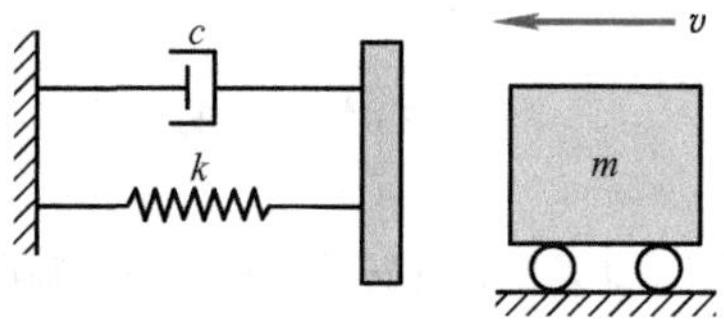


图　2-39

2-13　由实验测得一个系统的有阻尼时的周期为 $T_d$，在简谐激振力作用下出现最大位移值的激振圆频率为 $\omega_m$，求系统的固有频率、阻尼比 $\zeta$ 及对数减缩率 $\delta$。

2-14　已知系统的刚度系数 $k=800\text{N/m}$，做自由振动时的阻尼振动周期为 1.8s，相邻两振幅的比值 $\dfrac{A_i}{A_{i+1}}=\dfrac{4.2}{1}$，若质量块受激振力 $F(t)=360\cos3t$（N）的作用，求系统的稳态响应。

2-15　一个无阻尼弹簧-质量系统受简谐激振力作用，当激振圆频率 $\omega_1=6\text{rad/s}$ 时，系统发生共振；给质量块增加 1kg 的质量后重新试验，测得共振圆频率 $\omega_2=5.86\text{rad/s}$，试求系统原来的质量及弹簧刚度系数。

2-16　总质量为 $W$ 的电机装在弹性梁上，使梁产生静挠度 $\delta_{st}$，转子重 $Q$，重心偏离轴线 $e$，梁重及阻尼可以不计，求转速为 $\omega$ 时电机在垂直方向上稳态强迫振动的振幅。

2-17　如图 2-40 所示，作用在质量块上的激振力 $F(t)=F_0\sin\omega t$，弹簧支承端有运动 $x_s=a\cos\omega t$，写出系统的运动微分方程，并求稳态振动。

2-18　如图 2-41 所示的弹簧-质量系统中，两个弹簧的连接处有一激振力 $F_0\sin\omega t$，求质量块的振幅。

2-19　在图 2-42 所示的系统中，刚性杆 $AB$ 的质量忽略不计，$B$ 端作用有激振力 $F_0\sin\omega t$，写出系统运动微分方程，并求下列情况中质量 $m$ 做上下振动的振幅值：(1) 系统发生共振；(2) $\omega$ 等于固有圆频率 $p_n$ 的一半。

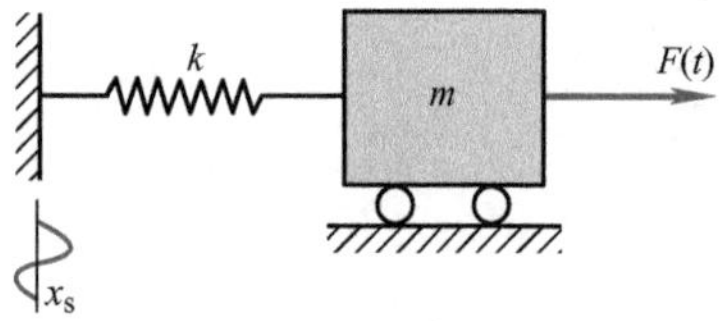


图　2-40

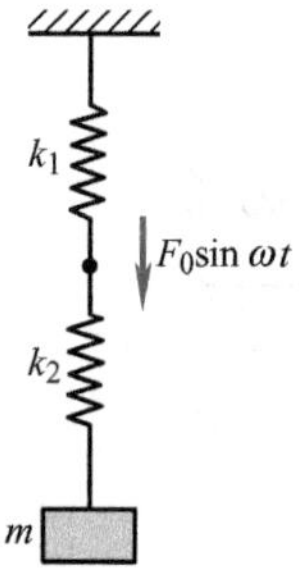


图　2-41

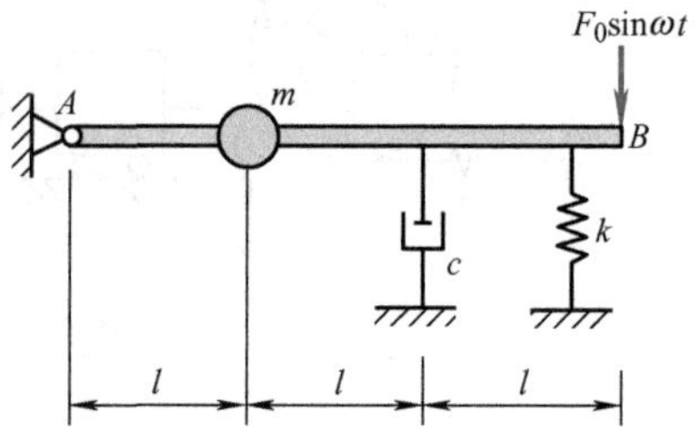


图　2-42

2-20　写出图 2-43 所示系统的运动微分方程，并求出系统固有频率、阻尼比 $\zeta$ 及稳态响应振幅。

2-21　一机器质量为 450kg，支承在弹簧隔振器上，弹簧静变形为 0.5cm。机器有一偏心重，产生偏心激振力 $F_0=2.254\dfrac{\omega^2}{g}$（N），其中 $\omega$ 是激励圆频率，$g$ 是重力加速度。求：(1) 在机器转速为 1200r/min 时传入地基的力；(2) 机器的振幅。

2-22　一个黏性阻尼系统在激振力 $F(t)=F_0\sin\omega t$ 作用下的强迫振动为 $x(t)=B\sin\left(\omega t+\dfrac{\pi}{6}\right)$，已知 $F_0=19.6\text{N}$，$B=5\text{cm}$，$\omega=20\pi\text{rad/s}$，求最初 1s 及 1/4s 内，激振力做的功 $W_1$ 及 $W_2$。

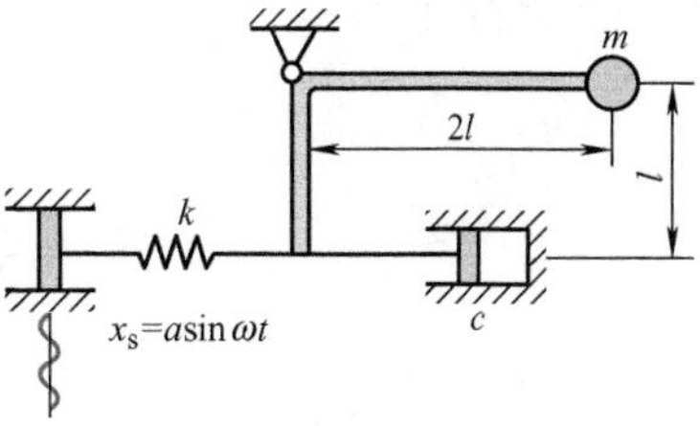

图　2-43

2-23　证明黏性阻尼在一周期内消耗的能量可表示为

$$\Delta E=\frac{\pi F_0^2}{k}\frac{2\zeta\lambda}{(1-\lambda^2)^2+(2\zeta\lambda)^2}$$

2-24　证明简谐激振力作用下的结构阻尼系统在 $\omega=p_n$ 时振幅达最大值。

2-25　无阻尼系统受图 2-44 所示的外力作用，已知 $x(0)=\dot{x}(0)=0$，求系统响应。

2-26　如图 2-45 所示的系统，基础有阶跃加速度为 $bu(t)$，初始条件为 $x(0)=\dot{x}(0)=0$，求质量 $m$ 的相对位移。

2-27　上题系统中，若基础有阶跃位移为 $au(t)$，求零初始条件下的绝对位移。

2-28　零初始条件的无阻尼系统受图 2-46 所示的半正弦脉冲作用，若 $\omega=\dfrac{\pi}{t_1}\neq p_n$，求系统响应。

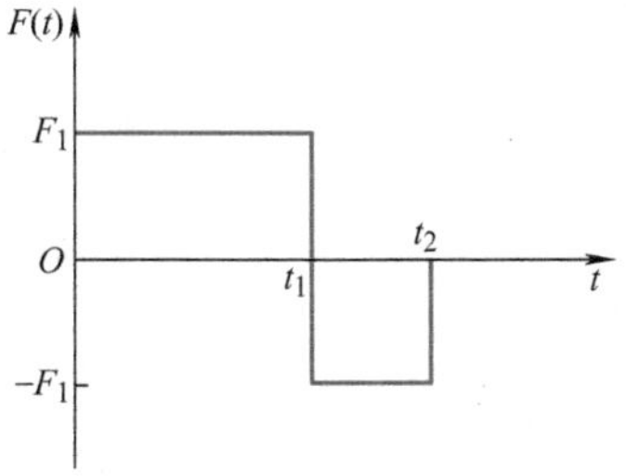

图　2-44

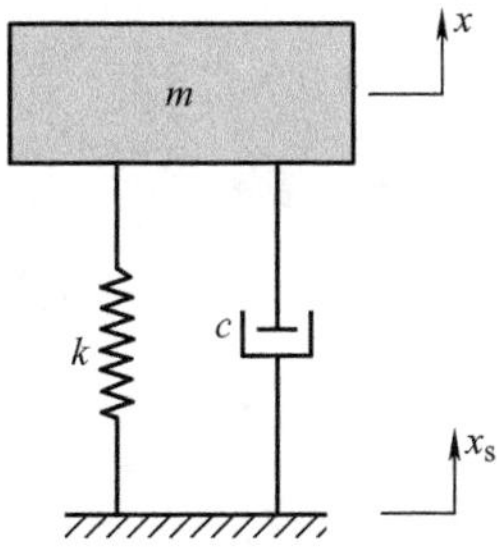

图　2-45

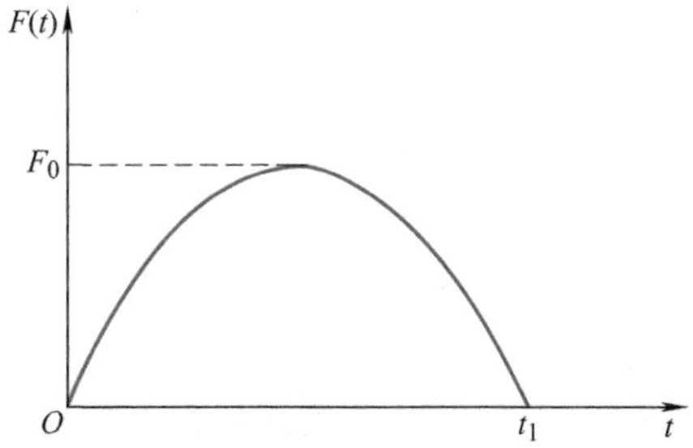

图　2-46

2-29　求无阻尼系统对图 2-47 所示的抛物型外力 $F(t)=F_0\left(1-\dfrac{t^2}{t_1^2}\right)$ 的响应，已知 $x(0)=\dot{x}(0)=0$。

2-30　无阻尼系统支承运动的加速度如图 2-48 所示，求零初始条件下系统的相对位移。

2-31　求零初始条件下无阻尼系统对图 2-49 所示支承运动的响应。

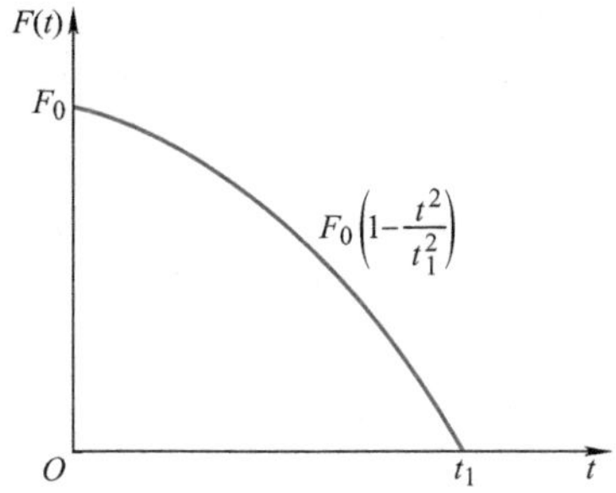

图　2-47

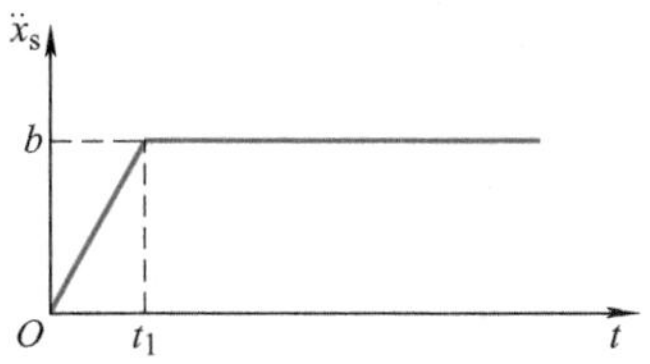

图　2-48

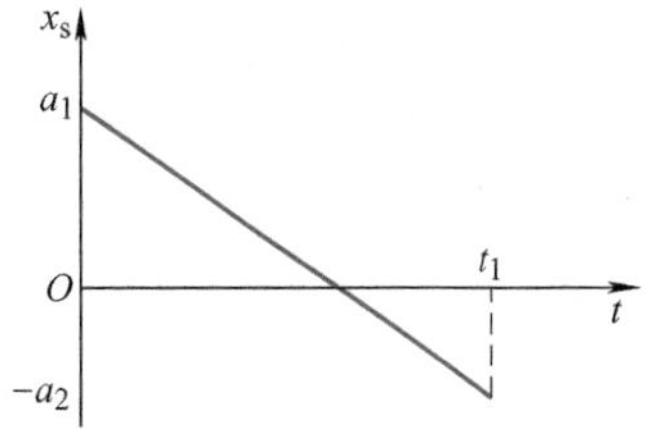

图　2-49

2-32　图 2-50 所示为一车辆的力学模型，已知车的质量为 $m$、所悬挂弹簧的刚度系数为 $k$ 及车的水平行驶速度为 $v$，道路前方有一隆起的曲形地面：$y_s=a\left(1-\cos\dfrac{2\pi}{l}x\right)$。(1) 求车通过曲形地面时的振动；

（2）求车通过曲形地面后的振动。

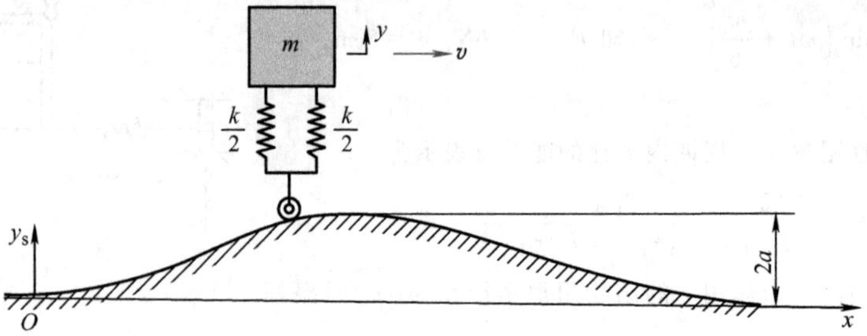


图 2-50

# 第 3 章
# 两自由度系统的振动

应用单自由度系统的振动理论，可以解决机械振动中的一些问题。但是，工程中有很多实际问题必须简化成两个或两个以上自由度即多自由度系统，才能描述其机械振动的主要特性。多自由度系统的振动特性与单自由度系统的振动特性有较大的差别，例如，有多个固有频率、主振型、主振动和多个共振频率等。本章主要介绍研究两自由度系统机械振动的基本方法，论述一些基本概念，推导一些基本的结论。这些研究方法、概念和结论可以推广到多自由度系统。

## 3.1 两自由度系统的自由振动

一个振动系统究竟简化成几个自由度的振动模型，要根据系统的结构特点和所研究的问题来决定。例如，研究车辆在铅直面内的振动时，可以将系统简化为一个不会变形的平板支承在两个弹簧上的模型，如图 3-1 所示。平板代表车身，它的位置可以由质心 $C$ 偏离其平衡位置的铅直位移 $z$ 及平板的转角 $\theta$ 来确定。这样，车辆在铅直面内的振动问题就简化为一个两自由度的系统。

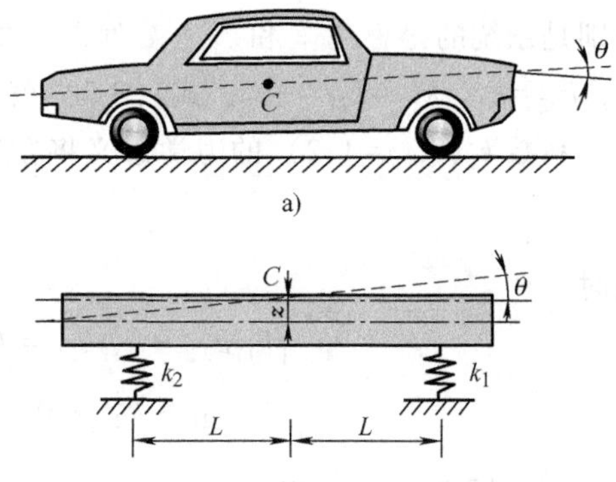

图 3-1

### 3.1.1 运动微分方程

图 3-2a 表示两自由度的弹簧-质量系统。质量为 $m_1$、$m_2$ 的两物体用不计质量的两个弹簧相连接，弹簧刚度系数分别为 $k_1$、$k_2$，两物体均做直线平移，略去摩擦力及其他阻尼。

分别取两物体为研究对象，以它们各自的静平衡位置为坐标系 $x_1$、$x_2$ 的原点，物体离开其平衡位置的位移用 $x_1$、$x_2$ 表示。两物体在水平方向的受力图如图 3-2b 所示，由牛顿第二定律得

$$\begin{cases} m_1\ddot{x}_1 = -(k_1+k_2)x_1 + k_2x_2 \\ m_2\ddot{x}_2 = k_2x_1 - k_2x_2 \end{cases} \tag{3-1}$$

这就是该**两自由度系统的自由振动微分方程**。

用矩阵表示还可以使多自由度系统的一些方程或公式写起来更加简洁。式（3-1）的矩阵形式是

$$\begin{pmatrix} m_1 & 0 \\ 0 & m_2 \end{pmatrix}\begin{pmatrix} \ddot{x}_1 \\ \ddot{x}_2 \end{pmatrix} + \begin{pmatrix} k_1+k_2 & -k_2 \\ -k_2 & k_2 \end{pmatrix}\begin{pmatrix} x_1 \\ x_2 \end{pmatrix} = \begin{pmatrix} 0 \\ 0 \end{pmatrix} \tag{3-2}$$

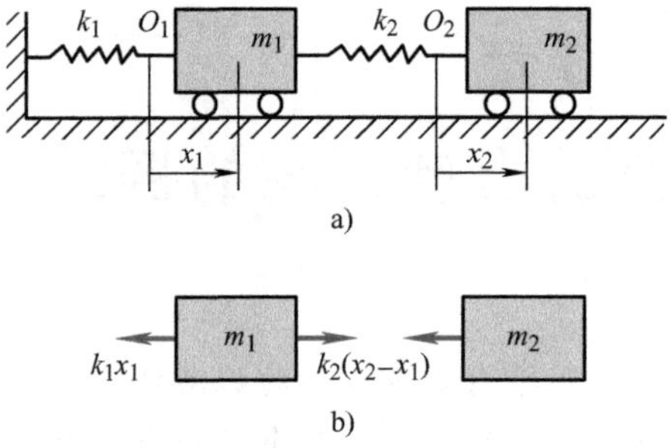


图3-2 两自由度的弹簧-质量系统

为了使讨论具有一般的性质，将式（3-2）改写为

$$M\ddot{x}+Kx=0 \tag{3-3}$$

这是一个二阶线性常系数齐次微分方程组，式中

$$M = \begin{pmatrix} m_{11} & m_{12} \\ m_{21} & m_{22} \end{pmatrix}, \qquad K = \begin{pmatrix} k_{11} & k_{12} \\ k_{21} & k_{22} \end{pmatrix} \tag{3-4}$$

分别称为系统的质量矩阵和刚度矩阵。式中，$m_{ij}$为质量影响系数；$k_{ij}$为刚度影响系数。

$$x = \begin{pmatrix} x_1 \\ x_2 \end{pmatrix}, \qquad \ddot{x} = \begin{pmatrix} \ddot{x}_1 \\ \ddot{x}_2 \end{pmatrix}$$

分别是系统的坐标列阵和加速度列阵。如果令 $m_{11}=m_1$，$m_{22}=m_2$，$m_{12}=m_{21}=0$，$k_{11}=k_1+k_2$，$k_{22}=k_2$，$k_{12}=k_{21}=-k_2$，式（3-3）就是式（3-2）。

系数 $k_{ij}(i, j=1,2)$ 的力学意义将在后面章节中说明。这些系数还有如下关系

$$k_{12}=k_{21} \tag{3-5}$$

同时

$$\begin{cases} k_{11}k_{22} - k_{12}k_{21} = (k_1+k_2)k_2 - k_2^2 = k_1k_2 > 0 \\ k_{12}k_{21} = k_2^2 > 0 \end{cases}$$

### 3.1.2 频率方程

根据常微分方程理论，设方程（3-3）的解为

$$\begin{cases} x_1 = A_1\sin(pt+\alpha) \\ x_2 = A_2\sin(pt+\alpha) \end{cases} \tag{3-6}$$

这组解可以写成如下的矩阵形式

$$\begin{pmatrix} x_1 \\ x_2 \end{pmatrix} = \begin{pmatrix} A_1 \\ A_2 \end{pmatrix}\sin(pt+\alpha) \tag{3-7a}$$

或

$$x = A\sin(pt+\alpha) \tag{3-7b}$$

将式（3-6）代入式（3-3），简化后可得代数齐次方程组

$$(\boldsymbol{K}-p^2\boldsymbol{M})\boldsymbol{A}=0 \tag{3-8a}$$

或

$$\begin{pmatrix} k_{11}-p^2m_{11} & k_{12} \\ k_{21} & k_{22}-p^2m_{22} \end{pmatrix}\begin{pmatrix} A_1 \\ A_2 \end{pmatrix}=\begin{pmatrix} 0 \\ 0 \end{pmatrix} \tag{3-8b}$$

保证式(3-8)具有非零解的充分必要条件是其系数行列式等于零,即

$$|\boldsymbol{K}-p^2\boldsymbol{M}|=0 \tag{3-9a}$$

或

$$\begin{vmatrix} k_{11}-p^2m_{11} & k_{12} \\ k_{21} & k_{22}-p^2m_{22} \end{vmatrix}=0 \tag{3-9b}$$

这就是如图 3-2 所示的两自由度系统的**频率方程**,也称**特征方程**。由于 $k_{12}=k_{21}$,它的展开式为

$$\Delta(p^2)=m_{11}m_{22}p^4-(m_{11}k_{22}+m_{22}k_{11})p^2+k_{11}k_{22}-k_{12}^2=0 \tag{3-10a}$$

引入记号

$$a=\frac{k_{11}}{m_{11}},\qquad b=-\frac{k_{12}}{m_{11}},\qquad c=-\frac{k_{21}}{m_{22}},\qquad d=\frac{k_{22}}{m_{22}}$$

则特征方程可改写为

$$p^4-(a+d)p^2+ad-bc=0 \tag{3-10b}$$

所以

$$p_{1,2}^2=\frac{a+d}{2}\mp\sqrt{\left(\frac{a+d}{2}\right)^2-(ad-bc)} \tag{3-11a}$$

$$=\frac{a+d}{2}\mp\sqrt{\left(\frac{a-d}{2}\right)^2+bc} \tag{3-11b}$$

这就是特征方程的两个特征根。

由式（3-11b）看出，根号内为正值；由式（3-11a）看出，根号内之数值小于$\frac{a+d}{2}$，所以，特征根 $p_1^2$、$p_2^2$ 是两个大于零的不相等的正实根。$p_1$、$p_2$ 就是系统的自由振动圆频率，即固有圆频率。较低的圆频率 $p_1$ 称为**第一阶固有圆频率**；较高的圆频率 $p_2$ 称为**第二阶固有圆频率**。由式（3-11）看出，固有圆频率 $p_1$、$p_2$ 与运动的初始条件无关，仅与振动系统固有圆频率的物理特性，即物体的质量、弹性元件的刚度系数有关。

### 3.1.3　主振型

将第一阶固有圆频率 $p_1$ 代入式（3-6），得到的自由振动称为**第一阶主振动**；将第二阶固有圆频率 $p_2$ 代入式（3-6），便得到**第二阶主振动**。它们分别是

$$\begin{cases} x_1^{(1)}=A_1^{(1)}\sin(p_1t+\alpha_1) \\ x_2^{(1)}=A_2^{(1)}\sin(p_1t+\alpha_1) \end{cases},\qquad \begin{cases} x_1^{(2)}=A_1^{(2)}\sin(p_2t+\alpha_2) \\ x_2^{(2)}=A_2^{(2)}\sin(p_2t+\alpha_2) \end{cases}$$

将特征根 $p_1^2$、$p_2^2$ 分别代入式（3-8），由于方程是齐次的，所以不能求出振幅的数值，

但可得到对应于两个固有圆频率的振幅比

$$\begin{cases} \nu_1 = \dfrac{A_2^{(1)}}{A_1^{(1)}} = \dfrac{a - p_1^2}{b} = \dfrac{c}{d - p_1^2} \\ \nu_2 = \dfrac{A_2^{(2)}}{A_1^{(2)}} = \dfrac{a - p_2^2}{b} = \dfrac{c}{d - p_2^2} \end{cases} \tag{3-12}$$

式中，$\nu_1$ 表明以第一阶固有圆频率做同步谐振动时，即做第一阶主振动时系统的形态，称为第一阶固有振型或第一阶主振型；$\nu_2$ 表征系统做第二阶主振动时的形态，即为第二阶固有振型或第二阶主振型。由式（3-12）可见，此二比值是由振动系统固有的物理特性确定的。

系统做主振动时，任意瞬时的位移比和其振幅比相同，即

$$\frac{x_2^{(1)}}{x_1^{(1)}} = \nu_1, \qquad \frac{x_2^{(2)}}{x_1^{(2)}} = \nu_2 \tag{3-13a}$$

这表明，在振动过程中，振幅比 $\nu_1$、$\nu_2$ 决定了整个系统的相对位置。

将式（3-11）中的 $p_1$、$p_2$ 之值代入式（3-12），得

$$\begin{cases} \nu_1 = \dfrac{1}{b}\left[\dfrac{a - d}{2} + \sqrt{\left(\dfrac{a - d}{2}\right)^2 + bc}\right] > 0 \\ \nu_2 = \dfrac{1}{b}\left[\dfrac{a - d}{2} - \sqrt{\left(\dfrac{a - d}{2}\right)^2 + bc}\right] < 0 \end{cases} \tag{3-13b}$$

这表明，在第一阶主振动中，质量 $m_1$ 与 $m_2$ 沿同一方向运动；在第二阶主振动中 $m_1$、$m_2$ 的运动方向则是相反的。系统做主振动时，各点同时经过平衡位置，同时到达最远位置，以与固有圆频率对应的主振型做简谐振动。

根据常微分方程理论，两自由度系统的自由振动微分方程（3-2）的通解，是它的两个主振动的线性组合，即

$$\begin{cases} x_1(t) = x_1^{(1)} + x_1^{(2)} = A_1^{(1)}\sin(p_1 t + \alpha_1) + A_1^{(2)}\sin(p_2 t + \alpha_2) \\ x_2(t) = x_2^{(1)} + x_2^{(2)} = A_2^{(1)}\sin(p_1 t + \alpha_1) + A_2^{(2)}\sin(p_2 t + \alpha_2) \end{cases} \tag{3-14}$$

上式可以写成如下的矩阵形式，即

$$\begin{pmatrix} x_1 \\ x_2 \end{pmatrix} = \begin{pmatrix} A_1^{(1)} \\ A_2^{(1)} \end{pmatrix}\sin(p_1 t + \alpha_1) + \begin{pmatrix} A_1^{(2)} \\ A_2^{(2)} \end{pmatrix}\sin(p_2 t + \alpha_2) \tag{3-15}$$

或

$$\begin{pmatrix} x_1 \\ x_2 \end{pmatrix} = \begin{pmatrix} A_1^{(1)} & A_1^{(2)} \\ A_2^{(1)} & A_2^{(2)} \end{pmatrix}\begin{pmatrix} \sin(p_1 t + \alpha_1) \\ \sin(p_2 t + \alpha_2) \end{pmatrix} \tag{3-16}$$

式中，$A_1^{(1)}$、$A_1^{(2)}$、$\alpha_1$、$\alpha_2$ 由运动的初始条件确定。

**例 3-1** 试求图 3-3a 所示两自由度系统的固有频率和主振型。已知各弹簧的刚度系数 $k_1 = k_2 = k_3 = k$，物体的质量 $m_1 = m$，$m_2 = 2m$。

**解：**（1）建立运动微分方程

分别以两物体的平衡位置为坐标原点，取两物体离开其平衡位置的距离 $x_1$、$x_2$ 为广义

坐标，两物体沿 $x$ 方向的受力图如图 3-3b 所示，它们的运动微分方程分别为

$$m_1\ddot{x}_1+2kx_1-kx_2=0$$

$$2m\ddot{x}_2-kx_1+2kx_2=0$$

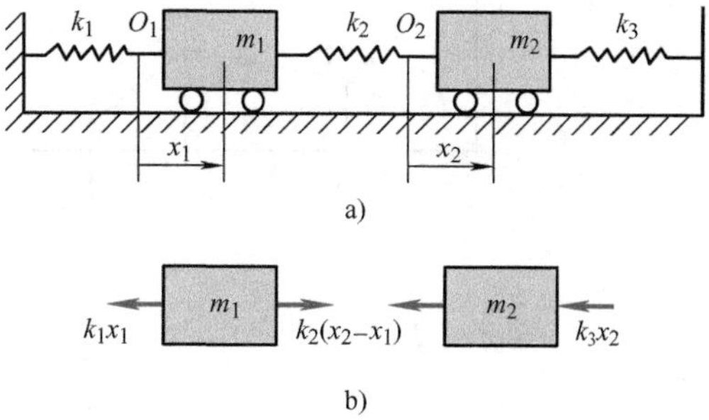


图 3-3

或

$$\begin{pmatrix} m & 0 \\ 0 & 2m \end{pmatrix}\begin{pmatrix} \ddot{x}_1 \\ \ddot{x}_2 \end{pmatrix}+\begin{pmatrix} 2k & -k \\ -k & 2k \end{pmatrix}\begin{pmatrix} x_1 \\ x_2 \end{pmatrix}=\begin{pmatrix} 0 \\ 0 \end{pmatrix}$$

质量矩阵和刚度矩阵分别为

$$\boldsymbol{M}=\begin{pmatrix} m & 0 \\ 0 & 2m \end{pmatrix},\qquad \boldsymbol{K}=\begin{pmatrix} 2k & -k \\ -k & 2k \end{pmatrix}$$

（2）解频率方程，求 $p_i$

将 $\boldsymbol{M}$ 和 $\boldsymbol{K}$ 代入频率方程式（3-9b），得

$$\begin{vmatrix} 2k-p^2m & -k \\ -k & 2k-2p^2m \end{vmatrix}=0$$

展开为

$$(2k-p^2m)(2k-2p^2m)-k^2=0$$

解出，$p_1^2=0.634\dfrac{k}{m}$，$p_2^2=2.366\dfrac{k}{m}$。

因此，系统的第一阶和第二阶固有频率分别为

$$f_1=\frac{1}{2\pi}p_1=\frac{1}{2\pi}\sqrt{\frac{0.634k}{m}}=0.796\frac{1}{2\pi}\sqrt{\frac{k}{m}},\qquad f_2=\frac{1}{2\pi}p_2=\frac{1}{2\pi}\sqrt{\frac{2.366k}{m}}=1.538\frac{1}{2\pi}\sqrt{\frac{k}{m}}$$

（3）求主振型

将 $p_1^2$、$p_2^2$ 分别代入式（3-12），得

$$\nu_1=\frac{A_2^{(1)}}{A_1^{(1)}}=-\frac{k_{11}-p_1^2m_{11}}{k_{12}}=\frac{2k-p_1^2m}{k}=\frac{1}{0.732}$$

$$\nu_2=\frac{A_2^{(2)}}{A_1^{(2)}}=-\frac{k_{11}-p_2^2m_{11}}{k_{12}}=\frac{2k-p_2^2m}{k}=-\frac{1}{2.732}$$

主振型还可表示为

$$\boldsymbol{A}^{(1)}=\begin{pmatrix} A_1^{(1)} \\ A_2^{(1)} \end{pmatrix}=\begin{pmatrix} 0.732 \\ 1 \end{pmatrix},\qquad \boldsymbol{A}^{(2)}=\begin{pmatrix} A_1^{(2)} \\ A_2^{(2)} \end{pmatrix}=\begin{pmatrix} -2.732 \\ 1 \end{pmatrix}$$

系统的振型图如图 3-4 所示。图 3-4a 表明在第一阶主振型中两个物体的振动方向是相同的；图 3-4b 表明在第二阶主振型中二者的振动方向是反相的，并且弹簧上的 $A$ 点是不动的，这样的点称为节点。

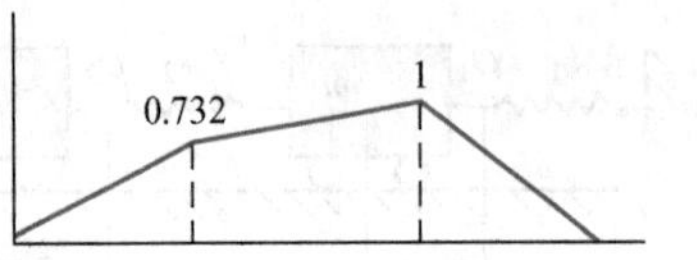


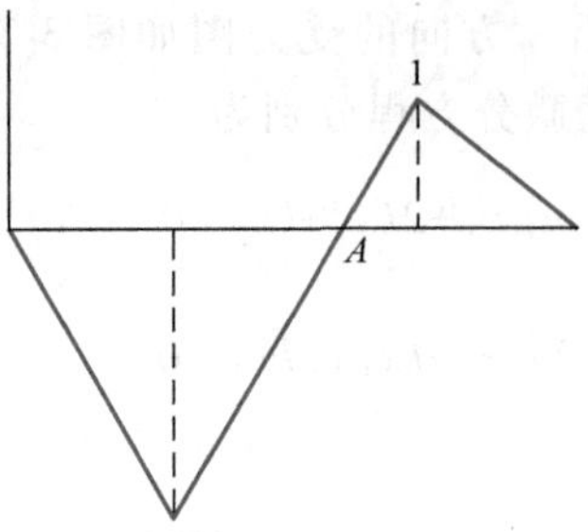


图 3-4 振型图

例 3-2 在图 3-3 所示系统中，已知 $m_1=m_2=m$，$k_1=k_3=k$，$k_2=4k$，求该系统对以下两组初始条件的响应：（1）$t=0$，$x_{10}=1\text{cm}$，$x_{20}=\dot{x}_{10}=\dot{x}_{20}=0$；（2）$t=0$，$x_{10}=1\text{cm}$，$x_{20}=-1\text{cm}$，$\dot{x}_{10}=\dot{x}_{20}=0$。

解：系统的质量矩阵和刚度矩阵为

$$\boldsymbol{M}=\begin{pmatrix} m & 0 \\ 0 & m \end{pmatrix},\qquad K=\begin{pmatrix} k_1+k_2 & -k_2 \\ -k_2 & k_2+k_3 \end{pmatrix}=\begin{pmatrix} 5k & -4k \\ -4k & 5k \end{pmatrix}$$

将 $\boldsymbol{M}$、$\boldsymbol{K}$ 代入频率方程（3-9b），得

$$p_1=\sqrt{\frac{k}{m}},\qquad p_2=3\sqrt{\frac{k}{m}}$$

对应的两个主振型和振幅比为

$$\begin{pmatrix} A_1^{(1)} \\ A_2^{(1)} \end{pmatrix}=\begin{pmatrix} 1 \\ 1 \end{pmatrix},\qquad \begin{pmatrix} A_1^{(2)} \\ A_2^{(2)} \end{pmatrix}=\begin{pmatrix} 1 \\ -1 \end{pmatrix}$$

$$\nu_1=\frac{A_2^{(1)}}{A_1^{(1)}}=1,\qquad \nu_2=\frac{A_2^{(2)}}{A_1^{(2)}}=-1$$

将初始条件（1）代入式（3-15），解得

$$x_{10}=A_1^{(1)}\sin\alpha_1+A_1^{(2)}\sin\alpha_2=1$$

$$x_{20}=\nu_1A_1^{(1)}\sin\alpha_1+\nu_2A_1^{(2)}\sin\alpha_2=0$$

$$\dot{x}_{10}=A_1^{(1)}p_1\cos\alpha_1+A_1^{(2)}p_2\cos\alpha_2=0$$

$$\dot{x}_{20}=A_1^{(1)}\nu_1p_1\cos\alpha_1+A_1^{(2)}\nu_2p_2\cos\alpha_2=0$$

因此，可解得 $A_1^{(1)}=\frac{1}{2}$，$A_1^{(2)}=\frac{1}{2}$，$\alpha_1=\frac{\pi}{2}$，$\alpha_2=\frac{\pi}{2}$，所以振动响应为

$$x_1(t)=\frac{1}{2}\cos p_1t+\frac{1}{2}\cos p_2t=\frac{1}{2}\cos\sqrt{\frac{k}{m}}t+\frac{1}{2}\cos3\sqrt{\frac{k}{m}}t\quad(\text{cm})$$

$$x_2(t)=\frac{1}{2}\cos p_1t-\frac{1}{2}\cos p_2t=\frac{1}{2}\cos\sqrt{\frac{k}{m}}t-\frac{1}{2}\cos3\sqrt{\frac{k}{m}}t\quad(\text{cm})$$

这表明，其响应为与圆频率 $p_1$、$p_2$ 相对应的两阶主振动的线性组合。

再将初始条件（2）代入式（3-15），解得

$$A_1^{(1)}=0,\quad \alpha_1=\frac{\pi}{2},\quad A_1^{(2)}=1,\quad \alpha_2=\frac{\pi}{2}$$

所以

$$x_1(t)=\cos p_2 t=\cos 3\sqrt{\frac{k}{m}}t \quad (\text{cm})$$

$$x_2(t)=-\cos p_2 t=-\cos 3\sqrt{\frac{k}{m}}t \quad (\text{cm})$$

这表明，由于初始位移之比等于该系统的第二阶主振型对应的振幅比，因此，系统按第二阶主振型以固有圆频率 $p_2$ 做简谐振动。

## 3.2 两自由度系统的受迫振动

在图 3-5 所示的两自由度系统力学模型中，若两个物块受到激振力的作用，$F_1(t)=F_1\sin\omega t$，$F_2(t)=F_2\sin\omega t$，可列出该系统的受迫振动微分方程，其矩阵形式为

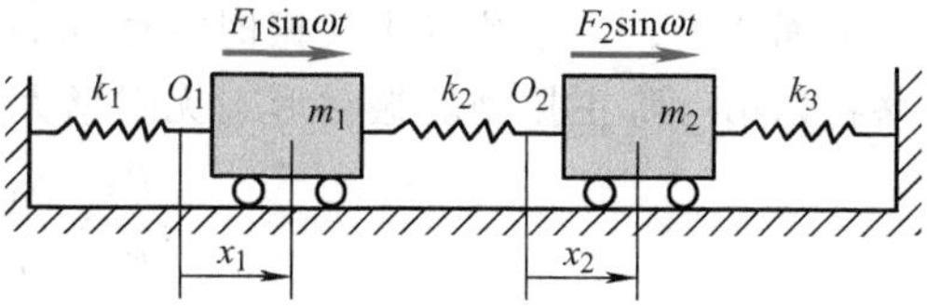


图 3-5　两自由度受迫振动系统

$$\boldsymbol{M}\ddot{\boldsymbol{x}}+\boldsymbol{K}\boldsymbol{x}=\boldsymbol{F}\sin\omega t \tag{3-17}$$

式中，$\boldsymbol{M}$、$\boldsymbol{K}$ 分别为式（3-4）定义的质量矩阵和刚度矩阵；

$$\boldsymbol{F}=(F_1\quad F_2)^{\mathrm{T}}$$

为简谐激振力的幅值列阵；$\omega$ 为激振圆频率。

式（3-17）为二阶常系数线性非齐次微分方程组。由微分方程理论知，其解由对应的齐次方程组的通解与该非齐次方程组的特解组成。前者为系统的**自由振动**，与单自由度系统相同，由于阻尼的存在，它将在较短时间内衰减掉。后者为系统的**受迫振动**，不随时间衰减。当自由振动部分衰减了以后，它就是系统的稳态响应。设方程组（3-17）的特解为

$$\left.\begin{aligned}x_1&=B_1\sin\omega t\\x_2&=B_2\sin\omega t\end{aligned}\right\} \tag{3-18a}$$

或简写成

$$\begin{pmatrix}x_1\\x_2\end{pmatrix}=\begin{pmatrix}B_1\\B_2\end{pmatrix}\sin\omega t \tag{3-18b}$$

引入记号

$$a=\frac{k_{11}}{m_{11}},\quad b=\frac{k_{12}}{m_{11}},\quad c=\frac{k_{21}}{m_{22}},\quad d=\frac{k_{22}}{m_{22}},\quad f_1=\frac{F_1}{m_{11}},\quad f_2=\frac{F_2}{m_{22}} \tag{3-19}$$

将式（3-18）、式（3-19）代入式（3-17），得到的关于振幅 $B_1$、$B_2$ 的非齐次代数方程组为

$$(\boldsymbol{K}-\omega^2\boldsymbol{M})\boldsymbol{B}=\boldsymbol{F} \tag{3-20a}$$

式中，$\boldsymbol{B}=(B_1\quad B_2)^{\mathrm{T}}$，此式的展开式为

$$\begin{cases}(a-\omega^2)B_1+bB_2=f_1\\cB_1+(d-\omega^2)B_2=f_2\end{cases}\tag{3-20b}$$

由此解出受迫振动的振幅

$$\begin{cases}B_1=\dfrac{(d-\omega^2)f_1-bf_2}{\Delta(\omega^2)}\\B_2=\dfrac{-cf_1+(a-\omega^2)f_2}{\Delta(\omega^2)}\end{cases}\tag{3-21}$$

式中，$\Delta(\omega^2)=(a-\omega^2)(d-\omega^2)-bc=(p_1^2-\omega^2)(p_2^2-\omega^2)$，其中 $p_1$、$p_2$ 为系统的两个固有圆频率，其表达式如式（3-11）。

于是得出结论：在简谐干扰力作用下，两自由度无阻尼的线性振动系统的受迫振动是以干扰力频率为其频率的简谐振动，其振幅由式（3-21）确定。

式（3-21）表明，受迫振动的振幅大小不仅和干扰力的幅值大小 $F_1$、$F_2$ 有关，而且和干扰力的圆频率 $\omega$ 有关。特别是当 $\omega=p_1$ 或 $\omega=p_2$ 时，即当干扰力的圆频率等于振动系统的固有圆频率时，振幅 $B_1$、$B_2$ 将会无限地增大，发生共振。与单自由度振动系统不同，两自由度系统一般有两个固有圆频率，因此，可能出现两次共振。

下面证明，当系统发生共振时，譬如 $\omega=p_1$，振幅 $B_2/B_1=\nu_1$ 时，该系统的受迫振动的位移将以第一阶主振型的振动形态无限增大。由式（3-21）可得

$$\frac{B_2}{B_1}=\frac{cf_1+(a-\omega^2)f_2}{(d-\omega^2)f_1+bf_2}$$

当干扰力的圆频率 $\omega=p_1$ 时，上式成为

$$\left(\frac{B_2}{B_1}\right)_{\omega=p_1}=\frac{cf_1+(a-p_1^2)f_2}{(d-p_1^2)f_1+bf_2}$$

将方程（3-12）第一式中$\dfrac{a-p_1^2}{b}$的分子分母同乘以 $f_2$，$\dfrac{c}{d-p_1^2}$的分子分母同乘以 $f_1$，根据比例式相加法则得到

$$\nu_1=\frac{cf_1+(a-p_1^2)f_2}{(d-p_1^2)f_1+bf_2}=\left(\frac{B_2}{B_1}\right)_{\omega=p_1}$$

同理，当 $\omega=p_2$ 时，则有$(B_2/B_1)_{\omega=p_2}=\nu_2$，该系统的受迫振动的位移将以第二阶主振动的振动形态无限增大。

振动测量中常利用这一规律来测量系统的固有频率，并根据共振时系统的振动形态来判断该固有频率的阶次。

---

## 3.3 坐标的耦联

### 3.3.1 耦联与非耦联

二层楼模型可用图 3-6a 或 3-6b 所示的振动系统表示。各个楼层只能在水平方向移动，不

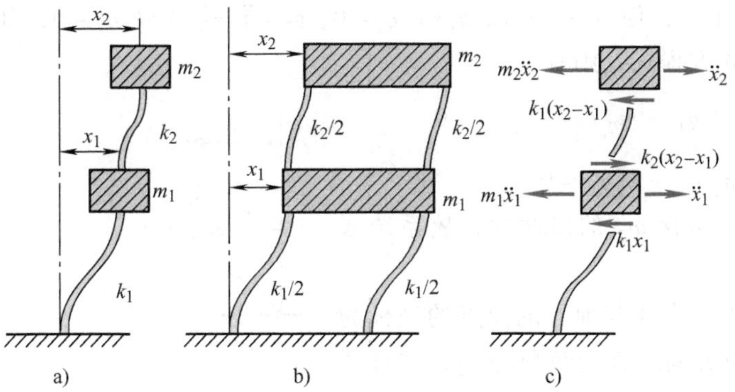


图 3-6　二层楼模型

能做转动和上下运动。即如果结构物的变形是剪切型的，各质点离静止位置的位移分别为 $x_1$、$x_2$，则系统的状态可以完全用这两个位移量来表示。也就是说，在这种情况下系统是两个自由度系统。

首先，来看第 2 层，质点 $m_2$ 的加速度为 $a_2=\ddot{x}_2$，弹簧 $k_2$ 的恢复力为 $-k_2(x_2-x_1)$。因此，可得运动方程式为

$$-m_2\ddot{x}_2-k_2(x_2-x_1)=0 \tag{a}$$

这里 $(x_2-x_1)$ 是两个质点 $m_2$ 和 $m_1$ 之间的位移差，即相对位移。对本结构来说，就是第 2 层与第 1 层之间的层间位移。

其次，来看第 1 层的质点 $m_1$，作用力为加速度 $\ddot{x}_1$ 产生的惯性力 $-m_1\ddot{x}_1$，弹簧 $k_2$ 的恢复力 $k_2(x_2-x_1)$，以及弹簧 $k_1$ 的恢复力 $-k_1x_1$，运动方程式为

$$-m_1\ddot{x}_1+k_2(x_2-x_1)-k_1x_1=0 \tag{b}$$

在式 (a) 和式 (b) 中，即在质点 $m_1$ 和 $m_2$ 的运动方程式中，都含有坐标 $x_1$ 和 $x_2$。因此，两个质点的运动不是互相独立的，它们彼此受另一个质点的运动的影响。这种质点或质点系的运动相互影响的现象叫作**耦联**，具有耦联性质的系统叫作**耦联系统**。

像这样表示振动位移的两个以上坐标出现在同一个运动方程式中时，就称这些坐标之间存在**静力耦联或弹性耦联**。

另外，与上式情况不同，当一个微分方程式中出现两个以上的加速度项时，称为在坐标之间有动力**耦联或惯性耦联**。

某个系统中是否存在耦联取决于用以表示运动的坐标的选择方法，而与系统本身的特性无关。一般说来，为了表示多质点系的运动状态，可以选用的独立坐标系，即广义坐标。根据选择坐标的不同，系统可以是静力耦联、动力耦联、静力兼动力耦联，或非耦联的（即完全无耦联的）。

用质点 $m_1$ 的位移 $x_1$ 和质点 $m_2$ 的位移 $x_2$ 这两个坐标来表示系统的振型，如图 3-7a 所示。其系统运动的微分方程式已在式 (a) 和式 (b) 中给出，构成了静力耦联。

选择质点 $m_1$ 的位移 $q_1$ 和质点 $m_2$ 与 $m_1$ 之间的相对位移 $q_2$ 为两个坐标，如图 3-7b 所示。这时

$$x_1=q_1,\quad x_2=q_1+q_2 \tag{c}$$

代入式（b）、式（a），便有 $m_1\ddot{q}_1+k_1q_1-k_2q_2=0$，$m_2(\ddot{q}_1+\ddot{q}_2)+k_2q_2=0$，如将这两式之和以及第2式作为联立方程式，则有

$$\begin{cases}(m_1+m_2)\ddot{q}_1+m_2\ddot{q}_2+k_1q_1=0\\ m_2\ddot{q}_1+m_2\ddot{q}_2+k_2q_2=0\end{cases}$$

由于第一个方程中包含 $m_2$ 的惯性项，故系统成为动力耦联系统。

令连接两质点的直线与地面的交点的坐标为 $q_1$，该直线与竖直方向所夹的转角为 $q_2$，并选择这样的 $q_1$ 和 $q_2$ 作为广义坐标，如图3-7c所示。当 $q_2$ 为微小量时，两质点的位移可表示成

$$\begin{cases}x_1=q_1+H_1q_2\\ x_2=q_1+(H_1+H_2)q_2\end{cases}\tag{d}$$

代入式（b）、式（a）可得

$$m_1(\ddot{q}_1+H_1\ddot{q}_2)+k_1q_1+(k_1H_1-k_2H_2)q_2=0$$

$$m_2[\ddot{q}_1+(H_1+H_2)\ddot{q}_2]+k_2H_2q_2=0$$

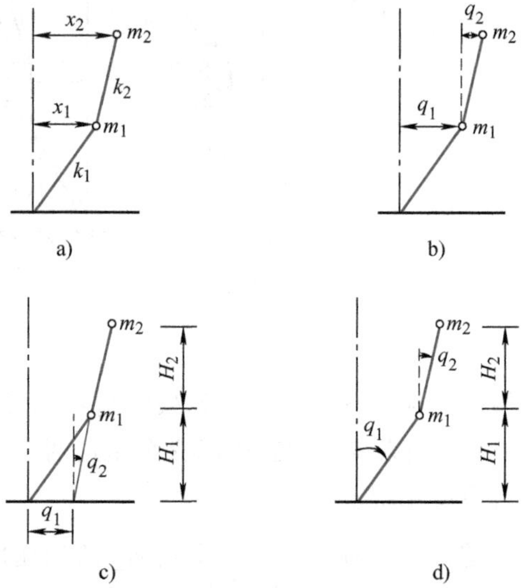


图3-7　耦联与坐标

a）静力耦联系统　b）动力耦联系统

c）静力、动力耦联系统　d）动力耦联系统

将这两式之和以及第1式乘以 $H_1$ 后与第2式乘以 $(H_1+H_2)$ 后相加之和组成联立方程式，则成

$$\left.\begin{aligned}&(m_1+m_2)\ddot{q}_1+[m_1H_1+m_2(H_1+H_2)]\ddot{q}_2+k_1q_1+k_1H_1q_2=0\\ &[m_1H_1+m_2(H_1+H_2)]\ddot{q}_1+[m_1H_1^2+m_2(H_1+H_2)^2]\ddot{q}_2+k_1H_1q_1=0\end{aligned}\right\}\tag{e}$$

可以看出，由 $m_1H_1+m_2(H_1+H_2)$ 项构成动力耦联，由 $k_1H_1$ 项构成静力耦联。

以 $m_1$ 与系统基底的连线和 $m_2$ 与 $m_1$ 的连线分别与垂直方向所成的转角 $q_1$ 和 $q_2$ 作为广义坐标，如图3-7d所示。可以看出，这与图3-7b的情况相同，也构成了动力耦联。

从以上四种不同的广义坐标选择可知，选择不同的广义坐标所得到的耦合方程也不同，也就是说，组成微分方程的形式与广义坐标的选择有关。

### 3.3.2　主坐标

从上一节的各个式子，特别是式（e）中，可以知道，两自由度无阻尼系统的运动方程式以 $q_1(t)$、$q_2(t)$ 为广义坐标可写成如下最一般的形式

$$\begin{cases}M_{11}\ddot{q}_1+M_{12}\ddot{q}_2+K_{11}q_1+K_{12}q_2=0\\ M_{21}\ddot{q}_1+M_{22}\ddot{q}_2+K_{21}q_1+K_{22}q_2=0\end{cases}\tag{f}$$

式中，$M_{ij}$ 和 $K_{ij}(i\neq j)$ 分别表示动力耦联项和静力耦联项。

然而，如果坐标选择得当，可使式（f）中的耦联项为 $M_{ij}=0$，$K_{ij}=0(i\neq j)$。即总是可以使微分方程式不联立，在每个式子分别只含一个未知数而与另一未知数无关的情况下求

解。如果能得到这种独立的运动方程式，则作为方程解求出的系统各个分量的运动与其他各分量的运动无关，分别做具有各自固有的振幅、频率和相位的单自由度振动，即简谐振动，问题就大大简化了。

这种经特别选择的、可使方程式写成既无动力耦联又无静力耦联形式的坐标称为**主坐标**。在下一节将以双摆为例对此进行进一步说明。

## 3.4　拍振

前面 1.3.2 节讲到当同一方向两简谐振动合成时，出现拍振的条件是两个简谐分量的频率相差很小。对于两自由度无阻尼的自由振动，即它们的主振动是简谐振动，所以当两个固有频率相差很小时，就可能出现拍振。

图 3-8a 表示两个摆长、质量相同的单摆，中间以弹簧相连，形成两自由度系统（称为双摆）。可以证明，当弹簧刚度系数 $k$ 很小时，在一定的初始条件下，系统将做拍振。

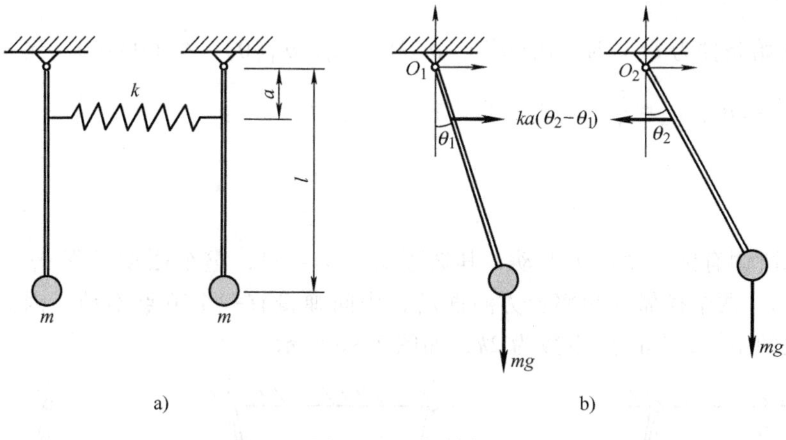


图 3-8　双摆拍振

取 $\theta_1$、$\theta_2$ 表示摆的角位移，逆钟向转动为正，每个摆的受力如图 3-8b 所示。根据刚体绕定轴转动方程，当 $\theta_1$、$\theta_2$ 角位移很小时，得到摆做微小振动的微分方程

$$ml^2\ddot{\theta}_1 = -mgl\theta_1 + ka^2(\theta_2 - \theta_1)$$

$$ml^2\ddot{\theta}_2 = -mgl\theta_2 - ka^2(\theta_2 - \theta_1)$$

由式（3-11）得到系统的第一阶和第二阶固有圆频率为

$$p_1 = \sqrt{\frac{g}{l}},\quad p_2 = \sqrt{\frac{g}{l} + \frac{2ka^2}{ml^2}}$$

由式（3-12）得到系统的第一阶和第二阶主振型为

$$\nu_1 = 1,\quad \nu_2 = -1$$

于是得到第一阶主振动

$$\theta_1^{(1)}=\Theta^{(1)}\sin(p_1t+\alpha_1),\ \theta_2^{(1)}=\Theta^{(1)}\sin(p_1t+\alpha_1)$$

第二阶主振动

$$\theta_1^{(2)}=\Theta^{(2)}\sin(p_2t+\alpha_2),\ \theta_2^{(2)}=-\Theta^{(2)}\sin(p_2t+\alpha_2)$$

系统自由振动的一般解

$$\theta_1=\theta_1^{(1)}+\theta_1^{(2)}=\Theta^{(1)}\sin(p_1t+\alpha_1)+\Theta^{(2)}\sin(p_2t+\alpha_2)$$

$$\theta_2=\theta_2^{(1)}+\theta_2^{(2)}=\Theta^{(1)}\sin(p_1t+\alpha_1)-\Theta^{(2)}\sin(p_2t+\alpha_2)$$

这是双摆的通解。式中，$\Theta^{(1)}$、$\Theta^{(2)}$、$\alpha_1$、$\alpha_2$ 四个特定常数决定于初始条件。

（1）当初始条件为 $t=0$ 时，$\theta_1(0)=\theta_2(0)=\theta_0$，$\dot\theta_1(0)=\dot\theta_2(0)=0$，代入公式，得到 $\Theta^{(1)}=\theta_0$，$\Theta^{(2)}=0$，$\alpha_1=\dfrac{\pi}{2}$，则得到双摆做自由振动的规律为

$$\theta_1=\theta_0\cos p_1t$$

$$\theta_2=\theta_0\cos p_1t$$

即系统按第一阶固有圆频率做主振动，其振幅比为 $\nu_1=1$，整个振动过程 $\theta_1=\theta_2$，主振型如图3-9a所示。中间弹簧不变形。两个摆像单摆一样做同方向摆动，所以其固有圆频率也和单摆一样。

（2）当初始条件为 $t=0$ 时，$\theta_1(0)=-\theta_2(0)=\theta_0$，$\dot\theta_1(0)=\dot\theta_2(0)=0$，代入公式，得到 $\Theta^{(1)}=0$，$\Theta^{(2)}=2\theta_0$，$\alpha_2=\dfrac{\pi}{2}$，双摆的自由振动规律为

$$\theta_1=\theta_0\cos p_2t$$

$$\theta_2=-\theta_0\cos p_2t$$

即系统按第二阶固有圆频率做主振动，其振幅比为 $\nu_2=-1$，整个振动过程 $\theta_1=-\theta_2$，主振型如图3-9b所示。两个摆做同频率反方向摆动，中间弹簧有一个节点不动，因而可以把双摆看作两个独立的单摆，其刚度系数为 $2k$，如图3-9c所示。

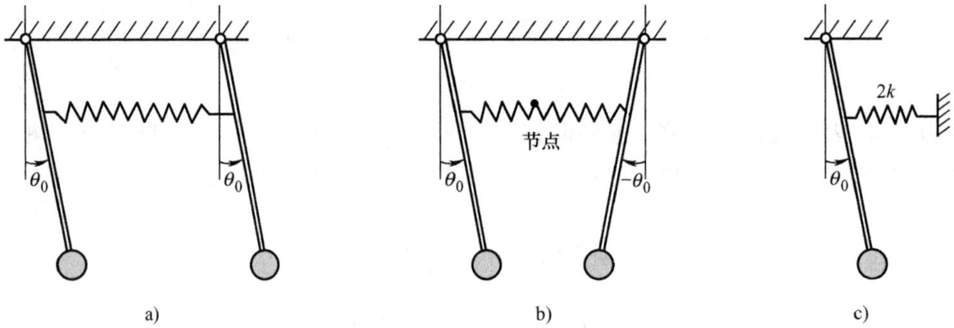


图3-9　双摆拍振的振型图

（3）在任意初始条件下，系统的响应是两个主振动的叠加。例如当初始条件是 $t=0$ 时，$\theta_1(0)=\theta_0$，$\theta_2(0)=\dot\theta_1(0)=\dot\theta_2(0)=0$，代入公式，得到

$$\Theta^{(1)}=\Theta^{(2)}=\frac{1}{2}\theta_0,\ \alpha_1=\alpha_2=\frac{\pi}{2}$$

双摆做自由振动的规律为

$$\theta_1=\frac{\theta_0}{2}(\cos p_1 t+\cos p_2 t)$$

$$\theta_2=\frac{\theta_0}{2}(\cos p_1 t-\cos p_2 t)$$

如果弹簧的刚度系数 $k$ 很小，则

$$\frac{2ka^2}{ml^2}\ll\frac{g}{l}$$

这时 $p_1$，$p_2$ 相差很小，摆将出现拍振。将上式写成

$$\theta_1=\theta_0\cos\frac{p_2-p_1}{2}t\cos\frac{p_2+p_1}{2}t,\ \theta_2=\theta_0\sin\frac{p_2-p_1}{2}t\sin\frac{p_2+p_1}{2}t$$

令 $\Delta p=p_2-p_1$，即拍频率；$p_a=\frac{p_2+p_1}{2}$，则上式为

$$\theta_1=\theta_0\cos\frac{\Delta p}{2}t\cos p_a t,\ \theta_2=\theta_0\sin\frac{\Delta p}{2}t\sin p_a t$$

其拍振周期

$$T_B=\frac{2\pi}{\Delta p}\approx\frac{2\pi m}{ka^2}\sqrt{gl^3}$$

可见中间弹簧的刚度系数 $k$ 越小，拍的周期越长。此外，两个拍振之间，其相角差为$\frac{\pi}{2}$，就是说，当 $t=0$ 时，左边的摆以 $\theta_0$ 开始摆动，右边的不动；随后，左边摆的振幅逐渐减小，右边摆的振幅逐渐增大。当 $t=\frac{1}{2}T_B$ 时，左边的摆停止，右边的摆达到 $\theta_0$，再经过$\frac{1}{2}T_B$，即 $t=T_B$ 时，右边的摆停止，左边的摆达到 $\theta_0$。这种循环，每隔一个拍振周期重复一次。可以看到，两个摆的动能也从一个摆传递到另一个摆，循环传递，使它们持续地振动。

微分方程的解也可以通过先求出系统的主坐标的方式得到。双摆做微小摆动的微分方程可整理为

$$\ddot{\theta}_1+\left(\frac{g}{l}+\frac{ka^2}{ml^2}\right)\theta_1-\frac{ka^2}{ml^2}\theta_2=0$$

$$\ddot{\theta}_2-\frac{ka^2}{ml^2}\theta_1+\left(\frac{g}{l}+\frac{ka^2}{ml^2}\right)\theta_2=0$$

将以上两式分别相加、相减便得到

$$\ddot{\theta}_1+\ddot{\theta}_2+\frac{g}{l}(\theta_1+\theta_2)=0$$

$$\ddot{\theta}_1-\ddot{\theta}_2+\left(\frac{g}{l}+\frac{ka^2}{ml^2}\right)(\theta_1-\theta_2)=0$$

令 $\psi_1=\theta_1+\theta_2$，$\psi_2=\theta_1-\theta_2$，则上式变为

$$\ddot{\psi}_1+\frac{g}{l}\psi_1=0$$

$$\ddot{\psi}_2+\left(\frac{g}{l}+\frac{ka^2}{ml^2}\right)\psi_2=0$$

可见，$\psi_1$、$\psi_2$ 是系统的主坐标，可直接得到其固有圆频率为

$$p_1=\sqrt{\frac{g}{l}}，\quad p_2=\sqrt{\frac{g}{l}+\frac{2ka^2}{ml^2}}$$

设主坐标方程的解为

$$\psi_1=2\Theta^{(1)}\sin(p_1t+\alpha_1)$$
$$\psi_2=2\Theta^{(2)}\sin(p_2t+\alpha_2)$$

则双摆系统的物理坐标的解为

$$\theta_1=\frac{1}{2}(\psi_1+\psi_2)=\Theta^{(1)}\sin(p_1t+\alpha_1)+\Theta^{(2)}\sin(p_2t+\alpha_2)$$

$$\theta_2=\frac{1}{2}(\psi_1-\psi_2)=\Theta^{(1)}\sin(p_1t+\alpha_1)-\Theta^{(2)}\sin(p_2t+\alpha_2)$$

其结果与直接求解微分方程的结果一样，若将初始条件也转换为主坐标的形式，可利用第2章的单自由度标准方程式求解，然后再将结果转换为物理坐标即可，其最后结论是一样的。在以后的章节中将主要介绍寻找系统主坐标的方法。

---

## 习　题

3-1　如图3-10所示的系统，若运动的初始条件为 $t=0$，$x_{10}=5\text{mm}$，$\dot{x}_{10}=\dot{x}_{20}=0$，试求系统对初始条件的响应。

3-2　图3-11所示为一带有附于质量 $m_1$ 和 $m_2$ 上的约束弹簧的双摆，作用于两个质量上的激振力分别为 $F_1(t)$、$F_2(t)$，采用质量的微小水平平移 $x_1$ 和 $x_2$ 为坐标，试写出系统运动的微分方程。

3-3　图3-12所示的扭振系统由无质量的轴和两个圆盘组成，已知轴段的扭转刚度为 $k_{\theta1}$ 及 $k_{\theta2}$，圆盘的转动惯量为 $J_1$、$J_2$，并受到扭矩 $M_1(t)$、$M_2(t)$ 的作用，试写出系统运动的微分方程。

3-4　图3-13所示悬臂梁的质量不计，梁的抗弯刚度为 $EI$，并受到 $F_1(t)$、$F_2(t)$ 的作用，试写出系统运动的微分方程。

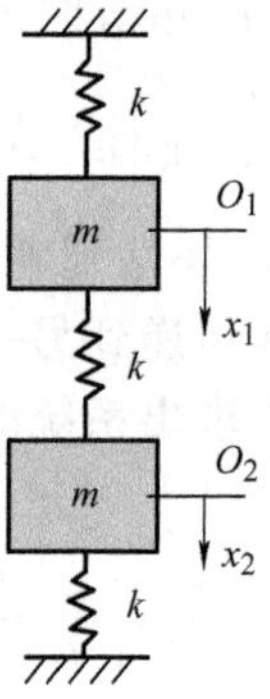

图　3-10

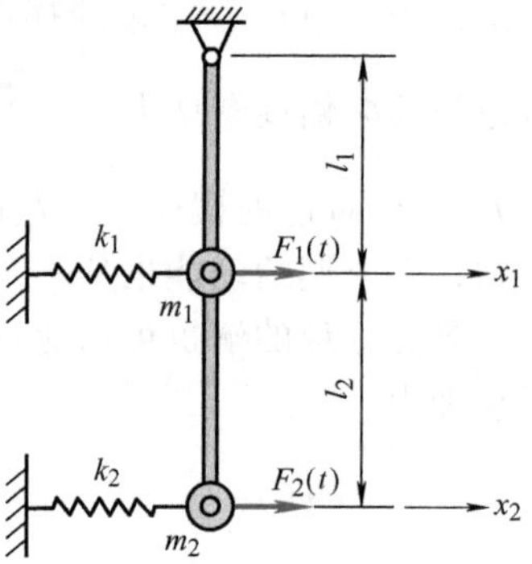

图　3-11

3-5　如图3-14所示，拉紧的无质量弦上附着两个质量 $m_1$ 与 $m_2$，假定质量做横向微振动时弦中拉力 $F_T$ 不变，试写出系统运动的微分方程。

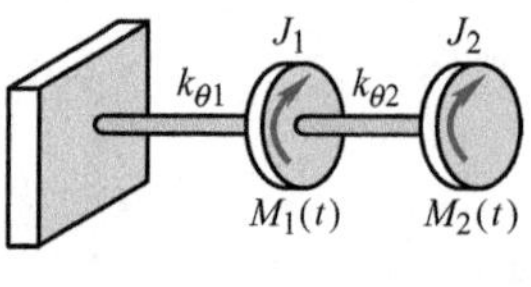

图　3-12

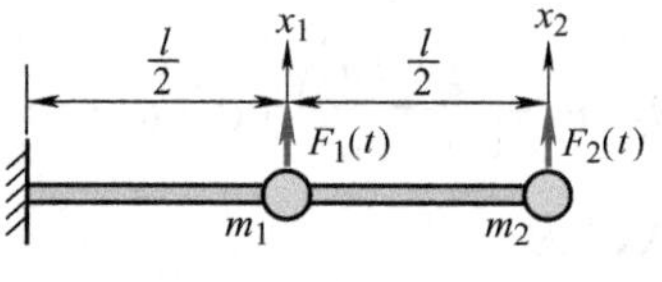

图　3-13

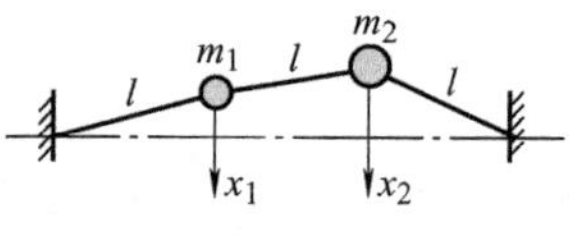

图　3-14

3-6　在题3-2中，设 $m_1=m_2=m$，$l_1=l_2=l$，$k_1=k_2=0$，试求系统的固有频率和主振型。

3-7　在题3-4中，设 $m_1=m_2=m$，试求系统的固有频率及主振型。

3-8　在题3-5中，设 $m_1=m_2=m$。求系统的固有频率和主振型。

3-9 图 3-15 中刚性杆的质量不计，按图示坐标建立微分方程，试求出系统的固有频率和主振型。

3-10 试求图 3-16 所示系统的固有频率和主振型。已知 $m_1=2m_2=2m$。

3-11 图 3-17 所示刚性杆 $AB$ 长 $l$，质量不计。其一端 $B$ 铰接，另一端刚性连接一质量为 $m$ 的物体 $A$；其下连接刚度系数为 $k$ 的弹簧，并挂有质量为 $m$ 的物体 $D$，杆 $AB$ 中点用刚度系数为 $k$ 的弹簧拉住，使杆在水平位置平衡，试求系统的固有频率。

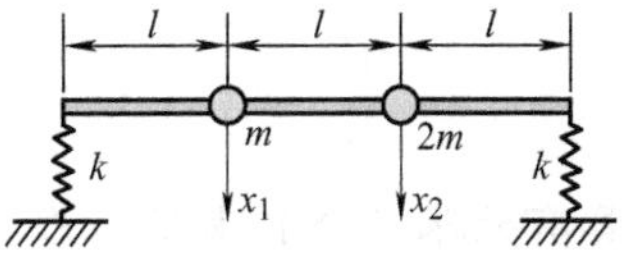


图 3-15

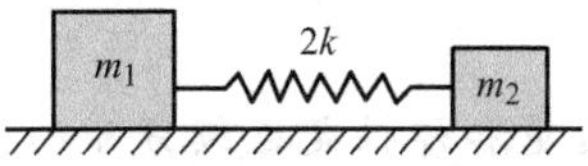


图 3-16

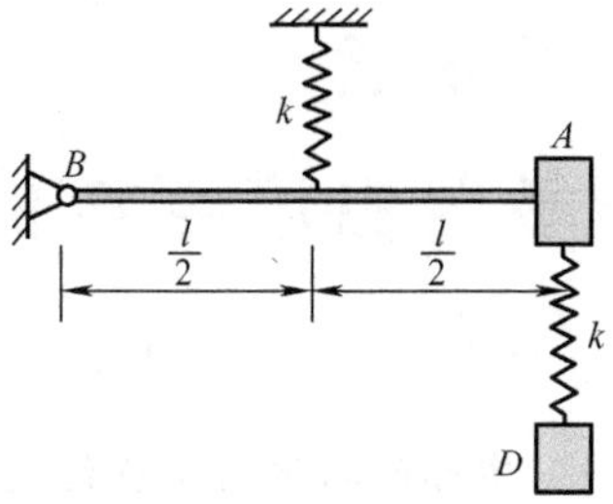


图 3-17

3-12 图 3-18 所示电车由两节质量均为 $2.28\times10^4$kg 的车厢组成，中间连接器的刚度系数为 $2.86\times10^6$ N/m。求电车振动的固有频率和主振型。

3-13 扭振系统如图 3-19 所示，已知 $J_1=J_0$，$J_2=2J_0$，$k_{\theta1}=k_{\theta2}=k_\theta$。求扭振系统的固有频率和主振型。

3-14 两根相同的重为 $W$ 的杆，在中间铰支，杆长为 $2a$。两杆的端点以弹簧 $k$ 和 $k_1$ 连接如图 3-20 所示。试求这一系统的固有频率及主振型。

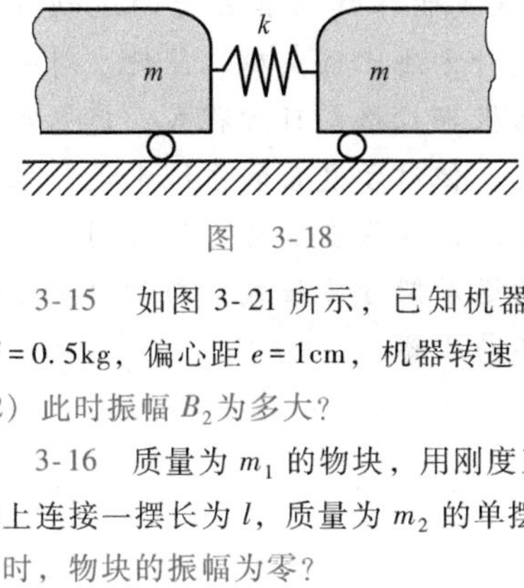


图 3-18

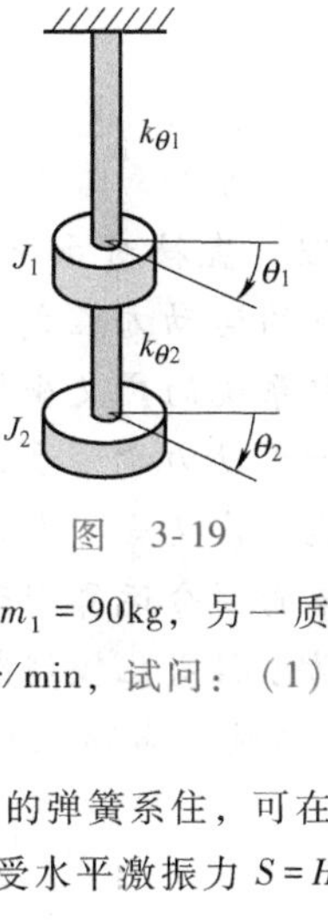


图 3-19

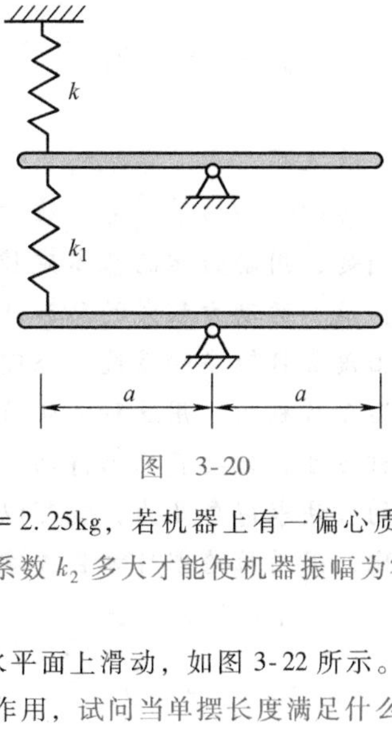


图 3-20

3-15 如图 3-21 所示，已知机器质量为 $m_1=90$kg，另一质量 $m_2=2.25$kg，若机器上有一偏心质量 $m'=0.5$kg，偏心距 $e=1$cm，机器转速 $n=1800$r/min，试问：(1) 刚度系数 $k_2$ 多大才能使机器振幅为零？(2) 此时振幅 $B_2$ 为多大？

3-16 质量为 $m_1$ 的物块，用刚度系数为 $k$ 的弹簧系住，可在光滑水平面上滑动，如图 3-22 所示。物块上连接一摆长为 $l$，质量为 $m_2$ 的单摆。物块受水平激振力 $S=H\sin\omega t$ 作用，试问当单摆长度满足什么条件时，物块的振幅为零？

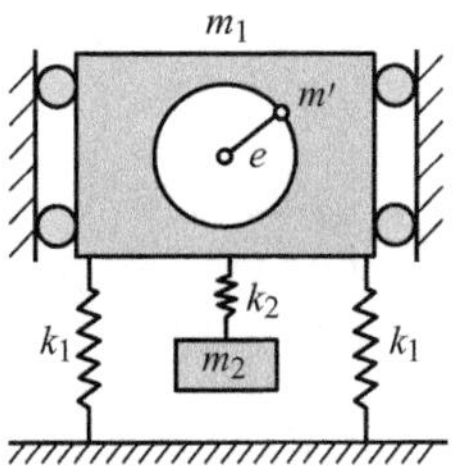


图 3-21

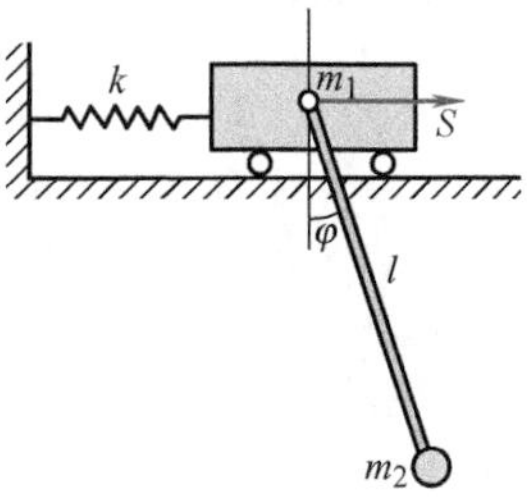


图 3-22

# 第 4 章
# 多自由度系统的振动

实际的物体与工程结构，其质量和弹性是连续分布的，系统具有无限多个自由度。为简化研究和便于计算，可采用质量聚缩法或其他方法离散化，使系统简化为有限多个自由度的振动系统，或称为多自由度振动系统。它的运动需要 $n$ 个独立的坐标来描述。

---

## 4.1 多自由度系统的运动微分方程

建立多自由度系统的振动方程式，一般可以采用牛顿运动定律、动力学普遍定理、达朗贝尔原理、动力学普遍方程、拉格朗日方程和哈密顿原理等方法。一般来说，对于一些简单的问题，用动力学的基本定律或定理，直接对系统中各质点或物体建立其各自的运动方程式，这些运动方程式的总和就是系统的运动方程式，采用这种方法比较直观、简便。对一些自由度数目较多的系统，合理地选取系统的广义坐标，然后根据拉格朗日方程式，建立系统的运动方程式。用这种方法虽然不如用动力学方法来得直观，但对于复杂的系统来说，采用这种方法，只要我们求得动能与势能用广义坐标表示的表达式，在存在非势力时再用计算虚功的方法求得广义力，就可以用简单的微分运算得到系统的运动微分方程式。与动力学方法相比，采用拉格朗日方程式建立运动方程式比较规范，也不易出错。

一般情况下，$n$ 个自由度无阻尼系统的自由振动的运动微分方程具有以下形式

$$\begin{cases} m_{11}\ddot{x}_1 + m_{12}\ddot{x}_2 + \cdots + m_{1n}\ddot{x}_n + k_{11}x_1 + k_{12}x_2 + \cdots + k_{1n}x_n = 0 \\ m_{21}\ddot{x}_1 + m_{22}\ddot{x}_2 + \cdots + m_{2n}\ddot{x}_n + k_{21}x_1 + k_{22}x_2 + \cdots + k_{2n}x_n = 0 \\ \vdots \\ m_{n1}\ddot{x}_1 + m_{n2}\ddot{x}_2 + \cdots + m_{nn}\ddot{x}_n + k_{n1}x_1 + k_{n2}x_2 + \cdots + k_{nn}x_n = 0 \end{cases} \tag{4-1}$$

若用矩阵表示，则可写成

$$\boldsymbol{M}\ddot{\boldsymbol{x}}+\boldsymbol{K}\boldsymbol{x}=\boldsymbol{0} \tag{4-2}$$

式中

$$\boldsymbol{x}=(x_1 \quad x_2 \quad \cdots \quad x_n)^{\mathrm{T}},\ \ddot{\boldsymbol{x}}=(\ddot{x}_1 \quad \ddot{x}_2 \quad \cdots \quad \ddot{x}_n)^{\mathrm{T}}$$

分别是系统的位移矩阵和加速度矩阵；

$$\boldsymbol{M}=\begin{pmatrix} m_{11} & m_{12} & \cdots & m_{1n} \\ m_{21} & m_{22} & \cdots & m_{2n} \\ \vdots & \vdots & & \vdots \\ m_{n1} & m_{n2} & \cdots & m_{nn} \end{pmatrix},\quad \boldsymbol{K}=\begin{pmatrix} k_{11} & k_{12} & \cdots & k_{1n} \\ k_{21} & k_{22} & \cdots & k_{2n} \\ \vdots & \vdots & & \vdots \\ k_{n1} & k_{n2} & \cdots & k_{nn} \end{pmatrix}$$

分别称为系统的质量矩阵和刚度矩阵。

所以，只要得到了质量矩阵和刚度矩阵也就得到了多自由度无阻尼系统的自由振动的运动微分方程，下面简单介绍几种常用的方法。

## 4.1.1 拉格朗日方程

在一般情况下，具有 $n$ 个自由度的动力学系统，动能可写成时间 $t$、广义坐标 $q_i$ 以及广义速度 $\dot{q}_i$ 的函数，即

$$T=T(t;\ q_1,\ q_2,\ \cdots,\ q_\lambda;\ \dot{q}_1,\ \dot{q}_2,\ \cdots,\ \dot{q}_n)$$

而势能函数可写成广义坐标 $q_i$ 的函数，即

$$V=V(q_1,\ q_2,\ \cdots,\ q_n)$$

将 $T$ 与 $V$ 代入有关公式，进行运算得到著名的拉格朗日方程

$$\frac{\mathrm{d}}{\mathrm{d}t}\left(\frac{\partial T}{\partial \dot{q}_i}\right)-\frac{\partial T}{\partial q_i}=Q_i \quad (i=1,\ 2,\ \cdots,\ n)$$

它揭示了系统动能的变化与广义力之间的关系。如果质点系在势力场中运动，它所受到的主动力都是有势力，那么，该系统就是保守系统。则广义力可用质点系的势能来表达。

$$Q_j=-\frac{\partial V}{\partial q_j} \quad (j=1,\ 2,\ \cdots,\ k)$$

引入拉格朗日函数

$$L=T-V$$

保守系统的拉格朗日方程为

$$\frac{\mathrm{d}}{\mathrm{d}t}\left(\frac{\partial L}{\partial \dot{q}_j}\right)-\frac{\partial L}{\partial q_j}=0(j=1,\ 2,\ \cdots,\ k)$$

拉格朗日方程提供了解决有限自由度完整系统运动的一个普遍的简单而又统一的方法。

---

**例 4-1**　图 4-1 所示的刚体由四根拉伸弹簧支承，被限制在图示平面内运动。图示位置

为平衡位置。且刚体质量为 $m$，转动惯量为 $J_O$。试导出微幅运动微分方程。

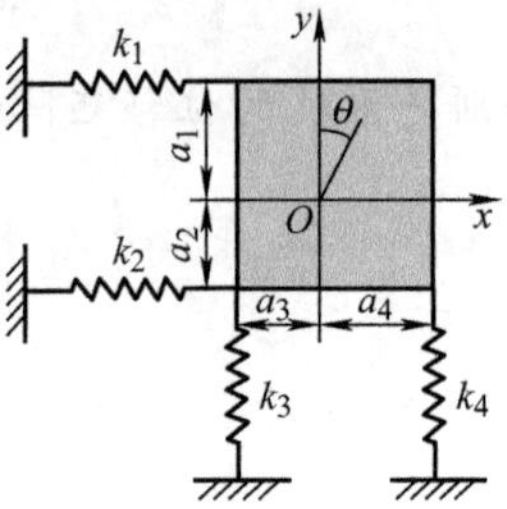


图 4-1 刚体微幅运动

**解**：取刚体质心 $O$ 点偏离平衡位置的 $x$、$y$ 和刚体绕质心的转角 $\theta$ 为广义坐标，即

$$q_1=x,\quad q_2=y,\quad q_3=\theta$$

并且四根弹簧端点的坐标分别为

$$x_1=x+a_1\theta,\quad x_2=x-a_2\theta,\quad y_3=y+a_3\theta$$

$$y_4=y-a_4\theta,\quad y_1=y_2=0,\quad x_3=x_4=0$$

系统的动能为

$$T=\frac{1}{2}m(\dot{x}^2+\dot{y}^2)+\frac{1}{2}J_O\dot{\theta}^2$$

系统的势能为

$$V=\frac{1}{2}k_1(x+a_1\theta)^2+\frac{1}{2}k_2(x-a_2\theta)^2+\frac{1}{2}k_3(y+a_3\theta)^2+\frac{1}{2}k_4(y-a_4\theta)^2$$

计算拉格朗日方程中各项导数如下

$$\frac{\mathrm{d}}{\mathrm{d}t}\left(\frac{\partial T}{\partial\dot{x}}\right)=m\ddot{x};\quad\frac{\partial T}{\partial x}=0$$

$$\frac{\partial V}{\partial x}=k_1(x+a_1\theta)+k_2(x-a_2\theta)$$

$$\frac{\mathrm{d}}{\mathrm{d}t}\left(\frac{\partial T}{\partial\dot{y}}\right)=m\ddot{y};\quad\frac{\partial T}{\partial y}=0$$

$$\frac{\partial V}{\partial y}=k_3(y+a_3\theta)+k_4(y-a_4\theta)$$

$$\frac{\mathrm{d}}{\mathrm{d}t}\left(\frac{\partial T}{\partial\dot{\theta}}\right)=I_O\ddot{\theta};\quad\frac{\partial T}{\partial\theta}=0$$

$$\frac{\partial V}{\partial\theta}=k_1(x+a_1\theta)a_1-k_2(x-a_2\theta)a_2+k_3(y+a_3\theta)a_3-k_4(y-a_4\theta)a_4$$

代入拉格朗日方程，得系统运动微分方程为

$$m\ddot{x}+(k_1+k_2)x+(k_1a_1-k_2a_2)\theta=0$$

$$m\ddot{y}+(k_3+k_4)y+(k_3a_3-k_4a_4)\theta=0$$

$$J_O\ddot{\theta}+(k_1a_1-k_2a_2)x+(k_3a_3-k_4a_4)y+(k_1a_1^2+k_2a_2^2+k_3a_3^2+k_4a_4^2)\theta=0$$

引入记号，写为矩阵形式

$$m\ddot{q}+kq=0$$

其中质量矩阵为

$$\boldsymbol{m}=\begin{pmatrix} m & 0 & 0 \\ 0 & m & 0 \\ 0 & 0 & J_O \end{pmatrix}$$

刚度矩阵为

$$\boldsymbol{k}=\begin{pmatrix} k_1+k_2 & 0 & k_1a_1-k_2a_2 \\ 0 & k_3+k_4 & k_3a_3-k_4a_4 \\ k_1a_1-k_2a_2 & k_3a_3-k_4a_4 & k_1a_1^2+k_2a_2^2+k_3a_3^2+k_4a_4^2 \end{pmatrix}$$

位移列阵为

$$\boldsymbol{q}^{\mathrm{T}}=\{x \quad y \quad \theta\}$$

## 4.1.2　刚度影响系数　作用力方程

方程（4-1）中各项均为力的量纲，因此，称之为作用力方程。其中刚度矩阵中的元素称为刚度影响系数（在单自由度系统中，简称刚度系数）。它表示系统单位变形所需的作用力。具体地说，如果使第 $j$ 个质量沿其坐标方向产生单位位移，沿其他质量的坐标方向施加作用力而使它们保持不动，则沿第 $i$ 个质量坐标方向施加的力，定义为刚度影响系数 $k_{ij}$；在第 $j$ 个质量坐标方向上施加的力称刚度影响系数 $k_{jj}$。由刚度影响系数的物理意义，可直接写出刚度矩阵，从而建立作用力方程，这种方法称为影响系数法。

现分析求出图 4-2a 所示的三自由度系统的刚度矩阵。

首先令 $m_1$ 有单位位移 $x_1=1$，而 $x_2$、$x_3$ 保持不动，即 $x_2=x_3=0$。在此条件下系统保持平衡，按定义需加于三物块的力为 $k_{11}$、$k_{21}$、$k_{31}$。画出各物块的受力图 4-2b，根据平衡条件，有

$$k_{11}=k_1+k_2,\quad k_{21}=-k_2,\quad k_{31}=0$$

同理，令 $x_1=0$，$x_2=1$，$x_3=0$，画出受力图 4-2c，则有

$$k_{12}=-k_2,\quad k_{22}=k_2+k_3,\quad k_{32}=-k_3$$

最后令 $x_1=x_2=0$，$x_3=1$，画出受力图 4-2d，有

$$k_{13}=0,\quad k_{23}=-k_3,\quad k_{33}=k_3$$

因此刚度矩阵为

$$\boldsymbol{K}=\begin{pmatrix} k_1+k_2 & -k_2 & 0 \\ -k_2 & k_2+k_3 & -k_3 \\ 0 & -k_3 & k_3 \end{pmatrix}$$

上式表明，$k_{ij}=k_{ji}$。因此，刚度矩阵一般是对称的。实际上任何多自由度线性系统都具有这个性质。即

$$\boldsymbol{K}=\boldsymbol{K}^{\mathrm{T}} \tag{4-3}$$

对于多自由度系统的自由振动，基于刚度影响系数的运动微分方程的形式为

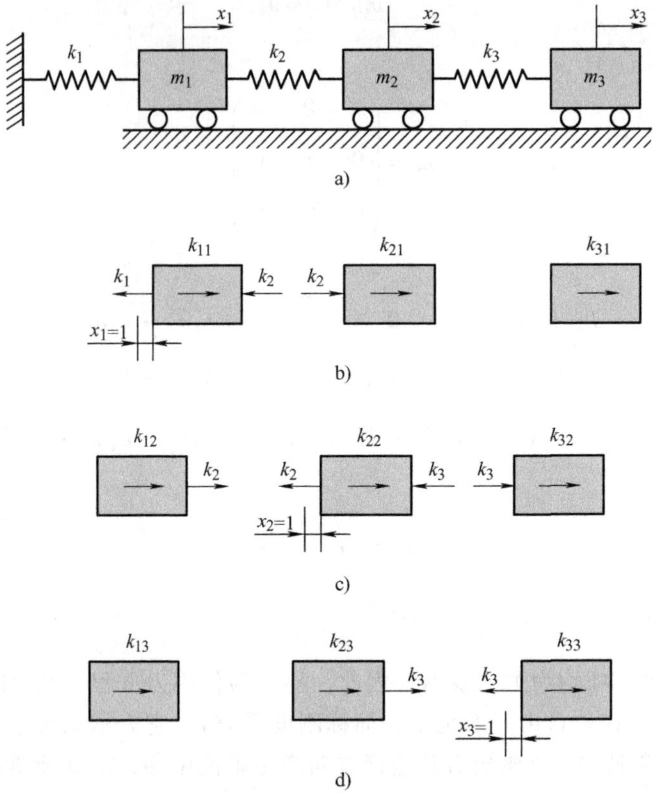


图 4-2　三自由度系统受力图

a）三自由度弹簧-质量系统　b）$x_1=1$　c）$x_2=1$　d）$x_3=1$

$$-m_1\ddot{x}_1=k_{11}x_1+k_{12}x_2+k_{13}x_3$$

$$-m_2\ddot{x}_2=k_{21}x_1+k_{22}x_2+k_{23}x_3$$

$$-m_3\ddot{x}_3=k_{31}x_1+k_{32}x_2+k_{33}x_3$$

此式的形式即为式（4-1）的形式。

### 4.1.3　柔度影响系数　位移方程

在单自由度的弹簧-质量系统中，若弹簧的刚度系数是 $k$，则 $\frac{1}{k}$ 就是物块上作用单位力时弹簧的变形，也称柔度影响，用 $\delta$ 表示。$n$ 自由度系统的柔度矩阵 $\Delta$ 为 $n$ 阶方阵，其元素 $\delta_{ij}$ 称为柔度影响系数，表示单位力产生的位移。具体地说，仅在第 $j$ 个质量的坐标方向上作用单位力时相对应地在第 $i$ 个质量的坐标方向上产生的位移，即定义为 $\delta_{ij}$。现分析求出图 4-2a所示的三自由度系统的柔度影响系数。

首先，在 $m_1$ 上施加单位力，而 $m_2$、$m_3$ 上不加力，即令 $F_1=1$，$F_2=F_3=0$（图 4-3a），这时三个物块所产生的静位移按定义应分别是 $\delta_{11}$、$\delta_{21}$、$\delta_{31}$。

当 $m_1$ 受到 $F_1$ 作用后，第一个弹簧的变形为$\frac{1}{k_1}$，第二和第三个弹簧的变形为零。所以三

个物块的位移都是$\frac{1}{k_1}$，即

$$\delta_{11}=\frac{1}{k_1},\ \delta_{21}=\frac{1}{k_1},\ \delta_{31}=\frac{1}{k_1}$$

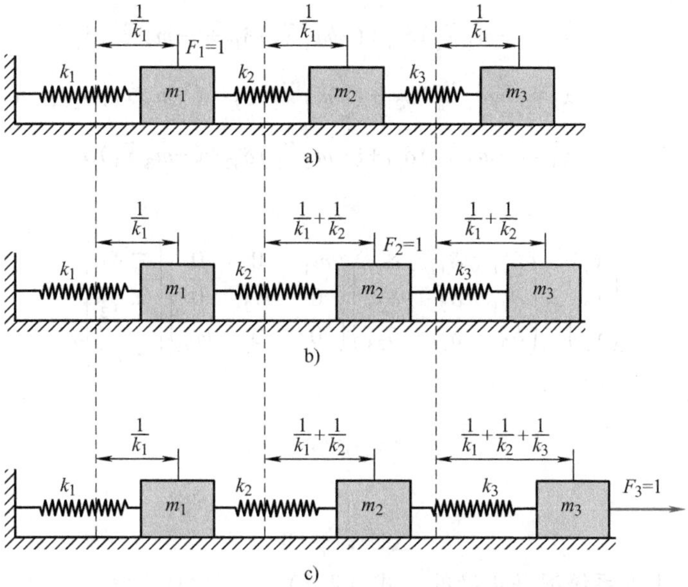


图 4-3　三自由度系统柔度影响系数

同理，如令 $F_2=1$，$F_1=F_3=0$。这时第一和第二弹簧均受单位拉力，其变形分别为$\frac{1}{k_1}$，$\frac{1}{k_2}$，而第三个弹簧不受力，故其变形为零。因此有

$$\delta_{12}=\frac{1}{k_1},\ \delta_{22}=\frac{1}{k_1}+\frac{1}{k_2},\ \delta_{32}=\frac{1}{k_1}+\frac{1}{k_2}$$

再令 $F_1=F_2=0$，$F_3=1$，可得到

$$\delta_{13}=\frac{1}{k_1},\ \delta_{23}=\frac{1}{k_1}+\frac{1}{k_2},\ \delta_{33}=\frac{1}{k_1}+\frac{1}{k_2}+\frac{1}{k_3}$$

因此，该系统的柔度矩阵为

$$\Delta=\begin{pmatrix}\delta_{11} & \delta_{12} & \delta_{13}\\ \delta_{21} & \delta_{22} & \delta_{23}\\ \delta_{31} & \delta_{32} & \delta_{33}\end{pmatrix}=\begin{pmatrix}\frac{1}{k_1} & \frac{1}{k_1} & \frac{1}{k_1}\\ \frac{1}{k_1} & \frac{1}{k_1}+\frac{1}{k_2} & \frac{1}{k_1}+\frac{1}{k_2}\\ \frac{1}{k_1} & \frac{1}{k_1}+\frac{1}{k_2} & \frac{1}{k_1}+\frac{1}{k_2}+\frac{1}{k_3}\end{pmatrix}$$

上式表明，$\delta_{ij}=\delta_{ji}$。因此，柔度矩阵一般也是对称的。实际上任何多自由度线性系统都具有这个性质。即

$$\Delta = \Delta^{\mathrm{T}} \tag{4-4}$$

对于图 4-2a 所示的系统，也可用柔度影响系数来建立其运动微分方程。

如设 $x_1$、$x_2$、$x_3$ 分别表示质量 $m_1$、$m_2$、$m_3$ 的位移。系统运动时，质量 $m_1$、$m_2$、$m_3$ 的惯性力使弹簧产生变形，对于线性弹性体应用叠加原理可得到

$$x_1 = (-m_1 \ddot{x}_1)\delta_{11} + (-m_2 \ddot{x}_2)\delta_{12} + (-m_3 \ddot{x}_3)\delta_{13}$$

$$x_2 = (-m_1 \ddot{x}_1)\delta_{21} + (-m_2 \ddot{x}_2)\delta_{22} + (-m_3 \ddot{x}_3)\delta_{23}$$

$$x_3 = (-m_1 \ddot{x}_1)\delta_{31} + (-m_2 \ddot{x}_2)\delta_{32} + (-m_3 \ddot{x}_3)\delta_{33}$$

写成矩阵形式

$$\begin{pmatrix} x_1 \\ x_2 \\ x_3 \end{pmatrix} = \begin{pmatrix} \delta_{11} & \delta_{12} & \delta_{13} \\ \delta_{21} & \delta_{22} & \delta_{23} \\ \delta_{31} & \delta_{32} & \delta_{33} \end{pmatrix} \begin{pmatrix} m_1 & 0 & 0 \\ 0 & m_2 & 0 \\ 0 & 0 & m_3 \end{pmatrix} \begin{pmatrix} -\ddot{x}_1 \\ -\ddot{x}_2 \\ -\ddot{x}_3 \end{pmatrix}$$

或

$$\boldsymbol{x} = -\boldsymbol{\Delta M} \ddot{\boldsymbol{x}} \tag{4-5a}$$

和

$$\boldsymbol{\Delta M} \ddot{\boldsymbol{x}} + x = \boldsymbol{0} \tag{4-5b}$$

上式对任一个 $n$ 自由度系统都是正确的。式（4-5）称为位移方程。它是振动微分方程的另一种形式。

为了比较作用力方程与位移方程，将式（4-2）改写为

$$\boldsymbol{Kx} = -\boldsymbol{M} \ddot{\boldsymbol{x}}$$

如果 $\boldsymbol{K}$ 是非奇异的，即 $\boldsymbol{K}$ 的逆矩阵 $\boldsymbol{K}^{-1}$ 存在，对上式两端左乘 $\boldsymbol{K}^{-1}$，得

$$\boldsymbol{x} = \boldsymbol{K}^{-1}(-\boldsymbol{M} \ddot{\boldsymbol{x}}) \tag{4-6}$$

比较式（4-6）与式（4-5）得出

$$\Delta = \boldsymbol{K}^{-1} \tag{4-7}$$

上式即柔度矩阵与刚度矩阵之间的关系。即当刚度矩阵是非奇异的时，刚度矩阵 $\boldsymbol{K}$ 与柔度矩阵 $\Delta$ 互为逆矩阵；当刚度矩阵是奇异的时，不存在逆矩阵即无柔度矩阵，此时系统的平衡位置有无限多个或者说它有刚体运动。例如图 4-4 所示的系统，该系统具有刚体运动，因此柔度矩阵不存在。

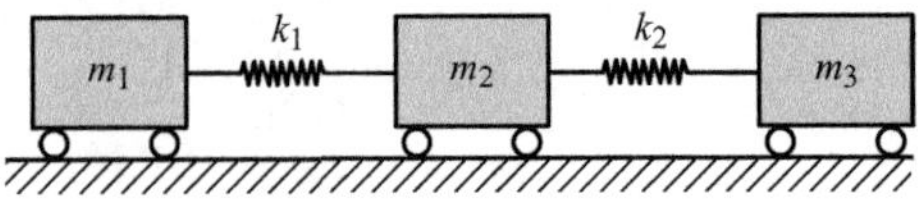

图 4-4　刚体运动系统

---

**例 4-2**　试写出图 4-5 所示刚体 $AB$ 的刚度矩阵并建立系统的运动微分方程。

**解：**刚体 $AB$ 在图面内的位置可以由其质心 $C$ 的坐标 $y_C$（以水平位置 $O$ 为坐标原点，且水平运动不计）和绕 $C$ 的转角 $\theta$ 确定。

图 4-5a 为 $y_C=1$，$\theta=0$ 时的受力图，$k_{11}$、$k_{21}$ 分别表示保持系统在该位置平衡时应加在 $C$ 点的力和力偶矩，由刚体 $AB$ 的平衡条件得到

$$k_{11} = k_1 + k_2, \quad k_{21} = k_1 l_1 - k_2 l_2$$

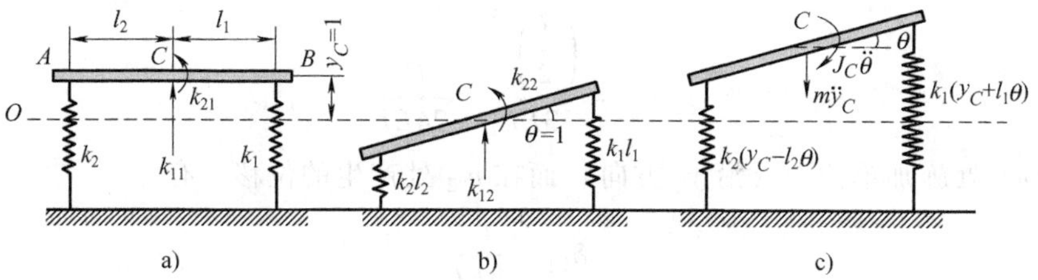


图 4-5　刚体 AB 运动系统
a）平移　b）转动　c）平面运动

图 4-5b 为 $y_C=0$，$\theta=1$ 时的受力图，$k_{22}$、$k_{12}$ 分别表示保持系统在该位置平衡时应加在铅直平面内的力偶矩和加在 $C$ 点的力。由平衡条件得

$$k_{22}=k_2l_2^2+k_1l_1^2,\quad k_{12}=k_1l_1-k_2l_2$$

因此，可得到刚度矩阵

$$\boldsymbol{K}=\begin{pmatrix} k_1+k_2 & -(k_2l_2-k_1l_1) \\ -(k_2l_2-k_1l_1) & k_1l_1^2+k_2l_2^2 \end{pmatrix}$$

本例也可用其他方法求解。图 4-5c 为 $y_C$、$\theta$ 取任意值时，刚体 $AB$ 做平面运动的受力图，根据达朗贝尔原理，可写出系统的运动微分方程

$$m\ddot{y}_C+k_2(y_C-l_2\theta)+k_1(y_C+l_1\theta)=0$$

$$J_C\ddot{\theta}+k_1(y_C+l_1\theta)l_1-k_2(y_C-l_2\theta)l_2=0$$

整理后得到

$$m\ddot{y}_C+(k_1+k_2)y_C-(k_2l_2-k_1l_1)\theta=0$$

$$J_C\ddot{\theta}-(k_2l_2-k_1l_1)y_C+(k_1l_1^2+k_2l_2^2)\theta=0$$

或

$$\begin{pmatrix} m & 0 \\ 0 & J_C \end{pmatrix}\begin{pmatrix} \ddot{y}_C \\ \ddot{\theta} \end{pmatrix}+\begin{pmatrix} k_1+k_2 & -(k_2l_2-k_1l_1) \\ -(k_2l_2-k_1l_1) & k_1l_1^2+k_2l_2^2 \end{pmatrix}\begin{pmatrix} y_C \\ \theta \end{pmatrix}=\begin{pmatrix} 0 \\ 0 \end{pmatrix}$$

上述表明，两种方法求得的结果是相同的。

**例 4-3**　试求出图 4-6 所示悬臂梁的柔度影响系数，并建立其位移方程。（梁的抗弯刚度为 $EI$，其质量不计）

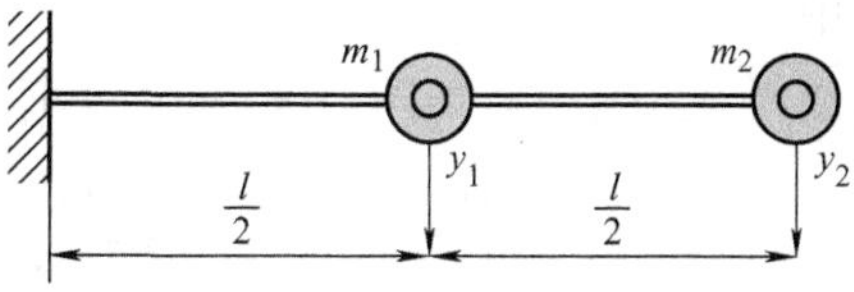


图 4-6　悬臂梁

**解**：取 $y_1$、$y_2$ 为广义坐标，根据柔度影响系数的定义，$\delta_{11}$ 表示在 $m_1$ 处施加单位力（沿 $y_1$ 方向）而在 $m_1$ 处产生的位移。按材料力学的挠度公式，则有

$$\delta_{11}=\frac{\left(\frac{l}{2}\right)^3}{3EI}=\frac{l^3}{24EI}$$

$\delta_{22}$ 表示在 $m_2$ 处施加单位力（沿 $y_2$ 方向）而在 $m_2$ 处产生的位移。有

$$\delta_{22}=\frac{l^3}{3EI}$$

$\delta_{12}=\delta_{21}$ 表示在 $m_2$ 处施加单位力而在 $m_1$ 处产生的位移等于在 $m_1$ 处施加单位力而在 $m_2$ 处产生的位移。有

$$\delta_{12}=\delta_{21}=\frac{l^3}{24EI}+\frac{\frac{l}{2}\left(\frac{l}{4}\right)^2}{2EI}=\frac{5l^3}{48EI}$$

由式（4-5）得系统的位移方程

$$y_1=\delta_{11}(-m_1\ddot{y}_1)+\delta_{12}(-m_2\ddot{y}_2)$$

$$y_2=\delta_{21}(-m_1\ddot{y}_1)+\delta_{22}(-m_2\ddot{y}_2)$$

或

$$\boldsymbol{y}+\Delta\boldsymbol{M}\ddot{\boldsymbol{y}}=\boldsymbol{0}$$

其中柔度矩阵为

$$\Delta=\begin{pmatrix}\delta_{11} & \delta_{12}\\ \delta_{21} & \delta_{22}\end{pmatrix}=\frac{l^3}{3EI}\begin{pmatrix}\frac{1}{8} & \frac{1}{16}\\ \frac{1}{16} & 1\end{pmatrix}$$

---

## 4.2 固有频率 主振型

### 4.2.1 频率方程

设 $n$ 自由度系统运动微分方程（4-2）的解为

$$x_i=A_i\sin(pt+\varphi),\quad i=1,2,3,\cdots,n \tag{4-8}$$

即设系统的各坐标做同步谐振动。上式又可表示为

$$\boldsymbol{x}=\boldsymbol{A}\sin(pt+\varphi) \tag{4-9}$$

式中

$$\boldsymbol{A}=\begin{pmatrix}A_1\\ A_2\\ \vdots\\ A_n\end{pmatrix}=(A_1\quad A_2\quad\cdots\quad A_n)^{\mathrm{T}}$$

将式（4-9）代入式（4-2），并消去 $\sin(pt+\varphi)$，得到

$$\boldsymbol{KA}-p^2\boldsymbol{MA}=\boldsymbol{0} \tag{4-10}$$

或

$$\boldsymbol{KA}=p^2\boldsymbol{MA} \tag{4-11}$$

$$(\boldsymbol{K}-p^2\boldsymbol{M})\boldsymbol{A}=\boldsymbol{0} \tag{4-12}$$

令

$$\boldsymbol{B}=\boldsymbol{K}-p^2\boldsymbol{M} \tag{4-13}$$

式（4-13）称为特征矩阵。

由式（4-12）可以看出，要使 $\boldsymbol{A}$ 有不全为零的解，必须使其系数行列式等于零。于是得到该系统的频率方程（或特征方程）

$$|\boldsymbol{K}-p^2\boldsymbol{M}|=0 \tag{4-14}$$

式（4-14）是关于 $p^2$ 的 $n$ 次多项式，由它可以求出 $n$ 个固有圆频率（或称特征值）。因此，$n$ 个自由度振动系统具有 $n$ 个固有圆频率。下面对其取值情况进行讨论。在式（4-11）的两端，前乘 $\boldsymbol{A}$ 的转置 $\boldsymbol{A}^{\mathrm{T}}$，可得到

$$\boldsymbol{A}^{\mathrm{T}}\boldsymbol{KA}=p^2\boldsymbol{A}^{\mathrm{T}}\boldsymbol{MA} \tag{a}$$

由于系统的质量矩阵 $\boldsymbol{M}$ 是正定的，刚度矩阵 $\boldsymbol{K}$ 是正定的或半正定的，因此有

$$\boldsymbol{A}^{\mathrm{T}}\boldsymbol{MA}>0,\ \boldsymbol{A}^{\mathrm{T}}\boldsymbol{KA}\geqslant 0$$

于是，由式（a）得到

$$p^2=\frac{\boldsymbol{A}^{\mathrm{T}}\boldsymbol{KA}}{\boldsymbol{A}^{\mathrm{T}}\boldsymbol{MA}}\geqslant 0 \tag{4-15}$$

因此，频率方程（4-14）中所有的固有圆频率值都是实数，并且是正数或为零。进而可求出系统的固有频率。通常刚度矩阵为正定的，称之为正定系统；刚度矩阵为半正定的，称之为半正定系统。对应于正定系统的固有频率值是正的；对应于半正定系统的固有频率值是正数或为零。

一般的振动系统的 $n$ 个固有频率的值互不相等（也有特殊情况）。将各个固有圆频率按照由小到大的顺序排列为

$$0\leqslant p_1\leqslant p_2\leqslant\cdots\leqslant p_n$$

式中，最低阶固有频率 $f_1=\dfrac{1}{2\pi}p_1$ 称为第一阶固有频率或称基频，然后依次称为第二阶、第三阶固有频率等。

### 4.2.2　主振型

将各个固有圆频率（特征值）代入式（4-12），可分别求得相对应的 $\boldsymbol{A}$。例如，对应于 $p_i$ 可以求得 $\boldsymbol{A}^{(i)}$，它满足

$$(\boldsymbol{K}-p_i^2\boldsymbol{M})\boldsymbol{A}^{(i)}=\boldsymbol{0} \tag{4-16}$$

$\boldsymbol{A}^{(i)}$ 为对应于 $p_i$ 的特征矢量。它表示系统在以 $p_i$ 的频率做自由振动时，各物块振幅 $A_1^i$、$A_2^i$、…、$A_n^i$ 的相对大小，称之为系统的第 $i$ 阶主振型，也称固有振型或主模态。

由于式（4-16）是线性代数中的特征值问题，它相当于是 $\boldsymbol{A}_1^{(i)}$、$\boldsymbol{A}_2^{(i)}$、…、$\boldsymbol{A}_n^{(i)}$ 的奇次线性代数方程组，一般来说，其中只有 $n-1$ 个是线性无关的，所以求解主振型矢量时，通

常是取其中某个元素的值为1，进而确定其他元素，该过程称为归一化。

对于任何一个 $n$ 自由度振动系统，总可以找到 $n$ 个固有频率和与之对应的 $n$ 阶主振型

$$\boldsymbol{A}^{(1)}=\begin{pmatrix} A_1^{(1)} \\ A_2^{(1)} \\ \vdots \\ A_n^{(1)} \end{pmatrix},\ \boldsymbol{A}^{(2)}=\begin{pmatrix} A_1^{(2)} \\ A_2^{(2)} \\ \vdots \\ A_n^{2} \end{pmatrix},\ \cdots,\ \boldsymbol{A}^{(n)}=\begin{pmatrix} A_1^{(n)} \\ A_2^{(n)} \\ \vdots \\ A_n^{(n)} \end{pmatrix} \tag{4-17}$$

对此进行归一化，令 $A_n^{(i)}=1$，于是可得第 $i$ 阶主振型矢量为

$$\boldsymbol{A}^{(i)}=(A_1^{(i)} \quad A_2^{(i)} \quad \cdots \quad 1)^{\mathrm{T}}$$

主振型矢量 $\boldsymbol{A}^{(i)}$ 也可以利用特征矩阵的伴随矩阵来求得。由特征矩阵 $\boldsymbol{B}=\boldsymbol{K}-p^2\boldsymbol{M}$ 可得其逆矩阵为

$$\boldsymbol{B}^{-1}=\frac{1}{|\boldsymbol{B}|}\mathrm{adj}\boldsymbol{B} \tag{b}$$

式（b）左右两边前乘 $|\boldsymbol{B}|\boldsymbol{B}$，则得到

$$|\boldsymbol{B}|\boldsymbol{I}=\boldsymbol{B}\mathrm{adj}\boldsymbol{B} \tag{c}$$

式中，$\boldsymbol{I}$ 为单位矩阵。将固有圆频率 $p_i$ 代入式（c），则有

$$|\boldsymbol{B}|_i\boldsymbol{I}=\boldsymbol{B}_i\mathrm{adj}\boldsymbol{B}_i \tag{d}$$

因为 $|\boldsymbol{B}|_i=0$，于是有

$$\boldsymbol{B}_i\mathrm{adj}\boldsymbol{B}_i=0 \tag{4-18}$$

式中，$\boldsymbol{B}_i$ 和 $\mathrm{adj}\boldsymbol{B}_i$ 是将 $p_i$ 之值代入之后的矩阵。现将式（4-18）和式（4-16）进行比较，可以得到主振型矢量 $\boldsymbol{A}^{(i)}$ 与特征矩阵的伴随矩阵 $\mathrm{adj}\boldsymbol{B}_i$ 中的任何非零列成比例，所以伴随矩阵 $\mathrm{adj}\boldsymbol{B}_i$ 的每一列就是主振型矢量 $\boldsymbol{A}^{(i)}$ 或者差一常数因子。

### 4.2.3　位移方程的解

当运动微分方程是位移方程时，仍可设其解具有式（4-9）的形式。将其代入位移方程（4-5），并消去 $\sin(pt+\varphi)$ 得到

$$-p^2\boldsymbol{\Delta}\boldsymbol{M}\boldsymbol{A}+\boldsymbol{A}=\boldsymbol{0} \tag{4-19}$$

或

$$\left(\boldsymbol{\Delta}\boldsymbol{M}-\frac{1}{p^2}\boldsymbol{I}\right)\boldsymbol{A}=\boldsymbol{0} \tag{4-20}$$

其特征矩阵为

$$\boldsymbol{L}=\boldsymbol{\Delta}\boldsymbol{M}-\frac{1}{p^2}\boldsymbol{I}$$

频率方程为

$$\left|\Delta \boldsymbol{M}-\frac{1}{p^2}\boldsymbol{I}\right|=0 \tag{4-21}$$

由式（4-21）可求出 $n$ 个固有圆频率，其相应的主振型也可从特征矩阵的伴随矩阵 adj$\boldsymbol{L}$ 将 $p_i$ 值代入而求出。

**例 4-4**　图 4-7 是三自由度振动系统，设 $m_1=m_2=m$，$m_3=2m$，$k_1=k_2=k_3=k$，试求系统的固有频率和主振型。

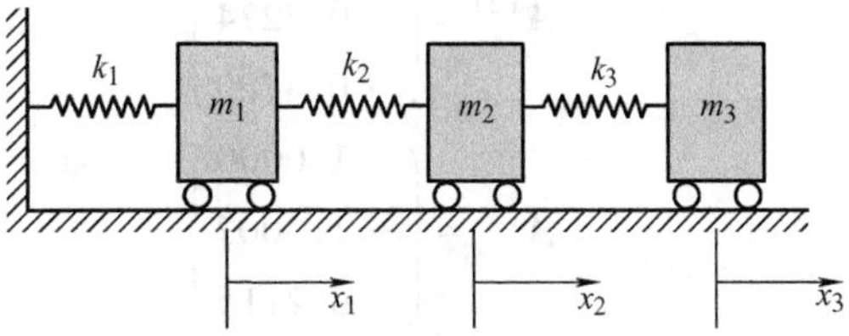

图 4-7　三自由度振动系统

**解：**选择坐标 $x_1$、$x_2$、$x_3$ 如图 4-7 所示。则系统的质量矩阵和刚度矩阵分别为

$$\boldsymbol{M}=\begin{pmatrix} m & 0 & 0 \\ 0 & m & 0 \\ 0 & 0 & 2m \end{pmatrix}$$

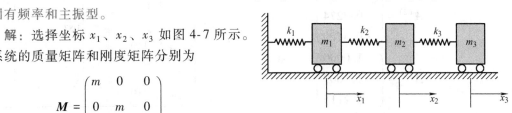

$$\boldsymbol{K}=\begin{pmatrix} 2k & -k & 0 \\ -k & 2k & -k \\ 0 & -k & k \end{pmatrix}$$

将 $\boldsymbol{M}$ 和 $\boldsymbol{K}$ 代入频率方程 $|\boldsymbol{K}-p^2\boldsymbol{M}|=0$，得

$$\begin{vmatrix} 2k-p^2m & -k & 0 \\ -k & 2k-p^2m & -k \\ 0 & -k & k-2p^2m \end{vmatrix}=0$$

即

$$2p^6-9\frac{k}{m}p^4+9\left(\frac{k}{m}\right)^2p^2-\left(\frac{k}{m}\right)^3=0$$

解方程得到

$$p_1^2=0.1267\frac{k}{m},\ p_2^2=1.2726\frac{k}{m},\ p_3^2=3.1007\frac{k}{m}$$

求出系统的三个固有频率为

$$f_1=\frac{1}{2\pi}p_1=0.3559\frac{1}{2\pi}\sqrt{\frac{k}{m}},\quad f_2=\frac{1}{2\pi}p_2=1.2810\frac{1}{2\pi}\sqrt{\frac{k}{m}},\quad f_3=\frac{1}{2\pi}p_3=1.7609\frac{1}{2\pi}\sqrt{\frac{k}{m}}$$

再求特征矩阵的伴随矩阵

$$\boldsymbol{B}=\boldsymbol{K}-p^2\boldsymbol{M}=\begin{pmatrix} 2k-p^2m & -k & 0 \\ -k & 2k-p^2m & -k \\ 0 & -k & k-2p^2m \end{pmatrix}$$

$$\mathrm{adj}\boldsymbol{B}=\begin{pmatrix} (2k-p^2m)(k-2p^2m)-k^2 & k(k-2p^2m) & k^2 \\ k(k-2p^2m) & (2k-p^2m)(k-2p^2m) & k(2k-p^2m) \\ k^2 & k(2k-p^2m) & (2k-p^2m)^2-k^2 \end{pmatrix}$$

取其第三列（计算时可只求出这一列），将值代入，得到第一阶主振型

$$A^{(1)}=\begin{pmatrix}1.0000\\1.8733\\2.5092\end{pmatrix}$$

同理得到

$$A^{(2)}=\begin{pmatrix}1.0000\\0.7274\\-0.4709\end{pmatrix}$$

$$A^{(3)}=\begin{pmatrix}1.0000\\-1.1007\\0.2115\end{pmatrix}$$

三阶主振型由图4-8所示。

主振型也可由式（4-12）求得。即将 $p_1$、$p_2$、$p_3$ 分别代入此式

$$(K-p^2M)\ A^{(i)}=0$$

归一化后，即令 $A_1^{(i)}=1(i=1, 2, 3)$，可得主振型。

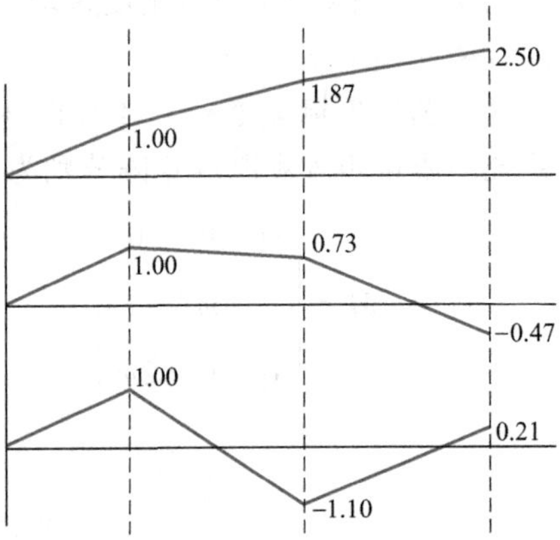

图4-8　三阶主振型

---

**例4-5**　在例4-4中，若 $k_1=0$，求系统的固有频率和主振型。

**解：** $k_1=0$，相当于图4-7所示系统中去掉 $k_1$ 这个弹簧，这时刚度矩阵为

$$K=\begin{pmatrix}k & -k & 0\\-k & 2k & -k\\0 & -k & k\end{pmatrix}$$

特征矩阵为

$$B=\begin{pmatrix}k-p^2m & -k & 0\\-k & 2k-p^2m & -k\\0 & -k & k-2p^2m\end{pmatrix}$$

因此可得到频率方程

$$(2m^3p^4-7km^2p^2+4k^2m)p^2=0$$

解出

$$p_1^2=0,\ p_2^2=0.7192\frac{k}{m},\ p_3^2=2.7808\frac{k}{m}$$

得到三个固有频率

$$f_1=p_1=0,\qquad f_2=\frac{1}{2\pi}p_2=0.8481\sqrt{\frac{k}{m}},\qquad f_3=\frac{1}{2\pi}p_3=1.6676\frac{1}{2\pi}\sqrt{\frac{k}{m}}$$

将 $p_1$、$p_2$、$p_3$ 分别代入 adj$\boldsymbol{B}$ 的第三列，即得

$$\begin{pmatrix}k^2\\k(k-p^2m)\\(k-p^2m)(2k-p^2m)-k^2\end{pmatrix}$$

归一化后，得到三个主振型

$$A^{(1)}\begin{pmatrix}1.0000\\1.0000\\1.0000\end{pmatrix},\quad A^{(2)}=\begin{pmatrix}1.0000\\0.2808\\-0.6404\end{pmatrix},\quad A^{(3)}=\begin{pmatrix}1.0000\\-1.7808\\0.3904\end{pmatrix}$$

$A^{(1)}$的三个元素完全相同。这说明由于去掉了第一个弹簧，整个系统如同一个刚体一样运动，这种振型是与零固有频率对应的，称之为零振型。刚度矩阵 $|K|=0$ 是半正定系统。而且，在其运动方向上系统外力的合力为零，是动量守恒系统。

**例 4-6** 有三个具有质量 $m_1$，$m_2$，$m_3$ 的小球，置于一根张紧的钢丝上，如图 4-9a 所示。假设钢丝中的拉力 $F_T$ 很大，因而各点的横向位移不会使拉力有明显的变化。设 $m_1=m_2=m_3=m$，尺寸如图所示，试用位移方程求该系统的固有频率和主振型。

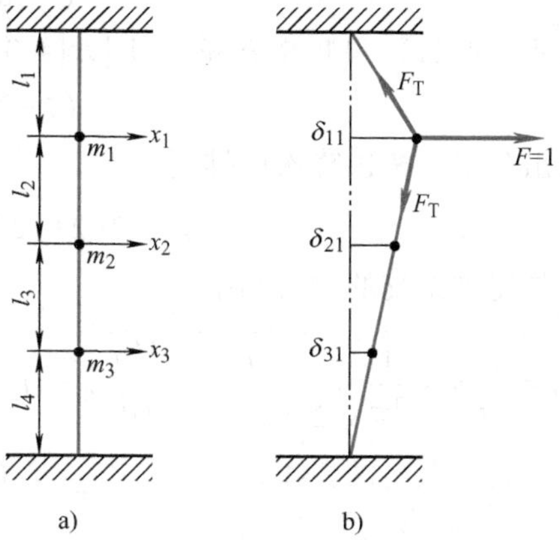


图 4-9 张紧的钢丝振动系统
a）结构示意图 b）几何关系示意图

**解**：系统的质量矩阵是 $M=\begin{pmatrix}m&0&0\\0&m&0\\0&0&m\end{pmatrix}$；其柔度矩阵可按柔度影响系数求出。

首先仅在质量 $m_1$ 处施加水平单位力 $F=1$，则 $m_1$ 产生的位移是 $\delta_{11}$；$m_2$ 处产生的位移是 $\delta_{21}$；$m_3$ 处产生的位移是 $\delta_{31}$。画出 $m_1$ 的受力图如图 4-9b 所示。根据平衡条件，得

$$F_T\frac{\delta_{11}}{l}+F_T\frac{\delta_{11}}{3l}=1$$

所以

$$\delta_{11}=\frac{3l}{4F_T}$$

由图 4-9b 中三角形的几何关系可解出 $\delta_{21}$、$\delta_{31}$ 有

$$\delta_{21}=\frac{2}{3}\delta_{11}=\frac{2l}{4F_T},\quad \delta_{31}=\frac{1}{3}\delta_{11}=\frac{l}{4F_T}$$

同理，可解出其他柔度影响系数，于是可写出柔度矩阵

$$\boldsymbol{\Delta}=\frac{l}{4F_T}\begin{pmatrix}3&2&1\\2&4&2\\1&2&3\end{pmatrix}$$

系统的特征矩阵为

$$
\boldsymbol{L}=\boldsymbol{\Delta M}-\frac{1}{p^2}\boldsymbol{I}=\frac{ml}{4F_{\mathrm{T}}}\begin{pmatrix}3&2&1\\2&4&2\\1&2&3\end{pmatrix}-\begin{pmatrix}\frac{1}{p^2}&0&0\\0&\frac{1}{p^2}&0\\0&0&\frac{1}{p^2}\end{pmatrix}
$$

令 $\alpha=\frac{ml}{4F_{\mathrm{T}}}$，$\lambda=\frac{1}{p^2}$，则有

$$
\boldsymbol{L}=\begin{pmatrix}3\alpha-\lambda&2\alpha&\alpha\\2\alpha&4\alpha-\lambda&2\alpha\\\alpha&2\alpha&3\alpha-\lambda\end{pmatrix}
$$

由式（4-21）得频率方程，即 $|\boldsymbol{L}|=0$ 得

$$
(\lambda-2\alpha)(\lambda-8\alpha\lambda+8\alpha^2)=0
$$

求出各根，按递降次序排列

$$
\lambda_1=2(2+\sqrt{2})\alpha,\ \lambda_2=2\alpha,\ \lambda_3=2(2-\sqrt{2})\alpha
$$

于是得到系统的固有频率

$$
f_1=\frac{1}{2\pi}p_1=\frac{1}{2\pi}\sqrt{\frac{1}{2\ (2+\sqrt{2})}\frac{4F_{\mathrm{T}}}{ml}},\quad f_2=\frac{1}{2\pi}p_2=\frac{1}{2\pi}\sqrt{\frac{2F_{\mathrm{T}}}{ml}},\quad f_3=\frac{1}{2\pi}p_3=\frac{1}{2\pi}\sqrt{\frac{1}{2\ (2-\sqrt{2})}\frac{4F_{\mathrm{T}}}{ml}}
$$

为求系统的主振型，先求出 adj$\boldsymbol{L}$ 的第一列

$$
\mathrm{adj}\boldsymbol{L}=\begin{pmatrix}(4\alpha-\lambda)(3\alpha-\lambda)-4\alpha^2&\cdots\\-2\alpha(3\alpha-\lambda)+2\alpha^2&\cdots\\4\alpha^2-\alpha(4\alpha-\lambda)&\cdots\end{pmatrix}
$$

将 $\lambda_1$、$\lambda_2$、$\lambda_3$ 分别代入，并归一化后，则得各阶主振型为

$$
\boldsymbol{A}^{(1)}=\begin{pmatrix}1\\\sqrt{2}\\1\end{pmatrix},\ \boldsymbol{A}^{(2)}=\begin{pmatrix}1\\0\\-1\end{pmatrix},\ \boldsymbol{A}^{(3)}=\begin{pmatrix}1\\-\sqrt{2}\\1\end{pmatrix}
$$

---

## 4.3　主坐标和正则坐标

### 4.3.1　主振型的正交性

在 $n$ 自由度振动系统中，具有 $n$ 个固有圆频率和与之对应的 $n$ 阶主振型。且这些主振型之间存在着关于质量矩阵和刚度矩阵的正交性。

设 $\boldsymbol{A}^{(i)}$、$\boldsymbol{A}^{(j)}$ 分别是对应于固有圆频率 $p_i$、$p_j$ 的主振型，由式（4-11）得到下列两式

$$
\boldsymbol{KA}^{(i)}=p_i^2\boldsymbol{MA}^{(i)} \tag{a}
$$

$$KA^{(j)}=p_j^2MA^{(j)} \tag{b}$$

将式（a）两边转置，然后右乘 $A^{(j)}$，由于 $K$、$M$ 都是对称矩阵，得到

$$(A^{(i)})^{\mathrm{T}}KA^{(j)}=p_i^2(A^{(i)})^{\mathrm{T}}MA^{(j)} \tag{c}$$

将式（b）两边左乘 $(A^{(i)})^{\mathrm{T}}$，得

$$(A^{(i)})^{\mathrm{T}}KA^{(j)}=p_j^2(A^{(i)})^{\mathrm{T}}MA^{(j)} \tag{d}$$

式（c）与式（d）相减后得

$$(p_i^2-p_j^2)(A^{(i)})^{\mathrm{T}}MA^{(j)}=\mathbf{0} \tag{e}$$

如果当 $i\neq j$ 时，有 $p_i\neq p_j$，则由式（e）得

$$(A^{(i)})^{\mathrm{T}}MA^{(j)}=\mathbf{0},\quad i\neq j \tag{4-22}$$

将式（4-22）代入式（c）得

$$(A^{(i)})^{\mathrm{T}}KA^{(j)}=\mathbf{0},\quad i\neq j \tag{4-23}$$

式（4-22）和式（4-23）两式表明，对应于不同固有圆频率的主振型之间，既关于质量矩阵相互正交，又关于刚度矩阵相互正交，这就是主振型的正交性。还可以证明，零固有圆频率对应的主振型也必定与系统的其他主振型关于质量矩阵和刚度矩阵正交。并且有更进一步的意义，对于平移系统，则说明作用在该系统上的力满足 $\sum F_i^{(e)}=0$，并且动量守恒，例如对于例 4-4 的弹簧-质量平移系统，则是动量守恒。对于转动系统，则说明作用在该系统上的力对于转轴 $z$ 满足 $\sum m_z(F_i^{(e)})=0$，即对转轴来说动量矩守恒。

当 $i=j$ 时，式（e）总能成立，令

$$(A^{(i)})^{\mathrm{T}}MA^{(i)}=M_i,\quad i=1,2,3,\cdots,n$$

$$(A^{(i)})^{\mathrm{T}}KA^{(i)}=K_i,\quad i=1,2,3,\cdots,n \tag{4-24}$$

由式（c），令 $j=i$，可得关系式

$$p_i^2=\frac{(A^{(i)})^{\mathrm{T}}KA^{(i)}}{(A^{(i)})^{\mathrm{T}}MA^{(i)}}=\frac{K_i}{M_i},\quad i=1,2,3,\cdots,n \tag{4-25}$$

所以，$K_i$ 称为第 $i$ 阶主刚度或第 $i$ 阶模态刚度；$M_i$ 称为第 $i$ 阶主质量或第 $i$ 阶模态质量。

对主振型正交性的物理意义可作如下的解释。设系统第 $i$、$j$ 两阶主振动分别为 $x_i=u^{(i)}\sin\omega_i t$，及 $x_j=u^{(j)}\sin\omega_j t$。而第 $j$ 阶主振动的微小位移为

$$\mathrm{d}x_j=u^{(j)}\omega_j\cos\omega_j t$$

考虑第 $i$ 阶主振动的广义惯性力

$$F_i=-m(u^{(i)})^{\mathrm{T}}\omega_i^2\sin\omega_i t$$

在位移 $\mathrm{d}x_j$ 上的元功之和为

$$F_i(\mathrm{d}x_j)^{\mathrm{T}}=-mu^{(i)}(u^{(j)})^{\mathrm{T}}\omega_j\omega_i^2\cos\omega_j t\sin\omega_i t$$

显然，由正交性可知 $(\mathrm{d}x_j)^{\mathrm{T}}F_i=0$。可见，由于主振型的正交性，不同阶的主振动之间不存在动能的转换，或者说不存在惯性耦合。同样可以证明第 $i$ 阶固有振动的广义弹性力在

第 $j$ 阶固有振动的微小位移上的元功之和也等于零，因此不同阶固有振动之间也不存在势能的转换，或者说不存在弹性耦合。对于每一个主振动来说，它的动能和势能之和是个常数。在运动过程中，每个主振动内部的动能和势能可以互相转化，但各阶主振动之间不会发生能量的传递。因此，从能量的观点看，各阶主振动是互相独立的，这就是主振动正交性的物理意义。

### 4.3.2　主振型矩阵与正则振型矩阵

以各阶主振型矢量为列，按顺序排列成一个 $n\times n$ 阶方阵，称此方阵为主振型矩阵或模态矩阵，即

$$\boldsymbol{A}_P=(\boldsymbol{A}^{(1)}\boldsymbol{A}^{(2)}\cdots\boldsymbol{A}^{(n)})=\begin{pmatrix}A_1^{(1)} & A_1^{(2)} & \cdots & A_1^{(n)}\\ A_2^{(1)} & A_2^{(2)} & \cdots & A_2^{(n)}\\ \vdots & \vdots & & \vdots\\ A_n^{(1)} & A_n^{(2)} & \cdots & A_n^{(n)}\end{pmatrix}\tag{4-26}$$

根据主振型的正交性，可以导出主振型矩阵的两个性质

$$\begin{cases}\boldsymbol{A}_P^{\mathrm{T}}\boldsymbol{M}\boldsymbol{A}_P=\boldsymbol{M}_P\\ \boldsymbol{A}_P^{\mathrm{T}}\boldsymbol{K}\boldsymbol{A}_P=\boldsymbol{K}_P\end{cases}\tag{4-27}$$

式中

$$\boldsymbol{M}_P=\begin{pmatrix}M_1 & & & \\ & M_2 & & \\ & & \ddots & \\ & & & M_n\end{pmatrix},\quad \boldsymbol{K}_P=\begin{pmatrix}K_1 & & & \\ & K_2 & & \\ & & \ddots & \\ & & & K_n\end{pmatrix}$$

分别是主质量矩阵和主刚度矩阵。

式（4-27）表明，主振型矩阵 $\boldsymbol{A}_P$ 具有如下性质：当 $\boldsymbol{M}$、$\boldsymbol{K}$ 为非对角阵时，如果分别前乘主振型矩阵的转置矩阵 $\boldsymbol{A}_P^{\mathrm{T}}$，后乘以主振型矩阵 $\boldsymbol{A}_P$，则可使质量矩阵 $\boldsymbol{M}$ 和刚度矩阵 $\boldsymbol{K}$ 转变成为对角矩阵 $\boldsymbol{M}_P$、$\boldsymbol{K}_P$。

主振型 $\boldsymbol{A}^i$ 表示系统做主振动时，各坐标幅值的比。在前面的计算中，一般采用将其第一个元素为 1 从而进行归一化。这种归一化的方法对于缩小计算数字和绘出振型很方便。为了以后计算系统对各种响应的方便，这里将介绍另一种归一化的方法（质量归一化），即使 $\boldsymbol{M}_P$ 由对角阵变换为单位阵。为此，将主振型矩阵的各列除以其对应主质量的平方根，即

$$\boldsymbol{A}_N^{(i)}=\frac{1}{\sqrt{M_i}}\boldsymbol{A}_P^{(i)}\tag{4-28}$$

这样得到的振型称为正则振型，$\boldsymbol{A}_N^i$ 称为第 $i$ 阶正则振型。

正则振型的正交关系是

$$(\boldsymbol{A}_N^{(i)})^{\mathrm{T}}\boldsymbol{M}\boldsymbol{A}_N^{(j)}=\begin{cases}1,\ i=j\\ 0,\ i\neq j\end{cases}\tag{4-29}$$

$$(\boldsymbol{A}_N^{(i)})^{\mathrm{T}}\boldsymbol{K}\boldsymbol{A}_N^{(j)}=\begin{cases}p_i^2, & i=j\\ 0, & i\neq j\end{cases} \tag{4-30}$$

式中，$p_i$ 为第 $i$ 阶固有圆频率。

以各阶正则振型为列，依次排列成一个 $n\times n$ 阶方阵，称此方阵为正则振型矩阵，即

$$\boldsymbol{A}_N=(\boldsymbol{A}_N^{(1)}\boldsymbol{A}_N^{(2)}\cdots\boldsymbol{A}_N^{(n)})=\begin{pmatrix}A_{N1}^{(1)} & A_{N1}^{(2)} & \cdots & A_{N1}^{(n)}\\ A_{N2}^{(1)} & A_{N2}^{(2)} & \cdots & A_{N2}^{(n)}\\ \vdots & \vdots & & \vdots\\ A_{Nn}^{(1)} & A_{Nn}^{(2)} & \cdots & A_{Nn}^{(n)}\end{pmatrix} \tag{4-31}$$

由正交性可导出正则矩阵 $\boldsymbol{A}_N$ 的两个性质

$$\begin{cases}\boldsymbol{A}_N^{\mathrm{T}}\boldsymbol{M}\boldsymbol{A}_N=\boldsymbol{I}=\begin{pmatrix}1 & & & \\ & 1 & & \\ & & \ddots & \\ & & & 1\end{pmatrix}\\ \boldsymbol{A}_N^{\mathrm{T}}\boldsymbol{K}\boldsymbol{A}_N=\boldsymbol{P}^2=\begin{pmatrix}p_1^2 & & & \\ & p_2^2 & & \\ & & \ddots & \\ & & & p_n^2\end{pmatrix}\end{cases} \tag{4-32}$$

称 $\boldsymbol{P}^2$ 为谱矩阵。

### 4.3.3　主坐标和正则坐标

在一般情况下，具有有限个自由度振动系统的质量矩阵和刚度矩阵都不是对角阵。因此，系统的运动微分方程中既有动力耦合又有静力耦合。对于 $n$ 自由度无阻尼振动系统，有可能选择这样一组特殊坐标，使方程中不出现耦合项，亦即质量矩阵 $\boldsymbol{M}$ 和刚度矩阵 $\boldsymbol{K}$ 都是对角阵，这样每个方程可以视为单自由度问题，称这组坐标为**主坐标或模态坐标**。

由前面的讨论可知，主振型矩阵 $\boldsymbol{A}_P$ 与正则振型矩阵 $\boldsymbol{A}_N$，均可使系统的质量矩阵和刚度矩阵转换成为对角阵。因此，可利用主振型矩阵或正则振型矩阵进行坐标变换，以寻求主坐标或正则坐标。

**1. 主坐标**

首先用主振型矩阵 $\boldsymbol{A}_P$ 进行坐标变换，即

$$\boldsymbol{x}=\boldsymbol{A}_P\boldsymbol{x}_P \tag{4-33}$$

式中，$\boldsymbol{x}_P$ 是主坐标矢量，相应地有

$$\ddot{\boldsymbol{x}}=A_P\ddot{\boldsymbol{x}}_P \tag{4-34}$$

这组坐标变换的物理意义，可由式（4-33）的展开式看出

$$x = A_P x_P = (A^{(1)} A^{(2)} \cdots A^{(n)}) \begin{pmatrix} x_{P1} \\ x_{P2} \\ \vdots \\ x_{Pn} \end{pmatrix}$$

即

$$\begin{pmatrix} x_1 \\ x_2 \\ \vdots \\ x_n \end{pmatrix} = A^{(1)} x_{P1} + A^{(2)} x_{P2} + \cdots + A^{(n)} x_{Pn}$$

或

$$x_i = A_i^{(1)} x_{P1} + A_i^{(2)} x_{P2} + \cdots + A_i^{(n)} x_{Pn},\ i=1,\ 2,\ 3,\ \cdots,\ n$$

即原物理坐标的各位移值，都可以看成是由 $n$ 个主振型按一定的比例组合而成的。这 $n$ 个比例因子就是 $n$ 个新坐标 $x_{P1}$，$x_{P2}\cdots$，$x_{Pn}$，如果令 $x_{P1}=1$，$x_{Pi}=0(i=2,\ 3,\ \cdots,\ n)$，则可得

$$x = A^{(1)}$$

因此，系统各坐标值正好与第一阶主振型相等，即每个主坐标的值等于各阶主振型分量在系统原物理坐标中占有成分的大小。

将式（4-33）和式（4-34）代入运动微分方程（4-2），得

$$MA_P \ddot{x}_P + KA_P x_P = 0$$

将该式前乘主振型矩阵的转置矩阵 $A_P^{\mathrm{T}}$，得

$$A_P^{\mathrm{T}} MA_P \ddot{x}_P + A_P^{\mathrm{T}} KA_P x_P = 0$$

由主振型矩阵的两个性质，即式（4-27），得

$$M_P \ddot{x}_P + K_P x_P = 0 \tag{4-35}$$

由于主质量矩阵 $M_P$ 和主刚度矩阵 $K_P$ 都是对角阵，所以方程式（4-35）中无耦合，且为相互独立的 $n$ 自由度运动微分方程。即

$$M_i \ddot{x}_{Pi} + K_i x_{Pi} = 0,\quad i=1,\ 2,\ 3,\ \cdots,\ n \tag{4-36}$$

$M_i$、$K_i$ 分别是第 $i$ 阶**主质量或模态质量和主刚度或模态刚度**。

由物理坐标到模态坐标的转换，是方程（4-2）解耦的数学过程。从物理意义上讲，是从力的平衡方程变为能量平衡方程的过程。在物理坐标系统中，质量矩阵和刚度矩阵一般是非对角阵，使运动方程不能解耦。而在模态坐标系统中，第 $i$ 个模态坐标代表在位移向量中第 $i$ 阶主振型（模态振型）所做的贡献。任何一阶主振型的存在，并不依赖于其他主振型是否同时存在。这就是模态坐标得以解耦的原因。因此，位移响应向量是各阶模态贡献叠加的结果，而不是模态耦合的结果。各阶模态之间是不耦合的。

**2. 正则坐标**

用正则振型矩阵 $A_N$ 进行坐标变换，设

$$\boldsymbol{x}=\boldsymbol{A}_N\boldsymbol{x}_N \tag{4-37}$$

$\boldsymbol{x}_N$ 是正则坐标矢量。将式（4-37）代入式（4-2），得

$$\boldsymbol{M}\boldsymbol{A}_N\ddot{\boldsymbol{x}}_N+\boldsymbol{K}\boldsymbol{A}_N\boldsymbol{x}_N=\boldsymbol{0}$$

将该式前乘 $\boldsymbol{A}_N^{\mathrm{T}}$，得

$$\boldsymbol{A}_N^{\mathrm{T}}\boldsymbol{M}\boldsymbol{A}_N\ddot{\boldsymbol{x}}_N+\boldsymbol{A}_N^{\mathrm{T}}\boldsymbol{K}\boldsymbol{A}_N\boldsymbol{x}_N=\boldsymbol{0}$$

由正则振型矩阵的两个性质，即式（4-32），得

$$\ddot{\boldsymbol{x}}_N+\boldsymbol{P}^2\boldsymbol{x}_N=\boldsymbol{0} \tag{4-38}$$

或

$$\ddot{x}_{Ni}+p_i^2x_{Ni}=0,\quad i=1,2,3,\cdots,n \tag{4-39}$$

3. 位移方程的坐标变换

设系统的位移方程具有式（4-5）的形式，即

$$\boldsymbol{\Delta}\boldsymbol{M}\ddot{\boldsymbol{x}}+x=\boldsymbol{0}$$

令 $\boldsymbol{x}=\boldsymbol{A}_N\boldsymbol{x}_N$，并将其代入上式，得

$$\boldsymbol{\Delta}\boldsymbol{M}\boldsymbol{A}_N\ddot{\boldsymbol{x}}_N+\boldsymbol{A}_N\boldsymbol{x}_N=\boldsymbol{0}$$

将该式前乘正则振型矩阵的逆矩阵 $\boldsymbol{A}_N^{-1}$，得

$$\boldsymbol{A}_N^{-1}\boldsymbol{\Delta}\boldsymbol{M}\boldsymbol{A}_N\ddot{\boldsymbol{x}}_N+\boldsymbol{A}_N^{-1}\boldsymbol{A}_N\boldsymbol{x}_N=\boldsymbol{0}$$

为了使上式能解耦，在 $\boldsymbol{\Delta}$ 和 $\boldsymbol{M}$ 之间加入单位矩阵 $\boldsymbol{I}=\boldsymbol{A}_N\boldsymbol{A}_N^{-1}$ 的转置矩阵 $\boldsymbol{I}=(\boldsymbol{A}_N^{-1})^{\mathrm{T}}\boldsymbol{A}_N^{\mathrm{T}}$，得到

$$\boldsymbol{A}_N^{-1}\boldsymbol{\Delta}(\boldsymbol{A}_N^{-1})^{\mathrm{T}}\boldsymbol{A}_N^{\mathrm{T}}\boldsymbol{M}\boldsymbol{A}_N\ddot{\boldsymbol{x}}_N+\boldsymbol{x}_N=\boldsymbol{0}$$

式中，$\boldsymbol{A}_N^{\mathrm{T}}\boldsymbol{M}\boldsymbol{A}_N=\boldsymbol{I}$，而

$$\boldsymbol{A}_N^{-1}\boldsymbol{\Delta}(\boldsymbol{A}_N^{-1})^{\mathrm{T}}=(\boldsymbol{A}_N^{\mathrm{T}}\boldsymbol{K}\boldsymbol{A}_N)^{-1}=(\boldsymbol{P}^2)^{-1}=\boldsymbol{\Delta}_N$$

$\boldsymbol{\Delta}_N$ 是谱矩阵的逆矩阵，也是对角阵。

$$\boldsymbol{\Delta}_N=\begin{pmatrix}\frac{1}{p_1^2} & & & \\ & \frac{1}{p_2^2} & & \\ & & \ddots & \\ & & & \frac{1}{p_n^2}\end{pmatrix} \tag{4-40}$$

最后，将位移方程解耦

$$\boldsymbol{\Delta}_N\ddot{\boldsymbol{x}}_N+\boldsymbol{x}_N=\boldsymbol{0} \tag{4-41}$$

例 4-7 试求例 4-4 中系统的主振型矩阵和正则振型矩阵。

解：将在例 4-4 中求得的各阶主振型依次排列成方阵，得到主振型矩阵

$$A_P = (A^{(1)}A^{(2)}A^{(3)}) = \begin{pmatrix} 1.0000 & 1.0000 & 1.0000 \\ 1.8733 & 0.7274 & -1.1007 \\ 2.5092 & -0.4709 & 0.2115 \end{pmatrix}$$

由质量矩阵 $M = m\begin{pmatrix} 1 & 0 & 0 \\ 0 & 1 & 0 \\ 0 & 0 & 2 \end{pmatrix}$，可求出主质量矩阵

$$M_P = A_P^{\mathrm{T}} M A_P = \begin{pmatrix} 17.1014m & 0 & 0 \\ 0 & 1.9726m & 0 \\ 0 & 0 & 2.3010m \end{pmatrix}$$

于是，可得各阶正则振型

$$A_N^{(1)} = \frac{1}{\sqrt{M_1}} A^{(1)} = \frac{0.2418}{\sqrt{m}} A^{(1)}$$

$$A_N^{(2)} = \frac{1}{\sqrt{M_2}} A^{(2)} = \frac{0.7120}{\sqrt{m}} A^{(2)}$$

$$A_N^{(3)} = \frac{1}{\sqrt{M_3}} A^{(3)} = \frac{0.6592}{\sqrt{m}} A^{(3)}$$

以各阶正则振型为列，写出正则振型矩阵

$$A_N = \frac{1}{\sqrt{m}} \begin{pmatrix} 0.2418 & 0.7120 & 0.6592 \\ 0.4530 & 0.5179 & -0.7256 \\ 0.6067 & -0.3353 & 0.1394 \end{pmatrix}$$

由刚度矩阵

$$K = k\begin{pmatrix} 2 & -1 & 0 \\ -1 & 2 & -1 \\ 0 & -1 & 1 \end{pmatrix}$$

可求出谱矩阵

$$P^2 = A_N^{\mathrm{T}} K A_N = \frac{k}{m} \begin{pmatrix} 0.1267 & 0 & 0 \\ 0 & 1.2726 & 0 \\ 0 & 0 & 3.1007 \end{pmatrix}$$

利用式（4-38）可写出以正则坐标表示的运动方程

$$\ddot{\boldsymbol{x}}_N+\boldsymbol{P}^2\boldsymbol{x}_N=\mathbf{0}$$

展开式为

$$\ddot{x}_{N1}+0.1267\frac{k}{m}x_{N1}=0$$

$$\ddot{x}_{N2}+1.2726\frac{k}{m}x_{N2}=0$$

$$\ddot{x}_{N3}+3.1007\frac{k}{m}x_{N3}=0$$

---

## 4.4 固有频率相等的情形

在前面的讨论中，曾假设系统的固有频率均不相等，而每个固有频率对应一个主振型。但复杂系统中也会出现两个或两个以上频率相等或相近的情形，这时相对应的主振型就不能唯一地确定。为了说明这一点，假设频率方程有二重根，即 $p_1=p_2=p_0$，而 $\boldsymbol{A}^{(1)}$ 和 $\boldsymbol{A}^{(2)}$ 是与之对应的主振型，由式（4-11）可写出

$$\boldsymbol{KA}^{(1)}=P_0^2\boldsymbol{MA}^{(1)}$$

$$\boldsymbol{KA}^{(2)}=P_0^2\boldsymbol{MA}^{(2)}$$

令 $\boldsymbol{A}^{(0)}=a\boldsymbol{A}^{(1)}+b\boldsymbol{A}^{(2)}$，即 $\boldsymbol{A}^{(0)}$ 是 $\boldsymbol{A}^{(1)}$ 与 $\boldsymbol{A}^{(2)}$ 的线性组合，其中 $a$、$b$ 为两个任意常数，显然 $\boldsymbol{A}^{(0)}$ 也是对应于 $p_0$ 的一个主振型，即

$$\begin{aligned}\boldsymbol{KA}^{(0)}&=\boldsymbol{K}(a\boldsymbol{A}^{(1)}+b\boldsymbol{A}^{(2)})=p_0^2\boldsymbol{M}a\boldsymbol{A}^{(1)}+p_0^2b\boldsymbol{MA}^{(2)}\\&=p_0^2\boldsymbol{M}(a\boldsymbol{A}^{(1)}+b\boldsymbol{A}^{(2)})=p_0^2\boldsymbol{MA}^{(0)}\end{aligned}$$

说明对应于 $p_0$ 的主振型不能唯一地确定。因此，当系统具有重根时，其固有圆频率的主振型要根据各振型间的正交性来确定。不仅所选定的 $\boldsymbol{A}^{(1)}$ 和 $\boldsymbol{A}^{(2)}$ 之间应满足对 $\boldsymbol{M}$、$\boldsymbol{K}$ 的正交关系，而且还必须满足和其他振型间关于 $\boldsymbol{M}$、$\boldsymbol{K}$ 的正交关系。原因是：由线性代数理论可知，由式（4-11）求出的对应于 $r$ 重根的主振型是 $r$ 个线性独立的但不是唯一的，而且这些主振型之间也并非一定正交，因为式（4-22）和式（4-23）中，当 $p_i^2=p_j^2$ 时，得不出正交的结论。所以要用正交化过程把仅是线性独立的 $r$ 个主振型变为相互正交的。显然，另外 $(n-r)$ 个不等的固有圆频率和与之对应的 $(n-r)$ 个主振型是关于质量矩阵与刚度矩阵相互正交的。

---

**例 4-8**　图 4-10a 所示的系统，是由两个质量均为 $m$ 的质点与一无重刚性杆组成的，且两质点又分别与刚度系数为 $k$ 的弹簧相连。试求该系统的固有频率及主振型。

**解：** 以系统的静平衡位置为坐标原点，建立坐标 $x_1$、$x_2$。写出系统的质量矩阵和刚度矩

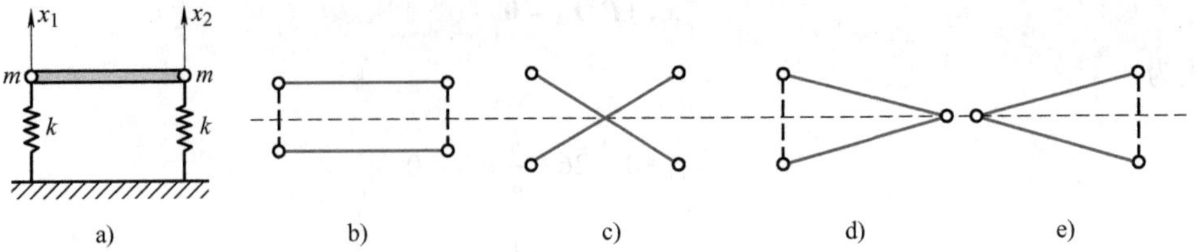


图4-10　无重刚性杆

a）结构图　b）振型 $A^{(1)}$　c）振型 $A^{(2)}$　d）振型 $A^{(1)}$　e）振型 $A^{(2)}$

阵为

$$\boldsymbol{M}=\begin{pmatrix} m & 0 \\ 0 & m \end{pmatrix},\quad \boldsymbol{K}=\begin{pmatrix} k & 0 \\ 0 & k \end{pmatrix}$$

由式（4-13）得到特征矩阵

$$\boldsymbol{B}=\boldsymbol{K}-p^2\boldsymbol{M}=\begin{pmatrix} k-p^2m & 0 \\ 0 & k-p^2m \end{pmatrix}$$

由式（4-14）得到频率方程

$$\begin{vmatrix} k-p^2m & 0 \\ 0 & k-p^2m \end{vmatrix}=0$$

解出系统的两个固有频率 $f_1=\frac{1}{2\pi}p_1=\frac{1}{2\pi}p_2=\frac{1}{2\pi}\sqrt{\frac{k}{m}}$，是重根。

求出特征矩阵的伴随矩阵

$$\mathrm{adj}\boldsymbol{B}=\begin{pmatrix} k-mp^2 & 0 \\ 0 & k-mp^2 \end{pmatrix}$$

并将 $p_1^2=p_2^2=\frac{k}{m}$ 代入该矩阵的任一列，结果是两个元素全为零。因此，在重根的情况下无法用伴随矩阵 adj$\boldsymbol{B}$ 确定主振型。需由式（4-12）和正交化求得。由观察系统的振动现象可知，刚性杆具有两种运动即平动和转动。因此可假设 $\boldsymbol{A}^{(1)}=\begin{pmatrix} 1 \\ 1 \end{pmatrix}$，$\boldsymbol{A}^{(2)}=\begin{pmatrix} 1 \\ -1 \end{pmatrix}$，然后用两振型关于 $\boldsymbol{M}$，$\boldsymbol{K}$ 的正交性来校核。

因为

$$(1\quad 1)\begin{pmatrix} m & 0 \\ 0 & m \end{pmatrix}\begin{pmatrix} 1 \\ 1 \end{pmatrix}=2m,\ (1\quad -1)\begin{pmatrix} m & 0 \\ 0 & m \end{pmatrix}\begin{pmatrix} 1 \\ -1 \end{pmatrix}=2m$$

所以满足

$$(\boldsymbol{A}^{(i)})^{\mathrm{T}}\boldsymbol{M}\boldsymbol{A}^{(i)}\neq 0,\quad i=1,\ 2$$

因为

$$(1\quad 1)\begin{pmatrix} m & 0 \\ 0 & m \end{pmatrix}\begin{pmatrix} 1 \\ -1 \end{pmatrix}=0，显然满足\ (\boldsymbol{A}^{(i)})^{\mathrm{T}}\boldsymbol{M}\boldsymbol{A}^{(2)}=0$$

校核结果 $\boldsymbol{A}^{(1)}=\begin{pmatrix}1\\1\end{pmatrix}$，$\boldsymbol{A}^{(2)}=\begin{pmatrix}1\\-1\end{pmatrix}$之间满足正交关系（也可用刚度矩阵 $\boldsymbol{K}$ 来校核）。所以 $\boldsymbol{A}^{(1)}$ 和 $\boldsymbol{A}^{(2)}$ 是该系统的一组正交主振型，如图 4-10b、c 所示。

需要指出的是，这种相互独立正交的主振型组可以有无穷多组。就好像在平面几何中，一个圆有无穷多组相互垂直的两个直径一样。图 4-12d、e 所示为另一组相互正交的主振型，即

$$\boldsymbol{A}^{(1)}=\begin{pmatrix}1\\0\end{pmatrix},\ \boldsymbol{A}^{(2)}=\begin{pmatrix}0\\1\end{pmatrix}$$

---

**例 4-9**　求如图 4-11 所示三自由度振动系统的固有频率和固有振型。设 $m_1=m_2=1$，$k_1=k_2=2$，$k_3=1$，$k_4=k_5=4$。

**解**：设系统做微幅振动时，弹簧 $k_1$、$k_2$ 在 $x$ 方向的变形不影响其他的弹簧状态，其他弹簧在 $y$ 方向的变形也不影响弹簧 $k_1$、$k_2$ 在 $x$ 方向的状态。用影响系数法建立运动微分方程为

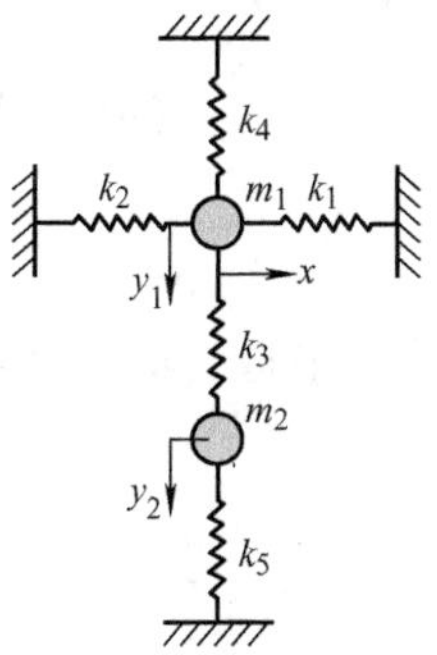

图 4-11　三自由度振动系统

$$\begin{pmatrix}1&0&0\\0&1&0\\0&0&1\end{pmatrix}\begin{pmatrix}\ddot{x}\\\ddot{y}_1\\\ddot{y}_2\end{pmatrix}+\begin{pmatrix}4&0&0\\0&5&-1\\0&-1&5\end{pmatrix}\begin{pmatrix}x\\y_1\\y_2\end{pmatrix}=\begin{pmatrix}0\\0\\0\end{pmatrix}$$

特征值问题为

$$\begin{pmatrix}4-p^2&0&0\\0&5-p^2&-1\\0&-1&5-p^2\end{pmatrix}\begin{pmatrix}u_1\\u_2\\u_3\end{pmatrix}=\begin{pmatrix}0\\0\\0\end{pmatrix}$$

由特征方程

$$(4-p^2)(5-p^2)^2-(-1)^2(4-p^2)=0$$

求得特征值有

$$p_1^2=p_2^2=4,\ p_3^2=6$$

可见，此系统存在重特征值，固有频率为

$$f_1=f_2=\frac{1}{2\pi}p_1=\frac{1}{2\pi}p_2=\frac{1}{\pi},\qquad f_3=\frac{1}{2\pi}p_3=\frac{\sqrt{6}}{2\pi}$$

将 $p_3^2=6$ 代入式（a）求出第三阶振型向量

$$u^{(3)}=\begin{pmatrix}0\\-1\\1\end{pmatrix}$$

将 $p_1^2=p_2^2=4$ 代入式（a），写为

$$\begin{pmatrix}0&0&0\\0&1&-1\\0&-1&1\end{pmatrix}\begin{pmatrix}u_1^{(r)}\\u_2^{(r)}\\u_3^{(r)}\end{pmatrix}=\begin{pmatrix}0\\0\\0\end{pmatrix},\qquad r=1,\ 2$$

则得 $u_1^{(r)}(r=1,\ 2)$ 可取任意值，并有 $u_2^{(r)}=u_3^{(r)}(r=1,\ 2)$。先取对应 $p_1$ 及 $p_2$ 的两阶振型向量为 $(\boldsymbol{u}^{(1)})^{\mathrm{T}}=(1\quad 1\quad 1)$，$(\boldsymbol{u}^{(2)})^{\mathrm{T}}=(-4\quad 1\quad 1)$，不难验证，它们与 $\boldsymbol{u}^{(3)}$ 关于 $\boldsymbol{m}$、$\boldsymbol{k}$ 满足正交性条件，但它们之间不正交，因为

$$(\boldsymbol{u}^{(1)})\boldsymbol{m}\boldsymbol{u}^{(2)}=-2\neq 0$$

为此重新作 $\boldsymbol{u}^{(1)}$、$\boldsymbol{u}^{(2)}$ 的线性组合，其中 $\boldsymbol{u}^{(1)}$ 不变，而令新的第二阶振型向量为

$$\boldsymbol{u}^{(2)}=c\boldsymbol{u}^{(1)}+\boldsymbol{u}^{(2)}=\begin{pmatrix}c-4\\ c+1\\ c+1\end{pmatrix}$$

由正交性条件

$$(\boldsymbol{u}^{(2)})^{\mathrm{T}}\boldsymbol{m}\boldsymbol{u}^{(1)}=(c-4\quad c+1\quad c+1)\begin{pmatrix}1&0&0\\0&1&0\\0&0&1\end{pmatrix}\begin{pmatrix}1\\1\\1\end{pmatrix}=0$$

得 $c=\dfrac{2}{3}$，于是 $(\boldsymbol{u}^{(2)})^{\mathrm{T}}=\left(-\dfrac{10}{3}\quad \dfrac{5}{3}\quad \dfrac{5}{3}\right)$，约去比例因子$\dfrac{5}{3}$，故取

$$(u^{(2)})^{\mathrm{T}}=(-2\quad 1\quad 1)$$

则振型矩阵为

$$\boldsymbol{u}=\begin{pmatrix}1&-2&0\\1&1&-1\\1&1&1\end{pmatrix}$$

可见，依据正交性条件，总可以找到对应重特征值的相互正交的振型向量。

**例 4-10**　图 4-12a 所示为有三个集中质量的梁（梁的质量忽略不计），梁的抗弯刚度为 $EI$，$l_1=l_2=\dfrac{l}{2}$。$m_1=m_3=m$，$m_2=2m$。求该梁的固有频率和振型。

**解**：仅考虑 $y$ 方向的弯曲振动，可用三个坐标 $y_1$、$y_2$、$y_3$ 描述该体系运动，故为三自由度体系。

（1）质量矩阵和刚度矩阵

$$\boldsymbol{M}=\begin{pmatrix}m_1&0&0\\0&m_2&0\\0&0&m_3\end{pmatrix}\doteq\begin{pmatrix}m&0&0\\0&2m&0\\0&0&m\end{pmatrix}\tag{a}$$

根据图 4-12b 可求得 $y_1=1(y_2=y_3=0)$ 时的相应刚度系数 $k_{i1}(i=1,\ 2,\ 3)$

$$k_{11}\left(\frac{l_1^3}{3EI}+\frac{l_2^3}{3EI}\right)=1$$

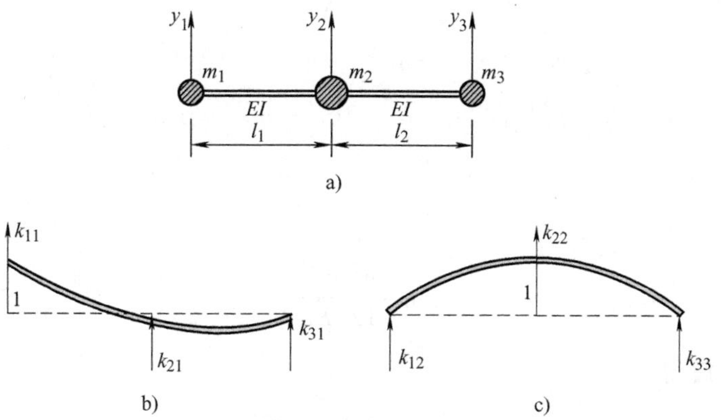


图 4-12　具有相等零角频率的三自由度体系

将 $l_1=l_2=\dfrac{l}{2}$ 代入上式得

$$k_{11}=\frac{12EI}{l^3}$$

由平衡条件可求得

$$k_{31}=k_{11}=\frac{12EI}{l^3}$$

$$k_{21}=-2k_{11}=-\frac{24EI}{l^3}$$

根据图 4-12c 同样可求得

$$k_{22}=\frac{48EI}{l^3}$$

$$k_{32}=-\frac{24EI}{l^3}$$

$$k_{12}=k_{32}=-\frac{24EI}{l^3}$$

根据对称性，可得

$$k_{33}=k_{11}=\frac{12EI}{l^3}$$

$$k_{13}=k_{31}=\frac{12EI}{l^3}$$

$$k_{23}=k_{21}=-\frac{24EI}{l^3}$$

刚度矩阵为

$$\boldsymbol{K}=\frac{12EI}{l^3}\begin{pmatrix}1 & -2 & 1\\ -2 & 4 & -2\\ 1 & -2 & 1\end{pmatrix} \tag{b}$$

（2）频率计算

根据频率方程

$$|\boldsymbol{K}-p^2\boldsymbol{M}|=\begin{pmatrix}1-\eta & -2 & 1\\ -2 & 2(2-\eta) & -2\\ 0 & -2 & 1-\eta\end{pmatrix}=0 \tag{c}$$

式中

$$\eta=\frac{p^2}{12}\frac{ml^3}{EI} \tag{d}$$

由频率方程（c）解得

$$\eta_1=\eta_2=0,\ \eta_3=4 \tag{e}$$

将式（e）代入式（d），得

$$f_1=f_2=\frac{1}{2\pi}p_1=\frac{1}{2\pi}p_2=0,\quad p_3=4\frac{1}{2\pi}\sqrt{\frac{3EI}{ml^3}} \tag{f}$$

故该体系有两个相等的零频率。

（3）振型计算

由振幅方程式（4-12）得

$$\begin{pmatrix}1-\eta & -2 & 1\\ -2 & 2(2-\eta) & -2\\ 1 & -2 & 1-\eta\end{pmatrix}\begin{pmatrix}\varphi(1)\\ \varphi(2)\\ \varphi(3)\end{pmatrix}=0 \tag{g}$$

① 将$\eta_1=\eta_2=0$二重零根代入式（g）得

$$\begin{pmatrix}1 & -2 & 1\\ -2 & 4 & -2\\ 1 & -2 & 1\end{pmatrix}\begin{pmatrix}\varphi(1)\\ \varphi(2)\\ \varphi(3)\end{pmatrix}=0 \tag{h}$$

此时，由上式可得

$$\begin{vmatrix}1 & -2 & 1\\ -2 & 4 & -2\\ 1 & -2 & 1\end{vmatrix}=0 \tag{i}$$

即刚度矩阵奇异，对应刚体运动，也即刚体振型$\boldsymbol{\varphi}$。此时，设$\boldsymbol{\varphi}(1)=1$，方程（h）退化为一个独立的方程式：

$$1-2\varphi(2)+\varphi(3)=0$$

或

$$\begin{pmatrix}\varphi(2)\\ \varphi(3)\end{pmatrix}=\begin{pmatrix}\varphi(2)\\ 2\varphi(2)-1\end{pmatrix} \tag{j}$$

式（j）就是用来确定刚体振型的，可见，对应于相等零频率的刚体振型有无穷多个。

若取 $\varphi_1(2)=1$，则

$$\begin{pmatrix}\varphi_1(2)\\ \varphi_2(3)\end{pmatrix}=\begin{pmatrix}1\\ 1\end{pmatrix}_1 \tag{k}$$

再取 $\varphi_2(2)=0$，则

$$\begin{pmatrix}\varphi_1(2)\\ \varphi_2(3)\end{pmatrix}=\begin{pmatrix}0\\ -1\end{pmatrix}_2 \tag{l}$$

由式（k）、式（l）得两个刚体振型为

$$\boldsymbol{\varphi}_1=(1\quad 1\quad 1),\ \boldsymbol{\varphi}_2=(1\quad 0\quad -1) \tag{m}$$

② 将 $\eta_3=4$ 代入式（g），求得弹性振型

$$\boldsymbol{\varphi}_3=(1\quad -1\quad 1) \tag{n}$$

连同式（m）表示的两个刚体振型，三个振型大致形状分别如图 4-13a、b、c 所示。

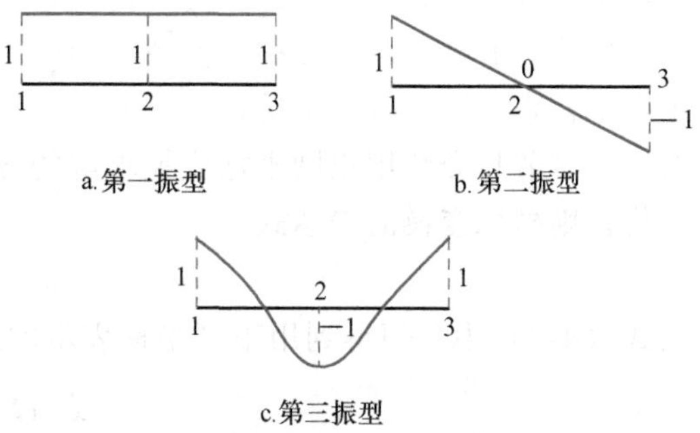


图 4-13　具有相等零频率的三自由度体系的振型

（4）验算振型正交性情况

① 刚体振型之间的正交性

$$\varphi_1^{\mathrm T}M\varphi_2=(1\quad 1\quad 1)\begin{pmatrix}1&0&0\\0&2&0\\0&0&1\end{pmatrix}\begin{pmatrix}1\\0\\-1\end{pmatrix}M=0$$

满足。如前所述，根据式（j）可得其他刚体振型，若选择另一组刚体振型 $\boldsymbol{\varphi}_1^*$ 和 $\boldsymbol{\varphi}_2^*$，如果不满足正交性条件，则可确定 $\boldsymbol{\varphi}_{1,2}^*$，使得满足

$$(\boldsymbol{\varphi}_1^*)^{\mathrm T}\boldsymbol{M}\boldsymbol{\varphi}_{1,2}^*=0$$

在此不再重复。

② 刚体振型与其他弹性振型之间的正交性

因为此属于不同频率的情况，不管取什么样的刚体振型，它们与弹性振型必须满足正交性条件：

$$\begin{aligned}\boldsymbol{\varphi}_1^{\mathrm T}\boldsymbol{M}\boldsymbol{\varphi}_3&=(1\quad 1\quad 1)\begin{pmatrix}1&0&0\\0&2&0\\0&0&1\end{pmatrix}\begin{pmatrix}1\\-1\\1\end{pmatrix}m\\&=(1\quad 2\quad 1)\begin{pmatrix}1\\-1\\1\end{pmatrix}m\\&=(1-2+1)m=0\end{aligned}$$

还可验算另一刚体振型 $\boldsymbol{\varphi}_2$ 也满足

$$\boldsymbol{\varphi}_2^{\mathrm{T}}\boldsymbol{M}\boldsymbol{\varphi}_3=0$$

---

## 4.5　无阻尼振动系统对初始条件的响应

已知 $n$ 自由度无阻尼系统的自由振动运动微分方程具有式（4-2）的形式

$$\boldsymbol{M}\ddot{\boldsymbol{x}}+\boldsymbol{K}\boldsymbol{x}=\boldsymbol{0}$$

当 $t=0$ 时，系统的初始位移与初始速度为

$$\boldsymbol{x}(0)=\boldsymbol{x}_0=\begin{pmatrix}x_1(0) & x_2(0) & \cdots & x_n(0)\end{pmatrix}^{\mathrm{T}}$$

$$\dot{\boldsymbol{x}}(0)=\dot{\boldsymbol{x}}_0=\begin{pmatrix}\dot{x}_1(0) & \dot{x}_2(0) & \cdots & \dot{x}_n(0)\end{pmatrix}^{\mathrm{T}} \tag{4-42}$$

求系统对初始条件的响应。

求解的方法是：先利用主坐标变换或正则坐标变换，将系统的方程式转换成 $n$ 个独立的单自由度形式的运动微分方程；然后利用单自由度系统求解自由振动的理论，求得用主坐标或正则坐标表示的响应；最后，再反变换至原物理坐标求出 $n$ 自由度无阻尼系统对初始条件的响应。本节只介绍用正则坐标变换求解的方法。

将正则坐标变换的表达式

$$\boldsymbol{x}=\boldsymbol{A}_N\boldsymbol{x}_N$$

代入式（4-2）中，便得到用正则坐标表示的运动微分方程如式（4-38）的形式，即

$$\ddot{\boldsymbol{x}}_N+\boldsymbol{P}^2\boldsymbol{x}_N=\boldsymbol{0}$$

由单自由度系统自由振动的理论，可得到上式对初始条件的响应为

$$x_{Ni}=x_{Ni}(0)\cos p_i t+\frac{\dot{x}_{Ni}(0)}{p_i}\sin p_i t,\quad i=1,2,3,\cdots,n \tag{4-43}$$

现在的问题是如何将 $\boldsymbol{x}_0$、$\dot{\boldsymbol{x}}_0$ 变换成用正则坐标表示的初始条件，即 $\boldsymbol{x}_N(0)$，$\dot{\boldsymbol{x}}_N(0)$。由式（4-37），即 $\boldsymbol{x}=\boldsymbol{A}_N\boldsymbol{x}_N$，可得到

$$\boldsymbol{x}_N=\boldsymbol{A}_N^{-1}\boldsymbol{x} \tag{4-44}$$

又由于 $\boldsymbol{A}_N^{\mathrm{T}}\boldsymbol{M}\boldsymbol{A}_N=\boldsymbol{I}$，因此，有

$$\boldsymbol{A}_N^{-1}=\boldsymbol{A}_N^{\mathrm{T}}\boldsymbol{M} \tag{4-45}$$

将式（4-45）代入式（4-44），得

$$\boldsymbol{x}_N=\boldsymbol{A}_N^{\mathrm{T}}\boldsymbol{M}\boldsymbol{x} \tag{4-46}$$

由式（4-46）可得到

$$\begin{cases}\boldsymbol{x}_N(0)=\boldsymbol{A}_N^{\mathrm{T}}\boldsymbol{M}\boldsymbol{x}_0\\ \dot{\boldsymbol{x}}_N(0)=\boldsymbol{A}_N^{\mathrm{T}}\boldsymbol{M}\dot{\boldsymbol{x}}_0\end{cases} \tag{4-47}$$

将式（4-47）代入式（4-43）中，便得到用正则坐标表示的系统对初始条件的响应；然后，再利用式（4-37）的坐标变换，得到

$$\boldsymbol{x}=\boldsymbol{A}_N\boldsymbol{x}_N=(\boldsymbol{A}_N^{(1)}\ \boldsymbol{A}_N^{(2)}\ \cdots\ \boldsymbol{A}_N^{(n)})\begin{pmatrix}x_{N1}\\x_{N2}\\\vdots\\x_{Nn}\end{pmatrix}\tag{4-48}$$

$$=\boldsymbol{A}_N^{(1)}x_{N1}+\boldsymbol{A}_N^{(2)}x_{N2}+\cdots+\boldsymbol{A}_N^{(n)}x_{Nn}$$

式（4-48）表明，系统的响应是由各阶振型叠加得到的，因而，本方法又称振型叠加法。

对于半正定系统，有固有圆频率 $P_i=0$。系统具有刚体运动振型，因此，有

$$\ddot{x}_{Ni}=0$$

上式积分两次得到

$$x_{Ni}=x_{Ni}(0)+\dot{x}_{Ni}(0)t\tag{4-49}$$

---

**例 4-11**　在例 4-4 中，设初始条件是 $\boldsymbol{x}(0)=(a\quad 0\quad 0)^{\mathrm{T}}$，$\dot{\boldsymbol{x}}(0)=(0\quad 0\quad 0)^{\mathrm{T}}$，求系统的响应。

**解**：经过例 4-4 和例 4-7 的计算，已求出系统的正则振型矩阵和质量矩阵分别为

$$A_N=\frac{1}{\sqrt{m}}\begin{pmatrix}0.2418 & 0.7120 & 0.6592\\0.4530 & 0.5179 & -0.7256\\0.6067 & -0.3353 & 0.1394\end{pmatrix},\quad \boldsymbol{M}=m\begin{pmatrix}1&0&0\\0&1&0\\0&0&2\end{pmatrix}$$

由式（4-47）得

$$\boldsymbol{x}_N(0)=\boldsymbol{A}_N^{\mathrm{T}}\boldsymbol{M}\boldsymbol{x}(0)$$

$$=\sqrt{m}\begin{pmatrix}0.2418 & 0.4530 & 0.6067\\0.7120 & 0.5179 & -0.3353\\0.6592 & -0.7256 & 0.1394\end{pmatrix}\begin{pmatrix}1&0&0\\0&1&0\\0&0&2\end{pmatrix}\begin{pmatrix}a\\0\\0\end{pmatrix}=\sqrt{m}\,a\begin{pmatrix}0.2418\\0.7120\\0.6592\end{pmatrix}$$

$$\dot{\boldsymbol{x}}_N(0)=\boldsymbol{A}_N^{\mathrm{T}}\boldsymbol{M}\dot{\boldsymbol{x}}(0)=\boldsymbol{0}$$

由式（4-43）得到用正则坐标表示的响应

$$x_{N1}=0.2418a\sqrt{m}\cos p_1t$$

$$x_{N2}=0.7120a\sqrt{m}\cos p_2t$$

$$x_{N3}=0.6592a\sqrt{m}\cos p_3t$$

再利用式（4-48），可求出系统对初始条件的响应

$$\boldsymbol{x}=\boldsymbol{A}_N^{(1)}x_{N1}+\boldsymbol{A}_N^{(2)}x_{N2}+\boldsymbol{A}_N^{(3)}x_{N3}$$

即

$$\begin{pmatrix} x_1 \\ x_2 \\ x_3 \end{pmatrix} = \begin{pmatrix} 0.0585 \\ 0.1095 \\ 0.1469 \end{pmatrix} a\cos p_1 t + \begin{pmatrix} 0.5069 \\ 0.3687 \\ 0.0919 \end{pmatrix} a\cos p_2 t + \begin{pmatrix} 0.4345 \\ -0.4783 \\ 0.0919 \end{pmatrix} a\cos p_3 t$$

式中

$$p_1 = 0.3559\sqrt{\frac{k}{m}},\ p_2 = 1.1281\sqrt{\frac{k}{m}},\ p_3 = 1.7609\sqrt{\frac{k}{m}}。$$

---

**例 4-12** 三圆盘装在可以在轴承内自由转动的轴上（图 4-14）。它们对转轴的转动惯量均为 $J$，各段轴的扭转刚度均为 $k_\theta$，轴重不计。若已知运动的初始条件为 $\theta_0 = (0 \quad 0 \quad 0)^T$，$\dot{\theta}_0 = (\omega \quad 0 \quad 0)^T$，求系统对初始条件的响应。

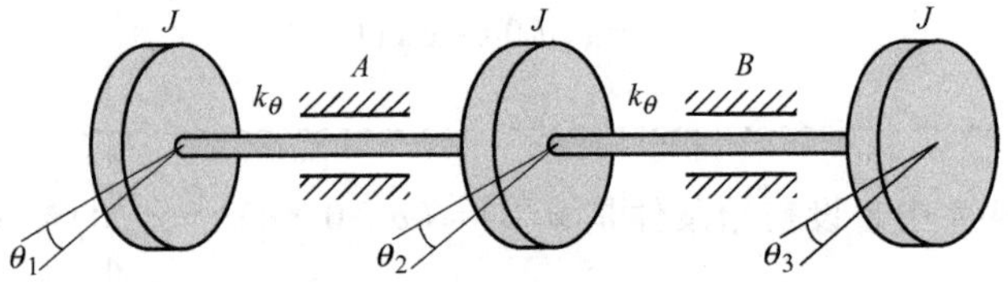


图 4-14 三圆盘扭转系统

解：系统的位置可由三圆盘的转角 $\theta_1$、$\theta_2$、$\theta_3$ 确定，其运动微分方程是

$$\begin{pmatrix} J & 0 & 0 \\ 0 & J & 0 \\ 0 & 0 & J \end{pmatrix} \begin{pmatrix} \ddot{\theta}_1 \\ \ddot{\theta}_2 \\ \ddot{\theta}_3 \end{pmatrix} + \begin{pmatrix} k_\theta & -k_\theta & 0 \\ -k_\theta & 2k_\theta & -k_\theta \\ 0 & -k_\theta & k_\theta \end{pmatrix} \begin{pmatrix} \theta_1 \\ \theta_2 \\ \theta_3 \end{pmatrix} = \begin{pmatrix} 0 \\ 0 \\ 0 \end{pmatrix}$$

由式（4-13）写出特征方程

$$\boldsymbol{B} = \begin{pmatrix} k_\theta - p^2 J & -k_\theta & 0 \\ -k_\theta & 2k_\theta - p^2 J & -k_\theta \\ 0 & -k_\theta & k_\theta - p^2 J \end{pmatrix}$$

由式（4-14）得到系统的频率方程

$$|\boldsymbol{B}| = (k_\theta - p^2 J)(-3k_\theta p^2 J + p^4 J^2) = 0$$

解出三个固有圆频率

$$p_1 = 0,\ p_2 = \sqrt{\frac{k_\theta}{J}},\ p_3 = \sqrt{\frac{3k_\theta}{J}}$$

求出特征矩阵的伴随矩阵的第一列

$$\mathrm{adj}\boldsymbol{B}=\begin{pmatrix}(2k_\theta-p^2J)(k_\theta-p^2J)-k_\theta^2 & \cdots\\ k_\theta(k_\theta-p^2J) & \cdots\\ k_\theta^2 & \cdots\end{pmatrix}$$

将各固有圆频率依次代入，即得各阶主振型

$$\boldsymbol{A}^{(1)}=\begin{pmatrix}1\\1\\1\end{pmatrix},\ \boldsymbol{A}^{(2)}=\begin{pmatrix}1\\0\\-1\end{pmatrix},\ \boldsymbol{A}^{(3)}=\begin{pmatrix}1\\-2\\1\end{pmatrix}$$

主振型矩阵为

$$\boldsymbol{A}_P=\begin{pmatrix}1&1&1\\1&0&-2\\1&-1&1\end{pmatrix}$$

根据式（4-27），求出主质量矩阵

$$\boldsymbol{M}_P=\boldsymbol{A}_P^{\mathrm{T}}\boldsymbol{M}\boldsymbol{A}_P=\begin{pmatrix}1&1&1\\1&0&-1\\1&-2&1\end{pmatrix}\begin{pmatrix}J&0&0\\0&J&0\\0&0&J\end{pmatrix}\begin{pmatrix}1&1&1\\1&0&-2\\1&-1&1\end{pmatrix}=J\begin{pmatrix}3&0&0\\0&2&0\\0&0&6\end{pmatrix}$$

再由式（4-28）求出正则振型，进一步建立正则振型矩阵

$$\boldsymbol{A}_N=\frac{1}{\sqrt{6J}}\begin{pmatrix}\sqrt{2}&\sqrt{3}&1\\\sqrt{2}&0&-2\\\sqrt{2}&-\sqrt{3}&1\end{pmatrix}$$

由式（4-45）得

$$\boldsymbol{A}_N^{-1}=\boldsymbol{A}_N^{\mathrm{T}}\boldsymbol{M}=\sqrt{\frac{J}{6}}\begin{pmatrix}\sqrt{2}&\sqrt{2}&\sqrt{2}\\\sqrt{3}&0&-\sqrt{3}\\1&-2&1\end{pmatrix}$$

再由式（4-47），得到

$$\theta_N(0)=\boldsymbol{A}_N^{-1}\theta_0=(0\quad 0\quad 0)^{\mathrm{T}}$$

$$\dot{\theta}_N(0)=\boldsymbol{A}_N^{-1}\dot{\theta}_0=\sqrt{\frac{J}{6}}\omega\begin{pmatrix}\sqrt{2}\\\sqrt{3}\\1\end{pmatrix}$$

根据式（4-43）和式（4-49），得

$$\theta_{N1}=\dot{\theta}_{N1}(0)t=\sqrt{\frac{J}{3}}\omega t$$

$$\theta_{N2}=\frac{\dot{\theta}_{N2}(0)}{p_2}\sin p_2t=\sqrt{\frac{3J}{6}}\frac{\omega}{p_2}\sin p_2t$$

$$\theta_{N3}=\frac{\dot{\theta}_{N3}(0)}{p_3}\sin p_3t=\sqrt{\frac{J}{6}}\frac{\omega}{p_3}\sin p_3t$$

由式（4-48），可求出响应为

$$\theta = \boldsymbol{A}_N^{(1)}\theta_{N1} + \boldsymbol{A}_N^{(2)}\theta_{N2} + \boldsymbol{A}_N^{(3)}\theta_{N3}$$

$$= \frac{\omega}{6}\begin{pmatrix} 2t + \dfrac{3}{p_2}\sin p_2 t + \dfrac{1}{p_3}\sin P_3 t \\ 2t + \dfrac{1}{p_3}\sin p_3 t \\ 2t - \dfrac{3}{p_2}\sin p_2 t + \dfrac{1}{p_3}\sin P_3 t \end{pmatrix}$$

若初始条件为 $\theta_0=(\beta \quad 0 \quad -\beta \quad)^{\mathrm{T}}$，$\dot{\theta}_0=0$，求系统的响应。

这时，由以上运算可知

$$\theta_N(0) = \boldsymbol{A}_N^{-1}\theta_0 = \sqrt{2J}\beta\begin{pmatrix} 0 \\ -1 \\ 0 \end{pmatrix}$$

$$\dot{\theta}_N(0) = \boldsymbol{A}_N^{-1}\dot{\theta}_0 = \begin{pmatrix} 0 \\ 0 \\ 0 \end{pmatrix}$$

所以

$$\theta_N = \sqrt{2J}\beta\begin{pmatrix} 0 \\ -1 \\ 0 \end{pmatrix}\cos p_2 t$$

得到

$$\theta = \boldsymbol{A}_N\theta_N = \frac{1}{\sqrt{6J}}\begin{pmatrix} \sqrt{2} & \sqrt{3} & 1 \\ \sqrt{2} & 0 & -2 \\ \sqrt{2} & -\sqrt{3} & 1 \end{pmatrix}\sqrt{2J}\beta\begin{pmatrix} 0 \\ -1 \\ 0 \end{pmatrix}\cos p_2 t = \begin{pmatrix} -1 \\ 0 \\ 1 \end{pmatrix}\beta\cos p_2 t$$

由于初始条件与第二阶主振型一致，所以，系统将以第二固有圆频率 $p_2$ 做谐振动。

---

## 4.6 质量、刚度的变化对固有频率的影响

一般工程结构和机械的工作状态都要避开共振。因此，在设计过程中，要变更系统的物理参数，如质量、刚度等，使其固有频率适当地偏离激振力的频率。所以，需要探讨固有频率随质量、刚度变更的情况。

由式（4-11）和式（4-25）可知

$$\boldsymbol{KA}^{(i)} = p_i^2\boldsymbol{MA}^{(i)}, \quad i=1, 2, 3, \cdots, n \tag{a}$$

$$p_i^2 = \frac{K_i}{M_i} = \frac{(\boldsymbol{A}^{(i)})^{\mathrm{T}}\boldsymbol{KA}^{(i)}}{(\boldsymbol{A}^{(i)})^{\mathrm{T}}\boldsymbol{MA}^{(i)}}, \quad i=1, 2, 3, \cdots, n \tag{b}$$

从式（b）可以看出，研究 $\boldsymbol{K}$ 中的元素增大时，$p_i^2$ 将增大；当 $\boldsymbol{M}$ 中的元素增大时，$p_i^2$ 将减小。即系统的固有圆频率将随刚度影响系数的增大而增大；随质量的增大而减小。下面对式（a）进行数学演算，看这一变化趋势。

设系统的 $\boldsymbol{M}$ 矩阵中各元素不变，看 $\boldsymbol{K}$ 矩阵元素的变化对系统各阶固有圆频率的影响。为方便起见，现将主振型 $\boldsymbol{A}^{(i)}$ 改用正则振型 $\boldsymbol{A}_N^{(i)}$，即

$$\boldsymbol{K}\boldsymbol{A}_N^{(i)}=p_i^2\boldsymbol{M}\boldsymbol{A}_N^{(i)} \tag{c}$$

设系统中第 $j$ 个弹性元件 $k_j$ 发生变化，将上式对 $k_j$ 求导数，得

$$\frac{\partial \boldsymbol{K}}{\partial k_j}\boldsymbol{A}_N^{(i)}+\boldsymbol{K}\frac{\partial \boldsymbol{A}_N^{(i)}}{\partial k_j}=2p_i\frac{\partial p_i}{\partial k_j}\boldsymbol{M}\boldsymbol{A}_N^{(i)}+p_i^2\frac{\partial \boldsymbol{M}}{\partial k_j}\boldsymbol{A}_N^{(i)}+p_i^2\boldsymbol{M}\frac{\partial \boldsymbol{A}_N^{(i)}}{\partial k_j}$$

由于 $\boldsymbol{M}$ 中不包含刚度元素 $k_j$，所以$\dfrac{\partial \boldsymbol{M}}{\partial k_j}=0$，并同时使上式两端前乘（$\boldsymbol{A}_N^{(i)}$）$^{\mathrm{T}}$，得到

$$(\boldsymbol{A}_N^{(i)})^{\mathrm{T}}\frac{\partial \boldsymbol{K}}{\partial k_j}\boldsymbol{A}_N^{(i)}+(\boldsymbol{A}_N^{(i)})^{\mathrm{T}}\boldsymbol{K}\frac{\partial \boldsymbol{A}_N^{(i)}}{\partial k_j}=2p_i\frac{\partial p_i}{\partial k_j}(\boldsymbol{A}_N^{(i)})^{\mathrm{T}}\boldsymbol{M}\boldsymbol{A}_N^{(i)}+p_i^2(\boldsymbol{A}_N^{(i)})^{\mathrm{T}}\boldsymbol{M}\frac{\partial \boldsymbol{A}_N^{(i)}}{\partial k_j} \tag{d}$$

式中

$$(\boldsymbol{A}_N^{(i)})^{\mathrm{T}}\boldsymbol{M}\boldsymbol{A}_N^{(i)}=1 \tag{e}$$

由于 $\boldsymbol{K}\boldsymbol{A}_N^{(i)}=p_i^2\boldsymbol{M}\boldsymbol{A}_N^{(i)}$，并将该式转置，得（$\boldsymbol{A}_N^{(i)}$）$^{\mathrm{T}}\boldsymbol{K}=p_i^2$（$\boldsymbol{A}_N^{(i)}$）$^{\mathrm{T}}\boldsymbol{M}$，所以有

$$(\boldsymbol{A}_N^{(i)})^{\mathrm{T}}\boldsymbol{K}\frac{\partial \boldsymbol{A}_N^{(i)}}{\partial k_j}=p_i^2(\boldsymbol{A}_N^{(i)})^{\mathrm{T}}\boldsymbol{M}\frac{\partial \boldsymbol{A}_N^{(i)}}{\partial k_j} \tag{f}$$

将式（e）和式（f）代入式（d），得到

$$(\boldsymbol{A}_N^{(i)})^{\mathrm{T}}\frac{\partial \boldsymbol{K}}{\partial k_j}\boldsymbol{A}_N^{(i)}=2p_i\frac{\partial p_i}{\partial k_j}$$

或

$$\frac{\partial p_i}{\partial k_j}=\frac{1}{2p_i}(\boldsymbol{A}_N^{(i)})^{\mathrm{T}}\frac{\partial \boldsymbol{K}}{\partial k_j}\boldsymbol{A}_N^{(i)},\quad i=1,\ 2,\ 3,\ \cdots,\ n \tag{4-50}$$

上式表明，系统各阶固有圆频率（固有频率）的变化率与刚度元素的变化率成正比。

同理，设系统刚度矩阵 $\boldsymbol{K}$ 中各元素保持不变，而质量矩阵 $\boldsymbol{M}$ 发生变化，即系统中第 $j$ 个质量元素 $m_j$ 发生变化，按同样步骤，注意到$\dfrac{\partial \boldsymbol{K}}{\partial m_j}=0$，（$\boldsymbol{A}_N^{(i)}$）$^{\mathrm{T}}\boldsymbol{M}\boldsymbol{A}_N^{(i)}=1$ 并同时消去（$\boldsymbol{A}_N^{(i)}$）$^{\mathrm{T}}\boldsymbol{K}\dfrac{\partial \boldsymbol{A}_N^{(i)}}{\partial m_j}$和 $p_i^2\boldsymbol{M}\dfrac{\partial \boldsymbol{A}_N^{(i)}}{\partial m_j}$，最后得到

$$0=2p_i\frac{\partial p_i}{\partial m_j}+p_i^2(\boldsymbol{A}_N^{(i)})^{\mathrm{T}}\frac{\partial \boldsymbol{M}}{\partial m_j}\boldsymbol{A}_N^{(i)}$$

或

$$\frac{\partial p_i}{\partial m_j}=-\frac{1}{2}p_i(\boldsymbol{A}_N^{(i)})^{\mathrm{T}}\frac{\partial \boldsymbol{M}}{\partial m_j}\boldsymbol{A}_N^{(i)},\quad i=1,\ 2,\ 3,\ \cdots,\ n \tag{4-51}$$

上式表明，若质量的变化率为正，则固有圆频率（固有频率）的变化率为负。即质量 $m_j$ 变大时，各阶固有圆频率（固有频率）相应地要减小。

## 4.7 无阻尼振动系统对激励的响应

设 $n$ 自由度无阻尼振动系统受到激振力

$$\boldsymbol{f}=\boldsymbol{F}\sin\omega t \tag{4-52}$$

的作用，它们为同一频率的简谐函数。则系统的运动微分方程为

$$\boldsymbol{M}\ddot{\boldsymbol{x}}+\boldsymbol{K}\boldsymbol{x}=\boldsymbol{f} \tag{4-53}$$

为了求系统对此激振力的响应，现采用主振型分析法和正则振型分析法。

### 4.7.1 主振型分析法

利用主坐标变换，即

$$\boldsymbol{x}=\boldsymbol{A}_P\boldsymbol{x}_P$$

将其代入式（4-53），根据主振型的正交性可得到解耦的运动微分方程

$$\boldsymbol{M}_P\ddot{\boldsymbol{x}}_P+\boldsymbol{K}_P\boldsymbol{x}_P=\boldsymbol{q}_P \tag{4-54}$$

式中

$$\boldsymbol{q}_P=\boldsymbol{A}_P^{\mathrm{T}}\boldsymbol{f}=\boldsymbol{A}_P^{\mathrm{T}}\boldsymbol{F}\sin\omega t=\boldsymbol{Q}_P\sin\omega t \tag{4-55}$$

$$\boldsymbol{Q}_P=\boldsymbol{A}_P^{\mathrm{T}}\boldsymbol{F} \tag{4-56}$$

式（4-54）是以主坐标表示的受迫振动方程式，它是一组 $n$ 个独立的单自由度方程，即

$$M_i\ddot{x}_{Pi}+K_ix_{Pi}=Q_{Pi}\sin\omega t,\quad i=1,2,3,\cdots,n \tag{4-57}$$

同单自由度无阻尼受迫振动一样，设其稳态响应是与激振力同频率的简谐函数，即

$$x_{Pi}=B_{Pi}\sin\omega t,\quad i=1,2,3,\cdots,n \tag{4-58}$$

将式（4-58）代入式（4-57），消去 $\sin\omega t$，得到

$$B_{Pi}=\frac{Q_{Pi}}{K_i-M_i\omega^2}=\frac{Q_{Pi}}{M_i(p_i^2-\omega^2)}=\alpha_iQ_{Pi},\quad i=1,2,3,\cdots,n \tag{4-59}$$

式中

$$\alpha_i=\frac{1}{K_i-M_i\omega^2}=\frac{1}{M_i(p_i^2-\omega^2)},\quad i=1,2,3,\cdots,n \tag{4-60}$$

于是

$$\boldsymbol{B}_P=\mathrm{diag}\boldsymbol{\alpha}\boldsymbol{Q}_P=\mathrm{diag}\boldsymbol{\alpha}\boldsymbol{A}_P^{\mathrm{T}}\boldsymbol{F} \tag{4-61}$$

式（4-58）可写成

$$\boldsymbol{x}_P=\boldsymbol{B}_P\sin\omega t=\mathrm{diag}\boldsymbol{\alpha}\boldsymbol{A}_P^{\mathrm{T}}\boldsymbol{F}\sin\omega t \tag{4-62}$$

返回原物理坐标

$$\boldsymbol{x}=\boldsymbol{A}_P\boldsymbol{x}_P=\boldsymbol{A}_P\mathrm{diag}\boldsymbol{\alpha}\boldsymbol{A}_P^{\mathrm{T}}\boldsymbol{F}\sin\omega t \tag{4-63}$$

这就是系统对简谐激振力的稳态响应。上述方法即为主振型分析法。

### 4.7.2　正则振型分析法

将正则坐标变换的关系式

$$\boldsymbol{x}=\boldsymbol{A}_N\boldsymbol{x}_N$$

代入式（4-53），由正则振型的正交条件可得到解耦的运动微分方程

$$\ddot{\boldsymbol{x}}_N+\boldsymbol{P}^2\boldsymbol{x}_N=\boldsymbol{q}_N \tag{4-64}$$

式中

$$\boldsymbol{q}_N=\boldsymbol{A}_N^{\mathrm{T}}\boldsymbol{f}=\boldsymbol{Q}_N\sin\omega t \tag{4-65}$$

$$\boldsymbol{Q}_N=\boldsymbol{A}_N^{\mathrm{T}}\boldsymbol{F} \tag{4-66}$$

式（4-64）可写成 $n$ 个独立的方程，即

$$\ddot{x}_{Ni}+p_i^2x_{Ni}=Q_{Ni}\sin\omega t,\quad i=1,\ 2,\ 3,\ \cdots,\ n \tag{4-67}$$

同理，可设稳态响应为

$$x_{Ni}=B_{Ni}\sin\omega t,\quad i=1,\ 2,\ 3,\ \cdots,\ n \tag{4-68}$$

将该式代入式（4-67），消去 $\sin\omega t$，得到

$$\left\{\begin{aligned} B_{Ni}&=\frac{Q_{Ni}}{p_i^2-\omega^2}=\beta_iQ_{Ni},\\ \beta_i&=\frac{1}{p_i^2-\omega^2},\end{aligned}\right.\qquad i=1,2,3,\cdots,n \tag{4-69}$$

于是

$$\boldsymbol{B}_N=\mathrm{diag}\boldsymbol{\beta}\boldsymbol{Q}_N=\mathrm{diag}\boldsymbol{\beta}\boldsymbol{A}_N^{\mathrm{T}}\boldsymbol{F} \tag{4-70}$$

式（4-68）可写成

$$\boldsymbol{x}_N=\boldsymbol{B}_N\sin\omega t=\mathrm{diag}\boldsymbol{\beta}\boldsymbol{A}_N^{\mathrm{T}}\boldsymbol{F}\sin\omega t \tag{4-71}$$

返回原物理坐标，则有

$$\boldsymbol{x}=\boldsymbol{A}_N\boldsymbol{x}_N=\boldsymbol{A}_N\mathrm{diag}\boldsymbol{\beta}\boldsymbol{A}_N^{\mathrm{T}}\boldsymbol{F}\sin\omega t \tag{4-72}$$

由式（4-59）和式（4-69）可以看出，当激振力的圆频率等于系统固有圆频率中任何一个时，以上二式的分母都将为零，这时振幅将会无限增大，即系统发生共振。与单自由度系统不同，$n$ 自由度系统一般有 $n$ 个固有圆频率，因此可能出现 $n$ 次共振。可以证明，当系统发生共振时，譬如 $\omega=p_i$，这时第 $i$ 阶主共振的振幅会变得十分大，称系统发生了第 $i$ 阶共振，且系统在第 $i$ 阶共振时的振动形态接近于第 $i$ 阶主振型。

实际上，通过主坐标变换及正则坐标变换得到的方程式（4-57）和式（4-67）之后，

再利用单自由振动的理论求解，不仅可以求出系统对于简谐激励的响应，还可以求出对周期激励的响应或任意激励的响应。在此不再赘述了，读者可自己推证。

**例 4-13** 在图 4-15 所示的三自由度弹簧-质量系统中，物块质量均为 $m$，且 $k_1=k_2=k_3=k$，$k_4=2k$，$F_1(t)=F_1\sin\omega t$，$F_2(t)=F_2\sin 3\omega t$，$F_3(t)=0$，试求系统的稳态响应。

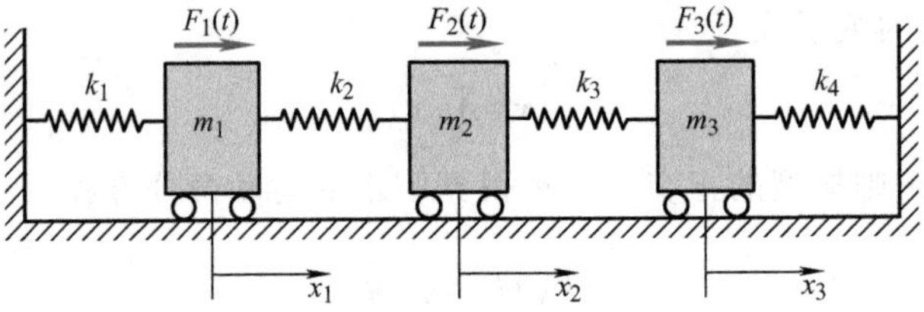


图 4-15 三自由度弹簧-质量系统

解：设取广义坐标 $x_1$、$x_2$、$x_3$ 如图所示。

系统的运动微分方程为

$$\boldsymbol{M}\ddot{\boldsymbol{x}}+\boldsymbol{K}\boldsymbol{x}=\boldsymbol{f}(t)$$

式中

$$\boldsymbol{M}=\begin{pmatrix} m & & \\ & m & \\ & & m \end{pmatrix},\quad \boldsymbol{K}=\begin{pmatrix} 2k & -k & 0 \\ -k & 2k & -k \\ 0 & -k & 3k \end{pmatrix},\quad \boldsymbol{f}(t)=\begin{pmatrix} F_1\sin\omega t \\ F_2\sin 3\omega t \\ 0 \end{pmatrix}$$

由线性系统的叠加原理，先分别计算系统在 $F_1(t)$ 和 $F_2(t)$ 单独作用下的响应，然后再将两部分叠加起来，最后得到系统对 $\boldsymbol{f}(t)$ 激励的响应。

现在求出系统的固有圆频率和正则振型矩阵

$$p_1^2=0.7531\frac{k}{m},\quad p_2^2=2.4448\frac{k}{m},\quad p_3^2=3.8020\frac{k}{m}$$

$$A_N=\frac{1}{\sqrt{m}}\begin{pmatrix} 0.5878 & -0.7369 & 0.3283 \\ 0.7403 & 0.3281 & -0.5914 \\ 0.3263 & 0.5909 & 0.7375 \end{pmatrix}$$

利用正则坐标变换得到以正则坐标表示的运动微分方程

$$\ddot{\boldsymbol{x}}_N+\begin{pmatrix} p_1^2 & & 0 \\ & p_2^2 & \\ 0 & & p_3^2 \end{pmatrix}\boldsymbol{x}_N=\boldsymbol{q}_N$$

将 $\boldsymbol{q}_N$ 分成两种情况（用下标 1，2 分别表示 $F_1(t)$、$F_2(t)$ 单独作用的情况）。

$$(\boldsymbol{q}_N)_1=\boldsymbol{A}_N^{\mathrm{T}}\begin{pmatrix} F_1 \\ 0 \\ 0 \end{pmatrix}\sin\omega t=\frac{1}{\sqrt{m}}\begin{pmatrix} 0.5878 \\ -0.7369 \\ 0.3283 \end{pmatrix}F_1\sin\omega t$$

$$(\boldsymbol{q}_N)_2=\boldsymbol{A}_N^{\mathrm{T}}\begin{pmatrix}0\\F_2\\0\end{pmatrix}\sin3\omega t=\frac{1}{\sqrt{m}}\begin{pmatrix}0.7403\\0.3281\\-0.5914\end{pmatrix}F_2\sin3\omega t$$

仍令

$$\beta_{i1}=\frac{1}{p_i^2-\omega^2},\ \beta_{i2}=\frac{1}{p_i^2-(3\omega)^2},\qquad i=1,\ 2,\ 3$$

系统用正则坐标表示的稳态解为

$$x_{Ni}=\beta_i q_{Ni},\qquad i=1,\ 2,\ 3$$

由式（4-71），得

$$(\boldsymbol{x}_N)_1=\mathrm{diag}\boldsymbol{\beta}_1(\boldsymbol{q}_N)_1=\frac{F_1}{\sqrt{m}}\begin{pmatrix}0.5878\beta_{11}\\-0.7369\beta_{21}\\0.3283\beta_{31}\end{pmatrix}\sin\omega t$$

$$(\boldsymbol{x}_N)_2=\mathrm{diag}\boldsymbol{\beta}_2(\boldsymbol{q}_N)_2=\frac{F_2}{\sqrt{m}}\begin{pmatrix}0.7403\beta_{12}\\0.3281\beta_{22}\\-0.5914\beta_{32}\end{pmatrix}\sin3\omega t$$

代入坐标变换公式 $\boldsymbol{x}=\boldsymbol{A}_N\boldsymbol{x}_N$，得

$$(\boldsymbol{x})_1=\begin{pmatrix}0.3455\beta_{11}+0.5430\beta_{21}+0.1078\beta_{31}\\0.4351\beta_{11}-0.2417\beta_{21}-0.1942\beta_{31}\\0.1918\beta_{11}-0.4354\beta_{21}+0.2421\beta_{31}\end{pmatrix}\frac{F_1}{m}\sin\omega t$$

$$(\boldsymbol{x})_2=\begin{pmatrix}0.4351\beta_{12}-0.2418\beta_{22}-0.1942\beta_{32}\\0.5480\beta_{12}+0.1076\beta_{22}+0.3498\beta_{32}\\0.2416\beta_{12}+0.1937\beta_{22}-0.4362\beta_{32}\end{pmatrix}\frac{F_2}{m}\sin3\omega t$$

由叠加原理，最后得到 $\boldsymbol{x}=(\boldsymbol{x})_1+(\boldsymbol{x})_2$

由于激振力是不同频率的，$F_2(t)$ 的频率是 $F_1(t)$ 的三倍，因此系统的总响应不再是简谐振动，而是周期性振动。

---

## 4.8　有阻尼振动系统对激励的响应

### 4.8.1　多自由度系统的阻尼

在线性振动理论中，一般采用线性阻尼的假设，认为振动中的阻尼和速度的一次方成正

比。在多自由度系统中，运动微分方程式中的阻尼矩阵一般是 $n$ 阶方阵。有

$$\boldsymbol{M}\ddot{\boldsymbol{x}}+\boldsymbol{C}\dot{\boldsymbol{x}}+\boldsymbol{K}\boldsymbol{x}=\boldsymbol{f} \tag{4-73}$$

式中

$$\boldsymbol{C}=\begin{pmatrix} c_{11} & c_{12} & \cdots & c_{1n} \\ c_{21} & c_{22} & \cdots & c_{2n} \\ \vdots & \vdots & & \vdots \\ c_{n1} & c_{n2} & \cdots & c_{nn} \end{pmatrix}$$

是阻尼矩阵，与刚度影响系数和柔度影响系数类似，阻尼矩阵 $\boldsymbol{C}$ 中的元素 $c_{ij}$ 称为阻尼影响系数。它的意义是使系统仅在第 $j$ 个坐标上产生单位速度而相应于在第 $i$ 个坐标上所需施加的力。

利用主坐标分析法，用主振型矩阵 $\boldsymbol{A}_P$ 对阻尼矩阵 $\boldsymbol{C}$ 进行对角化，即

$$\boldsymbol{C}_P=\boldsymbol{A}_P^{\mathrm{T}}\boldsymbol{C}\boldsymbol{A}_P \tag{4-74a}$$

结果表明，$\boldsymbol{C}_P$ 一般不是对角阵。因此，运用前面章节的知识，无法将 $\boldsymbol{M}$、$\boldsymbol{K}$、$\boldsymbol{C}$ 三矩阵同时对角化，因而不能将式（4-73）解耦。

为了能沿用无阻尼系统中的主坐标分析法，工程上对阻尼矩阵 $\boldsymbol{C}$ 做了进一步的假设。

1. 将阻尼矩阵 $C$ 假设为比例阻尼

假设阻尼矩阵是质量矩阵和刚度矩阵的线性组合，即

$$\boldsymbol{C}=a\boldsymbol{M}+b\boldsymbol{K} \tag{4-74b}$$

式中，$a$、$b$ 是正的常数，这种阻尼称为比例阻尼。将式（4-74b）代入式（4-74a），得

$$\boldsymbol{C}_P=\boldsymbol{A}_P^{\mathrm{T}}(a\boldsymbol{M}+b\boldsymbol{K})\boldsymbol{A}_P=a\boldsymbol{M}_P+b\boldsymbol{K}_P$$

称为主阻尼矩阵，即

$$\boldsymbol{C}=\begin{pmatrix} aM_1+bK_1 & & & \\ & aM_2+bK_2 & & \\ & & \ddots & \\ & & & aM_n+bK_n \end{pmatrix} \tag{4-75}$$

若用正则振型矩阵变换，有

$$\boldsymbol{C}_N=\boldsymbol{A}_N^{\mathrm{T}}(a\boldsymbol{M}+b\boldsymbol{K})\boldsymbol{A}_N=a\boldsymbol{I}+b\boldsymbol{P}^2$$

则有

$$\boldsymbol{C}_N=\begin{pmatrix} a+bp_1^2 & & & \\ & a+bp_2^2 & & \\ & & \ddots & \\ & & & a+bp_n^2 \end{pmatrix} \tag{4-76}$$

或

$$c_{Ni}=a+bp_i^2,\quad i=1,2,3,\cdots,n \tag{4-77}$$

$c_{Ni}$称为振型比例阻尼系数或模态比例阻尼系数。由单自由度振动理论，令

$$c_{Ni}=2\zeta_i p_i=a+bp_i^2,\quad i=1,2,3,\cdots,n$$

$\zeta_i$ 称为振型阻尼比或模态阻尼比，有

$$\zeta_i=\frac{a+bp_i^2}{2p_i},\quad i=1,2,3,\cdots,n \tag{4-78}$$

2. 由试验测定各阶振型阻尼比

对于实际系统，阻尼矩阵中各个元素往往有待于试验确定。有时更方便的办法是，通过试验确定各个振型阻尼比 $\zeta_i$。这样，在列写系统的运动微分方程式时，先不考虑阻尼，等经过正则坐标变换后，再在以正则坐标表示的运动微分方程式中引入阻尼比 $\zeta_i$，直接写出有阻尼存在时的正则坐标表示的运动微分方程式。实践证明，这一方法具有很大的实用价值。它一般适用于小阻尼系统，即 $\zeta_i\leqslant 0.2$ 的情形。

### 4.8.2　存在比例阻尼时的强迫振动

当多自由度振动系统中的阻尼矩阵是比例阻尼时，利用正则坐标变换可对方程（4-73）解耦。即

$$\ddot{\boldsymbol{x}}_N+\boldsymbol{C}_N\dot{\boldsymbol{x}}_N+\boldsymbol{P}^2\boldsymbol{x}_N=\boldsymbol{q}_N \tag{4-79}$$

式中

$$\boldsymbol{q}_N=\boldsymbol{A}_N^{\mathrm{T}}\boldsymbol{f}=\boldsymbol{Q}_N\sin\omega t$$
$$\boldsymbol{Q}_N=\boldsymbol{A}_N^{\mathrm{T}}\boldsymbol{F}$$
$$c_{Ni}=2\zeta_i p_i$$

则式（4-79）可写成

$$\ddot{x}_{Ni}+2\zeta_i p_i\dot{x}_{Ni}+p_i^2x_{Ni}=Q_{Ni}\sin\omega t,\quad i=1,2,3,\cdots,n \tag{4-80}$$

由单自由度受迫振动理论，可得到式（4-80）的稳态响应为

$$x_{Ni}=B_{Ni}\sin(\omega t-\varphi_i),\quad i=1,2,3,\cdots,n \tag{4-81}$$

式中

$$B_{Ni}=\frac{\dfrac{Q_{Ni}}{p_i^2}}{\sqrt{(1-\lambda_i^2)^2+(2\zeta_i\lambda_i)^2}} \tag{4-82}$$

$$\tan\varphi_i = \frac{2\zeta_i\lambda_i}{1-\lambda_i^2},\ \lambda_i = \frac{\omega}{p_i},\qquad i=1,\ 2,\ 3,\ \cdots,\ n$$

再由正则坐标变换关系式

$$\boldsymbol{x} = \boldsymbol{A}_N\boldsymbol{x}_N$$

得到系统的稳态响应

$$\boldsymbol{x} = \boldsymbol{A}_N^{(1)}x_{N1} + \boldsymbol{A}_N^{(2)}x_{Ni} + \cdots + \boldsymbol{A}_N^{(n)}x_{Nn} \tag{4-83}$$

这种方法称为求有阻尼振动系统的响应的振型叠加法。利用主坐标变换或正则坐标变换使方程解耦的分析方法，称为正规模态法或实模态分析法。

**例 4-14**　图 4-16 所示为有阻尼的弹簧-质量振动系统，$m_1=m_2=m_3=m$；$k_1=k_2=k_3=k$；各质量上作用有激振力 $F_1(t)=F_2(t)=F_3(t)=F\sin\omega t$，其中 $\omega=1.25\sqrt{\dfrac{k}{m}}$，各阶振型阻尼比为 $\zeta_1=\zeta_2=\zeta_3=0.01$，试求系统的响应。

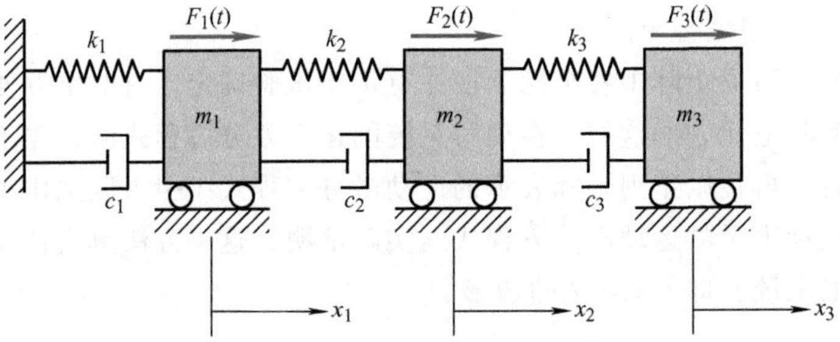


图 4-16　有阻尼的受迫振动系统

**解**：(1) 由简化模型列写无阻尼受迫振动方程

$$\boldsymbol{M}\ddot{\boldsymbol{x}} + \boldsymbol{K}\boldsymbol{x} = \boldsymbol{f} \tag{a}$$

式中

$$\boldsymbol{M} = \begin{pmatrix} m & & \\ & m & \\ & & m \end{pmatrix},\quad \boldsymbol{K} = \begin{pmatrix} 2k & -k & 0 \\ -k & 2k & -k \\ 0 & -k & k \end{pmatrix},\quad \boldsymbol{f} = F\begin{pmatrix} 1 \\ 1 \\ 1 \end{pmatrix}\sin\omega t$$

(2) 求固有频率和正则振型

由频率方程 $|\boldsymbol{K} - p^2\boldsymbol{M}| = 0$，得

$$f_1 = \frac{1}{2\pi}p_1 = 0.445\frac{1}{2\pi}\sqrt{\frac{k}{m}},\qquad f_2 = \frac{1}{2\pi}p_2 = 1.247\frac{1}{2\pi}\sqrt{\frac{k}{m}},\qquad f_3 = \frac{1}{2\pi}p_3 = 1.802\frac{1}{2\pi}\sqrt{\frac{k}{m}}$$

由特征矩阵 $\boldsymbol{B}=\boldsymbol{K}-p^2\boldsymbol{M}$ 的伴随矩阵的第一列

$$\mathrm{adj}\boldsymbol{B} = \begin{pmatrix} (2k-mp^2)(k-mp^2)-k^2 & & \\ k(k-mp^2) & \vdots & \vdots \\ k^2 & & \end{pmatrix}$$

求出主振型为

$$A^{(1)} = (0.445 \quad 0.802 \quad 1.000)^{\mathrm{T}}$$

$$A^{(2)} = (-1.247 \quad -0.555 \quad 1.000)^{\mathrm{T}}$$

$$A^{(3)} = (1.802 \quad -2.247 \quad 1.000)^{\mathrm{T}}$$

正则振型矩阵为

$$\boldsymbol{A}_N = \frac{1}{\sqrt{m}}\begin{pmatrix} 0.328 & -0.737 & 0.591 \\ 0.591 & -0.328 & -0.737 \\ 0.737 & 0.591 & 0.328 \end{pmatrix}$$

（3）进行坐标变换

将 $\boldsymbol{x}=\boldsymbol{A}_N\boldsymbol{x}_N$ 代入式（a），得

$$\ddot{x}_{Ni}+p_i^2 x_{Ni}=Q_{Ni}\sin\omega t,\quad i=1,\ 2,\ 3 \tag{b}$$

（4）引入振型阻尼比 $\zeta_i$

式（b）成为

$$\ddot{x}_{Ni}+2\zeta_i p_i \dot{x}_{Ni}+p_i^2 x_{Ni}=Q_{Ni}\sin\omega t,\quad i=1,\ 2,\ 3$$

或

$$\begin{pmatrix} \ddot{x}_{N1} \\ \ddot{x}_{N2} \\ \ddot{x}_{N3} \end{pmatrix} + 2\zeta\begin{pmatrix} p_1 & 0 & 0 \\ 0 & p_2 & 0 \\ 0 & 0 & p_3 \end{pmatrix}\begin{pmatrix} \dot{x}_{N1} \\ \dot{x}_{N2} \\ \dot{x}_{N3} \end{pmatrix} + \begin{pmatrix} p_1^2 & 0 & 0 \\ 0 & p_2^2 & 0 \\ 0 & 0 & p_3^2 \end{pmatrix}\begin{pmatrix} x_{N1} \\ x_{N2} \\ x_{N3} \end{pmatrix} = \boldsymbol{A}_N^{\mathrm{T}}\begin{pmatrix} F \\ F \\ F \end{pmatrix}\sin\omega t$$

$$= \frac{F}{\sqrt{m}}\begin{pmatrix} 1.656 \\ -0.474 \\ 0.182 \end{pmatrix}\sin\omega t = \begin{pmatrix} Q_{N1} \\ Q_{N2} \\ Q_{N3} \end{pmatrix}\sin\omega t \tag{c}$$

（5）求正则坐标的响应

由

$$B_{Ni}=\frac{\dfrac{Q_{Ni}}{p_i^2}}{\sqrt{(1-\lambda_i^2)^2+(2\zeta_i\lambda_i)^2}};\ \lambda_i=\frac{\omega}{p_i}$$

$$\varphi_i=\arctan\frac{2\zeta_i\lambda_i}{1-\lambda_i^2},\quad i=1,\ 2,\ 3$$

$$x_{Ni}=B_{Ni}\sin(\omega t-\varphi_i) \tag{d}$$

由于式中

$$\lambda_1=2.8090;\ \lambda_2=1.0024;\ \lambda_3=0.6937$$

$$\varphi_1=179°31'58'';\ \varphi_2=103°31'28'';\ \varphi_3=1°31'54''$$

$$B_{N1}=1.2136F\sqrt{\frac{m}{k}}\ ;\ B_{N2}=-14.784F\sqrt{\frac{m}{k}}\ ;\ B_{N3}=0.1079F\sqrt{\frac{m}{k}}$$

将以上数据代入式（d），得

$$\boldsymbol{x}_N=\frac{\sqrt{m}}{k}F\begin{pmatrix}1.2136\sin(\omega t-\varphi_1)\\-14.784\sin(\omega t-\varphi_2)\\0.1079\sin(\omega t-\varphi_3)\end{pmatrix} \tag{e}$$

（6）求系统的响应

将式（e）代入 $\boldsymbol{x}=\boldsymbol{A}_N\boldsymbol{x}_N$ 得

$$\begin{pmatrix}x_1\\x_2\\x_3\end{pmatrix}=\frac{F}{k}\begin{pmatrix}0.328 & -0.737 & 0.591\\0.591 & -0.328 & -0.737\\-0.737 & 0.591 & 0.328\end{pmatrix}\begin{pmatrix}1.2136\sin(\omega t-\varphi_1)\\-14.784\sin(\omega t-\varphi_2)\\0.1079\sin(\omega t-\varphi_3)\end{pmatrix}$$

$$=\frac{F}{k}\begin{pmatrix}0.398\\0.717\\0.894\end{pmatrix}\sin(\omega t-\varphi_1)+\frac{F}{k}\begin{pmatrix}10.896\\4.849\\-8.737\end{pmatrix}\sin(\omega t-\varphi_2)+\frac{F}{k}\begin{pmatrix}0.064\\-0.080\\0.035\end{pmatrix}\sin(\omega t-\varphi_3)$$

## 习　题

4-1　如图4-17所示，简支梁的等截面刚度为 $EI$，3个质量块等间距放置。求无重梁的柔度矩阵。

4-2　振动系统如图4-18所示，试用拉格朗日方程建立系统的运动微分方程。

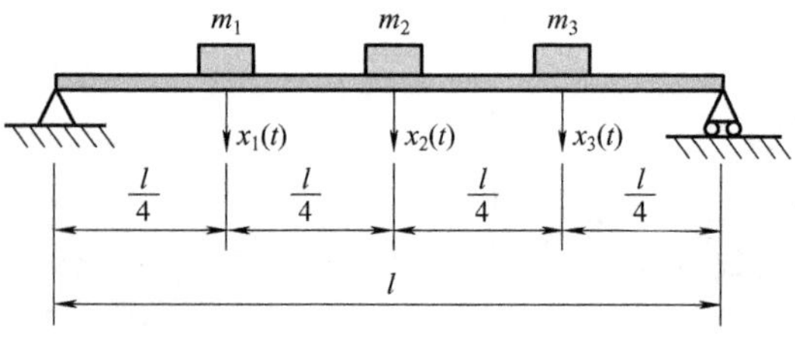


图　4-17

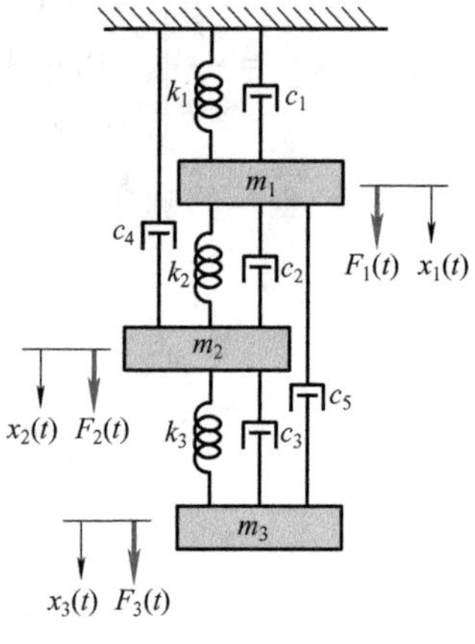


图　4-18

4-3　图4-19所示是一个带有质量 $m_1$ 和 $m_2$ 的约束弹簧的双摆，采用质量的微小水平平动 $x_1$ 和 $x_2$ 为坐标，写出系统运动的作用力方程。

4-4　如图4-20所示，一刚性杆竖直支承于可移动的支座上，刚性杆顶面和底面受水平弹簧的约束，质心 $C$ 上受水平力 $F_C$ 和扭矩 $M_C$ 的作用。设刚性杆长度、横截面积和质量密度分别为 $l$、$A$ 及 $\rho$，以质心 $C$

的微小位移 $x_C$ 与 $\theta_C$ 为坐标，列出系统运动的作用力方程。

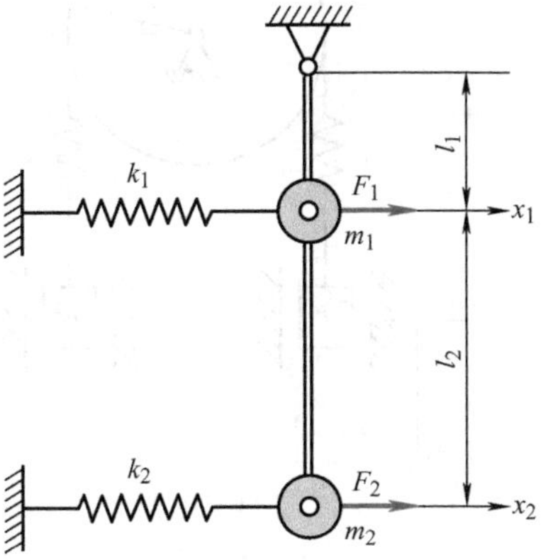


图　4-19

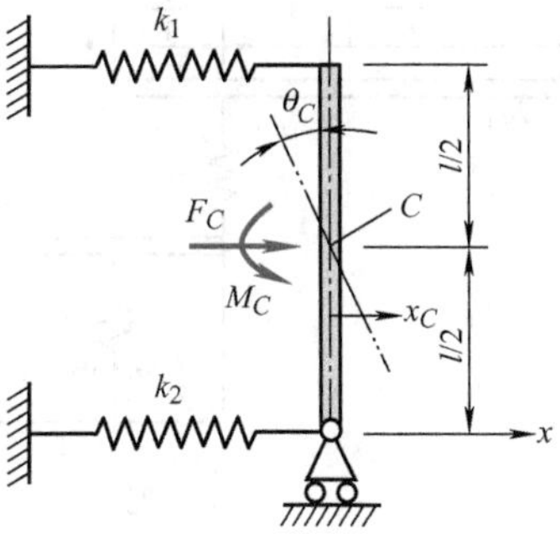


图　4-20

4-5　图 4-21 所示是两层楼建筑框架的示意图，假设梁是刚性的，框架中各根柱为棱柱形，下层抗弯刚度为 $EI_1$，上层为 $EI_2$，分别受 $F_1(t)$、$F_2(t)$ 的作用，采用微小水平运动 $x_1$ 及 $x_2$ 为坐标，列出系统运动的位移方程。

4-6　在题 4-3 中，设 $m_1=m_2=m$，$l_1=l_2=l$，$k_1=k_2=0$，求系统的固有频率和主振型。

4-7　图 4-22 所示的均匀刚性杆质量为 $m_1$，求系统的频率方程。

4-8　图 4-23 所示的系统中，两根长度为 $l$ 的均匀刚性杆的质量为 $m_1$ 及 $m_2$，求系统的刚度矩阵和柔度矩阵，并求出当 $m_1=m_2=m$ 和 $k_1=k_2=k$ 时系统的固有频率。

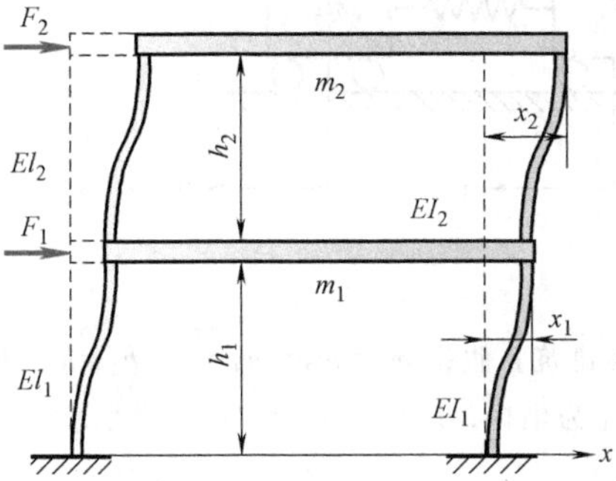


图　4-21

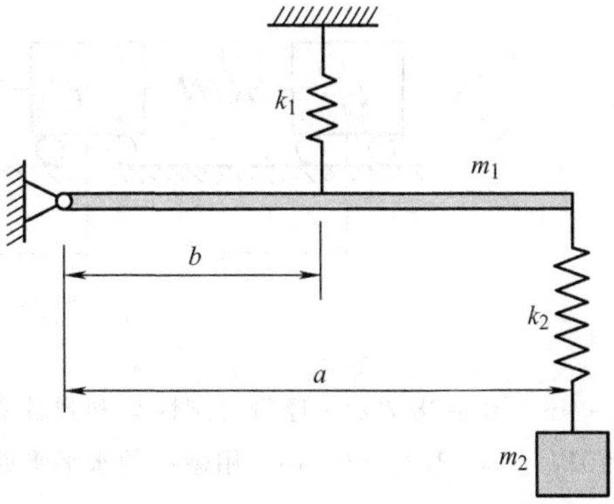


图　4-22

4-9　如图 4-24 所示，滑轮半径为 $R$，绕中心的转动惯量为 $2mR^2$，不计轴承处摩擦，并忽略绕滑轮的绳子的弹性及质量，求系统的固有频率及相应的主振型。

4-10　三个单摆用两个弹簧连接，如图 4-25 所示。令 $m_1=m_2=m_3=m$ 及 $k_1=k_2=k$。试用微小的角 $\theta_1$、$\theta_2$ 和 $\theta_3$ 为坐标，以作用力方程方法求系统的固有频率及主振型。

4-11　图 4-26 所示的简支梁的抗弯刚度为 $EI$，梁本身质量不计，以微小的平动 $x_1$、$x_2$ 和 $x_3$ 为坐标，用位移方程方法求出系统的固有频率及主振型。假设 $m_1=m_2=m_3=m$。

4-12　图 4-27 所示，用三个弹簧连接的四个质量块可以沿水平方向平移，假设 $m_1=m_2=m_3=m_4=m$ 和 $k_1=k_2=k_3=k$，试用作用力方程计算系统的固有频率及主振型。

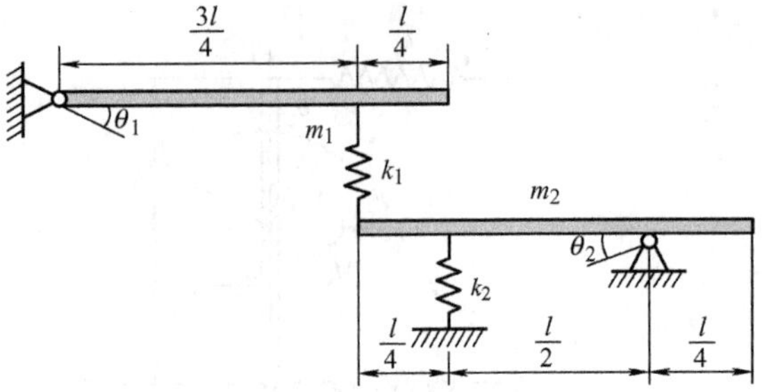


图 4-23

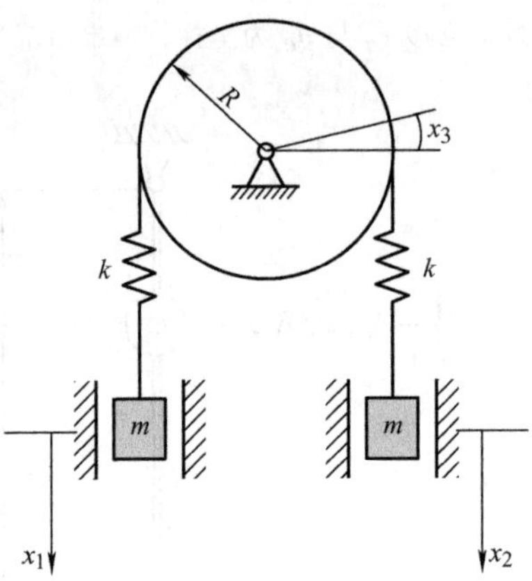


图 4-24

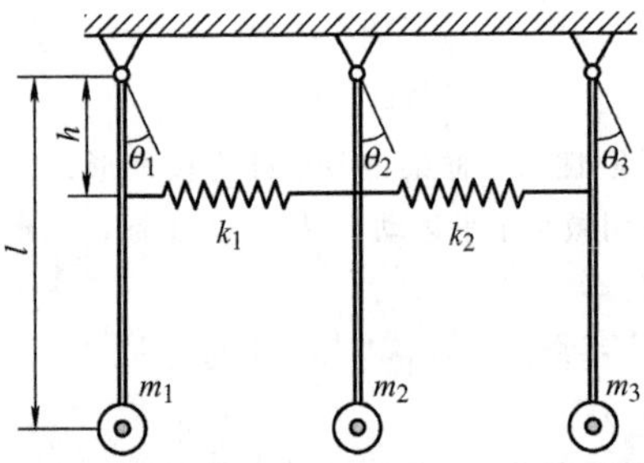


图 4-25

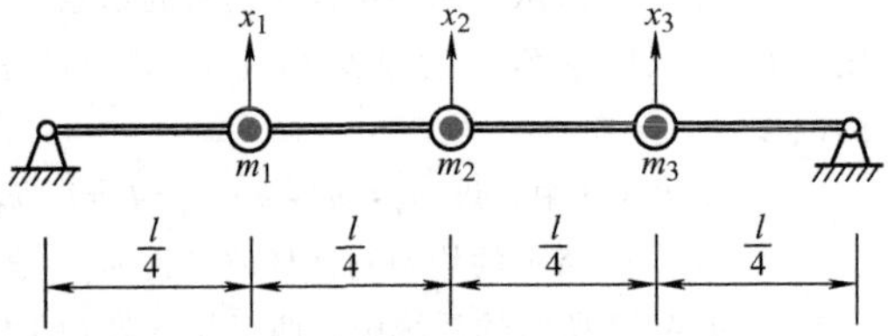


图 4-26

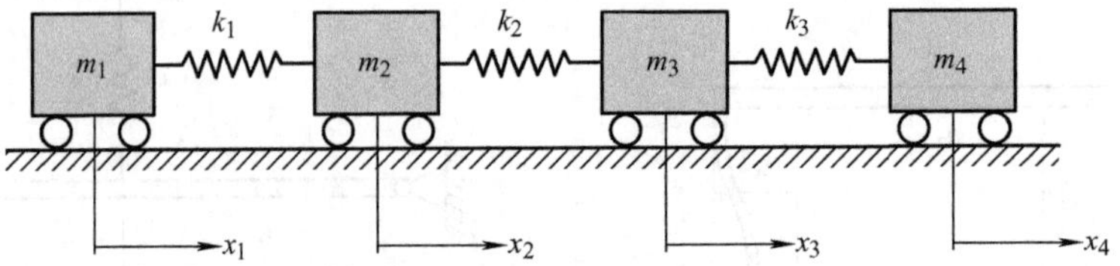


图 4-27

4-13 图4-28表示一座带有刚性梁和弹性立柱的三层楼建筑。假设 $m_1=m_2=m_3=m$，$h_1=h_2=h_3=h$，$EI_1=3EI$，$EI_2=2EI$，$EI_3=EI$。用微小的水平平移 $x_1$、$x_2$ 和 $x_3$ 为坐标，用位移方程方法求出系统的固有频率和正则振型矩阵。

4-14 在图4-29所示的系统中，各个质量只能沿铅垂方向运动，假设 $m_1=m_2=m_3=m$，$k_1=k_2=k_3=k_4=k_5=k_6=k$，试求系统的固有频率及振型矩阵。

4-15 试计算题4-10的系统对初始条件 $\theta_0=[0\quad\alpha\quad 0]^{\mathrm{T}}$ 和 $\dot{\theta}_0=[0\quad 0\quad 0]^{\mathrm{T}}$ 的响应。

4-16 试计算题4-12的系统对初始条件 $x_0=[0\quad 0\quad 0\quad 0]^{\mathrm{T}}$ 和 $\dot{x}_0=[v\quad 0\quad 0\quad v]^{\mathrm{T}}$ 的响应。

4-17 试确定题4-13中三层楼建筑框架由于作用于第三层楼水平方向的静载荷 $F$ 忽然去除所引起的响应。

4-18 假定一个水平向右作用的斜坡力 $Ft$ 施加于题4-10中中间摆的质量上，试确定系统的响应。

4-19 试确定题4-12的系统对作用于质量 $m_1$ 和质量 $m_4$ 上的阶跃力 $F_1=F_4=F$ 的响应。

4-20 在题4-13的三层楼建筑中，假定地面的水平运动加速度 $\ddot{x}_s=a\sin\omega t$，试求各层楼板相对于地面的稳态水平强迫振动。

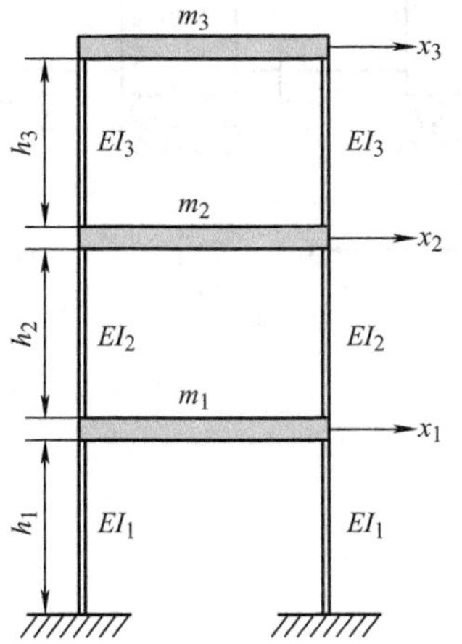


图　4-28

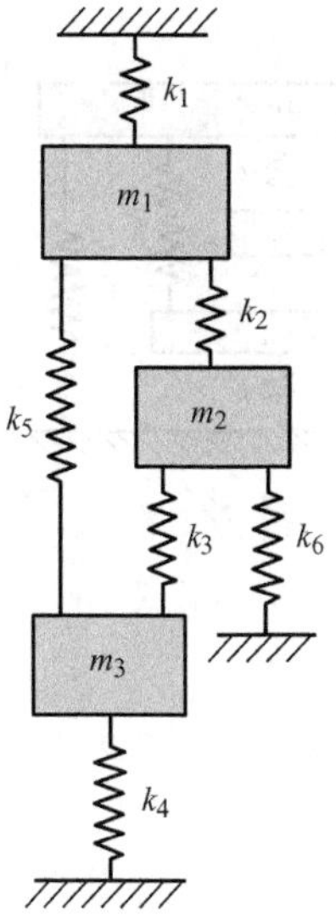


图　4-29

4-21　如图 4-30 所示，已知机器质量 $m_1=90\text{kg}$，减振器质量 $m_2=2.25\text{kg}$，若机器上有一偏心质量 $m_3=0.5\text{kg}$，偏心矩 $e=1\text{cm}$，机器转速 $n=1800\text{r/min}$。试问：当机器振幅为零时，若使振幅 $B_2$ 不超过 2mm，参数 $m_2$，$k_2$ 应为多少？

4-22　如图 4-31 所示，质量为 $m_1$ 的滑块用两个刚度系数分别为 $k_1$ 及 $k_2$ 的弹簧连接在基础上，滑块上有质量为 $m_2$、摆长为 $l$ 的单摆，假设 $m_1=m_2=m$ 及 $k_1=k_2=k$，基础做水平方向的简谐振动 $x_s=a\sin\omega t$，式中，$\omega=\sqrt{\dfrac{k}{m}}$，试求：(1) 单摆的最大摆角 $\theta_{\max}$；(2) 系统的共振频率。

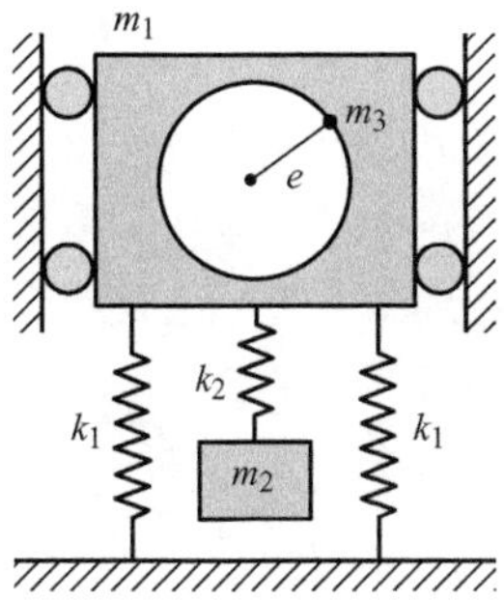


图　4-30

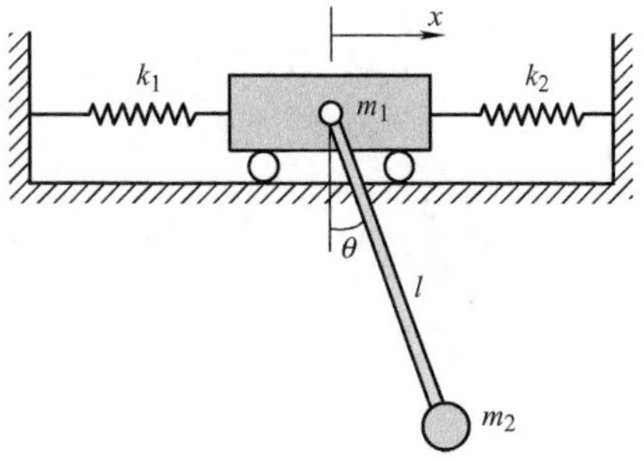


图　4-31

4-23　图 4-32 所示的系统中，各个质量只能沿铅垂方向运动，假设在质量 $4m$ 上作用有铅垂力 $F_0\cos\omega t$，试求：各个质量的强迫振动振幅；系统的共振频率。

4-24　在图 4-33 所示的有阻尼系统中，$c<\dfrac{1}{2}\sqrt{3km}$，左端的质量块受阶跃力 $F$ 的作用，初始条件为零，求系统响应。

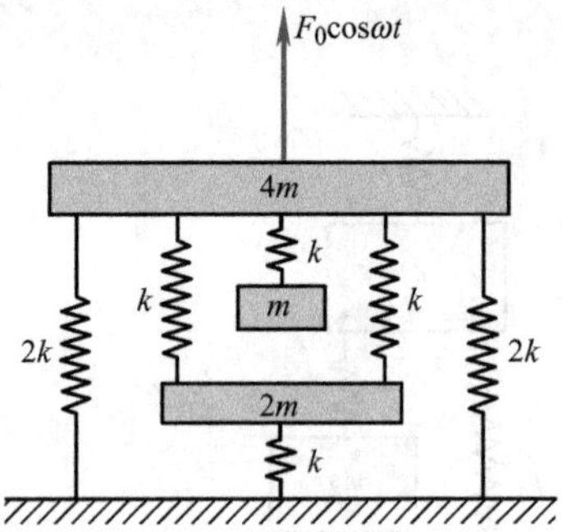


图　4-32

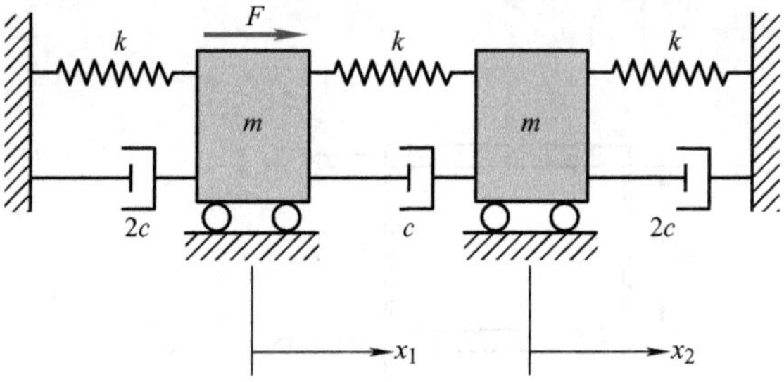


图　4-33

# 第5章
# 多自由度系统振动的近似计算方法

在求解多自由度系统的固有频率和主振型问题时，随着系统自由度数目的增加，这种求解计算工作量也随之加大。因此，通常要借助计算机进行计算。但在工程技术中，有时也常常应用一些较简便的近似方法计算或估算系统的固有频率和主振型。本章介绍几种常用的近似计算方法。

---

## 5.1 瑞利能量法

瑞利（Rayleigh）能量法适用于求系统的基频。它的出发点是假设振型和利用能量守恒条件。

### 5.1.1 瑞利第一商

以作用力方程为例，$\boldsymbol{M}$ 和 $\boldsymbol{K}$ 分别为系统的质量矩阵和刚度矩阵。设 $\boldsymbol{A}$ 为振型矩阵，对于简谐振动，其最大动能和最大势能为

$$T_{\max}=\frac{1}{2}p^2\boldsymbol{A}^{\mathrm{T}}\boldsymbol{M}\boldsymbol{A}$$

$$V_{\max}=\frac{1}{2}\boldsymbol{A}^{\mathrm{T}}\boldsymbol{K}\boldsymbol{A}$$

对于保守系统，由能量守恒，则有 $T_{\max}=V_{\max}$。由此可得

$$p^2=\frac{\boldsymbol{A}^{\mathrm{T}}\boldsymbol{K}\boldsymbol{A}}{\boldsymbol{A}^{\mathrm{T}}\boldsymbol{M}\boldsymbol{A}} \tag{5-1}$$

若 $\boldsymbol{A}$ 是系统的第 $i$ 阶主振型 $\boldsymbol{A}^{(i)}$，则由上式可得相应的主圆频率的平方 $p_i^2$；若 $\boldsymbol{A}$ 是任意的 $n$ 阶振型矩阵，则可得

$$R_1(A)=\frac{\boldsymbol{A}^{\mathrm{T}}\boldsymbol{K}\boldsymbol{A}}{\boldsymbol{A}^{\mathrm{T}}\boldsymbol{M}\boldsymbol{A}} \tag{5-2}$$

称为瑞利商。为了区别于用位移方程求得的值，又称之为瑞利第一商。其值是否为系统某一主圆频率的平方，则决定于所取振型矩阵 $\boldsymbol{A}$。如果 $\boldsymbol{A}$ 与某一主振型接近，则所得瑞利商是相应的固有圆频率的近似值。实际上，对高阶振型很难做出合理的假设，而对于第一阶主振型则比较容易估计，所以此方法常用于求基频，现推证如下。

按照振型叠加原理，系统的任何可能位移，包括假设振型，都可以描述为各阶主振型的线性组合。现取假设振型 $\boldsymbol{A}$ 是正则振型的线性组合，即

$$\boldsymbol{A} = C_1\boldsymbol{A}_N^{(1)} + C_2\boldsymbol{A}_N^{(2)} + \cdots + C_n\boldsymbol{A}_N^{(n)} = \sum_{i=1}^{n} C_i\boldsymbol{A}_N^{(i)} = \boldsymbol{A}_N\boldsymbol{C} \tag{5-3}$$

式中，$\boldsymbol{C}=(C_1 \quad C_2 \quad \cdots \quad C_n)^{\mathrm{T}}$ 是组合系数的列矩阵，且为非全为零的常数；$C_i$ 可用振型的正交条件求出，即

$$C_i = \frac{(\boldsymbol{A}_N^{(i)})^{\mathrm{T}}\boldsymbol{MA}}{(\boldsymbol{A}_N^{(i)})^{\mathrm{T}}\boldsymbol{MA}_N^{(i)}} = (\boldsymbol{A}_N^{(i)})^{\mathrm{T}}\boldsymbol{MA} \tag{5-4}$$

将式（5-3）代入式（5-2），得

$$R_{\mathrm{I}}(A) = \frac{\boldsymbol{C}^{\mathrm{T}}\boldsymbol{A}_N^{\mathrm{T}}\boldsymbol{KA}_N\boldsymbol{C}}{\boldsymbol{C}^{\mathrm{T}}\boldsymbol{A}_N^{\mathrm{T}}\boldsymbol{MA}_N\boldsymbol{C}} = \frac{\boldsymbol{C}^{\mathrm{T}}\boldsymbol{P}^2\boldsymbol{C}}{\boldsymbol{C}^{\mathrm{T}}\boldsymbol{IC}} = \frac{\sum_{i=1}^{n} C_i^2 p_i^2}{\sum_{i=1}^{n} C_i^2}$$

$$= p_1^2\left[\frac{1+\left(\frac{C_2}{C_1}\right)^2\left(\frac{p_2}{p_1}\right)^2+\left(\frac{C_3}{C_1}\right)^2\left(\frac{p_3}{p_1}\right)^2+\cdots+\left(\frac{C_n}{C_1}\right)^2\left(\frac{p_n}{p_1}\right)^2}{1+\left(\frac{C_2}{C_1}\right)^2+\left(\frac{C_3}{C_1}\right)^2+\cdots+\left(\frac{C_n}{C_1}\right)^2}\right]$$

$$= p_1^2\left[1+\left(\frac{C_2}{C_1}\right)^2\left(\frac{p_2^2}{p_1^2}-1\right)+\cdots+\left(\frac{C_n}{C_1}\right)^2\left(\frac{p_n^2}{p_1^2}-1\right)\right] \tag{5-5}$$

由于假设振型 $\boldsymbol{A}$ 接近于第一阶主振型，所以有 $\frac{C_2}{C_1}$，$\frac{C_3}{C_1}$，…，$\frac{C_n}{C_1} \ll 1$，于是得到

$$R_{\mathrm{I}}(A) \approx p_1^2 \tag{5-6}$$

由此可见，瑞利商的平方根是基频 $p_1$ 的近似值。假设振型越接近于真实的第一阶振型，则结果越准确。通常，以系统的静变形作为假设振型，可以得到较满意的结果。

由于 $\frac{p_i}{p_1}>1$（$i=2，3，\cdots，n$），所以从式（5-5）可以看出，用瑞利法求出的基频近似值大于实际的基频 $p_1$。这是由于假设振型偏离了第一阶振型，相当于给系统增加了约束，因而增加了刚度，使求得的结果高于真实的值。

### 5.1.2 瑞利第二商

如果采用位移方程描述系统的运动微分方程，即

$$\boldsymbol{\Delta M}\ddot{\boldsymbol{x}}+\boldsymbol{x}=\boldsymbol{0}$$

设系统的解是 $\boldsymbol{x}=\boldsymbol{A}\sin pt$，并将其代入上式，可得

$$\boldsymbol{A}=p^2\boldsymbol{\Delta MA}$$

上式两端前乘 $\boldsymbol{A}^{\mathrm{T}}\boldsymbol{M}$，有

$$\boldsymbol{A}^{\mathrm{T}}\boldsymbol{M}\boldsymbol{A}=p^2\boldsymbol{A}^{\mathrm{T}}\boldsymbol{M}\boldsymbol{\Delta}\boldsymbol{M}\boldsymbol{A}$$

解出

$$p^2=\frac{\boldsymbol{A}^{\mathrm{T}}\boldsymbol{M}\boldsymbol{A}}{\boldsymbol{A}^{\mathrm{T}}\boldsymbol{M}\boldsymbol{\Delta}\boldsymbol{M}\boldsymbol{A}}$$

同理，若 $\boldsymbol{A}$ 是任意的 $n$ 阶振型矩阵，则有

$$R_{\mathrm{II}}(A)=\frac{\boldsymbol{A}^{\mathrm{T}}\boldsymbol{M}\boldsymbol{A}}{\boldsymbol{A}^{\mathrm{T}}\boldsymbol{M}\boldsymbol{\Delta}\boldsymbol{M}\boldsymbol{A}} \tag{5-7}$$

称为瑞利第二商。也可以证明，若假设振型接近于第一阶主振型，则由式（5-7）计算的 $R_{\mathrm{II}}$（$A$）是基频 $p_1^2$ 的近似值。另外，同一振动系统，给出同样的假设振型，用瑞利第二商 $R_{\mathrm{II}}$（$A$）计算的结果，要比用瑞利第一商 $R_{\mathrm{I}}$（$A$）计算的结果更精确一些，证明从略。

**例 5-1**　用瑞利法求图 5-1 所示三自由度扭转系统的第一阶固有频率的估值。已知 $J_1=J_2=J_3=J$，$k_1=k_2=k_3=k$。

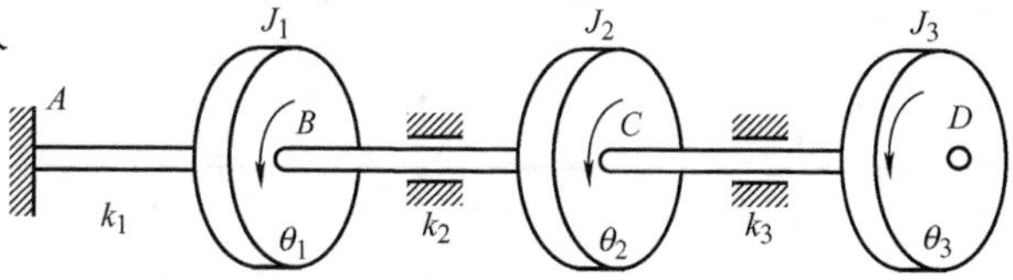


图 5-1　三自由度扭转振动系统

**解**：系统的质量矩阵和刚度矩阵分别为

$$\boldsymbol{M}=\begin{pmatrix}J&0&0\\0&J&0\\0&0&J\end{pmatrix}$$

$$\boldsymbol{K}=k\begin{pmatrix}2&-1&0\\-1&2&-1\\0&-1&1\end{pmatrix}$$

由刚度矩阵的逆矩阵，得

$$\boldsymbol{\Delta}=\frac{1}{k}\begin{pmatrix}1&1&1\\1&2&2\\1&2&3\end{pmatrix}$$

现分别用式（5-2）和式（5-7）求第一阶固有圆频率的估值，取假设振型

$$\boldsymbol{A}=(1\quad 1\quad 1)^{\mathrm{T}}$$

计算得

$$\boldsymbol{A}^{\mathrm{T}}\boldsymbol{M}\boldsymbol{A}=3J;\ \boldsymbol{A}^{\mathrm{T}}\boldsymbol{K}\boldsymbol{A}=k;\ \boldsymbol{A}^{\mathrm{T}}\boldsymbol{M}\boldsymbol{\Delta}\boldsymbol{M}\boldsymbol{A}=14\frac{J^2}{k}$$

于是

$$R_{\mathrm{I}}(A)=0.333\frac{k}{J};\quad R_{\mathrm{II}}(A)=0.214\frac{k}{J}$$

即

$$f_{\mathrm{I}1}=\frac{1}{2\pi}\sqrt{0.333\frac{k}{J}},\qquad f_{\mathrm{II}2}=\frac{1}{2\pi}\sqrt{0.214\frac{k}{J}}$$

在上面的计算中，假设振型比较“粗糙”，与该系统的第一阶固有频率精确到第四位值

的 $p_1^2=0.198\frac{k}{J}$ 比较误差较大。如果进一步改进假设振型，即以静变形曲线为假设振型，如设

$$A=(3\quad 5\quad 6)^{\mathrm{T}}$$

则

$$\boldsymbol{A}^{\mathrm{T}}\boldsymbol{M}\boldsymbol{A}=70J;\ \boldsymbol{A}^{\mathrm{T}}\boldsymbol{K}\boldsymbol{A}=14k;\ \boldsymbol{A}^{\mathrm{T}}\boldsymbol{M}\boldsymbol{\Delta}\boldsymbol{M}\boldsymbol{A}=353\frac{J^2}{k}$$

所以

$$R_{\mathrm{I}}(A)=0.200\frac{k}{J};\quad R_{\mathrm{II}}(A)=0.1983\frac{k}{J}$$

即

$$f_{\mathrm{I}1}=\frac{1}{2\pi}\sqrt{0.200\frac{k}{J}},\quad f_{\mathrm{II}1}=\frac{1}{2\pi}\sqrt{0.1983\frac{k}{J}}$$

显然，在工程上，若以静变形曲线作为假设振型，可以得到很好的第一阶固有频率的近似值，并且 $R_{\mathrm{II}}(A)$ 要比 $R_{\mathrm{I}}(A)$ 更精确。

---

## 5.2 里兹法

用瑞利法估算的基频的精度取决于假设的振型对第一阶主振型的近似程度，而且其值总是精确值的上限。本节将讨论里兹（Ritz）法对近似振型给出更合理的假设，从而使算出的基频值进一步下降，并且还可得系统较低的前几阶固有频率及相应的主振型。

在里兹法中，系统的近似主振型假设为

$$\boldsymbol{A}=a_1\boldsymbol{\Psi}_1+a_2\boldsymbol{\Psi}_2+\cdots+a_s\boldsymbol{\Psi}_s \tag{5-8}$$

式中，$\boldsymbol{\Psi}_1$，$\boldsymbol{\Psi}_2$，…，$\boldsymbol{\Psi}_s$ 是事先选取的 $s$ 个线性独立的假设振型。如果记 $n\times s$ 阶矩阵 $\boldsymbol{\Psi}$ 和 $s$ 维待定系数列矩阵 $\boldsymbol{a}$ 分别为

$$\boldsymbol{\Psi}=(\boldsymbol{\Psi}_1\quad \boldsymbol{\Psi}_2\cdots\boldsymbol{\Psi}_s),\ \boldsymbol{a}=(a_1\quad a_2\cdots a_s)^{\mathrm{T}} \tag{5-9}$$

则式（5-8）又可写成

$$\boldsymbol{A}=\boldsymbol{\Psi}\boldsymbol{a} \tag{5-10}$$

将上式代入瑞利商式（5-2），得

$$R_{\mathrm{I}}(A)=\frac{\boldsymbol{a}^{\mathrm{T}}\boldsymbol{\Psi}^{\mathrm{T}}\boldsymbol{K}\boldsymbol{\Psi}\boldsymbol{a}}{\boldsymbol{a}^{\mathrm{T}}\boldsymbol{\Psi}^{\mathrm{T}}\boldsymbol{M}\boldsymbol{\Psi}\boldsymbol{a}}=p^2$$

为计算方便，令

$$R_{\mathrm{I}}(A)=\frac{V_{\mathrm{I}}(a)}{T_{\mathrm{I}}(a)}=p^2 \tag{a}$$

式中

$$V_{\mathrm{I}}(a)=\boldsymbol{a}^{\mathrm{T}}\boldsymbol{\Psi}^{\mathrm{T}}\boldsymbol{K}\boldsymbol{\Psi}\boldsymbol{a}$$

$$T_{\mathrm{I}}(a)=\boldsymbol{a}^{\mathrm{T}}\boldsymbol{\Psi}^{\mathrm{T}}\boldsymbol{M}\boldsymbol{\Psi}\boldsymbol{a}$$

由于 $R_{\mathrm{I}}(A)$在系统的真实主振型处取驻值，这些驻值即相应的各阶固有圆频率的平方 $p_i^2$，所以 $\boldsymbol{a}$ 的各元素由下式确定

$$\frac{\partial R_{\mathrm{I}}(A)}{\partial a_i}=\frac{1}{(T_{\mathrm{I}}(a))^2}\left[T_{\mathrm{I}}(a)\frac{\partial V_{\mathrm{I}}(a)}{\partial a_i}-V_{\mathrm{I}}(a)\frac{\partial T_{\mathrm{I}}(a)}{\partial a_i}\right]=0,\quad i=1,\ 2,\ \cdots,\ s$$

利用式（a）将上式化简，得

$$\frac{\partial V_{\mathrm{I}}(a)}{\partial a_i}-p^2\frac{\partial T_{\mathrm{I}}(a)}{\partial a_i}=0,\qquad i=1,2,\cdots,s \tag{b}$$

其中

$$\frac{\partial V_{\mathrm{I}}(a)}{\partial a_i}=\frac{\partial \boldsymbol{a}^{\mathrm{T}}}{\partial a_i}\boldsymbol{\Psi}^{\mathrm{T}}\boldsymbol{K}\boldsymbol{\Psi}\boldsymbol{a}+\boldsymbol{a}^{\mathrm{T}}\boldsymbol{\Psi}\boldsymbol{K}\boldsymbol{\Psi}\frac{\partial \boldsymbol{a}}{\partial a_i}=2\frac{\partial \boldsymbol{a}^{\mathrm{T}}}{\partial a_i}\boldsymbol{\Psi}^{\mathrm{T}}\boldsymbol{K}\boldsymbol{\Psi}\boldsymbol{a}=2\boldsymbol{\Psi}_i^{\mathrm{T}}\boldsymbol{K}\boldsymbol{\Psi}\boldsymbol{a}$$

$$\frac{\partial T_{\mathrm{I}}(a)}{\partial a_i}=2\boldsymbol{\Psi}_i^{\mathrm{T}}\boldsymbol{M}\boldsymbol{\Psi}\boldsymbol{a},\qquad i=1,2,\cdots,s$$

所以式（b）可写成为

$$\boldsymbol{\Psi}_i^{\mathrm{T}}\boldsymbol{K}\boldsymbol{\Psi}\boldsymbol{a}-p^2\boldsymbol{\Psi}_i^{\mathrm{T}}\boldsymbol{M}\boldsymbol{\Psi}\boldsymbol{a}=0,\qquad i=1,\ 2,\ \cdots,\ s$$

将以上 $s$ 个方程合并，写成矩阵形式

$$\boldsymbol{\Psi}^{\mathrm{T}}\boldsymbol{K}\boldsymbol{\Psi}\boldsymbol{a}-p^2\boldsymbol{\Psi}^{\mathrm{T}}\boldsymbol{M}\boldsymbol{\Psi}\boldsymbol{a}=\boldsymbol{0} \tag{5-11}$$

令

$$\begin{aligned}\boldsymbol{K}^*&=\boldsymbol{\Psi}^{\mathrm{T}}\boldsymbol{K}\boldsymbol{\Psi}\\ \boldsymbol{M}^*&=\boldsymbol{\Psi}^{\mathrm{T}}\boldsymbol{M}\boldsymbol{\Psi}\end{aligned} \tag{5-12}$$

则式（5-11）成为

$$\boldsymbol{K}^*\boldsymbol{a}-p^2\boldsymbol{M}^*\boldsymbol{a}=\boldsymbol{0} \tag{5-13}$$

式（5-13）实际上成为 $s$ 自由度系统的运动方程。即系统由原来的 $n$ 个自由度缩减至 $s$ 个自由度。因此里兹法是一种缩减系统自由度数的近似方法。$\boldsymbol{K}^*$、$\boldsymbol{M}^*$ 就是缩减为 $s$ 自由度后的新系统的刚度矩阵和质量矩阵。式（5-13）的频率方程为

$$|\boldsymbol{K}^*-p^2\boldsymbol{M}^*|=0 \tag{5-14}$$

解方程（5-14）可求出 $s$ 个固有圆频率，即 $n$ 自由度系统的前 $s$ 阶固有圆频率。利用（$\boldsymbol{K}^*-p^2\boldsymbol{M}^*$）的伴随矩阵，并将求出的前 $s$ 阶固有圆频率分别代入，解出其相应的特征矢量 $\boldsymbol{a}^{(i)}(i=1,2,\cdots,s)$，再由式(5-10)可求出 $n$ 自由度系统的前 $s$ 阶主振型。

$$\boldsymbol{A}^{(i)}=\boldsymbol{\Psi}\boldsymbol{a}^{(i)},\qquad i=1,2,\cdots,s \tag{5-15}$$

由于 $\boldsymbol{a}^{(i)}$ 对 $\boldsymbol{K}^*$,$\boldsymbol{M}^*$ 是正交的,因此,$\boldsymbol{A}^{(i)}$ 对 $\boldsymbol{K}$,$\boldsymbol{M}$ 也是正交的,即

$$(\boldsymbol{a}^{(i)})^{\mathrm{T}}\boldsymbol{M}^*\boldsymbol{a}^{(j)}=\begin{cases}0, & i\neq j\\ 1, & i=j\end{cases}$$

$$(\boldsymbol{A}^{(i)})^{\mathrm{T}}\boldsymbol{M}\boldsymbol{A}^{(j)}=(\boldsymbol{a}^{(i)})^{\mathrm{T}}\boldsymbol{\Psi}^{\mathrm{T}}\boldsymbol{M}\boldsymbol{\Psi}\boldsymbol{a}^{(j)}=\begin{cases}0, & i\neq j\\ 1, & i=j\end{cases}$$

对于瑞利第二商,里兹法也有同样的推证,即

$$R_{\mathrm{II}}(A)=\frac{\boldsymbol{A}^{\mathrm{T}}\boldsymbol{M}\boldsymbol{A}}{\boldsymbol{A}^{\mathrm{T}}\boldsymbol{M}\boldsymbol{\Delta}\boldsymbol{M}\boldsymbol{A}}=p^2 \tag{5-16}$$

将 $\boldsymbol{A}=\boldsymbol{\Psi}\boldsymbol{a}$ 代入，利用驻值条件可得 $s$ 个方程，将其写成矩阵形式

$$\boldsymbol{\Psi}^{\mathrm{T}}\boldsymbol{M}\boldsymbol{\Psi}\boldsymbol{a}-p^2\boldsymbol{\Psi}^{\mathrm{T}}\boldsymbol{M}\boldsymbol{\Delta}\boldsymbol{M}\boldsymbol{\Psi}\boldsymbol{a}=\boldsymbol{0} \tag{5-17}$$

令

$$\boldsymbol{\Delta}^*=\boldsymbol{\Psi}^{\mathrm{T}}\boldsymbol{M}\boldsymbol{\Delta}\boldsymbol{M}\boldsymbol{\Psi} \tag{5-18}$$

$\boldsymbol{\Delta}^*$ 称为 $n$ 自由度系统缩至 $s$ 自由度系统的柔度矩阵。因此式（5-17）可写成

$$(\boldsymbol{M}^*-p^2\boldsymbol{\Delta}^*)\ \boldsymbol{a}=\boldsymbol{0} \tag{5-19}$$

可得到特征方程

$$|\boldsymbol{M}^*-p^2\boldsymbol{\Delta}^*|=0 \tag{5-20}$$

由以上二式可求出 $s$ 个特征值 $p_i$ 和 $s$ 个特征向量 $\boldsymbol{a}^{(i)}$，然后，由式（5-10）可求出系统的前 $s$ 阶主振型。

用里兹法求解时，假设振型 $\boldsymbol{\Psi}$ 可以是近似振型，不一定要严格按照一阶、二阶去假设。因为最后用瑞利法时的振型 $\boldsymbol{A}$ 是这些假设振型的线性组合，采用取驻值的办法确定各个常数 $a_i$，可得到最佳的线性组合。

---

**例 5-2** 用里兹法求图 5-2 所示四自由度振动系统的前二阶固有频率及主振型。

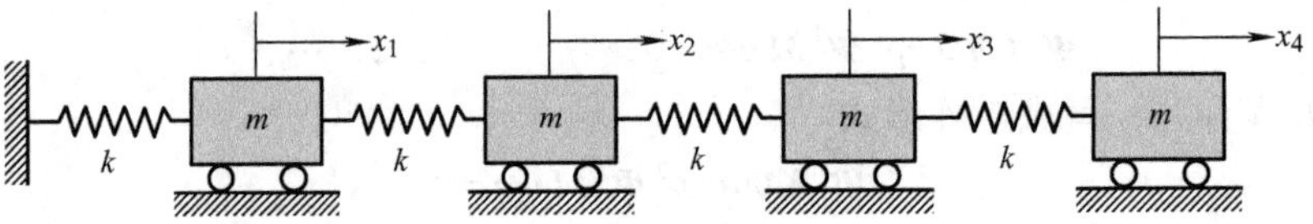


图 5-2 四自由度振动系统

**解：** 由条件可求出系统的质量矩阵、刚度矩阵和柔度矩阵

$$\boldsymbol{M}=\begin{pmatrix} m & 0 & 0 & 0\\ 0 & m & 0 & 0\\ 0 & 0 & m & 0\\ 0 & 0 & 0 & m\end{pmatrix},\quad \boldsymbol{K}=\begin{pmatrix} 2k & -k & 0 & 0\\ -k & 2k & -k & 0\\ 0 & -k & 2k & -k\\ 0 & 0 & -k & k\end{pmatrix},\quad \boldsymbol{\Delta}=\frac{1}{k}\begin{pmatrix} 1 & 1 & 1 & 1\\ 1 & 2 & 2 & 2\\ 1 & 2 & 3 & 3\\ 1 & 2 & 3 & 4\end{pmatrix}$$

设振型

$$\boldsymbol{\Psi}_1=(0.25\quad 0.50\quad 0.75\quad 1.00)^{\mathrm{T}}$$

$$\boldsymbol{\Psi}_2=(0.00\quad 0.20\quad 0.60\quad 1.00)^{\mathrm{T}}$$

由式（5-12）和式（5-18）求出 $\boldsymbol{M}^*$、$\boldsymbol{K}^*$、$\boldsymbol{\Delta}^*$ 为

$$\boldsymbol{M}^*=\boldsymbol{\Psi}^{\mathrm{T}}\boldsymbol{M}\boldsymbol{\Psi}=m\begin{pmatrix}1.88 & 1.55\\ 1.55 & 1.40\end{pmatrix}$$

$$\boldsymbol{K}^*=\boldsymbol{\Psi}^{\mathrm{T}}\boldsymbol{K}\boldsymbol{\Psi}=k\begin{pmatrix}0.25 & 0.25\\ 0.25 & 0.36\end{pmatrix}$$

$$\boldsymbol{\Delta}^*=\boldsymbol{\Psi}^{\mathrm{T}}\boldsymbol{M}\boldsymbol{\Delta}\boldsymbol{M}\boldsymbol{\Psi}=\frac{m^2}{k}\begin{pmatrix}15.36 & 12.35\\ 12.35 & 10.04\end{pmatrix}$$

将 $\boldsymbol{M}^*$、$\boldsymbol{K}^*$ 代入式（5-13）和式（5-14），得

$$\begin{vmatrix}0.25k-1.88mp^2 & 0.25k-1.55mp^2\\ 0.25k-1.55mp^2 & 0.36k-1.40mp^2\end{vmatrix}=0$$

$$\begin{pmatrix}0.25k-1.88mp^2 & 0.25k-1.55mp^2\\ 0.25k-1.55mp^2 & 0.36k-1.40mp^2\end{pmatrix}\begin{pmatrix}a_1\\ a_2\end{pmatrix}=\begin{pmatrix}0\\ 0\end{pmatrix}$$

由以上方程可分别求出

$$p_1^2=0.12\frac{k}{m},\quad p_2^2=\frac{k}{m}$$

即

$$f_1=\frac{1}{2\pi}\sqrt{0.12\frac{k}{m}},\qquad f_2=\frac{1}{2\pi}\sqrt{\frac{k}{m}}$$

$$\begin{pmatrix}a_1^{(1)}\\a_2^{(1)}\end{pmatrix}=\begin{pmatrix}-2.623\\1.00\end{pmatrix},\qquad \begin{pmatrix}a_1^{(2)}\\a_2^{(2)}\end{pmatrix}=\begin{pmatrix}-0.7975\\1.00\end{pmatrix}$$

由式（5-10）可求出系统的前二阶主振型

$$\boldsymbol{A}^{(1)}=\boldsymbol{\Psi a}^{(1)}=\begin{pmatrix}0.25&0.00\\0.50&0.20\\0.75&0.60\\1.00&1.00\end{pmatrix}\begin{pmatrix}-2.623\\1.00\end{pmatrix}=\begin{pmatrix}-0.6558\\-1.1115\\-1.3673\\-1.6230\end{pmatrix}=-1.623\begin{pmatrix}0.4040\\0.6848\\0.8424\\1.000\end{pmatrix}$$

则

$$\boldsymbol{A}^{(1)}=(0.4040\quad 0.6848\quad 0.8424\quad 1.000)^{\mathrm{T}}$$

同理可得

$$\boldsymbol{A}^{(2)}=\boldsymbol{\Psi a}^{(2)}=(-1.00\quad -1.00\quad 0.00\quad 1.00)^{\mathrm{T}}$$

---

## 5.3　邓克莱法

邓克莱法（Dunkerley）是求多圆盘轴的横向振动系统基频近似值的一种方法。当其他各阶固有频率远远高于基频时，利用此法估算基频较为方便。

由位移方程（4-35）可得到频率方程，即

$$\left|\boldsymbol{\Delta M}-\frac{1}{p^2}\boldsymbol{I}\right|=0$$

令$\frac{1}{p^2}=\lambda$，并展开得

$$\lambda^n-(\delta_{11}m_{11}+\delta_{22}m_{22}+\cdots+\delta_{nn}m_{nn})\lambda^{n-1}+\cdots=0 \tag{a}$$

设式（a）的根为 $\lambda_1=\frac{1}{p_1^2}$，$\lambda_2=\frac{1}{p_2^2}$，…，$\lambda_n=\frac{1}{p_n^2}$，则该式又可写成各因式连乘的形式，即

$$(\lambda-\lambda_1)(\lambda-\lambda_2)\cdots(\lambda-\lambda_n)=0 \tag{b}$$

将式（b）展开得

$$\lambda^n-(\lambda_1+\lambda_2+\cdots+\lambda_n)\lambda^{n-1}+\cdots=0 \tag{c}$$

将式（a）和式（c）比较，得到

$$\lambda_1+\lambda_2+\cdots+\lambda_n=\delta_{11}m_{11}+\delta_{22}m_{22}+\cdots+\delta_{nn}m_{nn}$$

即
$$\frac{1}{p_1^2}+\frac{1}{p_2^2}+\cdots+\frac{1}{p_n^2}=\delta_{11}m_{11}+\delta_{22}m_{22}+\cdots+\delta_{nn}m_{nn} \tag{5-21}$$

若基频 $p_1$ 远低于高阶圆频率，即 $p_1 \ll p_2 \ll \cdots \ll p_n$。因此，将$\frac{1}{p_2^2}$，$\frac{1}{p_3^2}$，…，$\frac{1}{p_n^2}$略去，则式（5-21）可写成

$$\frac{1}{p_1^2}\approx\delta_{11}m_{11}+\delta_{22}m_{22}+\cdots+\delta_{nn}m_{nn} \tag{5-22}$$

式中，$\delta_{ii}=\frac{1}{k_{ii}}$。$k_{ii}$是第 $i$ 个质量产生单位位移时，在 $i$ 个质量上所需加的力。

$$\delta_{ii}m_{ii}=\frac{m_{ii}}{k_{ii}}=\frac{1}{\frac{k_{ii}}{m_{ii}}}=\frac{1}{p_{ii}^2} \tag{5-23}$$

$p_{ii}$表示只有 $m_i$ 存在时系统的固有圆频率。因此，有

$$\frac{1}{p_1^2}\approx\frac{1}{p_{11}^2}+\frac{1}{p_{22}^2}+\cdots+\frac{1}{p_{nn}^2} \tag{5-24}$$

式（5-24）称为邓克莱公式。由于略去了高阶圆频率的成分，所以求得的基频总是低于精确值。

**例 5-3**　用邓克莱公式计算例 5-1 中的三圆盘转轴系统的基频。

**解**：由例 5-1 的解可知

$$\delta_{11}=\frac{1}{k}，\delta_{22}=\frac{2}{k}，\delta_{33}=\frac{3}{k}，J_1=J_2=J_3=J。$$

由式（5-24），得到

$$\frac{1}{p_1^2}=\frac{1}{p_{11}^2}+\frac{1}{p_{22}^2}+\frac{1}{p_{33}^2}=\frac{J}{k}+\frac{2J}{k}+\frac{3J}{k}=\frac{6J}{k}$$

所以
$$p_1^2=\frac{k}{6J}=0.1667\frac{k}{J}$$

即

$$f_1=\frac{1}{2\pi}p_1=\frac{1}{2\pi}\sqrt{0.1667\frac{k}{J}}$$

显然用邓克莱法求基频十分方便，但误差较大，故仅适用于初步估算。

## 5.4　矩阵迭代法

矩阵迭代法亦称振型迭代法，是采用逐步逼近的方法来确定系统的主振型和固有频率。求系统的基频时，矩阵迭代法用的基本方程是位移方程，即

$$\left(\Delta M-\frac{1}{p^2}I\right)A=0$$

或

$$\Delta MA=\frac{1}{p^2}A \tag{5-25}$$

令

$$D=\Delta M \tag{5-26}$$

矩阵 $D$ 称为系统的动力矩阵。

### 5.4.1　求第一阶固有频率和主振型

矩阵迭代法的过程是：

（1）选取某个经过归一化的假设振型 $A_0$，用动力矩阵 $D$ 前乘以假设振型 $A_0$，然后归一化，可得 $A_1$，即

$$DA_0=a_1A_1$$

（2）如果 $A_1\neq A_0$，就再以 $A_1$ 为假设振型进行迭代，并且归一化得到 $A_2$，即

$$DA_1=a_2A_2$$

（3）若 $A_2\neq A_1$，则继续重复上述迭代步骤，得

$$DA_{k-1}=a_kA_k$$

直至 $A_k=A_{k-1}$时停止。此时 $a_k=\frac{1}{p^2}$，而相应的特征矢量 $A_k$，即为第一阶主振型 $A^{(1)}=A_k$。

可以证明，上述过程一定收敛于最低固有圆频率及第一阶主振型。

根据振型展开定理，任意的假设振型都可以表示为各阶主振型的线性组合，即

$$A_0=C_1A^{(1)}+C_2A^{(2)}+\cdots+C_nA(n) \tag{a}$$

经过第一次迭代后，即

$$DA_0=D\left(C_1A^{(1)}+C_2A^{(2)}+\cdots+C_nA^{(n)}\right)=C_1DA^{(1)}+C_2DA^{(2)}+\cdots+C_nDA^{(n)} \tag{b}$$

根据主振型应满足的式（4-25）的关系，即

$$DA^{(i)}=\frac{1}{p_i^2}A^{(i)},\qquad i=1,\ 2,\ 3,\ \cdots,\ n \tag{c}$$

即每迭代一次等于在 $A^{(i)}$之前乘以系数$\frac{1}{p_i^2}$，所以式（b）可写为

$$DA_0=C_1\frac{1}{p_1^2}A^{(1)}+C_2\frac{2}{p_2^2}A^{(2)}+\cdots+C_n\frac{1}{p_n^2}A^{(n)} \tag{d}$$

由于 $p_1<p_2<\cdots<p_n$，所以每迭代一次以后式（d）与式（a）的区别是，各振型前的系数不一样，经过一次迭代，第一阶主振型的成分得到比其他主振型更大的加强，反复迭代下去，一直到第一阶主振型成分占绝对优势为止，此时即有

$$A_k=A^{(1)}$$

并且

$$DA_{k-1}=a_kA_k=\frac{1}{p_1^2}A^{(1)}$$

于是

$$a_k=\frac{1}{p_1^2} \tag{5-27}$$

从以上的讨论可以看出：尽管开始假设的振型不理想，它包含了各阶主振型，而且第一阶主振型在其中所占的分量不是很大。但在迭代过程中，高阶振型的分量逐渐衰减，低阶振型的分量逐渐增强，最终收敛于第一阶主振型。假设振型越接近 $\boldsymbol{A}^{(1)}$ 则迭代过程越快；假设振型与 $\boldsymbol{A}^{(1)}$ 相差较大则迭代过程收敛得慢，但最终仍然得到基频和第一阶主振型。

如果在整个迭代过程中，第一阶主振型的分量始终为零，则收敛于第二阶主振型；如果前 $s$ 阶主振型的分量为零，则收敛于第 $s+1$ 阶主振型。

应当指出，若用作用力方程进行迭代，则收敛于最高固有圆频率和最高阶主振型。

---

**例 5-4** 用矩阵迭代法求例 5-1 所示系统的第一阶固有频率及振型。

**解：** 由例 5-1 中计算的结果可得到动力矩阵

$$\boldsymbol{D}=\Delta\boldsymbol{M}=\frac{J}{k}\begin{pmatrix}1&1&1\\1&2&2\\1&2&3\end{pmatrix}$$

取初始假设振型

$$\boldsymbol{A}_0=(1\quad 1\quad 1)^{\mathrm{T}}$$

进行迭代，经过第一次迭代后，得

$$\boldsymbol{D}\boldsymbol{A}_0=\frac{J}{k}\begin{pmatrix}1&1&1\\1&2&2\\1&2&3\end{pmatrix}\begin{pmatrix}1\\1\\1\end{pmatrix}=\frac{J}{k}\begin{pmatrix}3\\5\\6\end{pmatrix}=\frac{3J}{k}\begin{pmatrix}1.0000\\1.6667\\2.0000\end{pmatrix}=\frac{3J}{k}A_1$$

$$\boldsymbol{A}_1=(1.0000\quad 1.6667\quad 2.0000)^{\mathrm{T}}$$

第二次迭代

$$\boldsymbol{D}\boldsymbol{A}_1=\frac{J}{k}\begin{pmatrix}1&1&1\\1&2&2\\1&2&3\end{pmatrix}\begin{pmatrix}1.0000\\1.6667\\2.0000\end{pmatrix}=\frac{J}{k}\begin{pmatrix}4.6667\\8.3344\\10.3334\end{pmatrix}=\frac{4.6667J}{k}\begin{pmatrix}1.0000\\1.7858\\2.2143\end{pmatrix}=\frac{4.6667J}{k}\boldsymbol{A}_2$$

继续迭代下去

$$\boldsymbol{D}\boldsymbol{A}_2=5.0000\frac{J}{k}\begin{pmatrix}1.0000\\1.8000\\2.2429\end{pmatrix}=5.0000\frac{J}{k}\boldsymbol{A}_3$$

$$\boldsymbol{D}\boldsymbol{A}_3=5.0429\frac{J}{k}\begin{pmatrix}1.0000\\1.8017\\2.2465\end{pmatrix}=5.0429\frac{J}{k}\boldsymbol{A}_4$$

$$\boldsymbol{D}\boldsymbol{A}_4=5.0482\frac{J}{k}\begin{pmatrix}1.0000\\1.8019\\2.2469\end{pmatrix}=5.0482\frac{J}{k}\boldsymbol{A}_5$$

$$\boldsymbol{D}\boldsymbol{A}_5=5.0488\frac{J}{k}\begin{pmatrix}1.0000\\1.8019\\2.2470\end{pmatrix}=5.0488\frac{J}{k}\boldsymbol{A}_6$$

$$\boldsymbol{D}\boldsymbol{A}_6=5.0489\frac{J}{k}\begin{pmatrix}1.0000\\1.8019\\2.2470\end{pmatrix}=5.0489\frac{J}{k}\boldsymbol{A}_7$$

由于

$$\boldsymbol{A}_7 \approx \boldsymbol{A}_6$$

满足精度要求，停止迭代，所以

$$\frac{1}{p_1^2}=5.0489\frac{J}{k},\qquad p_1^2=0.1980\frac{k}{J}$$

即

$$f_1=\frac{1}{2\pi}p_1=\frac{1}{2\pi}\sqrt{0.1980\frac{k}{J}}$$

与之对应的第一阶固有频率的主振型为

$$\boldsymbol{A}^{(1)}=\begin{pmatrix}1.0000 & 1.8019 & 2.2470\end{pmatrix}^{\mathrm{T}}$$

### 5.4.2　求较高阶的固有频率及主振型

当需用矩阵迭代法求第二阶、第三阶等高阶固有频率及振型时，其关键步骤是要在所设振型中消去较低阶主振型的成分。由展开定理得

$$\boldsymbol{A}=C_1\boldsymbol{A}^{(1)}+C_2\boldsymbol{A}^{(2)}+\cdots+C_n\boldsymbol{A}^{(n)}$$

式中

$$C_i=\frac{(\boldsymbol{A}^{(i)})^{\mathrm{T}}\boldsymbol{MA}}{(\boldsymbol{A}^{(i)})^{\mathrm{T}}\boldsymbol{MA}^{(i)}}=\frac{(\boldsymbol{A}^{(i)})^{\mathrm{T}}\boldsymbol{MA}^{(i)}}{M_i}$$

如果要在 $\boldsymbol{A}$ 中消去 $\boldsymbol{A}^{(1)}$ 的成分，则只需取假设振型为

$$\boldsymbol{A}-C_1\boldsymbol{A}^{(1)}=\boldsymbol{A}-\boldsymbol{A}^{(1)}\frac{(\boldsymbol{A}^{(1)})^{\mathrm{T}}\boldsymbol{MA}}{M_1}=\left(\boldsymbol{I}-\frac{\boldsymbol{A}^{(1)}(\boldsymbol{A}^{(1)})^{\mathrm{T}}\boldsymbol{M}}{M_1}\right)\boldsymbol{A}=\boldsymbol{Q}_1\boldsymbol{A}\tag{5-28}$$

式中

$$\boldsymbol{Q}_1=\left(\boldsymbol{I}-\frac{\boldsymbol{A}^{(1)}(\boldsymbol{A}^{(1)})^{\mathrm{T}}\boldsymbol{M}}{M_1}\right)\tag{5-29}$$

称为清除矩阵。用 $\boldsymbol{Q}_1\boldsymbol{A}$ 进行迭代，则可求得第二阶固有圆频率和主振型。

如果在假设振型中消去前 $P$ 阶主振型成分，则需取新的假设振型

$$\boldsymbol{A}-\sum_{j=1}^{P}C_j\boldsymbol{A}^{(j)}=\boldsymbol{A}-\sum_{j=1}^{P}\boldsymbol{A}^{(j)}\frac{(\boldsymbol{A}^{(j)})^{\mathrm{T}}\boldsymbol{MA}}{M_j}=\left(\boldsymbol{I}-\sum_{j=1}^{P}\frac{\boldsymbol{A}^{(j)}(\boldsymbol{A}^{(j)})^{\mathrm{T}}\boldsymbol{M}}{M_j}\right)\boldsymbol{A}=\boldsymbol{Q}_P\boldsymbol{A}\tag{5-30}$$

式中

$$\boldsymbol{Q}_P=\boldsymbol{I}-\sum_{j=1}^{P}\frac{\boldsymbol{A}^{(j)}(\boldsymbol{A}^{(j)})^{\mathrm{T}}\boldsymbol{M}}{M_j}\tag{5-31}$$

称为前 $P$ 阶清除矩阵。应用 $\boldsymbol{Q}_P\boldsymbol{A}$ 作为假设振型进行迭代，将得到第 $P+1$ 阶固有圆频率及主振型。

应当注意到，在运算中不可避免地存在舍入误差，即在迭代过程中难免会引入一些低阶主振型分量，所以在每一次迭代前都必须重新进行清除运算。实际上，可以把迭代运算和清除低阶振型运算合并在一起，即将清除矩阵并入动力矩阵 $\boldsymbol{D}$ 中去，并入原理如下：

$$\boldsymbol{DA}=\boldsymbol{D}\left(C_1\boldsymbol{A}^{(1)}+C_2\boldsymbol{A}^{(2)}+\cdots+C_n\boldsymbol{A}^{(n)}\right)$$

因为

$$\boldsymbol{DA}^{(1)}=\frac{1}{p_1^2}\boldsymbol{A}^{(1)},\qquad \boldsymbol{DA}^{(i)}=\frac{1}{p_1^2}\boldsymbol{A}^{(i)}$$

所以

$$DA=\frac{C_1}{p_1^2}A^{(1)}+\frac{C_2}{p_2^2}A^{(2)}+\cdots+\frac{C_n}{p_n^2}A^{(n)}$$

从 $\boldsymbol{DA}$ 中清除 $\boldsymbol{A}^{(1)}$，即

$$DA-\frac{C_1}{p_1^2}A^{(1)}=DA-\frac{A^{(1)}(A^{(1)})^{\mathrm{T}}M}{M_1p_1^2}A=\left(D-\frac{A^{(1)}(A^{(1)})^{\mathrm{T}}M}{M_1p_1^2}\right)A$$

令

$$D^*=D-\frac{A^{(1)}(A^{(1)})^{\mathrm{T}}M}{M_1p_1^2} \tag{5-32}$$

称之为含清除矩阵的新动力矩阵。用矩阵 $\boldsymbol{D}^*$ 进行迭代将得到第二阶主振型及第二阶固有圆频率。

因此，包含前 $P$ 阶清除矩阵的动力矩阵为

$$D^*=D-\sum_{j=1}^{P}\frac{A^{(j)}(A^{(j)})^{\mathrm{T}}M}{M_jp_j^2} \tag{5-33}$$

**例 5-5** 用矩阵迭代法求例 5-4 系统中的第二阶固有频率及主振型。

**解**：在例 5-4 中，用矩阵迭代法已求出系统的第一阶固有圆频率和主振型为

$$p_1=\sqrt{0.1980\frac{k}{J}},\quad A^{(1)}=(1.0000\quad 1.8019\quad 2.2470)^{\mathrm{T}}$$

于是，可计算出

$$M_1=(A^{(1)})^{\mathrm{T}}MA^{(1)}=9.2959J$$

$$A^{(1)}(A^{(1)})^{\mathrm{T}}M=J\begin{pmatrix}1.0000 & 1.8019 & 2.2479\\ 1.8019 & 3.2468 & 4.0489\\ 2.2479 & 4.0489 & 5.0490\end{pmatrix}$$

由式（5-32）得到含清除矩阵的动力矩阵

$$D^*=D-\frac{A^{(1)}(A^{(1)})^{\mathrm{T}}M}{M_1p_1^2}=\frac{J}{k}\begin{pmatrix}0.4567 & 0.2010 & -0.2208\\ 0.2010 & 0.2359 & -0.1998\\ -0.2208 & -0.1998 & 0.2569\end{pmatrix}$$

选取初始假设振型 $A_0^{(2)}=(1\quad 1\quad -1)^{\mathrm{T}}$。现经过十二次迭代后，得到第二阶固有频率的主振型

$$f_2=\frac{1}{2\pi}p_2=\frac{1}{2\pi}\sqrt{1.5552\frac{k}{J}},\quad A^{(2)}=(1.0000\quad 0.4452\quad -0.8020)^{\mathrm{T}}$$

## 5.5 子空间迭代法

将矩阵迭代法与里兹法结合起来，可以得到一种新的计算方法，即子空间迭代法。它对求解自由度数较大系统的较低的前若干阶固有频率及主振型非常有效。

计算系统的前 $P$ 阶固有频率和主振型，按照里兹法，可假设 $s$ 个振型且 $s>P$。将这些假设振型排列成 $n\times s$ 阶矩阵，即

$$A_0=[\boldsymbol{\Psi}_1\quad \boldsymbol{\Psi}_2\quad \cdots\quad \boldsymbol{\Psi}_s]$$

其中每个 $\boldsymbol{\Psi}$ 都包含有前 $P$ 阶振型的成分，同时也包含有高阶振型的成分。为了提高里兹法求得的振型和频率的精确度，将 $\boldsymbol{A}_0$ 代入动力矩阵表达式（5-26）中进行迭代，并对各列阵分别归一化后得

$$\boldsymbol{\Psi}_{\mathrm{I}}=\Delta\boldsymbol{M}\boldsymbol{A}_0 \tag{5-34}$$

这样做的目的是使 $\boldsymbol{\Psi}_{\mathrm{I}}$ 比 $\boldsymbol{A}_0$ 含有较强的低阶振型成分，缩小高阶成分。但如果继续用 $\boldsymbol{\Psi}_{\mathrm{I}}$ 进行迭代，所有各阶振型即 $\boldsymbol{\Psi}_{\mathrm{I}}$ 的各列都将趋于 $\boldsymbol{A}^{(1)}$。为了避免这一点，可以在迭代过程中进行振型的正交化。用里兹法进行振型正交化具有收敛快的特点。因为它是利用瑞利取驻值的条件，寻求 $s^2$ 个 $a_{ij}$的系数，使得 $\boldsymbol{\Psi}_{\mathrm{I}}$ 的每一列都成为相对应振型 $\boldsymbol{A}^{(i)}$ 的最佳近似。所以用 $\boldsymbol{\Psi}_{\mathrm{I}}$ 作为假设振型，再按里兹法求解，即设

$$\boldsymbol{A}_{\mathrm{I}}=\boldsymbol{\Psi}_{\mathrm{I}}\boldsymbol{a}_{\mathrm{I}} \tag{5-35}$$

式中，$\boldsymbol{a}_{\mathrm{I}}$ 是一个 $s\times s$ 阶待定系数方阵，于是可求得广义质量矩阵和广义刚度矩阵。

$$\boldsymbol{M}_{\mathrm{I}}^{*}=\boldsymbol{\Psi}_{\mathrm{I}}^{\mathrm{T}}\boldsymbol{M}\boldsymbol{\Psi}_{\mathrm{I}} \tag{5-36}$$

$$\boldsymbol{K}_{\mathrm{I}}^{*}=\boldsymbol{\Psi}_{\mathrm{I}}^{\mathrm{T}}\boldsymbol{K}\boldsymbol{\Psi}_{\mathrm{I}} \tag{5-37}$$

再由里兹法特征值问题，即求解方程

$$\boldsymbol{K}_{\mathrm{I}}^{*}\boldsymbol{a}_{\mathrm{I}}=p^2\boldsymbol{M}_{\mathrm{I}}^{*}\boldsymbol{a}_{\mathrm{I}} \tag{5-38}$$

得到 $s$ 个 $p^2$ 值及对应的特征矢量 $\boldsymbol{a}_{\mathrm{I}}$，从而由式（5-35）求出 $\boldsymbol{A}_{\mathrm{I}}$。

然后，以求出的 $\boldsymbol{A}_{\mathrm{I}}$ 作为假设振型进行迭代，可求得

$$\boldsymbol{\Psi}_{\mathrm{II}}=\Delta\boldsymbol{M}\boldsymbol{A}_{\mathrm{I}} \tag{5-39}$$

由里兹法，即

$$\boldsymbol{A}_{\mathrm{II}}=\boldsymbol{\Psi}_{\mathrm{II}}\boldsymbol{a}_{\mathrm{II}} \tag{5-40}$$

求特征值问题，解出 $\boldsymbol{a}_{\mathrm{II}}$、$\boldsymbol{A}_{\mathrm{II}}$。不断地重复矩阵迭代和里兹法的过程，就可以得到所需精度的振型和固有圆频率。

子空间迭代法是对一组假设振型反复地使用迭代法和里兹法的运算。从几何观点上看，原 $n$ 阶特征值系统有 $n$ 个线性无关的特征矢量 $\boldsymbol{A}^{(1)}$、$\boldsymbol{A}^{(2)}$、…、$\boldsymbol{A}^{(n)}$，它们之间是正交的，张成一个 $n$ 维空间。而假设的 $s$ 个线性无关的 $n$ 维矢量 $\boldsymbol{\Psi}_1$、$\boldsymbol{\Psi}_2$、…、$\boldsymbol{\Psi}_s$ 张成一个 $s$ 维子空间，迭代的功能是使这 $s$ 个矢量的低阶成分不断地相对放大，即向 $\boldsymbol{A}^{(1)}$、$\boldsymbol{A}^{(2)}$、…、$\boldsymbol{A}^{(s)}$ 张成的子空间靠拢。如果只迭代不进行正交化，最后这 $s$ 个矢量将指向同一方向，即 $\boldsymbol{A}^{(1)}$ 的方向。由于用里兹法作了正交处理，则这些矢量不断旋转，最后分别指向前 $s$ 个特征值的方向。即由 $\boldsymbol{\Psi}_1$、$\boldsymbol{\Psi}_2$、…、$\boldsymbol{\Psi}_s$张成的一个 $s$ 维子空间，经反复地迭代正交化的旋转而逼近于由 $\boldsymbol{A}^{(1)}$、$\boldsymbol{A}^{(2)}$、…、$\boldsymbol{A}^{(s)}$ 所张成的子空间。

在实践中发现，最低的几阶振型一般收敛很快，经过二至三次迭代便已稳定在某一数值。在以后的迭代中不能使这几个低阶振型值的精度进一步提高，只是随着迭代次数的增加，将有越来越多的低阶振型值稳定下来。所以，在计算时要多取几个假设振型，如果所需求的是 $P$ 个振型，则假设振型个数 $s$ 一般应在 $2P$ 与 $2P+8$ 之间取值。

子空间迭代法有很大的优点，它可以有效地克服由于几个固有频率非常接近时收敛速度

慢的困难。同时，在大型复杂结构的振动分析中，系统的自由度数目可达几百甚至上千，但是，实际需用的固有频率与主振型只是最低的三四十个，通常对此系统要进行坐标缩聚。与其他方法相比，子空间迭代法具有精度高和可靠的优点。因此，它已成为大型复杂结构振动分析的最有效的方法之一。

---

**例 5-6**　用子空间迭代法求例 5-2 中所示系统的前二阶固有频率及振型。

**解：** 系统的质量矩阵、刚度矩阵和柔度矩阵已由例 5-2 求出。

现取假设振型

$$\boldsymbol{A}_0=\begin{pmatrix}0.250 & 0.500 & 0.750 & 1.000\\ 1.000 & 1.000 & 0.000 & -0.900\end{pmatrix}^{\mathrm{T}}$$

由动力矩阵迭代得到

$$\boldsymbol{\Delta M A}_0=\frac{m}{k}\begin{pmatrix}2.500 & 4.750 & 6.500 & 7.500\\ 1.100 & 1.200 & 0.300 & -0.600\end{pmatrix}^{\mathrm{T}}$$

将各列分别归一化得

$$\boldsymbol{\Psi}_{\mathrm{I}}=\begin{pmatrix}0.3333 & 0.6333 & 0.8667 & 1.0000\\ 0.9167 & 1.0000 & 0.2500 & -0.5000\end{pmatrix}^{\mathrm{T}}$$

求得 $\boldsymbol{M}_{\mathrm{I}}^*$、$\boldsymbol{K}_{\mathrm{I}}^*$

$$\boldsymbol{M}_{\mathrm{I}}^*=\boldsymbol{\Psi}_{\mathrm{I}}^{\mathrm{T}}\boldsymbol{M}\boldsymbol{\Psi}_{\mathrm{I}}=m\begin{pmatrix}2.2633 & 0.6556\\ 0.6556 & 2.1528\end{pmatrix}$$

$$\boldsymbol{K}_{\mathrm{I}}^*=\boldsymbol{\Psi}_{\mathrm{I}}^{\mathrm{T}}\boldsymbol{K}\boldsymbol{\Psi}_{\mathrm{I}}=k\begin{pmatrix}0.2733 & 0.0556\\ 0.0556 & 1.9722\end{pmatrix}$$

再由里兹法特征值问题得

$$(\boldsymbol{K}_{\mathrm{I}}^*-p^2\boldsymbol{M}_{\mathrm{I}}^*)\ \boldsymbol{a}_{\mathrm{I}}=\boldsymbol{0}$$

即

$$\begin{pmatrix}0.2733-2.2633\alpha & 0.0556-0.6556\alpha\\ 0.0556-0.6556\alpha & 1.9722-2.1528\alpha\end{pmatrix}\begin{pmatrix}a_1\\ a_2\end{pmatrix}_{(1)}=\begin{pmatrix}0\\ 0\end{pmatrix}$$

式中，$\alpha=\dfrac{mp^2}{k}$。由上述方程有非零解的条件，得频率方程为

$$4.4427\alpha^2-4.9794\alpha+0.5360=0$$

解出

$$\alpha_1=0.1206,\qquad \alpha_2=1.0002;$$

$$\boldsymbol{a}_{\mathrm{I}}^{(1)}=\begin{pmatrix}1.0000\\ 0.0137\end{pmatrix},\qquad \boldsymbol{a}_{\mathrm{I}}^{(2)}=\begin{pmatrix}-0.3015\\ 1.0000\end{pmatrix}$$

所以

$$\boldsymbol{\Psi}_{\mathrm{I}}\boldsymbol{a}_{\mathrm{I}}=\begin{pmatrix}0.3333 & 0.9167\\ 0.6333 & 1.0000\\ 0.8667 & 0.2500\\ 1.0000 & -0.5000\end{pmatrix}\begin{pmatrix}1.0000 & -0.3015\\ 0.0137 & 1.0000\end{pmatrix}=\begin{pmatrix}0.3459 & 0.8162\\ 0.6472 & 0.8090\\ 0.8701 & -0.0113\\ 0.9931 & -0.8015\end{pmatrix}$$

各列分别归一化后，得

$$A_{\mathrm{I}}=\begin{pmatrix}0.3483 & 1.0000\\0.6515 & 0.9913\\0.8761 & -0.0139\\1.0000 & -0.9820\end{pmatrix}$$

重复上述过程进行第二次迭代，由

$$\Delta MA_{\mathrm{I}}=\frac{m}{k}\begin{pmatrix}2.8760 & 0.9954\\5.4036 & 0.9980\\7.2798 & -0.0051\\8.2798 & -0.9871\end{pmatrix}$$

归一化后得

$$\boldsymbol{\Psi}_{\mathrm{II}}=\begin{pmatrix}0.3473 & 0.6526 & 0.8792 & 1.0000\\1.0000 & 0.9954 & -0.0051 & -0.9917\end{pmatrix}^{\mathrm{T}}$$

则有

$$\boldsymbol{M}_{\mathrm{II}}^{*}=\boldsymbol{\Psi}_{\mathrm{II}}^{\mathrm{T}}\boldsymbol{M}\boldsymbol{\Psi}_{\mathrm{II}}=m\begin{pmatrix}2.3196 & 0.0007\\0.0007 & 2.9743\end{pmatrix}$$

$$\boldsymbol{K}_{\mathrm{II}}^{*}=\boldsymbol{\Psi}_{\mathrm{II}}^{\mathrm{T}}\boldsymbol{K}\boldsymbol{\Psi}_{\mathrm{II}}=k\begin{pmatrix}0.2788 & 0.0001\\0.0001 & 2.9744\end{pmatrix}$$

由

$$(\boldsymbol{K}_{\mathrm{II}}^{*}-p^2\boldsymbol{M}_{\mathrm{II}}^{*})\boldsymbol{a}_{\mathrm{II}}=\boldsymbol{0}$$

即

$$\begin{pmatrix}0.2788-2.3196\alpha & 0.0001-0.0007\alpha\\0.0001-0.0007\alpha & 2.9744-2.9743\alpha\end{pmatrix}\begin{pmatrix}a_1\\a_2\end{pmatrix}_{\mathrm{II}}=\begin{pmatrix}0\\0\end{pmatrix}$$

得频率方程为

$$6.8991\alpha^2-7.7315\alpha+0.8321=0$$

解得

$$\alpha_1=0.1206,\qquad \alpha_2=1.0000;$$

$$\boldsymbol{a}_{\mathrm{II}}^{(1)}=\begin{pmatrix}1.0000\\0.0001\end{pmatrix},\quad \boldsymbol{a}_{\mathrm{II}}^{(2)}=\begin{pmatrix}-0.0003\\1.0000\end{pmatrix}$$

$$\boldsymbol{\Psi}_{\mathrm{II}}\boldsymbol{a}_{\mathrm{II}}=\begin{pmatrix}0.3473 & 1.0000\\0.6526 & 0.9954\\0.8792 & -0.0051\\1.0000 & -0.9917\end{pmatrix}\begin{pmatrix}1.0000 & -0.0003\\0.0001 & 1.0000\end{pmatrix}$$

由于 $\boldsymbol{a}_{\mathrm{II}}$ 近似于单位矩阵，所以有

$$\boldsymbol{A}_{\mathrm{II}}=\boldsymbol{\Psi}_{\mathrm{II}}\boldsymbol{a}_{\mathrm{II}}=\boldsymbol{\Psi}_{\mathrm{II}}$$

由于其与 $\boldsymbol{A}_{\mathrm{I}}$ 比较接近，因而可以结束迭代（为提高精度，还可以进行下一次迭代），求得系统的前二阶固有频率及相应的主振型为

$$f_1=\frac{1}{2\pi}p_1=\frac{1}{2\pi}\sqrt{0.1206\frac{k}{m}},\qquad f_2=\frac{1}{2\pi}p_2=\frac{1}{2\pi}\sqrt{\frac{k}{m}}$$

$$A^{(1)}=(0.3473\quad 0.6526\quad 0.8792\quad 1.0000)^{T}$$

$$A^{(2)}=(1.0000\quad 0.9954\quad -0.0051\quad 0.9917)^{T}$$

## 5.6 传递矩阵法

工程上有些结构是由具有重复性的相同区段像链条那样组合而成的。例如弹簧-质量系统，它是由一个弹簧和一个质量依次组合而成的链状系统，如图5-3所示。对于这类系统，可将其分成有限个单元或段，每一单元包含一个无重弹簧和一个质量块。类似的系统还有轴盘扭转振动系统；连续梁的横向弯曲振动系统等。计算这类链状结构的固有频率和主振型时，宜采用传递矩阵法。采用传递矩阵法进行振动分析时，只需要对一些低阶次的矩阵进行乘法运算，数值解时也只需计算低阶次的矩阵及行列式。计算工作大大简化，并可推广来求系统的响应。

### 5.6.1 弹簧-质量链状系统

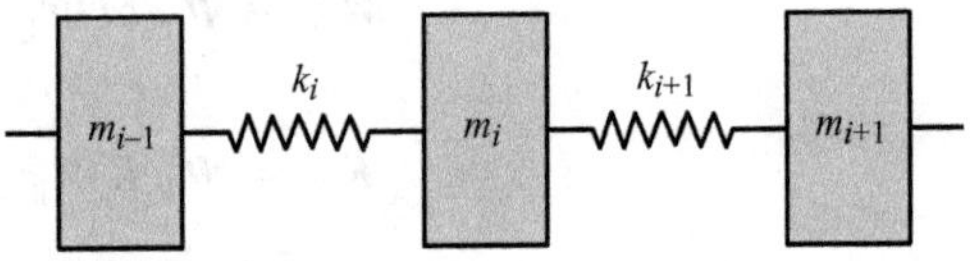

图5-3　弹簧-质量链状系统示意图

图5-3是弹簧-质量链状系统的一部分。质量 $m_i$ 和弹簧 $k_i$ 组成一个单元。画出质量块 $m_i$ 的受力图如图5-4所示。其位移为 $x_i$，上角标L和R是左边和右边的标记。由于质量块 $m_i$ 是刚体，所以

$$x_i^R=x_i^L=x_i \tag{5-41}$$

运动方程为

$$m_i\ddot{x}_i=F_i^R-F_i^L \tag{5-42}$$

设质量 $m_i$ 做圆频率为 $p$ 的简谐振动，其加速度为

$$\ddot{x}_i=-p^2x_i \tag{5-43}$$

将式（5-43）代入式（5-42），得到

$$F_i^R=F_i^L-m_ip^2x_i^L \tag{5-44}$$

式（5-41）与式（5-44）组合起来，写成矩阵形式

$$\begin{pmatrix} x \\ F \end{pmatrix}_i^R=\begin{pmatrix} 1 & 0 \\ -mp^2 & 1 \end{pmatrix}_i\begin{pmatrix} x \\ F \end{pmatrix}_i^L \tag{5-45}$$

向量 $(x\quad F)^T$ 称为状态向量，矩阵

$$P=\begin{pmatrix} 1 & 0 \\ -mp^2 & 1 \end{pmatrix}$$

叫作点传递矩阵。点传递矩阵把质量两边的状态向量联系起来。

画出第 $i$ 段弹簧的受力图如图5-5所示。由于不计弹簧的质量，所以

$$F_i^L=F_{i-1}^R \tag{5-46}$$

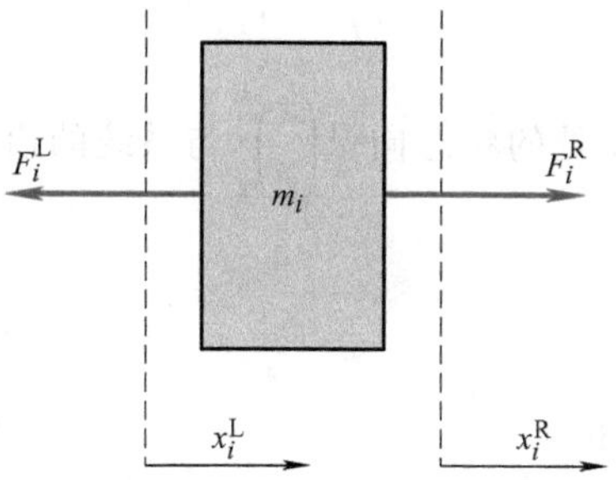


图 5-4　第 $i$ 个质量块受力图

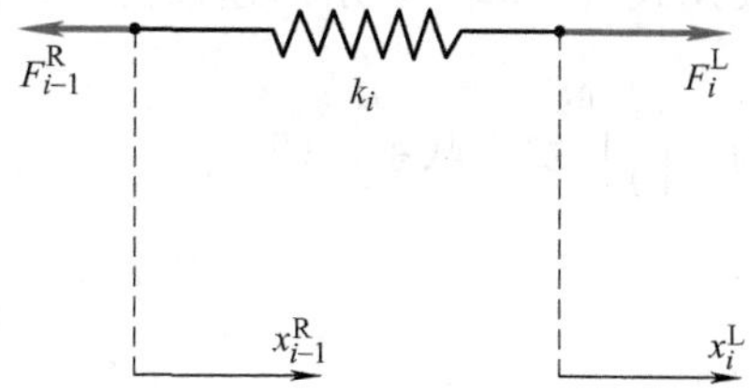


图 5-5　第 $i$ 段弹簧受力图

且

$$F_i^L = k_i(x_i^L - x_{i-1}^R) = F_{i-1}^R$$

即

$$x_i^L = x_{i-1}^R + \frac{F_{i-1}^R}{k_i} \tag{5-47}$$

由式（5-46）和式（5-47），得到

$$\begin{pmatrix} x \\ F \end{pmatrix}_i^L = \begin{pmatrix} 1 & \frac{1}{k} \\ 0 & 1 \end{pmatrix}_i \begin{pmatrix} x \\ F \end{pmatrix}_{i-1}^R \tag{5-48}$$

矩阵

$$\boldsymbol{F} = \begin{pmatrix} 1 & \frac{1}{k} \\ 0 & 1 \end{pmatrix}$$

叫作场传递矩阵。场传递矩阵把弹簧两边的状态向量联系起来。

将式（5-48）代入式（5-45），得

$$\begin{pmatrix} x \\ F \end{pmatrix}_i^R = \begin{pmatrix} 1 & 0 \\ -mp^2 & 1 \end{pmatrix}_i \begin{pmatrix} 1 & \frac{1}{k} \\ 0 & 1 \end{pmatrix}_i \begin{pmatrix} x \\ F \end{pmatrix}_{i-1}^R \tag{5-49}$$

即

$$\begin{pmatrix} x \\ F \end{pmatrix}_i^R = \begin{pmatrix} 1 & \frac{1}{k} \\ -mp^2 & 1-\frac{mp^2}{k} \end{pmatrix}_i \begin{pmatrix} x \\ F \end{pmatrix}_{i-1}^R \tag{5-50}$$

式（5-50）把位置 $i$ 和 $i-1$ 的右边的状态向量直接联系起来，写成简单形式，有

$$\begin{pmatrix} x \\ F \end{pmatrix}_i^R = \boldsymbol{H}_i \begin{pmatrix} x \\ F \end{pmatrix}_{i-1}^R \tag{5-51}$$

矩阵

$$\boldsymbol{H}_i = \begin{pmatrix} 1 & \frac{1}{k} \\ -mp^2 & 1-\frac{mp^2}{k} \end{pmatrix}_i \tag{5-52}$$

叫作 $i$ 段的分段传递矩阵。

使用式（5-52）表示的递推公式，能使典型位置 $i$ 处的状态向量$\begin{pmatrix} x \\ F \end{pmatrix}_i^{\mathrm{R}}$与系统的边界处的状态向量$\begin{pmatrix} x \\ F \end{pmatrix}_0^{\mathrm{R}}$发生联系，即

$$\begin{pmatrix} x \\ F \end{pmatrix}_i^{\mathrm{R}} = \boldsymbol{H}_i \boldsymbol{H}_{i-1} \cdots \boldsymbol{H}_2 \boldsymbol{H}_1 \begin{pmatrix} x \\ F \end{pmatrix}_0^{\mathrm{R}} \tag{5-53}$$

将边界条件代入式（5-53）得到频率方程，从而求得系统的各阶固有频率和主振型。

## 5.6.2　轴盘扭转振动系统

### 1. 单支轴盘扭转振动系统

图5-6是轴盘扭转振动系统的一部分。设各圆盘可以和轴一起转动（略去横向运动），它们对转动轴线的转动惯量分别为 $I_{\mathrm{p}0}$、$I_{\mathrm{p}1}$、…、$I_{\mathrm{p}i}$、$I_{\mathrm{p}(i+1)}$、…，圆盘间各段轴的抗扭刚度分别为 $k_1$、$k_2$、…、$k_i$、$k_{i+1}$、…。以第 $i$ 个圆盘 $I_{\mathrm{p}i}$ 和第 $i$ 段轴组成分段单元，分别画出受力图如图5-7所示。由受力分析可得到

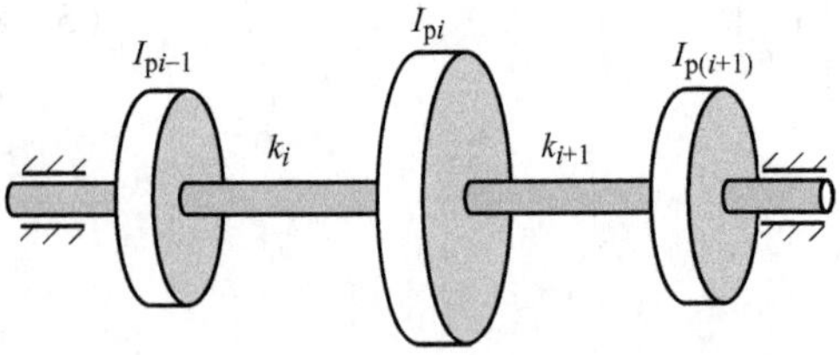


图5-6　轴盘扭转振动系统

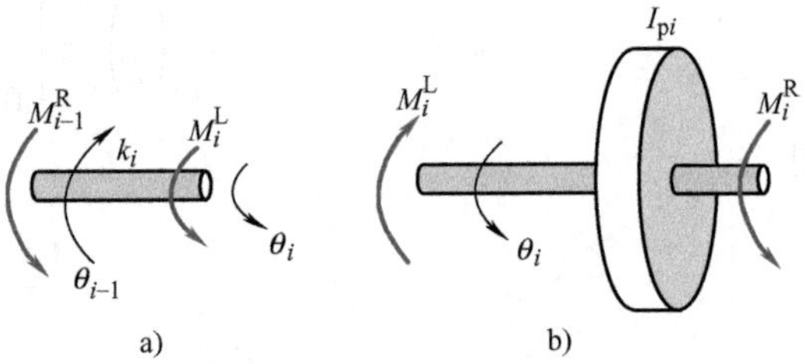


图5-7　系统元件分段受力图

$$\begin{pmatrix} \theta \\ M \end{pmatrix}_i^{\mathrm{R}} = \begin{pmatrix} 1 & 0 \\ -I_{\mathrm{p}}p^2 & 1 \end{pmatrix}_i \begin{pmatrix} \theta \\ M \end{pmatrix}_i^{\mathrm{L}} \tag{5-54}$$

$$\begin{pmatrix} \theta \\ M \end{pmatrix}_i^{\mathrm{L}} = \begin{pmatrix} 1 & \dfrac{1}{k} \\ 0 & 1 \end{pmatrix}_i \begin{pmatrix} \theta \\ M \end{pmatrix}_{i-1}^{\mathrm{R}} \tag{5-55}$$

式中，$\begin{pmatrix} \theta \\ M \end{pmatrix}_i$称为 $i$ 点的状态向量。

$$\boldsymbol{P} = \begin{pmatrix} 1 & 0 \\ -I_{\mathrm{p}}p^2 & 1 \end{pmatrix} \tag{5-56}$$

是点传递矩阵，而

$$\boldsymbol{F} = \begin{pmatrix} 1 & \dfrac{1}{k} \\ 0 & 1 \end{pmatrix} \tag{5-57}$$

是场传递矩阵。类似地可以得到各段向量的转换关系

$$\begin{pmatrix} \theta \\ M \end{pmatrix}_i^{\mathrm{R}} = \begin{pmatrix} 1 & 0 \\ -I_{\mathrm{p}}p^2 & 1 \end{pmatrix}_i \begin{pmatrix} 1 & \dfrac{1}{k} \\ 0 & 1 \end{pmatrix}_i \begin{pmatrix} \theta \\ M \end{pmatrix}_{i-1}^{\mathrm{R}} = \begin{pmatrix} 1 & \dfrac{1}{k} \\ -I_{\mathrm{p}}p^2 & 1-\dfrac{I_{\mathrm{p}}p^2}{k} \end{pmatrix}_i \begin{pmatrix} \theta \\ M \end{pmatrix}_{i-1}^{\mathrm{R}} \tag{5-58}$$

式中，令

$$\boldsymbol{H}_i=\begin{pmatrix}1 & \dfrac{1}{k}\\ -I_{\mathrm{p}}p^2 & 1-\dfrac{I_{\mathrm{p}}p^2}{k}\end{pmatrix}_i \tag{5-59}$$

$H_i$ 是分段传递矩阵。

**2. 具有分支的轴盘扭转振动系统**

有些轴盘扭转振动系统是带有分支的链状结构，这时需要选择其中部分链状结构作为主系统，其他分支作为分支系统。在主系统上推导分支点两侧状态向量的传递关系时，要考虑分支系统对支点的影响。以图 5-8 所示的分支链状系统为例。选择圆盘 $I_{\mathrm{p1}}$、$I_{\mathrm{p3}}$、$I_{\mathrm{p4}}$所在的轴作为主系统，以（A）表示；圆盘 $I_{\mathrm{p5}}$所在的轴作为分支系统，以（B）表示。分支系统（B）对主系统（A）的影响只是在主轴系（A）中的 $A$ 齿轮上作用有附加力矩。在分析传递矩阵时，应将该附加力矩考虑进传递矩阵中去。

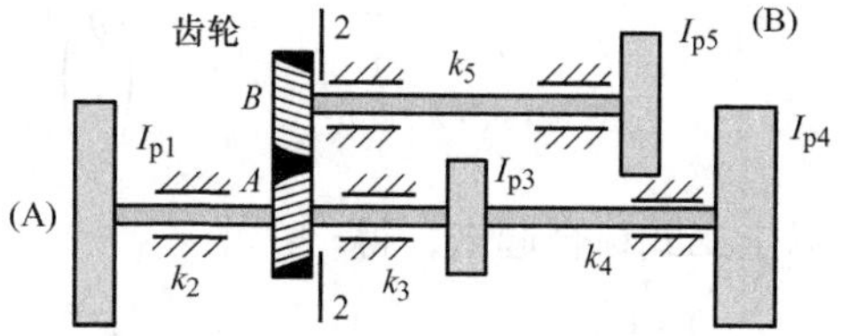

图 5-8　轴盘扭转振动分支系统

假设齿轮 $A$、$B$ 的转动惯量可忽略不计，齿轮 $A$ 与齿轮 $B$ 的传动比为 $n$。由于是外啮合，两个齿轮的转角有如下关系

$$\theta_{2B}=-n\theta_{2A} \tag{5-60}$$

对于（B）轴系，由式（5-58），有

$$\begin{pmatrix}\theta\\ M\end{pmatrix}_5^{\mathrm{R}}=\begin{pmatrix}1 & \dfrac{1}{k_5}\\ -I_{\mathrm{p5}}p^2 & 1-\dfrac{I_{\mathrm{p5}}p^2}{k_5}\end{pmatrix}\begin{pmatrix}\theta\\ M\end{pmatrix}_{2B}^{\mathrm{R}}$$

在该式前乘以传递矩阵的逆矩阵，并考虑到在自由端的扭矩 $M_5^{\mathrm{R}}=0$，则有

$$\begin{pmatrix}\theta\\ M\end{pmatrix}_{2B}^{\mathrm{R}}=\begin{pmatrix}1-\dfrac{I_{\mathrm{p5}}p^2}{k_5} & -\dfrac{1}{k_5}\\ I_{\mathrm{p5}}p^2 & 1\end{pmatrix}\begin{pmatrix}\theta\\ M\end{pmatrix}_5^{\mathrm{R}}=\begin{pmatrix}1-\dfrac{I_{\mathrm{p5}}p^2}{k_5}\\ I_{\mathrm{p5}}p^2\end{pmatrix}\theta_5^{\mathrm{R}} \tag{5-61}$$

或

$$M_{2B}^{\mathrm{R}}=I_{\mathrm{p5}}p^2\theta_5^{\mathrm{R}}=\frac{I_{\mathrm{p5}}p^2}{1-\dfrac{I_{\mathrm{p5}}p^2}{k_5}}\theta_{2B}^{\mathrm{R}} \tag{5-62}$$

对于（A）轴系，由作用在（A）轴系上齿轮 $A$ 的力矩平衡方程，有

$$\begin{cases}M_{2A}^{\mathrm{R}}=M_{2A}^{\mathrm{L}}+nM_{2B}^{\mathrm{R}}\\ \theta_{2B}^{\mathrm{R}}=-n\theta_{2A}^{\mathrm{L}}=-n\theta_{2A}^{\mathrm{R}}\end{cases} \tag{5-63}$$

由式（5-62）、式（5-63）可得到

$$\begin{pmatrix}\theta\\M\end{pmatrix}_{2A}^{R}=\begin{pmatrix}1&0\\\dfrac{-n^2I_{p5}p^2}{1-\dfrac{I_{p5}p^2}{k_5}}&1\end{pmatrix}\begin{pmatrix}\theta\\M\end{pmatrix}_{2A}^{L}\tag{5-64}$$

式（5-64）中的矩阵，即为在 2 处的点传递矩阵，再加上轴段的传递关系

$$\begin{pmatrix}\theta\\M\end{pmatrix}_{2A}^{L}=\begin{pmatrix}1&\dfrac{1}{k_2}\\0&1\end{pmatrix}\begin{pmatrix}\theta\\M\end{pmatrix}_{1}^{R}\tag{5-65}$$

将以上二式综合起来，得

$$\begin{pmatrix}\theta\\M\end{pmatrix}_{2A}^{R}=\begin{pmatrix}1&0\\\dfrac{-n^2I_{p5}p^2}{1-\dfrac{I_{p5}p^2}{k_5}}&1\end{pmatrix}\begin{pmatrix}1&\dfrac{1}{k_2}\\0&1\end{pmatrix}\begin{pmatrix}\theta\\M\end{pmatrix}_{1}^{R}=\boldsymbol{H}_2\begin{pmatrix}\theta\\M\end{pmatrix}_{1}^{R}\tag{5-66}$$

式中

$$\boldsymbol{H}_2=\begin{pmatrix}1&\dfrac{1}{k_2}\\\dfrac{-n^2I_{p5}p^2}{1-\dfrac{I_{p5}p^2}{k_5}}&1-\dfrac{n^2I_{p5}p^2}{1-\dfrac{I_{p5}p^2}{k_5}}\end{pmatrix}\tag{5-67}$$

这就是考虑了分支系统经过齿轮 $A$ 对主系统的影响的分段传递矩阵。

---

**例 5-7** 图 5-9 所示系统是一个由四个圆盘组成的扭转振动系统，各圆盘的转动惯量分别为 $I_{p1}=I_{p3}=0.4\text{kg}\cdot\text{m}^2$，$I_{p2}=I_{p4}=0.1\text{kg}\cdot\text{m}^2$；轴间的扭转刚度分别为 $k_1=k_5=0$，$k_2=k_4=10\text{kN}\cdot\text{m/rad}$，$k_3=20\text{kN}\cdot\text{m/rad}$。试求系统的固有频率及主振型。

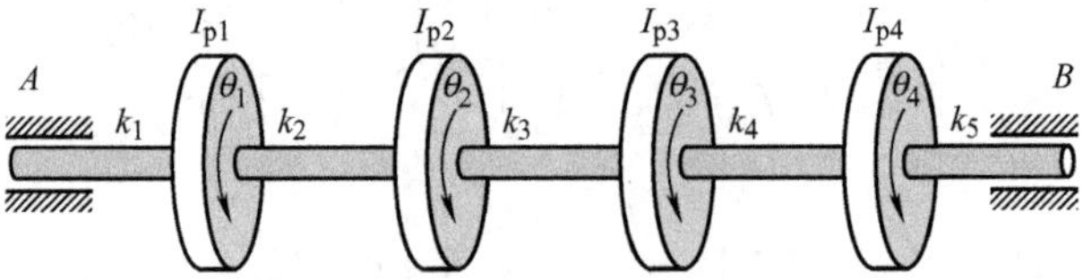


图 5-9 四圆盘扭转振动系统

**解：**从圆盘 1 开始，由边界条件 $\theta_1=1$，$M_1^{L}=0$，于是

$$\begin{pmatrix}\theta\\M\end{pmatrix}_{1}^{R}=\begin{pmatrix}1&0\\-I_{p1}p^2&1\end{pmatrix}\begin{pmatrix}\theta\\M\end{pmatrix}_{1}^{L}=\begin{pmatrix}1&0\\-0.4p^2&1\end{pmatrix}\begin{pmatrix}1\\0\end{pmatrix}=\begin{pmatrix}1\\-0.4p^2\end{pmatrix}\tag{a}$$

圆盘 2 的状态向量为

$$\begin{pmatrix}\theta\\M\end{pmatrix}_2^{\mathrm{R}}=\begin{pmatrix}1 & \dfrac{1}{k_2}\\ -I_{\mathrm{p}2}p^2 & 1-\dfrac{I_{\mathrm{p}2}p^2}{k_2}\end{pmatrix}_2\begin{pmatrix}\theta\\M\end{pmatrix}_1^{\mathrm{R}} \tag{b}$$

圆盘 3 的状态向量为

$$\begin{pmatrix}\theta\\M\end{pmatrix}_3^{\mathrm{R}}=\begin{pmatrix}1 & \dfrac{1}{k_3}\\ -I_{\mathrm{p}3}p^2 & 1-\dfrac{I_{\mathrm{p}3}p^2}{k_3}\end{pmatrix}_3\begin{pmatrix}\theta\\M\end{pmatrix}_2^{\mathrm{R}} \tag{c}$$

圆盘 4 的状态向量为

$$\begin{pmatrix}\theta\\M\end{pmatrix}_4^{\mathrm{R}}=\begin{pmatrix}1 & \dfrac{1}{k_4}\\ -I_{\mathrm{p}4}p^2 & 1-\dfrac{I_{\mathrm{p}4}p^2}{k_4}\end{pmatrix}_4\begin{pmatrix}\theta\\M\end{pmatrix}_3^{\mathrm{R}} \tag{d}$$

将以上四式连接起来，有

$$\begin{pmatrix}\theta\\M\end{pmatrix}_4^{\mathrm{R}}=\begin{pmatrix}1 & \dfrac{1}{k_4}\\ -I_{\mathrm{p}4}p^2 & 1-\dfrac{I_{\mathrm{p}4}p^2}{k_4}\end{pmatrix}_4\begin{pmatrix}1 & \dfrac{1}{k_3}\\ -I_{\mathrm{p}3}p^2 & 1-\dfrac{I_{\mathrm{p}3}p^2}{k_3}\end{pmatrix}_3\begin{pmatrix}1 & \dfrac{1}{k_2}\\ -I_{\mathrm{p}2}p^2 & 1-\dfrac{I_{\mathrm{p}2}p^2}{k_2}\end{pmatrix}_2\begin{pmatrix}\theta\\M\end{pmatrix}_1^{\mathrm{R}} \tag{e}$$

对于式（e）代入数据，并由边界条件 $M_4^{\mathrm{R}}=0$，可得频率方程，即

$$M_4^{\mathrm{R}}=-p^2+4.55\times10^{-5}p^4-4\times10^{-10}p^6+0.8\times10^{-15}p^8=0$$

解出

$$f_1=\frac{1}{2\pi}p_1=0,\quad f_2=\frac{1}{2\pi}p_2=\frac{1701}{2\pi}\mathrm{rad/s},\quad f_3=\frac{1}{2\pi}p_3=\frac{3541}{2\pi}\mathrm{rad/s},\quad f_4=\frac{1}{2\pi}p_4=\frac{5881}{2\pi}\mathrm{rad/s}$$

将 $p_1=0$ 代入式（a）~式（d），可得 $\theta_1=\theta_2=\theta_3=\theta_4=1.00$，即对应于刚体振型。

$$\boldsymbol{A}^{(1)}=(1.00\quad 1.00\quad 1.00\quad 1.00)^{\mathrm{T}}$$

同理，将其他三阶固有圆频率分别代入式（a）、（b）、（c）、（d），则得到对应的主振型为

$$\boldsymbol{A}^{(2)}=(1.00\quad -0.16\quad -0.71\quad -1.00)^{\mathrm{T}}$$
$$\boldsymbol{A}^{(3)}=(1.00\quad -4.01\quad -4.00\quad 16.09)^{\mathrm{T}}$$
$$\boldsymbol{A}^{(4)}=(1.00\quad -12.83\quad 2.43\quad 0.70)^{\mathrm{T}}$$

### 5.6.3　梁的横向弯曲振动系统

对于连续梁类的横向弯曲振动系统，可将梁看成是由若干质量和无质量的梁段连接而成的。图 5-10所示是已分成一系列单元的梁的横向弯曲振动系统的一部分。一个典型单元包

括一个无质量梁段和一个集中质量。设第 $i$ 个单元内集中质量为 $m_i$，梁段长 $l_i$，抗弯刚度为 $EI_i$，其中 $E$ 为材料的弹性模量，$I_i$ 为截面对中性轴的惯性矩。图 5-11 分别画出了梁段及集中质量的受力图，其中各截面处的挠度 $y$、截面转角 $\theta$、剪力 $F_S$ 及弯矩 $M$ 都约定为正值，并组成了状态向量。

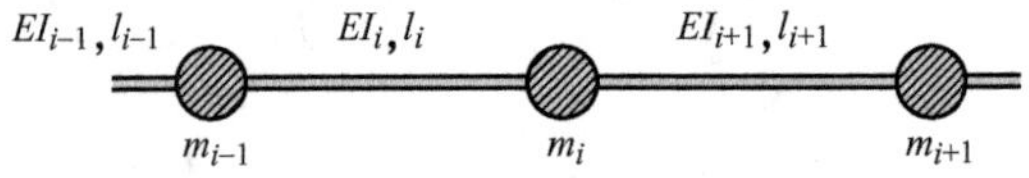


图 5-10　梁的横向弯曲振动系统示意图

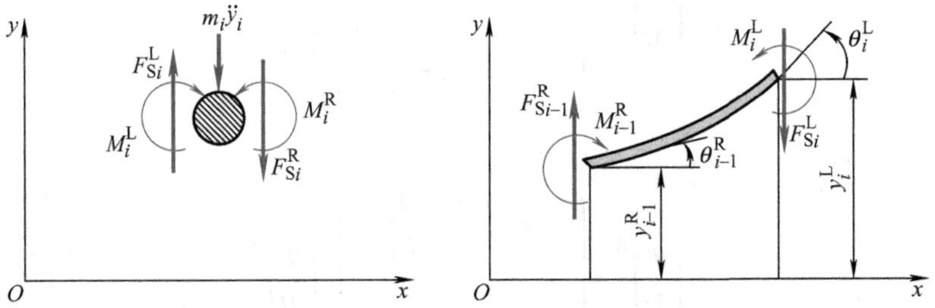


图 5-11　梁段及集中质量受力图
a）集中质量　b）无质量梁

$$\boldsymbol{Z}=(y \quad \theta \quad M \quad F_S)^{\mathrm{T}} \tag{5-68}$$

按照图 5-11a 的关系，得

$$\begin{cases} M_i^R = M_i^L \\ F_{Si}^{\ R} = F_{Si}^{\ L} + m_i y_i p^2 \\ y_i^R = y_i^L \\ \theta_i^R = \theta_i^L \end{cases} \tag{5-69}$$

于是，可得到传递关系

$$\begin{pmatrix} y \\ \theta \\ M \\ F_S \end{pmatrix}_i^R = \begin{pmatrix} 1 & 0 & 0 & 0 \\ 0 & 1 & 0 & 0 \\ 0 & 0 & 1 & 0 \\ m_i p^2 & 0 & 0 & 1 \end{pmatrix} \begin{pmatrix} y \\ \theta \\ M \\ F_S \end{pmatrix}_i^L \tag{5-70}$$

上式中的矩阵即为点传递矩阵。

由图 5-11b 的平衡条件，有

$$\begin{cases} F_{Si}^{\ L} = F_{S\,i-1}^{\ R} \\ M_i^L = M_{i-1}^R + F_{S\,i-1}^{\ R} l_i \end{cases} \tag{5-71}$$

现由弯曲方程计算轴段的挠度，由

$$M = EI\frac{\mathrm{d}^2 y}{\mathrm{d}x^2} = EI\frac{\mathrm{d}\theta}{\mathrm{d}x}$$

所以

$$\int \mathrm{d}\theta = \int \frac{M}{EI}\mathrm{d}x$$

则

$$\theta_i^{\mathrm{L}} = \theta_{i-1}^{\mathrm{R}} + \frac{M}{EI_i}\int (M_{i-1}^{\mathrm{R}} + F_{\mathrm{S}\,i-1}^{\;\mathrm{R}} x_i)\,\mathrm{d}x = \theta_{i-1}^{\mathrm{R}} + \frac{M_{i-1}^{\mathrm{R}} l_i}{EI_i} + \frac{F_{\mathrm{S}\,i-1}^{\;\mathrm{R}} l_i^2}{2EI_i} \tag{5-72}$$

梁的挠度 $y$ 为

$$y = \int \theta \mathrm{d}x$$

所以

$$\begin{aligned} y_i^{\mathrm{L}} &= y_{i-1}^{\mathrm{R}} + \int_0^{l_i}\left(\theta_{i-1}^{\mathrm{R}} + \frac{M_{i-1}^{\mathrm{R}} x}{EI_i} + \frac{F_{\mathrm{S}\,i-1}^{\;\mathrm{R}} x^2}{2EI_i}\right)\mathrm{d}x \\ &= y_{i-1}^{\mathrm{R}} + \theta_{i-1}^{\mathrm{R}} l_i + \frac{M_{i-1}^{\mathrm{R}} l_i^2}{2EI_i} + \frac{F_{\mathrm{S}\,i-1}^{\;\mathrm{R}} l_i^3}{6EI_i} \end{aligned} \tag{5-73}$$

将式（5-71）、式（5-72）、式（5-73）合写成矩阵形式，得到

$$\begin{pmatrix} y \\ \theta \\ M \\ F_{\mathrm{S}} \end{pmatrix}_i^{\mathrm{L}} = \begin{pmatrix} 1 & l_i & \dfrac{l_i^2}{2EI_i} & \dfrac{l_i^3}{6EI_i} \\ 0 & 1 & \dfrac{l_i}{EI_i} & \dfrac{l_i^2}{2EI_i} \\ 0 & 0 & 1 & l_i \\ 0 & 0 & 0 & 1 \end{pmatrix} \begin{pmatrix} y \\ \theta \\ M \\ F_{\mathrm{S}} \end{pmatrix}_i^{\mathrm{R}} \tag{5-74}$$

上式中的矩阵即为场传递矩阵。

将式（5-70）和式（5-74）合写为

$$\begin{aligned} \begin{pmatrix} y \\ \theta \\ M \\ F_{\mathrm{S}} \end{pmatrix}_i^{\mathrm{R}} &= \begin{pmatrix} 1 & 0 & 0 & 0 \\ 0 & 1 & 0 & 0 \\ 0 & 0 & 1 & 0 \\ m_i p^2 & 0 & 0 & 1 \end{pmatrix} \begin{pmatrix} 1 & l_i & \dfrac{l_i^2}{2EI_i} & \dfrac{l_i^3}{6EI_i} \\ 0 & 1 & \dfrac{l_i}{EI_i} & \dfrac{l_i^2}{2EI_i} \\ 0 & 0 & 1 & l_i \\ 0 & 0 & 0 & 1 \end{pmatrix} \begin{pmatrix} y \\ \theta \\ M \\ F_{\mathrm{S}} \end{pmatrix}_i^{\mathrm{R}} \\ &= \begin{pmatrix} 1 & l_i & \dfrac{l_i^2}{2EI_i} & \dfrac{l_i^3}{6EI_i} \\ 0 & 1 & \dfrac{l_i}{EI_i} & \dfrac{l_i^2}{2EI_i} \\ 0 & 0 & 1 & l_i \\ m_i p^2 & m_i l_i p^2 & \dfrac{m_i l_i^2 p^2}{2EI_i} & 1+\dfrac{m_i l_i^3 p^2}{6EI_i} \end{pmatrix}_i \begin{pmatrix} y \\ \theta \\ M \\ F_{\mathrm{S}} \end{pmatrix}_{i-1}^{\mathrm{R}} = H_i \begin{pmatrix} y \\ \theta \\ M \\ F_{\mathrm{S}} \end{pmatrix}_{i-1}^{\mathrm{R}} \end{aligned} \tag{5-75}$$

式中

$$
H_i = \begin{pmatrix} 1 & l_i & \dfrac{l_i^2}{2EI_i} & \dfrac{l_i^3}{6EI_i} \\ 0 & 1 & \dfrac{l_i}{EI_i} & \dfrac{l_i^2}{2EI_i} \\ 0 & 0 & 1 & l_i \\ m_i p^2 & m_i l_i p^2 & \dfrac{m_i l_i^2 p^2}{2EI_i} & 1+\dfrac{m_i l_i^3 p^2}{6EI_i} \end{pmatrix}_i
$$

上式中的矩阵即为分段传递矩阵。

有了各个单元的传递矩阵，就可以根据式（5-53）得到梁的横向弯曲振动系统最左端与最右端的状态向量之间的传递关系了。

对于梁的问题，一般边界条件为

| | $y$ | $\theta$ | $M$ | $F_S$ |
|---|---|---|---|---|
| 简支梁 | 0 | $\theta$ | 0 | $F_S$ |
| 自由端 | $y$ | $\theta$ | 0 | 0 |
| 固定端 | 0 | 0 | $M$ | $F_S$ |

将梁的两端边界条件代入，即可得到频率方程。例如，根据式（5-75）和式（5-53），可得到

$$
\begin{pmatrix} y \\ \theta \\ M \\ F_S \end{pmatrix}_n^R = \begin{pmatrix} u_{11} & u_{12} & u_{13} & u_{14} \\ u_{21} & u_{22} & u_{23} & u_{24} \\ u_{31} & u_{32} & u_{33} & u_{34} \\ u_{41} & u_{42} & u_{43} & u_{44} \end{pmatrix} \begin{pmatrix} y \\ \theta \\ M \\ F_S \end{pmatrix}_0^L
$$

设梁为简支，代入边界条件 $y_0^L = y_n^R = M_0^L = M_n^R = 0$，并将第一行及第三行展开成两个方程，即

$$u_{12}\theta_0 + u_{14}\theta_0 = 0$$

$$u_{32}\theta_0 + u_{34}\theta_0 = 0$$

若使上二式具有非零解，则一定有

$$
\begin{vmatrix} u_{12} & u_{14} \\ u_{32} & u_{34} \end{vmatrix} = 0
$$

上式即为系统的频率方程。

## 习　题

5-1 用瑞利法求题 4-11 系统的基频。

5-2 用瑞利法求题 4-13 系统的基频。

5-3 用里兹法求题 4-11 系统的第一、二阶固有频率。

5-4 用邓克莱法求题 4-11 系统的基频。

5-5 用邓克莱法求题 4-13 系统的基频。

5-6 用矩阵迭代法计算题 4-11 系统的固有频率和主振型。

5-7　用矩阵迭代法计算题 4-13 系统的固有频率和主振型。

5-8　用矩阵迭代法计算题 4-14 系统的固有频率和主振型。

5-9　用子空间迭代法计算题 4-11 系统的第一、二阶固有频率和主振型。

5-10　用传递矩阵法求图 5-12 所示系统的固有频率和主振型。

5-11　图 5-13 所示的悬臂梁质量不计，抗弯刚度为 $EI$，用传递矩阵法求梁横向弯曲振动的固有频率和主振型。

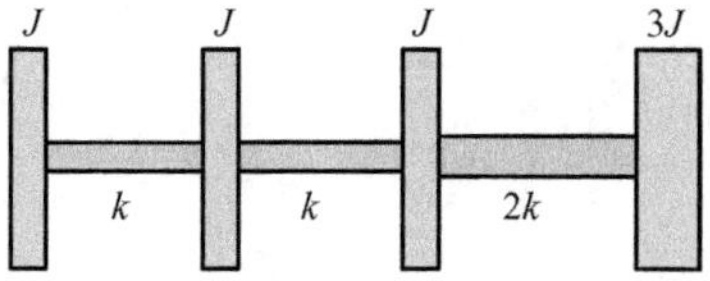


图　5-12

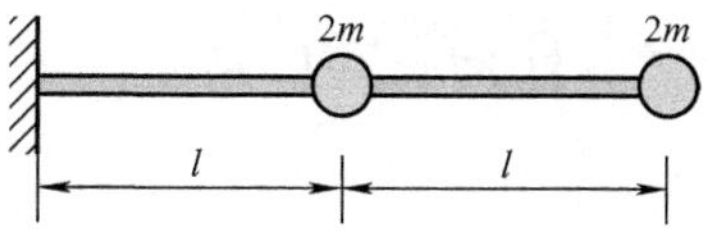


图　5-13

5-12　用传递矩阵法求题 4-11 系统的固有频率和主振型。

# 第6章
# 弹性体的振动

实际的振动系统，都具有连续分布的质量与弹性，因此，称之为弹性体系统。并同时符合理想弹性体的基本假设，即均匀、各向同性、服从胡克定律。由于确定弹性体上无数质点的位置需要无限多个坐标，因此弹性体是具有无限多自由度的系统，它的振动规律要用时间和空间坐标的二元函数来描述，其运动方程是偏微分方程，但是在物理本质上及振动的基本概念、分析方法上与多自由度是相似的。

## 6.1 杆的纵向自由振动

### 6.1.1 等直杆的纵向振动

均质等截面细直杆，长为 $l$，密度为 $\rho$，横截面积为 $A$，材料的弹性模量为 $E$，如图6-1所示。

设杆在纵向分布力 $q(x, t)$ 的作用下做纵向振动时，其横截面保持为平面，并且不计横向变形。以杆的纵向作为 $x$ 轴，在杆上 $x$ 处取微元段 $dx$，其左端纵向位移为 $u(x, t)$，而右端即杆上 $x+dx$ 处的纵向位移为 $u+\frac{\partial u}{\partial x}dx$，所以 $dx$ 段的变形为$\frac{\partial u}{\partial x}dx$，可得 $x$ 处的应变为

$$\varepsilon = \frac{\partial u}{\partial x} \tag{6-1}$$

而应力为

$$\sigma = \frac{F_N}{A} = E\varepsilon = E\frac{\partial u}{\partial x} \tag{6-2}$$

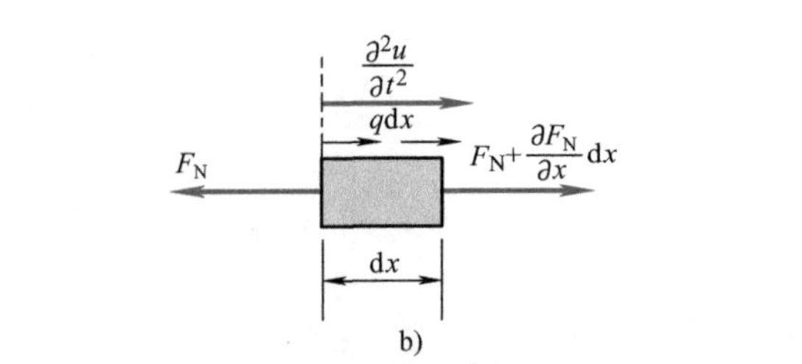

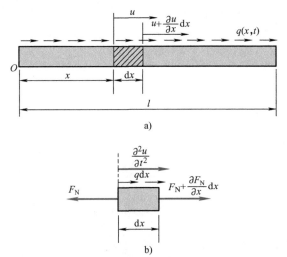

图6-1 等直杆的纵向振动示意图
a）直杆结构受力图 b）微单元受力图

$F_N$ 是 $x$ 处杆的轴力。由此得

$$\frac{\partial F_N}{\partial x} = \frac{\partial}{\partial x}\left(EA\frac{\partial u}{\partial x}\right)$$

微元段 d$x$ 受力如图 6-1b 所示。根据牛顿第二定律得到

$$\rho A\mathrm{d}x\frac{\partial^2 u}{\partial t^2} = \left(F_N + \frac{\partial F_N}{\partial x}\mathrm{d}x\right) - F_N + q(x,\ t)\mathrm{d}x$$

$$\rho A\frac{\partial^2 u}{\partial t^2} = \frac{\partial F_N}{\partial x} + q(x,\ t)$$

所以

$$\rho A\frac{\partial^2 u}{\partial t^2} = \frac{\partial}{\partial x}\left(EA\frac{\partial u}{\partial x}\right) + q(x,t) \tag{6-3a}$$

对于 $EA$ 是常数的情形，式（6-3$a$）可写成

$$\frac{\partial^2 u}{\partial t^2} = a^2\frac{\partial^2 u}{\partial x^2} + \frac{1}{\rho A}q(x,\ t) \tag{6-3b}$$

这是杆做纵向受迫振动时微元体的运动微分方程，常称为波动方程。式中

$$a^2 = \frac{E}{\rho} \tag{6-4}$$

表示弹性波沿杆的纵向传播的速度。

### 6.1.2　固有频率和主振型

在式（6-3）中，令 $q(x,\ t) = 0$，便得到杆的微元体的纵向自由振动微分方程为

$$\frac{\partial^2 u}{\partial t^2} = a^2\frac{\partial^2 u}{\partial x^2} \tag{6-5}$$

系统是无阻尼的，因此可像解有限多自由度系统那样，假设系统按某一主振型振动时，其上所有质点都做简谐振动。可见杆上所有的点将同时经过平衡位置，并同时达到极限位置。于是式（6-5）的解可以用 $x$ 的函数 $U(x)$ 与 $t$ 的谐函数的乘积表示，即

$$u(x,\ t) = U(x)(A\cos pt + B\sin pt) \tag{6-6}$$

即为杆的主振动的一般形式。

由于杆是连续弹性系统，所以振型不再是折线而变成一条连续曲线，称为振型函数，以 $U(x)$ 表示；而杆上各点的振动规律则以（$A\cos pt + B\sin pt$）表示。

将式（6-6）代入式（6-5），得

$$\frac{\mathrm{d}^2 U(x)}{\mathrm{d}x^2} + \frac{p^2}{a^2}U(x) = 0 \tag{6-7}$$

当 $U(x)$ 具有非零解，而且符合杆端边界条件的情况下，求解 $p^2$ 值及振型函数 $U(x)$ 称为杆做纵向振动的特征值问题。$p^2$ 为特征值，$U(x)$ 又称为特征函数或主振型；而 $p$ 是固有圆频率。

设式（6-7）的解可表示为

$$U(x)=C\cos\frac{px}{a}+D\sin\frac{px}{a} \tag{6-8}$$

由杆的边界条件，可以确定 $p^2$ 值及振型函数 $U(x)$。

现在来确定各种简单边界条件下杆的固有频率和主振型。

**1. 杆两端固定的情况**

杆两端固定的情况见图 6-2，边界条件为

$$U(0)=0,\quad U(l)=0 \tag{6-9}$$

将式（6-8）代入式（6-9），得

$$C=0,\quad D\sin\frac{p}{a}l=0$$

所以

$$\sin\frac{p}{a}l=0 \tag{6-10}$$

上式即两端固定杆的频率方程。由此解出固有频率为

$$f_i=\frac{1}{2\pi}p_i=\frac{ia}{2l},\quad i=1,\ 2,\ \cdots \tag{6-11}$$

相应的主振型为

$$U_i(x)=D_i\sin\frac{i\pi}{l}x,\quad i=1,\ 2,\ \cdots \tag{6-12}$$

分别令 $i=1$，2，3，可得系统的前三阶固有频率和相应的主振型为

$$f_1=\frac{1}{2\pi}p_1=\frac{a}{2l},U_1(x)=D_1\sin\frac{\pi}{l}x;$$

$$f_2=\frac{1}{2\pi}p_2=\frac{a}{l},U_2(x)=D_2\sin\frac{2\pi}{l}x;$$

$$f_3=\frac{1}{2\pi}p_3=\frac{3a}{2l},U_3(x)=D_3\sin\frac{3\pi}{l}x.$$

杆的前三阶主振型表示如图 6-2b 所示。

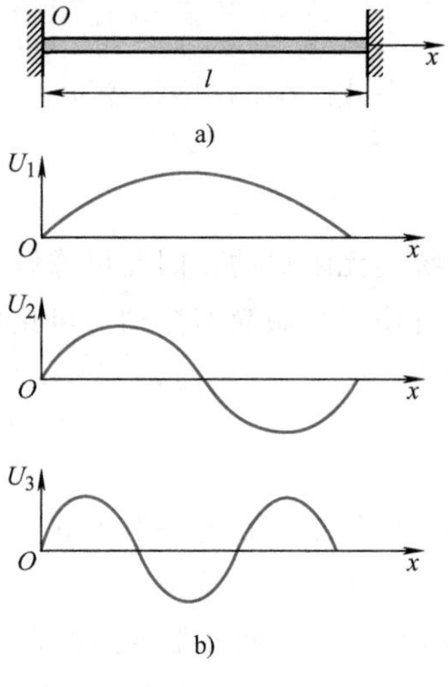


图 6-2 两端固定杆振动系统及前三阶主振型示意图

a）结构图 b）振型图

**2. 杆的左端固定、右端自由的情况**

边界条件为

$$U(0)=0,\left.\frac{dU}{dx}\right|_{x=l}=0 \tag{6-13}$$

将式（6-8）代入式（6-13），得

$$C=0,\quad \frac{p}{a}D\cos\frac{p}{a}l=0$$

所以

$$\cos\frac{p}{a}l=0 \tag{6-14}$$

上式即为一端固定，一端自由的杆的频率方程。由此可解出固有频率为

$$f_i=\frac{1}{2\pi}p_i=\frac{(2i-1)}{4l}a,\quad i=1,\ 2,\ \cdots \tag{6-15}$$

相应的主振型为

$$U_i(x) = D_i \sin\frac{(2i-1)\pi}{2l}x, \quad i = 1, 2, \cdots \tag{6-16}$$

**3. 杆的两端都自由的情况**

边界条件为

$$\frac{\mathrm{d}U}{\mathrm{d}x}\bigg|_{x=0} = 0, \frac{\mathrm{d}U}{\mathrm{d}x}\bigg|_{x=l} = 0 \tag{6-17}$$

将式（6-8）代入式（6-17），得

$$D = 0, \ \frac{p}{a}C\sin\frac{p}{a}l = 0 \tag{6-18}$$

所以

$$\sin\frac{p}{a}l = 0$$

上式即为两端自由的杆的频率方程。由此可解出固有频率为

$$f_i = \frac{1}{2\pi}p_i = \frac{i}{2l}a, \quad i = 0, 1, 2, \cdots \tag{6-19}$$

相应的主振型为

$$U_i(x) = C_i\cos\frac{i\pi}{l}x, \quad i = 0, 1, 2, \cdots \tag{6-20}$$

当 $i=0$ 时，对应了杆的刚体振型。

---

**例 6-1**　一均质等截面细直杆，长为 $l$，密度为 $\rho$，横截面积为 $A$，材料的弹性模量为 $E$。其一端固定，另一端连接刚度系数为 $k$ 的弹簧，试求杆的纵向振动的固有频率及主振型。

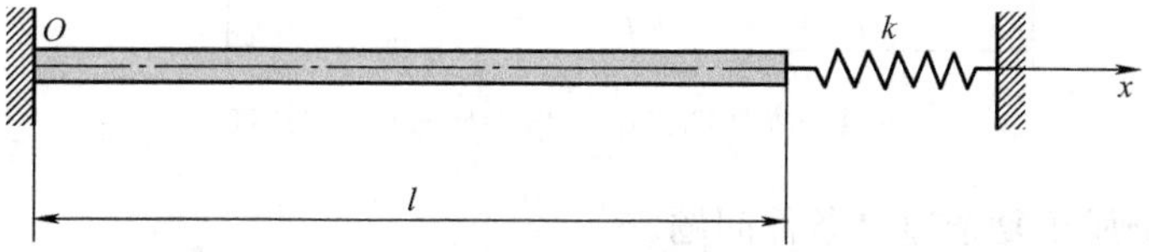


图 6-3　直杆端部连接弹簧的振动系统

**解**：杆的端部连接弹簧或带有集中质量时，杆的边界条件称为复杂边界条件。当杆做纵向振动时，如果杆的右端是弹簧支承，如图 6-3 所示，则相当于作用在其端之力为 $-kU(l)$。因此，边界条件为

$$U(0) = 0, EA\frac{\mathrm{d}U}{\mathrm{d}x}\bigg|_{x=l} = -kU(l) \tag{a}$$

将式（6-8）中的第一式代入式（a），得到

$$C = 0, \quad EA\frac{p}{a}\cos\frac{p}{a}l = -k\sin\frac{p}{a}l \tag{b}$$

将上式第二式改写成

$$\frac{\tan\beta}{\beta} = \gamma \tag{c}$$

式（c）即为频率方程。其中 $\beta = \frac{p}{a}l$，$\gamma = -\frac{\frac{EA}{l}}{k}$；$\frac{EA}{l}$ 是 $x=l$ 处杆的抗压刚度，$\gamma$ 是杆的抗压刚度与弹簧的刚度系数之比；相应于固有圆频率 $p_i$ 的主振型为

$$U_i(x) = D_i\sin\frac{p_i}{a}x \tag{d}$$

下面讨论两个极端的情况。当 $k\to\infty$ 时，图 6-3 中杆的右端相当于固定端，有 $\gamma=0$，则频率方程为

$$\sin\frac{p}{a}l=0$$

固有频率为

$$f_i=\frac{1}{2\pi}p_i=\frac{i}{2l}a,\qquad i=1,2,\cdots$$

相应的主振型为

$$U_i(x)=D_i\sin\frac{i\pi}{l}x,\quad i=1,2,\cdots$$

以上二式与式（6-11）和式（6-12）相同。

若 $k=0$，则图 6-3 中杆的右端相当于自由端，即

$$\cos\frac{p}{a}l=0$$

则固有频率和相应的主振型与式（6-15）、式（6-16）相同。

**例 6-2** 与例 6-1 中所设参数相同的杆，若其一端固定，另一端附有集中质量 $m$，如图 6-4所示，试求杆做纵向振动时的固有频率和主振型。

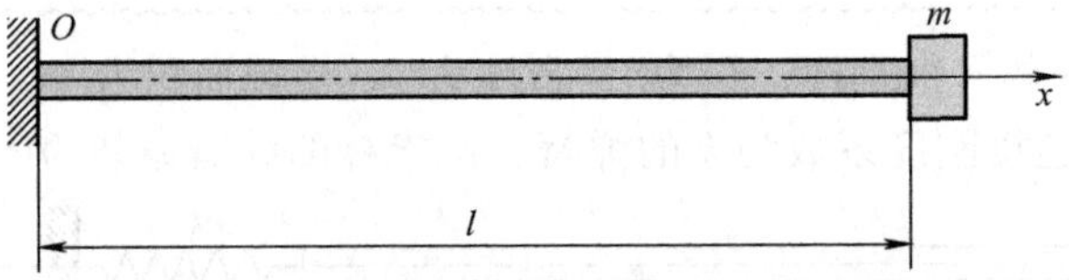


图 6-4 直杆端部附加集中质量的振动系统

**解**：此系统仍属于复杂边界条件问题。

当杆做纵向振动时，若一端附有集中质量，则相当于作用于其端之力为质量块的惯性力，即

$$-m\frac{\partial^2 u}{\partial t^2}\Big|_{x=l}$$

因此杆的边界条件为

$$U(0)=0,EA\frac{\partial u}{\partial x}\Big|_{x=l}=-m\frac{\partial^2 u}{\partial t^2}\Big|_{x=l}\tag{a}$$

将式（6-8）代入式（a），得到

$$C=0,\qquad EA\frac{p}{a}\cos\frac{p}{a}l=mp^2\sin\frac{p}{a}l\tag{b}$$

式（b）第二式即为频率方程，引入无量纲因子

$$\alpha=\frac{\rho Al}{m},\qquad \beta=\frac{p}{a}l\tag{c}$$

$\alpha$ 是质量比。式（b）又可写成

$$\beta\tan\beta=\alpha\tag{d}$$

相应的主振型为

$$U_i(x) = D_i \sin \frac{p_i}{a} x = D_i \sin \frac{\beta_i}{l} x \tag{e}$$

用数值解法由上式可得到杆的各阶固有频率。表 6-1 给出了各种质量比 $\alpha$ 值对应于基频 $p_1$ 的 $\beta_1$ 值。

**表 6-1　质量比 $\alpha$ 值对应的 $\beta_1$ 值**

| | | | | | | | | |
|---|---|---|---|---|---|---|---|---|
| $\alpha$ | 0.01 | 0.10 | 0.30 | 0.50 | 0.70 | 0.90 | 1.00 | 1.50 |
| $\beta_1$ | 0.10 | 0.32 | 0.52 | 0.65 | 0.75 | 0.82 | 0.86 | 0.98 |
| $\alpha$ | 2.00 | 3.00 | 4.00 | 5.00 | 10.0 | 20.0 | 100.0 | $\infty$ |
| $\beta_1$ | 1.08 | 1.20 | 1.27 | 1.32 | 1.42 | 1.52 | 1.57 | $\pi/2$ |

对于 $m \gg \rho Al$ 的情况，$\alpha$ 将很小，即杆的质量远小于集中质量时，可以取 $\tan\beta=\beta$，则得

$$\beta^2 = \alpha \tag{f}$$

对于基频情况，有

$$\frac{p_1^2}{a^2} l^2 = \frac{\rho Al}{m}$$

所以

$$f_1 = \frac{1}{2\pi} p_1 \approx \frac{1}{2\pi} \sqrt{\frac{EA}{ml}}$$

式中，$\dfrac{EA}{l}$是不计杆本身质量时杆的抗压刚度。以上结果与不计杆本身质量而将其看成是单自由度系统所得的结果相同。

### 6.1.3　主振型的正交性

这里只讨论简单边界条件的杆的主振型的正交性。对于复杂情况的正交关系中还应有附加项，因为不涉及主振型的具体形式，所以不对杆做任何设定，即杆的质量密度 $\rho$ 、横截面积 $A$ 等都可以是 $x$ 的函数。因此写出杆的纵向振动微分方程式为

$$\rho A \frac{\partial^2 u}{\partial t^2} = \frac{\partial}{\partial x}\left( EA \frac{\partial u}{\partial x} \right)$$

将杆的主振动的表达式（6-6）代入上式，得

$$\frac{\mathrm{d}}{\mathrm{d}x}\left( EA \frac{\mathrm{d}U}{\mathrm{d}x} \right) = - p^2 \rho A U \tag{6-21}$$

取特征值问题的两个解 $p_i^2$、$U_i$ 和 $p_j^2$、$U_j$，代入式（6-21），得

$$\frac{\mathrm{d}}{\mathrm{d}x}\left( EA \frac{\mathrm{d}U_i}{\mathrm{d}x} \right) = -p_i^2 \rho A U_i \tag{6-22a}$$

$$\frac{\mathrm{d}}{\mathrm{d}x}\left( EA \frac{\mathrm{d}U_j}{\mathrm{d}x} \right) = -p_j^2 \rho A U_j \tag{6-22b}$$

用 $U_j$ 乘以式（6-22a），用 $U_i$ 乘以式（6-22b），并分别沿杆长 $l$ 对 $x$ 进行积分，得

$$\int_0^l U_j \frac{\mathrm{d}}{\mathrm{d}x}\left( EA \frac{\mathrm{d}U_i}{\mathrm{d}x} \right) \mathrm{d}x = - p_i^2 \int_0^l \rho A U_i U_j \mathrm{d}x \tag{6-23a}$$

$$\int_0^l U_i \frac{\mathrm{d}}{\mathrm{d}x}\left(EA\frac{\mathrm{d}U_j}{\mathrm{d}x}\right)\mathrm{d}x = -p_j^2\int_0^l \rho AU_iU_j\mathrm{d}x \tag{6-23b}$$

再利用分部积分，可将式（6-23）中左边积分为

$$\left[U_j\left(EA\frac{\mathrm{d}U_i}{\mathrm{d}x}\right)\right]_0^l - \int_0^l EA\frac{\mathrm{d}U_i}{\mathrm{d}x}\frac{\mathrm{d}U_j}{\mathrm{d}x}\mathrm{d}x = -p_i^2\int_0^l \rho AU_iU_j\mathrm{d}x \tag{6-24a}$$

$$\left[U_i\left(EA\frac{\mathrm{d}U_j}{\mathrm{d}x}\right)\right]_0^l - \int_0^l EA\frac{\mathrm{d}U_i}{\mathrm{d}x}\frac{\mathrm{d}U_j}{\mathrm{d}x}\mathrm{d}x = -p_j^2\int_0^l \rho AU_iU_j\mathrm{d}x \tag{6-24b}$$

杆端简单边界条件总可以写成

1）固定端

$$U(x)=0,\quad x=0 \text{ 或 } x=l$$

2）自由端

$$EA\frac{\mathrm{d}U(x)}{\mathrm{d}x}=0,\quad x=0 \text{ 或 } x=l$$

显然，无论对自由端还是固定端的边界条件，对于式（6-24）中已经积分出来的各项均等于零。因此，式（6-24）可写成

$$\int_0^l EA\frac{\mathrm{d}U_i}{\mathrm{d}x}\frac{\mathrm{d}U_j}{\mathrm{d}x}\mathrm{d}x = p_i^2\int_0^l \rho AU_iU_j\mathrm{d}x \tag{6-25a}$$

$$\int_0^l EA\frac{\mathrm{d}U_i}{\mathrm{d}x}\frac{\mathrm{d}U_j}{\mathrm{d}x}\mathrm{d}x = p_j^2\int_0^l \rho AU_iU_j\mathrm{d}x \tag{6-25b}$$

现将式（6-25a）减去式（6-25b），得

$$(p_i^2-p_j^2)\int_0^l \rho AU_iU_j\mathrm{d}x = 0 \tag{6-26}$$

如果 $i\neq j$，则 $p_i\neq p_j$，由上式必得

$$\int_0^l \rho AU_iU_j\mathrm{d}x = 0,\quad i\neq j \tag{6-27}$$

式（6-27）就是杆的主振型关于质量的正交性。再由式（6-23）与式（6-25），可得

$$\int_0^l U_j \frac{\mathrm{d}}{\mathrm{d}x}\left(EA\frac{\mathrm{d}U_i}{\mathrm{d}x}\right)\mathrm{d}x = 0,\quad i\neq j \tag{6-28a}$$

或

$$\int_0^l EA\frac{\mathrm{d}U_i}{\mathrm{d}x}\frac{\mathrm{d}U_j}{\mathrm{d}x}\mathrm{d}x = 0,\quad i\neq j \tag{6-28b}$$

以上二式则是杆的主振型关于刚度的正交性。

当 $i=j$ 时，式（6-26）总能成立，令

$$\int_0^l \rho AU_j^2\mathrm{d}x = M_{pj} \tag{6-29}$$

$M_{pj}$为第 $j$ 阶主质量。再令式（6-25）和式（6-23）左端项

$$\int_0^l EA\left(\frac{\mathrm{d}U_j}{\mathrm{d}x}\right)^2\mathrm{d}x = -\int_0^l U_j\frac{\mathrm{d}}{\mathrm{d}x}\left(EA\frac{\mathrm{d}U_j}{\mathrm{d}x}\right)\mathrm{d}x = K_{pj} \tag{6-30}$$

$K_{pj}$称为第 $j$ 阶主刚度，由式（6-25），可得到 $M_{pj}$与 $K_{pj}$的关系为

$$p_j^2=\frac{K_{pj}}{M_{pj}} \tag{6-31}$$

$M_{pj}$与 $K_{pj}$的大小取决于第 $j$ 阶主振动中材料及尺寸常数的选择。

与多自由度系统相似，可将主振型函数 $U_j$ 进行归一化。如果主振型中的常数按下列归一化条件确定

$$\int_0^l \rho A \widetilde{U}_j^2 \,\mathrm{d}x = M_{pj} = 1 \tag{6-32}$$

则得到的主振型 $\widetilde{U}_j$ 称为正则振型，这时相应的第 $j$ 阶主刚度 $K_{pj}$等于 $p_j^2$。

---

## 6.2　杆的纵向受迫振动

与有限多自由度系统一样，在对杆进行纵向自由振动分析的基础上，可以用振型叠加法求解杆对纵向任意激励的响应。首先研究杆对初始条件的响应。

### 6.2.1　杆对初始条件的响应

杆的微元体的自由振动微分方程如式（6-5），即

$$\rho A\frac{\partial^2 u}{\partial t^2}=\frac{\partial}{\partial x}\left(EA\frac{\partial u}{\partial x}\right) \tag{6-33}$$

假定在给定的边界条件下，已经得到各阶固有圆频率 $p_i(i=1,\ 2,\ \cdots)$ 及相应的正则振型 $\widetilde{U}_i(x)(i=1,\ 2,\ \cdots)$。类似于多自由系统的线性变换，设式（6-33）的通解为

$$u(x,\ t)=\sum_{i=1}^{\infty}\widetilde{U}_i(x)\eta_i(t) \tag{6-34}$$

式中，$\widetilde{U}_i(x)$ 为第 $i$ 阶正则振型函数；$\eta_i(t)$ 为正则坐标。将上式代入式（6-33），得

$$\sum_{i=1}^{\infty}\rho A\widetilde{U}_i\ddot{\eta}_i-\sum_{i=1}^{\infty}\frac{\mathrm{d}}{\mathrm{d}x}\left(EA\frac{\mathrm{d}\widetilde{U}_i}{\mathrm{d}x}\right)\eta_i=0 \tag{6-35}$$

上式通乘以 $\widetilde{U}_i$，并沿杆长 $l$ 进行积分，得

$$\sum_{i=1}^{\infty}\ddot{\eta}_i\int_0^l\rho A\widetilde{U}_i\widetilde{U}_j\mathrm{d}x-\sum_{i=1}^{\infty}\eta_i\int_0^l\widetilde{U}_j\frac{\mathrm{d}}{\mathrm{d}x}\left(EA\frac{\mathrm{d}\widetilde{U}_i}{\mathrm{d}x}\right)\mathrm{d}x=0$$

考虑到正交性条件，上式成为

$$\ddot{\eta}_i+p_i^2\eta_i=0,\qquad i=1,\ 2,\ \cdots \tag{6-36}$$

这就是以正则坐标表示的杆做纵向自由振动的运动方程。

设杆的初始条件为

$$\begin{cases}u(x,\ 0)=u_0(x)\\ \dot{u}(x,\ 0)=\dot{u}_0(x)\end{cases} \tag{6-37}$$

为了得到正则坐标下的初始条件，将式（6-37）进行正则坐标变换，即

$$\begin{cases} u_0(x) = \sum\limits_{i=1}^{\infty} \widetilde{U}_i(x)\eta_{i0} \\ \dot{u}_0(x) = \sum\limits_{i=1}^{\infty} \widetilde{U}_i(x)\dot{\eta}_{i0} \end{cases} \tag{6-38}$$

式中，$\eta_{i0}$、$\dot{\eta}_{i0}$分别表示 $\eta_i$、$\dot{\eta}_i$ 的初始值。以上二式乘以 $\rho A\widetilde{U}_j(x)$ 并沿杆长对 $x$ 积分，得

$$\sum_{i=1}^{\infty} \eta_{i0} \int_0^l \rho A\widetilde{U}_i\widetilde{U}_j\mathrm{d}x = \int_0^l \rho A u_0(x)\widetilde{U}_j\mathrm{d}x$$

$$\sum_{i=1}^{\infty} \dot{\eta}_{i0} \int_0^l \rho A\widetilde{U}_i\widetilde{U}_j\mathrm{d}x = \int_0^l \rho A \dot{u}_0(x)\widetilde{U}_j\mathrm{d}x$$

将正交性和归一化条件代入以上二式，可得到正则坐标表示的初始条件

$$\begin{cases} \eta_{i0} = \int_0^l \rho A u_0(x)\widetilde{U}_i\mathrm{d}x \\ \dot{\eta}_{i0} = \int_0^l \rho A \dot{u}_0(x)\widetilde{U}_i\mathrm{d}x \end{cases} \tag{6-39}$$

于是，由式（6-36）得到杆以正则坐标表示下的对初始条件的响应：

$$\eta_i = \eta_{i0}\cos p_i t + \frac{\dot{\eta}_{i0}}{p_i}\sin p_i t,\quad i=1,2\cdots \tag{6-40}$$

将上式代入式（6-34），得到杆对初始条件的总响应：

$$u(x,t) = \sum_{i=1}^{\infty} \widetilde{U}_i(x)\left(\eta_{i0}\cos p_i t + \frac{\dot{\eta}_{i0}}{p_i}\sin p_i t\right) \tag{6-41}$$

---

**例 6-3**　一端固定，一端自由的等直杆，长为 $l$。自由端受到轴向常拉力 $F$ 的作用。设在 $t=0$ 时突然去掉此力，求杆的纵向自由振动。

解：根据题意，$t=0$ 时杆内的应变为

$$\varepsilon_0 = \frac{F}{EA}$$

杆的初始条件为

$$\begin{cases} u(x,\ 0) = u_0(x) = \varepsilon_0 x \\ \dot{u}(x,\ 0) = \dot{u}_0(x) = 0 \end{cases}$$

由式（6-15）和式（6-16）可知杆的固有圆频率及主振型为

$$p_i = \frac{(2i-1)\pi a}{2l},\qquad i=1,\ 2,\ 3,\ \cdots$$

$$U_i(x) = D_i\sin\frac{(2i-1)\pi}{2l}x,\qquad i=1,\ 2,\ 3,\ \cdots$$

将主振型代入式（6-32）的归一化条件，得

$$\int_0^l \rho A\left(D_i \sin\frac{(2i-1)\pi}{2l}x\right)^2 \mathrm{d}x = 1$$

所以
$$D_i = \sqrt{\frac{2}{\rho A l}}$$

得到正则振型为

$$\widetilde{U}_i(x) = \sqrt{\frac{2}{\rho A l}}\sin\frac{(2i-1)\pi}{2l}x, \qquad i = 1,2,3,\cdots$$

由式（6-39）得到正则坐标表示的初始条件为

$$\eta_i(0) = \int_0^l \rho A \varepsilon_0 x D_i \sin\frac{(2i-1)\pi}{2l}x\mathrm{d}x = \rho A \varepsilon_0 D_i \frac{4l^2}{(2i-1)^2\pi^2}\sin\frac{(2i-1)\pi}{2}$$

$$\dot{\eta}_i(0) = 0, \quad i = 1,2,3,\cdots$$

由式（6-40）得到以正则坐标表示的杆对初始条件的响应：

$$\eta_i = \eta_i(0)\cos p_i t$$

于是杆的自由振动为

$$\begin{aligned} u(x,\ t) &= \sum_{i=1}^{\infty} \widetilde{U}_i \eta_i(t) \\ &= \sum_{i=1}^{\infty} D_i \sin\frac{(2i-1)\pi x}{2l}\rho A \varepsilon_0 D_i \frac{4l^2}{(2i-1)^2\pi^2}\sin\frac{(2i-1)\pi}{2}\cos p_i t \\ &= \frac{8\varepsilon_0 l}{\pi^2}\sum_{i=1}^{\infty}\frac{\sin\frac{(2i-1)\pi}{2}}{(2i-1)^2}\sin\frac{(2i-1)\pi x}{2l}\cos p_i t \end{aligned}$$

此题也可以用直接求解方法解出。根据已解出的固有圆频率及主振型函数可由式(6-6)写出杆的振动方程为

$$u(x,\ t) = \sum_{i=1}^{\infty}\sin\frac{(2i-1)\pi x}{2l}\left[A_i\cos\frac{(2i-1)\pi a}{2l}t + B_i\sin\frac{(2i-1)\pi a}{2l}t\right]$$

式中，常数 $A_i$、$B_i$ 由初始条件确定。初始条件为

$$\begin{cases} u(x,\ 0) = u_0(x) = \varepsilon_0 x \\ \dot{u}(x,\ 0) = \dot{u}_0(x) = 0 \end{cases}$$

即

$$u(x,\ 0) = \sum_{i=1}^{\infty} A_i \sin\frac{(2i-1)\pi x}{2l} = \varepsilon_0 x$$

$$\dot{u}(x,\ 0) = \sum_{i=1}^{\infty}\sin\frac{(2i-1)\pi x}{2l}\cdot B_i\frac{(2i-1)\pi a}{2l} = 0$$

由其中的第二式得 $B_i = 0$，再利用三角函数的正交性可得

$$A_i\int_0^l \sin^2\left[\frac{(2i-1)\pi x}{2l}\right]\mathrm{d}x = \int_0^l \varepsilon_0 x \sin\frac{(2i-1)\pi x}{2l}\mathrm{d}x$$

可得

$$A_i = \frac{8\varepsilon_0 l}{(2i-1)^2\pi^2}\sin\frac{(2i-1)\pi}{2}, \qquad i = 1,\ 2,\ 3,\ \cdots$$

$$u(x,\ t) = \sum_{i=1}^{\infty} \sin \frac{(2i-1)\pi x}{2l} A_i \cos \frac{(2i-1)\pi a}{2l} t$$

$$= \sum_{i=1}^{\infty} \sin \frac{(2i-1)\pi x}{2l} \cdot \frac{8\varepsilon_0 l}{(2i-1)^2\pi^2} \sin \frac{(2i-1)\pi}{2} \cos \frac{(2i-1)\pi a}{2l} t$$

$$= \frac{8\varepsilon_0 l}{\pi^2} \sum_{i=1}^{\infty} \frac{\sin \frac{(2i-1)\pi}{2}}{(2i-1)^2} \sin \frac{(2i-1)\pi x}{2l} \cos p_i t$$

结果相同。

### 6.2.2 杆对任意激励的响应

杆的微元体的受迫振动微分方程为

$$\rho A \frac{\partial^2 u}{\partial t^2} = \frac{\partial}{\partial x}\left( EA \frac{\partial u}{\partial x} \right) + q(x,\ t) \tag{6-42}$$

式中，$q(x,t)$为作用在杆上的纵向分布力。令其解如式（6-34），并同时代入式(6-42)，得

$$\rho A \sum_{i=1}^{\infty} \widetilde{U}_i \ddot{\eta}_i = \sum_{i=1}^{\infty} \frac{\mathrm{d}}{\mathrm{d}x}\left( EA \frac{\mathrm{d}\widetilde{U}_i}{\mathrm{d}x} \right) \eta_i + q(x,\ t)$$

将上式通乘以 $\widetilde{U}_j$，并沿杆长 $l$ 进行积分

$$\sum_{i=1}^{\infty} \ddot{\eta}_i \int_0^l \rho A \widetilde{U}_i \widetilde{U}_j \mathrm{d}x = \sum_{i=1}^{\infty} \eta_i \int_0^l \frac{\mathrm{d}}{\mathrm{d}x}\left( EA \frac{\mathrm{d}\widetilde{U}_i}{\mathrm{d}x} \right) \widetilde{U}_j \mathrm{d}x + \int_0^l q(x,\ t) \widetilde{U}_j \mathrm{d}x$$

利用正交性及归一化的条件

$$\ddot{\eta}_i + p_i^2 \eta_i = \int_0^l q(x,\ t) \widetilde{U}_i \mathrm{d}x, \qquad i = 1,\ 2,\ 3,\ \cdots \tag{6-43}$$

这就是在激励 $q(x,\ t)$ 作用下按正则坐标表示的杆的受迫振动的运动微分方程。可写出第 $i$ 个以正则坐标表示的响应为

$$\eta_i(t) = \eta_{i0} \cos p_i t + \frac{\dot{\eta}_{i0}}{p_i} \sin p_i t + \frac{1}{p_i} \int_0^l \widetilde{U}_i \int_0^t q(x,\ \tau) \sin p_i (t-\tau) \mathrm{d}\tau \mathrm{d}x \tag{6-44}$$

将形如上式的各个正则坐标表示的响应代入式（6-34）便得到杆在式（6-37）的初始条件下对任意激励的响应为

$$u(x,\ t) = \sum_{i=1}^{\infty} \widetilde{U}_i(x) \eta_i(t)$$

$$= \sum_{i=1}^{\infty} \widetilde{U}_i \left[ \frac{1}{p_i} \int_0^l \widetilde{U}_i \int_0^t q(x,\ \tau) \sin p_i (t-\tau) \mathrm{d}\tau \mathrm{d}x + \eta_{i0} \cos p_i t + \frac{\dot{\eta}_{i0}}{p_i} \sin p_i t \right] \tag{6-45}$$

---

例 6-4 图 6-5 所示为两端固定的杆，突然受到均布纵向力 $q$（常数）的作用，试求其响应。设初始条件均为零。

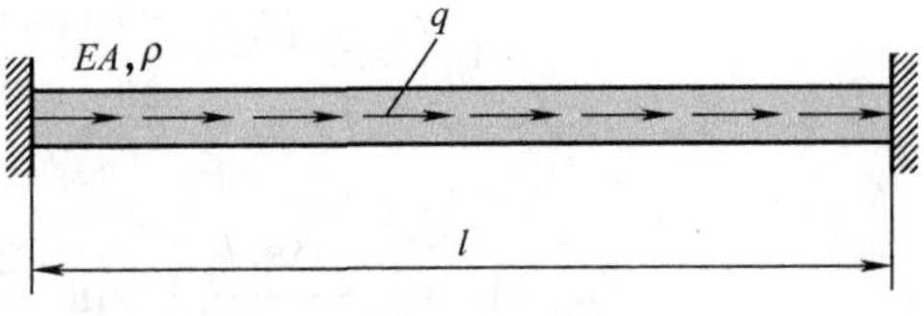


图 6-5 受均布力作用的直杆

解：由式（6-11）和式（6-12）得该杆的固有圆频率和主振型为

$$p_i = \frac{i\pi a}{l}$$

$$U_i(x) = D_i \sin\frac{i\pi x}{l}, \quad i = 1, 2, 3, \cdots$$

将主振型代入式（6-32）的归一化条件，得

$$\int_0^l \rho A \widetilde{U}_i^2 \mathrm{d}x = \rho A D_i^2 \int_0^l \sin^2\frac{i\pi}{l}x\mathrm{d}x = 1, \quad i = 1, 2, \cdots$$

式中

$$\int_0^l \sin^2\frac{i\pi}{l}x\mathrm{d}x = \frac{1}{2}\int_0^l\left(1 - \cos\frac{2i\pi x}{l}\right)\mathrm{d}x = \frac{1}{2}\left(x - \frac{\sin 2i\pi x/l}{2i\pi/l}\right)\Bigg|_0^l = \frac{l}{2}$$

所以

$$D_i = \sqrt{\frac{2}{\rho A l}}$$

得到正则振型为

$$\widetilde{U}_i = \sqrt{\frac{2}{\rho A l}}\sin\frac{i\pi}{l}x, \quad i = 1, 2, 3, \cdots$$

将 $\widetilde{U}_i$ 代入式（6-45），考虑到 $q(x, t) = F$ 为常量，并且初始条件均为零，得

$$\begin{aligned} u(x, t) &= \sum_{i=1}^{\infty}\widetilde{U}_i(x)\eta_i(t) = \frac{2F}{\rho A l}\sum_{i=1}^{\infty}\frac{1}{p_i}\sin\frac{p_i x}{a}\int_0^l \sin\frac{p_i x}{a}\int_0^t \sin p_i(t-\tau)\mathrm{d}\tau\mathrm{d}x \\ &= \frac{4Fl^2}{\rho A \pi^3 a^2}\sum_{i=1}^{\infty}\frac{1}{(2i-1)^3}\sin\frac{(2i-1)\pi}{l}x\left[1 - \cos\frac{(2i-1)\pi a}{l}t\right] \end{aligned}$$

**例 6-5** 图 6-6 所示的等直杆在自由端作用有简谐激振力 $F(t) = F_0 \sin\omega t$，其中 $F_0$ 为常数，求杆的纵向稳态受迫振动。

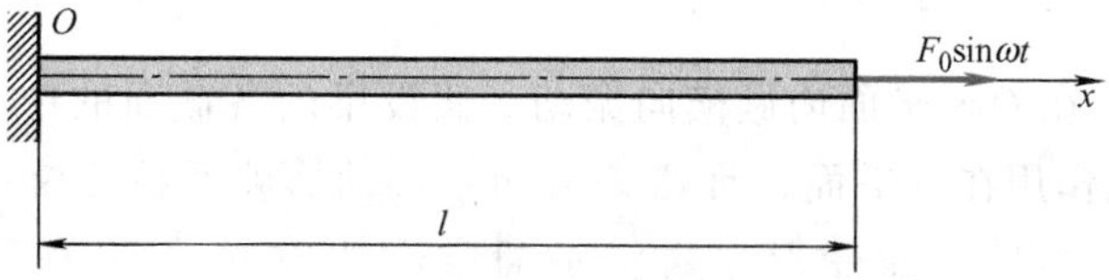


图 6-6 受简谐激励力作用的直杆

**解**：由例 6-3 可知杆的正则振型为

$$\widetilde{U}_i(x) = D_i \sin\frac{(2i-1)\pi}{2l}x, \quad i = 1, 2, 3, \cdots$$

式中，$D_i = \sqrt{\dfrac{2}{\rho A l}}$，由式（6-43）得第 $i$ 个正则方程为

$$\ddot{\eta}_i + p_i^2\eta_i = \int_0^l q(x, t)\widetilde{U}_i \mathrm{d}x$$

在本例中激励不是沿杆长作用的分布力，而是集中力。对于如图 6-7 所示的在 $x = \xi$ 处的集中力 $F(t)$，可利用前面介绍的 $\delta(x)$ 函数表示为

$$q(x, t) = F(t)\delta(x - \xi)$$

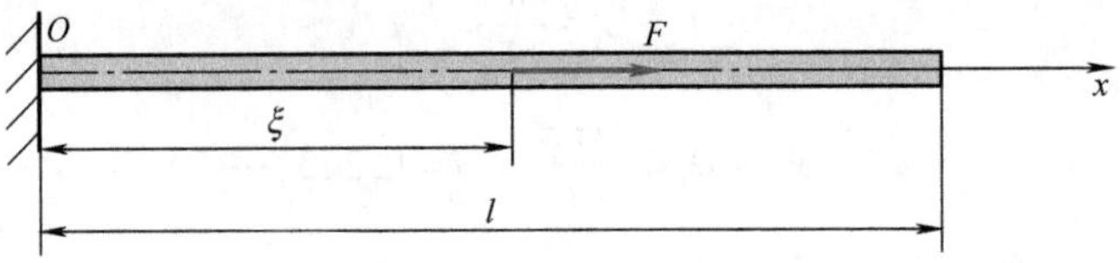


图 6-7 受集中力作用的自由直杆

$$\int_0^l q(x,\ t)\widetilde{U}_i\mathrm{d}x = \int_0^l F(t)\delta(x-\xi)\widetilde{U}_i\mathrm{d}x = F(t)\widetilde{U}_i(\xi)$$

所以，当 $\xi=l$ 时，第 $i$ 个正则方程为

$$\ddot{\eta}_i + p_i^2\eta_i = \int_0^l q(x,\ t)\widetilde{U}_i\mathrm{d}x = D_iF_0\sin\frac{(2i-1)\pi}{2}\sin\omega t$$

由上式求出正则坐标的稳态响应为

$$\eta_i(t) = \frac{1}{p_i^2-\omega^2}D_iF_0\sin\frac{(2i-1)\pi}{2}\sin\omega t$$

于是杆的稳态受迫振动为

$$u(x,\ t) = \sum_{i=1}^{\infty}\widetilde{U}_i\eta_i(t) = \frac{2F_0\sin\omega t}{\rho Al}\sum_{i=1}^{\infty}\frac{1}{p_i^2-\omega^2}\sin\frac{(2i-1)\pi}{2}\sin\frac{(2i-1)\pi}{2l}x$$

当激振力角频率 $\omega$ 等于杆的任一阶固有圆频率 $p_i$ 时，都会发生共振。

---

## 6.3 梁的横向自由振动

### 6.3.1 梁的横向振动微分方程

图 6-8a 中的直梁在 $Oxy$ 平面内做横向振动。假设梁的各截面的中心主惯性轴在同一平面 $Oxy$ 内，外载荷也作用在该平面，且略去剪切变形的影响及截面绕中性轴转动惯量的影响，因此梁的主要变形是弯曲变形，这就是通常称为欧拉-伯努利梁（Euler-Bernoulli Beam）的模型。

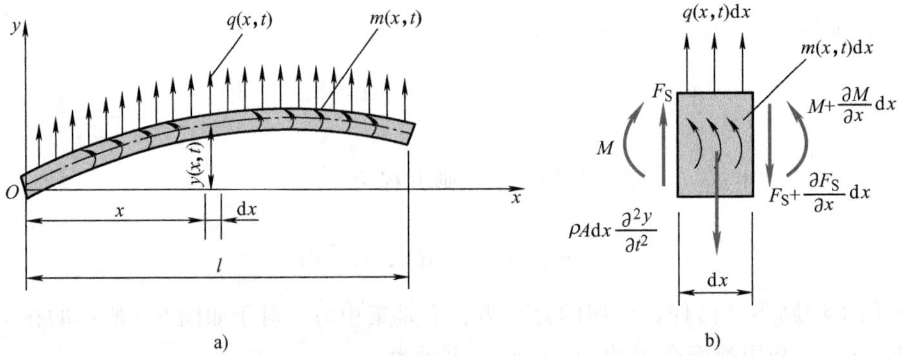


图 6-8 梁的横向振动示意图

a）欧拉-伯努利梁的模型 b）微元段受力图

在梁上 $x$ 处取长为 $\mathrm{d}x$ 的微元段。在任意瞬时 $t$，此微元段的横向位移用 $y(x,t)$ 表示，单位长度梁上分布的外力用 $q(x,t)$ 表示，单位长度梁上分布的外力矩用 $m(x,t)$ 表示。记梁的密度为 $\rho$，横截面积为 $A$，材料的弹性模量为 $E$，截面对中性轴的惯性矩为 $I$，$M$ 为弯矩，$F_S$ 为剪力。根据图 6-8b 所示的微元段 $\mathrm{d}x$ 的受力图，由牛顿第二定律写出微元段沿 $y$ 向的运动微分方程：

$$\rho A\mathrm{d}x\frac{\partial^2 y}{\partial t^2}=F_S-\left(F_S+\frac{\partial F_S}{\partial x}\mathrm{d}x\right)+q(x,\ t)\mathrm{d}x$$

化简为

$$\rho A\frac{\partial^2 y}{\partial t^2}=-\frac{\partial F_S}{\partial x}+q(x,\ t) \tag{a}$$

再由各力对垂直于 $Oxy$ 坐标平面的轴的力矩平衡方程，得

$$\left(M+\frac{\partial M}{\partial x}\mathrm{d}x\right)+m(x,\ t)\mathrm{d}x+\frac{q(x,\ t)}{2}(\mathrm{d}x)^2-M-\left(F_S+\frac{\partial F_S}{\partial x}\mathrm{d}x\right)\mathrm{d}x=0$$

略去 $\mathrm{d}x$ 的二次项后，简化得

$$F_S=\frac{\partial M}{\partial x}+m(x,\ t) \tag{b}$$

将式（b）代入式（a），得

$$\frac{\partial^2 M}{\partial x^2}+\frac{\partial m}{\partial x}=q(x,\ t)-\rho A\frac{\partial^2 y}{\partial t^2}$$

由材料力学知识得知 $M=EI\dfrac{\partial^2 y}{\partial x^2}$，代入上式得

$$\frac{\partial^2}{\partial x^2}\left(EI\frac{\partial^2 y}{\partial x^2}\right)+\rho A\frac{\partial^2 y}{\partial t^2}=q(x,\ t)-\frac{\partial}{\partial x}m(x,\ t) \tag{6-46}$$

式（6-46）就是欧拉-伯努利梁的微元体的横向振动微分方程。对于等截面梁，$E$、$I$ 为常数，上式又可写成

$$EI\frac{\partial^4 y}{\partial x^4}+\rho A\frac{\partial^2 y}{\partial t^2}=q(x,\ t)-\frac{\partial}{\partial x}m(x,\ t) \tag{6-47}$$

## 6.3.2　固有频率和主振型

在式（6-46）中令 $q(x,t)=0$，$m(x,t)=0$，得到梁的微元体的横向自由振动的运动微分方程

$$\frac{\partial^2}{\partial x^2}\left(EI\frac{\partial^2 y}{\partial x^2}\right)+\rho A\frac{\partial^2 y}{\partial t^2}=0 \tag{6-48}$$

类似于对杆的纵向振动的分析，式（6-48）的解仍然可以用 $x$ 的函数 $Y(x)$ 与 $t$ 的谐函数的乘积表示，即

$$y(x,\ t)=Y(x)(A\cos pt+B\sin pt) \tag{6-49}$$

式中，$Y(x)$ 即主振型或振型函数，即梁上各点按振型 $Y(x)$ 做同步谐振动。将上式代入

式(6-48)，得

$$\frac{d^2}{dx^2}\left(EI\frac{d^2Y(x)}{dx^2}\right)-p^2\rho AY(x)=0 \tag{6-50}$$

在 $Y(x)$ 符合梁的边界条件并具有非零解的条件下，由此方程求解 $p^2$ 和振型函数 $Y(x)$ 的问题，称为梁做横向振动的特征值问题。

对于等截面梁，式（6-50）又可写成

$$\frac{d^4}{dx^4}Y(x)=\beta^4Y(x) \tag{6-51}$$

式中

$$\beta^4=\frac{p^2}{a^2},\quad a^2=\frac{EI}{\rho A} \tag{6-52}$$

式（6-51）的通解为

$$Y(x)=Ce^{\beta x}+De^{-\beta x}+Ee^{j\beta x}+Fe^{-j\beta x}$$

或表示为

$$Y(x)=C_1\sin\beta x+C_2\cos\beta x+C_3\mathrm{sh}\beta x+C_4\mathrm{ch}\beta x \tag{6-53}$$

根据梁的边界条件可以确定 $\beta$ 值及振型函数 $Y(x)$ 中的待定常数因子。边界条件要考虑四个量，即挠度、转角、弯矩和剪力，梁的每个端点都与其中的两个量有关。常见的简单边界条件有如下几种。

（1）固定端

在梁的固定端上挠度 $y$ 与转角 $\frac{\partial y}{\partial x}$ 等于零，即

$$Y(x)=0,\quad \frac{dY(x)}{dx}=0,\qquad x=0\text{ 或 }x=l \tag{6-54}$$

（2）简支端

在梁的简支端上挠度 $y$ 与弯矩 $M=EI\frac{\partial^2 y}{\partial x^2}$ 等于零，即

$$Y(x)=0,\quad \frac{d^2Y(x)}{dx^2}=0,\qquad x=0\text{ 或 }x=l \tag{6-55}$$

（3）自由端

在梁的自由端上弯矩 $M$ 与剪力 $F_S=EI\frac{\partial^3 y}{\partial x^3}$ 等于零，即

$$\frac{d^2Y(x)}{dx^2}=0,\quad \frac{d^3Y(x)}{dx^3}=0,\qquad x=0\text{ 或 }x=l \tag{6-56}$$

下面讨论在两种支承情况下，梁的固有频率和主振型。

**1. 两端铰支**

这时的边界条件为

$$\begin{cases} Y\big|_{x=0}=0,\dfrac{d^2Y(x)}{dx^2}\Big|_{x=0}=0 \\ Y\big|_{x=l}=0,\dfrac{d^2Y(x)}{dx^2}\Big|_{x=l}=0 \end{cases} \tag{6-57}$$

将式（6-53）代入式（6-57），得

$$C_2 = C_4 = 0$$
$$C_1 \sin\beta l + C_3 \mathrm{sh}\beta l = 0$$
$$-C_1 \sin\beta l + C_3 \mathrm{sh}\beta l = 0$$

由于 $\mathrm{sh}\beta l \neq 0$，可得 $C_3 = 0$，因此应有

$$\sin\beta l = 0 \tag{6-58}$$

这是简支梁的频率方程。由此式得

$$\begin{cases} \beta_i l = i\pi \\ \beta_i = \dfrac{i\pi}{l}, \quad i = 1, 2, \cdots \end{cases} \tag{6-59}$$

对应于 $\beta_i$ 的固有圆频率为

$$p_i = a\beta_i^2 = \frac{i^2\pi^2}{l^2}\sqrt{\frac{EI}{\rho A}}, \quad i = 1, 2, \cdots \tag{6-60}$$

可见，各固有圆频率与梁长的平方成反比。

因此主振型函数为

$$Y_i(x) = C_{1i} \sin\frac{i\pi}{l}x, \quad i = 1, 2, \cdots \tag{6-61}$$

固有频率为

$$f_i = \frac{1}{2\pi}p_i = \frac{i^2\pi}{2l^2}\sqrt{\frac{EI}{\rho A}}, \quad i = 1, 2, \cdots$$

**2. 左端固定，右端自由**（见图 6-9a）

这时的边界条件为

$$Y|_{x=0} = 0, \quad \frac{\mathrm{d}Y(x)}{\mathrm{d}x}\Big|_{x=0} = 0$$
$$\frac{\mathrm{d}^2Y(x)}{\mathrm{d}x^2}\Big|_{x=l} = 0, \quad \frac{\mathrm{d}^3Y(x)}{\mathrm{d}x^3}\Big|_{x=l} = 0 \tag{6-62}$$

将式（6-53）代入式（6-62），得

$$\begin{cases} C_2 + C_4 = 0 \\ C_1 + C_3 = 0 \\ C_1(\sin\beta l + \mathrm{sh}\beta l) + C_2(\cos\beta l + \mathrm{ch}\beta l) = 0 \\ C_1(\cos\beta l + \mathrm{ch}\beta l) + C_2(-\sin\beta l + \mathrm{sh}\beta l) = 0 \end{cases} \tag{6-63a}$$

对后两式，根据 $C_1$、$C_2$ 有非零解的条件，可得

$$(\sin\beta l + \mathrm{sh}\beta l)(-\sin\beta l + \mathrm{sh}\beta l) - (\cos\beta l + \mathrm{ch}\beta l)^2 = 0$$

解得

$$\cos\beta l \mathrm{ch}\beta l = -1 \tag{6-63b}$$

这是悬臂梁的频率方程。方程的前四个根为

$$\beta_1 l = 1.875, \quad \beta_2 l = 4.694, \quad \beta_3 l = 7.855, \quad \beta_4 l = 10.996$$

$i \geqslant 3$ 时，可以取

$$\beta_i l \approx \left(i - \frac{1}{2}\right)\pi, \quad i = 3, 4, \cdots$$

固有频率为

$$f_i = \frac{1}{2\pi}p_i = \frac{1}{2\pi}\beta_i^2 a = \frac{1}{2\pi}(\beta_i l)^2\sqrt{\frac{EI}{\rho A l^4}}, \quad i = 1,\ 2,\ \cdots \tag{6-64}$$

其中基频为

$$f_1 = \frac{1}{2\pi}p_1 = 3.515\frac{1}{2\pi}\sqrt{\frac{EI}{\rho A l^4}} \tag{6-65}$$

由式（6-63a）令

$$r_i = \left(\frac{C_1}{C_2}\right)_i = -\frac{\cos\beta_i l + \mathrm{ch}\beta_i l}{\sin\beta_i l + \mathrm{sh}\beta_i l} = \frac{\sin\beta_i l - \mathrm{sh}\beta_i l}{\cos\beta_i l + \mathrm{ch}\beta_i l}$$

则主振型函数为

$$Y_i(x) = C_i[\cos\beta_i x - \mathrm{ch}\beta_i x + r_i(\sin\beta_i x - \mathrm{sh}\beta_i x)], \quad i = 1,\ 2,\ \cdots \tag{6-66}$$

其前三阶主振型如图6-9b所示。

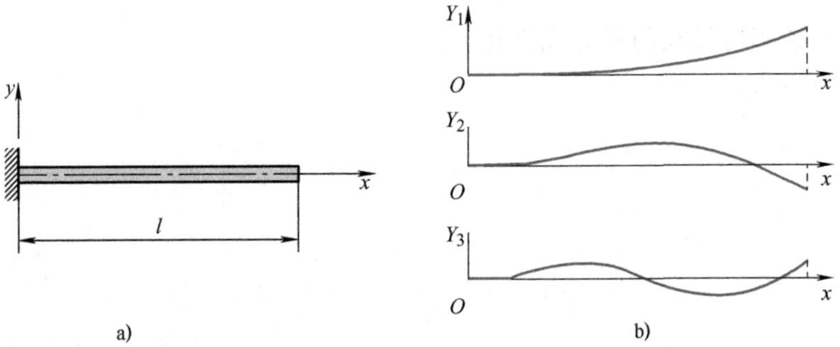


图6-9 悬臂梁振动系统及前三阶主振型示意图
a）悬臂梁 b）前三阶主振型

在其他支承情况下，梁的频率方程和振型函数及部分 $\beta_i l$ 值见表6-2。

**表6-2 常见的横向振动梁在不同边界条件下的频率方程和振型函数**

| 梁的端点条件 | 频率方程 | 振型函数 | $\beta_i l$ 的值 |
| --- | --- | --- | --- |
| 自由 自由  | $\cos\beta_i l\,\mathrm{ch}\beta_i l = 1$ | $Y_i(x) = C_i[\sin\beta_i x + \mathrm{sh}\beta_i x + r_i(\cos\beta_i x + \mathrm{ch}\beta_i x)]$<br>其中，$r_i = \frac{\sin\beta_i l - \mathrm{sh}\beta_i l}{\mathrm{ch}\beta_i l - \cos\beta_i l}$ | $\beta_1 l = 4.730\ 041$<br>$\beta_2 l = 7.853\ 205$<br>$\beta_3 l = 10.995\ 608$<br>$\beta_4 l = 14.137\ 165$<br>（对刚体振型，$\beta l = 0$） |
| 固定 固定 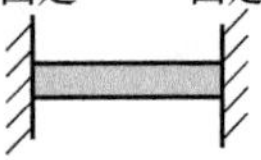 | $\cos\beta_i l\,\mathrm{ch}\beta_i l = 1$ | $Y_i(x) = C_i[\mathrm{sh}\beta_i x - \sin\beta_i x + r_i(\mathrm{ch}\beta_i x - \cos\beta_i x)]$<br>其中，$r_i = \frac{\mathrm{sh}\beta_i l - \sin\beta_i l}{\cos\beta_i l - \mathrm{ch}\beta_i l}$ | $\beta_1 l = 4.730\ 041$<br>$\beta_2 l = 7.853\ 205$<br>$\beta_3 l = 10.995\ 608$<br>$\beta_4 l = 14.137\ 165$ |
| 固定 铰支 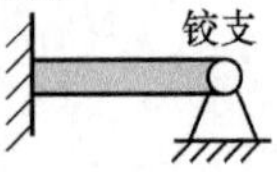 | $\tan\beta_i l - \mathrm{th}\beta_i l = 0$ | $Y_i(x) = C_i[\sin\beta_i x - \mathrm{sh}\beta_i x + r_i(\mathrm{ch}\beta_i x - \cos\beta_i x)]$<br>其中，$r_i = \frac{\sin\beta_i l - \mathrm{sh}\beta_i l}{\cos\beta_i l - \mathrm{ch}\beta_i l}$ | $\beta_1 l = 3.926\ 602$<br>$\beta_2 l = 7.068\ 583$<br>$\beta_3 l = 10.210\ 176$<br>$\beta_4 l = 13.351\ 768$ |

（续）

| 梁的端点条件 | 频率方程 | 振型函数 | $\beta_i l$ 的值 |
|---|---|---|---|
| 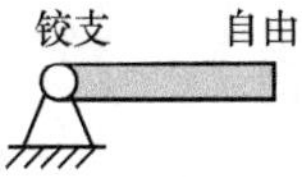 | $\tan\beta_i l-\mathrm{th}\beta_i l=0$ | $Y_i(x)=C_i(\sin\beta_i x+r_i\mathrm{sh}\beta_i x)$<br>其中，$r_i=\dfrac{\sin\beta_i l}{\mathrm{sh}\beta_i l}$ | $\beta_1 l=3.926\ 602$<br>$\beta_2 l=7.068\ 583$<br>$\beta_3 l=10.210\ 176$<br>$\beta_4 l=13.351\ 768$<br>（对刚体振型，$\beta l=0$） |

**例 6-6**　图 6-10 所示悬臂梁的自由端附加一集中质量 $m$，将附加质量视为质点，求频率方程和主振型函数。

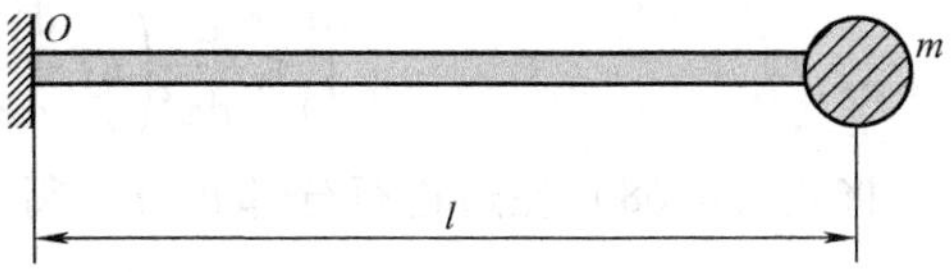

图 6-10　悬臂梁端部附加质量的振动系统

**解**：与杆的复杂边界条件相同，梁的端点带有支承弹簧或附加质量，或者两者都有时，梁的边界条件称为复杂边界条件。该题即为复杂边界条件问题。其边界条件为

$$Y(0)=0,\frac{\mathrm{d}Y}{\mathrm{d}x}\Big|_{x=0}=0 \tag{a}$$

$$\frac{\mathrm{d}^2Y}{\mathrm{d}x^2}\Big|_{x=l}=0,EI\frac{\mathrm{d}^3Y}{\mathrm{d}x^3}\Big|_{x=l}=-p^2mY(l) \tag{b}$$

将式（6-53）代入式（a）、式（b），得

$$C_1+C_3=0,\ C_2+C_4=0 \tag{c}$$

$$(\cos\beta l+\mathrm{ch}\beta l)C_2+(\sin\beta l+\mathrm{sh}\beta l)C_1=0$$

$$[EI\beta^3(\sin\beta l-\mathrm{sh}\beta l)+p^2m(\cos\beta l-\mathrm{ch}\beta l)]C_2+$$

$$[EI\beta^3(-\cos\beta l-\mathrm{ch}\beta l)+p^2m(\sin\beta l-\mathrm{sh}\beta l)]C_1=0 \tag{d}$$

这是齐次方程组，要有非零解，其系数行列式必须为零，由此得到

$$EI\beta^3(1+\cos\beta l\mathrm{ch}\beta l)=p^2m(\sin\beta l\mathrm{ch}\beta l-\cos\beta l\mathrm{sh}\beta l) \tag{e}$$

式（e）即频率方程。由式（d），令

$$r_i=\left(\frac{C_1}{C_2}\right)_i=-\frac{\cos\beta_i l+\mathrm{ch}\beta_i l}{\sin\beta_i l+\mathrm{sh}\beta_i l}$$

从上式和式（c）得主振型函数为

$$Y_i(x)=C_i[\cos\beta_i x-\mathrm{ch}\beta_i x+r_i(\sin\beta_i x-\mathrm{sh}\beta_i x)],\ i=1,\ 2,\ \cdots$$

## 6.4　梁的横向受迫振动

### 6.4.1　主振型的正交性

梁做横向振动时，振型函数也具有正交性。这里只讨论具有简单边界条件下主振型的正

交性，但梁可以是变截面的或非均质的。

取特征值问题的任意两个解 $p_i^2$、$Y_i(x)$；$p_j^2$、$Y_j(x)$ 代入式（6-50），得

$$\frac{d^2}{dx^2}\left(EI\frac{d^2Y_i(x)}{dx^2}\right)=p_i^2\rho AY_i(x) \tag{6-67a}$$

$$\frac{d^2}{dx^2}\left(EI\frac{d^2Y_j(x)}{dx^2}\right)=p_j^2\rho AY_j(x) \tag{6-67b}$$

以 $Y_j(x)$ 乘以式（6-67a），以 $Y_i(x)$ 乘以式（6-67b），并且都沿梁的长度 $l$ 对 $x$ 积分，得

$$\int_0^l Y_j\frac{d^2}{dx^2}\left(EI\frac{d^2Y_i}{dx^2}\right)dx=p_i^2\int_0^l\rho AY_iY_jdx \tag{6-68a}$$

$$\int_0^l Y_i\frac{d^2}{dx^2}\left(EI\frac{d^2Y_j}{dx^2}\right)dx=p_j^2\int_0^l\rho AY_iY_jdx \tag{6-68b}$$

将式（6-68）左边进行分部积分，得

$$Y_j\frac{d}{dx}\left(EI\frac{d^2Y_i}{dx^2}\right)\Big|_0^l-\frac{dY_j}{dx}\left(EI\frac{d^2Y_i}{dx^2}\right)\Big|_0^l+\int_0^l EI\frac{d^2Y_i}{dx^2}\frac{d^2Y_j}{dx^2}dx=p_i^2\int_0^l\rho AY_iY_jdx \tag{6-69a}$$

$$Y_i\frac{d}{dx}\left(EI\frac{d^2Y_j}{dx^2}\right)\Big|_0^l-\frac{dY_i}{dx}\left(EI\frac{d^2Y_j}{dx^2}\right)\Big|_0^l+\int_0^l EI\frac{d^2Y_i}{dx^2}\frac{d^2Y_j}{dx^2}dx=p_j^2\int_0^l\rho AY_iY_jdx \tag{6-69b}$$

对前面提出的任一种简单边界条件，以上二式已积分出来的各项均为零。有

$$\int_0^l EI\frac{d^2Y_i}{dx^2}\frac{d^2Y_j}{dx^2}dx=p_i^2\int_0^l\rho AY_iY_jdx \tag{6-70a}$$

$$\int_0^l EI\frac{d^2Y_i}{dx^2}\frac{d^2Y_j}{dx^2}dx=p_j^2\int_0^l\rho AY_iY_jdx \tag{6-70b}$$

令式（6-70a）减去式（6-70b），得

$$(p_i^2-p_j^2)\int_0^l\rho AY_iY_jdx=0 \tag{6-71}$$

如果 $i\neq j$ 时，有 $p_i\neq p_j$，则由上式必得

$$\int_0^l\rho AY_iY_jdx=0\quad i\neq j \tag{6-72}$$

式（6-72）即梁的主振型关于质量的正交性。将式（6-72）代入式（6-70）及式（6-68），可得

$$\int_0^l EI\frac{d^2Y_i}{dx^2}\frac{d^2Y_j}{dx^2}dx=0,\qquad i\neq j \tag{6-73}$$

或

$$\int_0^l Y_j\frac{d^2}{dx^2}\left(EI\frac{d^2Y_i}{dx^2}\right)dx=0,\quad i\neq j \tag{6-74}$$

上面两式即梁的主振型关于刚度的正交性。当 $i=j$ 时，式（6-71）总能成立，令

$$\int_0^l\rho AY_j^2dx=M_{pj} \tag{6-75}$$

$$\int_0^l Y_j \frac{d^2}{dx^2}\left(EI\frac{d^2 Y_j}{dx^2}\right)dx = \int_0^l EI\left(\frac{d^2 Y_j}{dx^2}\right)^2 dx = K_{pj} \tag{6-76}$$

常数 $M_{pj}$、$K_{pj}$分别称为第 $j$ 阶主质量及第 $j$ 阶主刚度。由式（6-70）可得到它们的关系，即

$$p_j^2 = \frac{K_{pj}}{M_{pj}} \tag{6-77}$$

如果主振型 $Y_j(x)$ 中的常数按下列归一化条件来确定，即

$$\int_0^l \rho A \widetilde{Y}_j^2 dx = M_{pj} = 1, \quad j = 1,2,\cdots \tag{6-78}$$

由此得到的主振型函数称为正则振型函数，表示为 $\widetilde{Y}_j(x)$。这时相应的第 $j$ 阶主刚度 $K_{pj}$ 为 $p_j^2$。

### 6.4.2　梁横向振动的受迫响应

梁的微元体的横向受迫振动微分方程由式（6-46）决定：

$$\frac{\partial^2}{\partial x^2}\left(EI\frac{\partial^2 y}{\partial x^2}\right) + \rho A\frac{\partial^2 y}{\partial t^2} = q(x,\ t) - \frac{\partial}{\partial x}m(x,\ t) \tag{6-79}$$

式中，$q(x,\ t)$ 为单位长度梁上分布的外力；$m(x,\ t)$ 为单位长度梁上分布的外力矩。与解杆的纵向受迫振动的响应类似，可设式（6-79）的通解为

$$y(x,t) = \sum_{i=1}^{\infty} \widetilde{Y}_i(x)\eta_i(t) \tag{6-80}$$

式中，$\widetilde{Y}_i(x)$ 为正则振型函数；$\eta_i(t)$ 为正则坐标。将式（6-80）代入式（6-79），得

$$\sum_{i=1}^{\infty}\frac{d^2}{dx^2}\left(EI\frac{d^2\widetilde{Y}_i}{dx^2}\right)\eta_i + \rho A\sum_{i=1}^{\infty}\widetilde{Y}_i\ddot{\eta}_i = q(x,\ t) - \frac{\partial}{\partial x}m(x,\ t)$$

上式通乘以 $\widetilde{Y}_j(x)$ 并沿梁长 $l$ 对 $x$ 积分，有

$$\sum_{i=1}^{\infty}\eta_i\int_0^l \widetilde{Y}_j\frac{d^2}{dx^2}\left(EI\frac{d^2\widetilde{Y}_i}{dx^2}\right)dx + \sum_{i=1}^{\infty}\ddot{\eta}_i\int_0^l \rho A\widetilde{Y}_i\widetilde{Y}_j dx = \int_0^l\left[q(x,\ t) - \frac{\partial}{\partial x}m(x,\ t)\right]\widetilde{Y}_j dx$$

考虑到正交性及归一化条件，上式成为

$$\ddot{\eta}_i + p_i^2\eta_i = q_i(t) \tag{6-81}$$

式（6-81）即为第 $i$ 个正则坐标表示的梁的横向振动的运动微分方程。其中

$$q_i(t) = \int_0^l \left[q(x,\ t) - \frac{\partial}{\partial x}m(x,\ t)\right]\widetilde{Y}_i(x)dx \tag{6-82}$$

称为第 $i$ 个正则坐标的广义力。

设梁的初始条件为

$$y(x,0) = f_1(x), \frac{\partial y}{\partial t}\bigg|_{t=0} = f_2(x) \tag{6-83}$$

将式（6-80）代入式（6-83），有

$$y(x,\ 0)=f_1(x)=\sum_{i=1}^{\infty}\widetilde{Y}_i(x)\eta_i(0)$$

$$\frac{\partial y}{\partial t}\Big|_{t=0}=f_2(x)=\sum_{i=1}^{\infty}\widetilde{Y}_i(x)\ \dot{\eta}_i(0)$$

同理，将以上两式乘以 $\rho A\ \widetilde{Y}_j(x)$ 并沿梁长对 $x$ 积分，由正交条件可得到用正则坐标表示的梁的初始条件为

$$\begin{cases}\eta_i(0)=\int_0^l \rho A f_1(x)\widetilde{Y}_i(x)\mathrm{d}x\\ \dot{\eta}_i(0)=\int_0^l \rho A f_2(x)\widetilde{Y}_i(x)\mathrm{d}x\end{cases}\tag{6-84}$$

于是式（6-81）的第 $i$ 个正则坐标表示的解为

$$\eta_i(t)=\eta_i(0)\cos p_i t+\frac{\dot{\eta}_i(0)}{p_i}\sin p_i t+\frac{1}{p_i}\int_0^t q_i(\tau)\sin p_i(t-\tau)\mathrm{d}\tau\tag{6-85}$$

将形如上式的各个用正则坐标表示的响应代入式（6-80），即得到梁在非零初始条件下对任意激励的响应：

$$y(x,t)=\sum_{i=1}^{\infty}\widetilde{Y}_i(x)\eta_i(t)=\sum_{i=1}^{\infty}\widetilde{Y}_i\Big[\frac{1}{p_i}\int_0^l\widetilde{Y}_i\int_0^t\Big(q(x,t)-\frac{\partial}{\partial x}m(x,t)\Big)\sin p_i(t-\tau)\mathrm{d}\tau\,\mathrm{d}x+\eta_i(0)\cos p_i t+\frac{\dot{\eta}_i(0)}{p_i}\sin p_i t\Big]\tag{6-86}$$

**例 6-7** 如图 6-11 所示，一简支梁在其中点受到常力 $F$ 作用而产生变形，求当力 $F$ 突然移去时梁的响应。

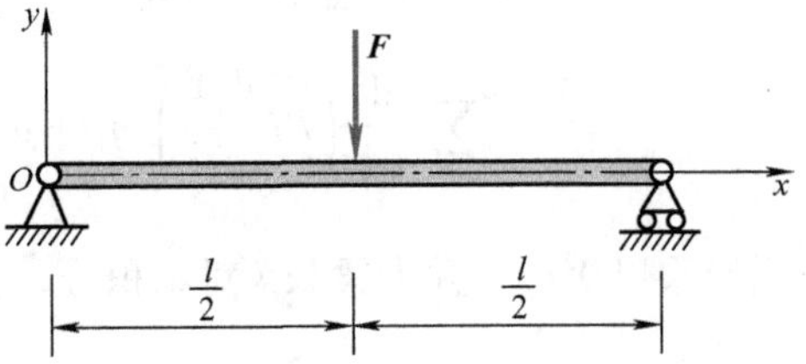

图 6-11 简支梁示意图

**解：** 由前面已求出的两端铰支梁的固有圆频率及主振型函数为

$$p_i=\frac{i^2\pi^2}{l^2}\sqrt{\frac{EI}{\rho A}},\quad i=1,2,\cdots$$

$$Y_i(x)=C_{1i}\sin\frac{i\pi}{l}x,\quad i=1,2,\cdots$$

将主振型代入式（6-78）的归一化条件，得

$$\int_0^l \rho A\widetilde{Y}_i^2\mathrm{d}x=\int_0^l \rho A\Big(C_{1i}\sin\frac{i\pi x}{l}\Big)^2\mathrm{d}x=1$$

所以
$$C_{1i}=\sqrt{\frac{2}{\rho Al}}$$

从而得到正则振型函数为

$$\widetilde{Y}_i(x)=\sqrt{\frac{2}{\rho Al}}\sin\frac{i\pi}{l}x$$

由材料力学知识可知初始条件为

$$y(x,0)=f_1(x)=\begin{cases} y_{st}\left[3\left(\frac{x}{l}\right)-4\left(\frac{x}{l}\right)^3\right], & 0\leqslant x\leqslant\frac{l}{2} \\ y_{st}\left[3\left(\frac{l-x}{l}\right)-4\left(\frac{l-x}{l}\right)^3\right], & \frac{l}{2}\leqslant x\leqslant l \end{cases}$$

$$\left.\frac{\partial y}{\partial t}\right|_{t=0}=f_2(x)=0$$

式中，$y_{st}=-\frac{Fl^3}{48EI}$为梁中央的静挠度。

由式（6-84）算出正则坐标表示的初始条件为

$$\eta_i(0)=\int_0^{\frac{l}{2}}\rho A y_{st}\left[3\left(\frac{x}{l}\right)-4\left(\frac{x}{l}\right)^3\right]C_{1i}\sin\frac{i\pi x}{l}\mathrm{d}x+\int_{\frac{l}{2}}^{l}\rho A y_{st}\left[3\left(\frac{l-x}{l}\right)-4\left(\frac{l-x}{l}\right)^3\right]C_{1i}\sin\frac{i\pi x}{l}\mathrm{d}x$$

$$=\rho A y_{st}C_{1i}\cdot\frac{48l}{i^4\pi^4}(-1)^{\frac{i-1}{2}}=-\frac{Fl^4\rho A}{i^4\pi^4 EI}C_{1i}(-1)^{\frac{i-1}{2}}$$

$$\dot{\eta}_i(0)=0,\quad i=1,3,5,\cdots$$

因为没有激振力，正则广义力等于零，由式（6-81）得

$$\eta_i(t)=\eta_i(0)\cos p_i t$$

于是梁的自由振动为

$$y(x,t)=\sum_{i=1}^{\infty}\widetilde{Y}_i(x)\eta_i(t)$$

$$=\sum_{i=1,3,\cdots}^{\infty}C_{1i}\sin\frac{i\pi x}{l}\cdot\frac{-Fl^4\rho A C_{1i}}{i^4\pi^4 EI}(-1)^{\frac{i-1}{2}}\cos p_i t$$

$$=-\frac{2Fl^3}{\pi^4 EI}\sum_{i=1,3,\cdots}^{\infty}\frac{(-1)^{\frac{i-1}{2}}}{i^4}\sin\frac{i\pi x}{l}\cos p_i t$$

由上式可见，梁在中央受常力作用产生的静变形只激发起对称振型的振动。

**例 6-8**　图 6-12 所示的均匀简支梁在 $x=x_1$ 处受到一正弦激励 $F\sin\omega t$ 作用，求梁的响应，梁的初始条件为零。

**解**：由上例的结果可知正则振型函数为

$$\widetilde{Y}_i(x)=\sqrt{\frac{2}{\rho Al}}\sin\frac{i\pi}{l}x$$

用 δ 函数表示集中力

$$q(x,t)=F\sin\omega t\cdot\delta(x-x_1)$$

正则广义力为

$$q_i(t)=\int_0^l\widetilde{Y}_i(x)F\sin\omega\tau\cdot\delta(x-x_1)\mathrm{d}x$$

$$=\sqrt{\frac{2}{\rho Al}}F\sin\frac{i\pi}{l}x_1\cdot\sin\omega t$$

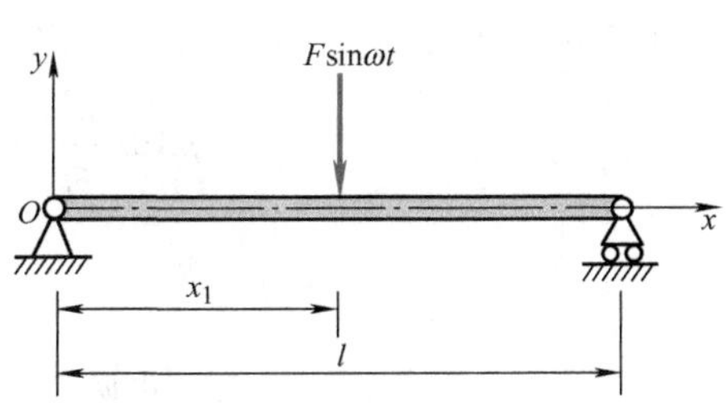

图 6-12　简支梁受正弦激励作用的示意图

由于初始条件为零，所以响应为

$$\eta_i(t)=\frac{1}{p_i}\int_0^t q_i(\tau)\sin p_i(t-\tau)\,\mathrm{d}\tau=\frac{1}{p_i}\sqrt{\frac{2}{\rho Al}}F\sin\frac{i\pi x_1}{l}\int_0^t \sin p_i(t-\tau)\sin\omega\tau\,\mathrm{d}\tau$$

$$=\sqrt{\frac{2}{\rho Al}}\frac{F}{p_i^2-\omega^2}\sin\frac{i\pi x_1}{l}\left(\sin\omega t-\frac{\omega}{p_i}\sin p_i t\right)$$

于是梁的受迫振动为

$$y(x,\ t)=\sum_{i=1}^{\infty}\widetilde{Y}_i(x)\eta_i(t)=\sum_{i=1}^{\infty}\frac{2}{\rho Al}\frac{F}{p_i^2-\omega^2}\sin\frac{i\pi x_1}{l}\cdot\sin\frac{i\pi x}{l}\left(\sin\omega t-\frac{\omega}{p_i}\sin p_i t\right)$$

---

## 6.5 转动惯量、剪切变形和轴向力对梁横向振动的影响

当梁的横截面尺寸与长度相比并不很小或者在分析高阶振型时，就需要考虑转动惯量和剪切变形对梁振动的影响，这时的梁称为铁木辛柯梁（Timoshenko beam）。

如图 6-13 所示，取一段微单元体 d$x$，画出由剪切力及弯矩引起的变形。当剪力为零时，单元体 d$x$ 的中心线垂直于横截面表面，由弯矩引起的截面转角为 $\psi$，由剪力引起的剪切角为 $\beta$，由弯矩和剪力共同作用引起的梁的轴线的实际转角为 $\theta$，于是

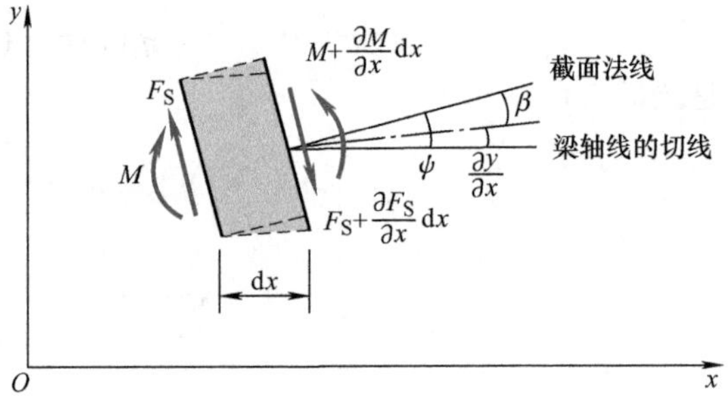


图 6-13 铁木辛柯梁微元体受力图

$$\theta=\frac{\partial y}{\partial x}$$

$$\beta=\psi-\frac{\partial y}{\partial x}$$

由材料力学的基本公式

$$M=EI\frac{\partial\psi}{\partial x},\qquad \beta=\frac{kF_S}{AG}\tag{a}$$

式中，$k$ 为截面的几何形状常数（圆形截面 $k=1.11$，矩形截面 $k=1.20$）；$G$ 为切变模量；$A$ 为横截面积。为了书写方便，令 $k'=\frac{1}{k}$，得到

$$F_S=k'AG\beta=k'AG\left(\psi-\frac{\partial y}{\partial x}\right)\tag{b}$$

由于考虑了转动的影响，单元体的动力方程式有两个，即

$$\rho A\mathrm{d}x\frac{\partial^2 y}{\partial t^2}=-\left(F_S+\frac{\partial F_S}{\partial x}\mathrm{d}x\right)+F_S$$

故

$$\rho A\frac{\partial^2 y}{\partial t^2}=-\frac{\partial F_S}{\partial x}\tag{c}$$

$$\rho I\mathrm{d}x\frac{\partial^2\psi}{\partial t^2}=-M+\left(M+\frac{\partial M}{\partial x}\mathrm{d}x\right)-F_S\mathrm{d}x$$

故

$$\rho I\frac{\partial^2\psi}{\partial t^2}=\frac{\partial M}{\partial x}-F_S \tag{d}$$

将式（a）、（b）的关系代入式（d），得

$$\rho I\frac{\partial^2\psi}{\partial t^2}-\frac{\partial}{\partial x}\left(EI\frac{\partial\psi}{\partial x}\right)+k'AG\left(\psi-\frac{\partial y}{\partial x}\right)=0 \tag{e}$$

将式（b）代入式（c），得

$$\rho A\frac{\partial^2 y}{\partial t^2}+k'AG\frac{\partial}{\partial x}\left(\psi-\frac{\partial y}{\partial x}\right)=0$$

故

$$\rho A\frac{\partial^2 y}{\partial t^2}+k'AG\left(\frac{\partial\psi}{\partial x}-\frac{\partial^2 y}{\partial x^2}\right)=0 \tag{f}$$

设梁是等截面的，并由式（e）和式（f）中消去 $\psi$，得

$$EI\frac{\partial^4 y}{\partial x^4}+\rho A\frac{\partial^2 y}{\partial t^2}-\rho I\left(1+\frac{E}{k'G}\right)\frac{\partial^4 y}{\partial x^2\partial t^2}+\frac{\rho^2 I}{k'G}\frac{\partial^4 y}{\partial t^4}=0 \tag{6-87}$$

式中，第三项和第四项表达了剪切变形和转动惯量的影响，方程式（6-87）仍可用分离变量法求解。

现以简支梁为例，设解为

$$y_i(x,\ t)=A_i\sin\frac{i\pi x}{l}\sin(p_i t-\varphi_i)$$

将其代入式（6-87）可得

$$EI\left(\frac{i\pi}{l}\right)^4-\rho Ap_i^2-\rho I\left(\frac{i\pi}{l}\right)^2p_i^2-\frac{\rho IE}{k'G}\left(\frac{i\pi}{l}\right)^2p_i^2+\frac{\rho^2 I}{k'G}p_i^4=0 \tag{6-88}$$

由于末项 $\frac{\rho^2 I}{k'G}p_i^4$ 与 $EI\left(\frac{i\pi}{l}\right)^4$ 相比是微小量，在计算剪切变形的影响时可以略去，利用二项展开式从而得

$$p_i=p_0\left[1-\frac{i^2\pi^2 I}{2l^2A}\left(1+\frac{E}{k'G}\right)\right] \tag{6-89}$$

式中，$p_0=\left(\frac{i\pi}{l}\right)^2\sqrt{\frac{EI}{\rho A}}$ 为不计剪切变形和转动惯量时简支梁的固有圆频率。

由式中可以看出，考虑了剪切变形和转动惯量以后，系统的固有圆频率降低了。这是因为系统的固有圆频率取决于它的质量和刚度，考虑剪切变形和转动惯量之后，使系统的有效质量增加，有效刚度降低，因而引起固有圆频率的降低，对高阶角频率的影响更为显著。

只考虑转动惯量的影响时，即

$$p_i=p_0\left(1-\frac{i^2\pi^2 I}{2l^2A}\right) \tag{6-90}$$

只考虑剪切变形的影响时，即

$$p_i=p_0\left(1-\frac{i^2\pi^2 EI}{2l^2k'GA}\right) \tag{6-91}$$

比较以上二式可以看到，剪切变形的影响要比转动惯量的影响大，如果设 $E=\frac{8G}{3}$，且梁的

横截面是长方形的，$k' = 0.833$，则

$$\frac{E}{k'G} = 3.2$$

即剪切变形的影响是转动惯量的影响的 3.2 倍。

如果在梁的两端受到拉力 $F$ 的作用，当梁做横向振动时，尚须考虑轴向力引起的弯矩的影响。设梁做微幅振动，且在振动过程中梁截面上的张力保持 $F$ 不变（见图 6-14），于是微元段 d$x$ 的运动微分方程为

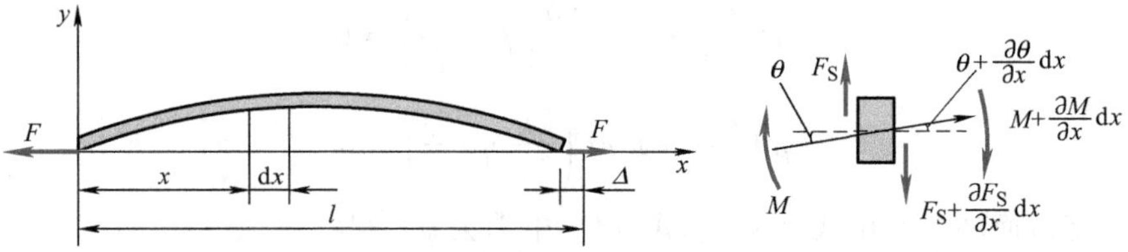


图 6-14 梁受轴向力作用时的受力图

$$\rho A\frac{\partial^2 y}{\partial t^2}\mathrm{d}x = F_{\mathrm{S}} - \left(F_{\mathrm{S}} + \frac{\partial F_{\mathrm{S}}}{\partial x}\mathrm{d}x\right) + F\left(\theta + \frac{\partial\theta}{\partial x}\mathrm{d}x\right) - F\theta$$

利用

$$\theta = \frac{\partial y}{\partial x},\ F_{\mathrm{S}} = \frac{\partial M}{\partial x},\ M = EI\frac{\partial^2 y}{\partial x^2}$$

则得到运动微分方程为

$$\frac{\partial^2}{\partial x^2}\left(EI\frac{\partial^2 y}{\partial x^2}\right) - F\frac{\partial^2 y}{\partial x^2} + \rho A\frac{\partial^2 y}{\partial t^2} = 0 \tag{6-92}$$

仍设解为

$$y(x,t) = Y(x)\sin(pt+\varphi)$$

并代入式（6-92），得

$$\frac{\mathrm{d}^2}{\mathrm{d}x^2}\left(EI\frac{\mathrm{d}^2 Y}{\mathrm{d}x^2}\right) - F\frac{\mathrm{d}^2 Y}{\mathrm{d}x^2} - p^2\rho AY = 0 \tag{6-93}$$

设 $EI$ 是常数，且 $\alpha^2 = \frac{F}{EI}$，$\beta^4 = p^2\frac{\rho A}{EI}$，代入式（6-93），得

$$\frac{\mathrm{d}^4 Y}{\mathrm{d}x^4} - \alpha^2\frac{\mathrm{d}^2 Y}{\mathrm{d}x^2} - \beta^4 Y = 0 \tag{6-94}$$

可设上式的解为

$$Y(x) = A\sin\lambda_1 x + B\cos\lambda_1 x + C\mathrm{sh}\lambda_2 x + D\mathrm{ch}\lambda_2 x \tag{6-95}$$

式中

$$\lambda_1 = \sqrt{-\frac{\alpha^2}{2} + \sqrt{\frac{\alpha^4}{4} + \beta^4}},\quad \lambda_2 = \sqrt{\frac{\alpha^2}{2} + \sqrt{\frac{\alpha^4}{4} + \beta^4}}$$

仍以简支梁为例，边界条件为

$$Y(x)\big|_{x=0} = 0,\ \frac{\mathrm{d}^2 Y(x)}{\mathrm{d}x^2}\bigg|_{x=0} = 0$$

$$Y(x)\big|_{x=l} = 0,\ \frac{\mathrm{d}^2 Y(x)}{\mathrm{d}x^2}\bigg|_{x=l} = 0$$

将式（6-95）代入以上边界条件，得到

$$B = D = 0$$

$$A\sin\lambda_1 l + C\mathrm{sh}\lambda_2 l = 0$$

$$-A\lambda_1^2\sin\lambda_1 l + C\lambda_2^2\mathrm{sh}\lambda_2 l = 0$$

利用系数行列式为零的条件，得频率方程

$$(\lambda_1^2 + \lambda_2^2)\sin\lambda_1 l\mathrm{sh}\lambda_2 l = 0$$

由于 $\lambda_1$、$\lambda_2$ 及 $\mathrm{sh}\lambda_2 l$ 不为零，故

$$\sin\lambda_1 l = 0$$

解出

$$\lambda_1 = \frac{i\pi}{l} = \sqrt{-\frac{\alpha^2}{2} + \sqrt{\frac{\alpha^4}{4} + \beta^4}}, \quad p_i = \frac{(i\pi)^2}{l^2}\sqrt{\frac{EI}{\rho A}}\sqrt{1 + \frac{Fl^2}{i^2\pi^2 EI}}$$

$$i = 1, 2, 3, \cdots \tag{6-96}$$

上式当 $F=0$ 时，即为前面所求的简支梁的固有圆频率。可见，若增加了力 $F$ 之后梁的刚度增加，固有圆频率提高；如果将拉力改为压力，即用 $-F$ 代替 $F$，结果是固有圆频率减小。由于临界压力值 $F = \frac{\pi^2 EI}{l^2}$，所以当 $1 - \frac{Fl^2}{(i\pi)^2 EI} < 1$ 时梁将失稳而被破坏。

---

## 6.6　梁横向振动的近似解法

### 6.6.1　瑞利法

如果不考虑阻尼的影响，根据能量守恒定律，则系统的最大动能应该等于系统最大势能。瑞利（Rayleigh）法正是从这一定律出发，估算梁的第一阶固有圆频率。

设梁在 $x$ 处的位移为

$$y(x,t) = Y(x)\sin(pt+\varphi)$$

$$\frac{\partial y}{\partial t} = pY(x)\cos(pt+\varphi)$$

系统的动能为

$$T = \int_0^l \frac{1}{2}\rho A\mathrm{d}x\left(\frac{\partial y}{\partial t}\right)^2 = \frac{1}{2}p^2\cos^2(pt + \varphi)\int_0^l \rho AY^2(x)\mathrm{d}x$$

故

$$T_{\max} = \frac{1}{2}p^2\int_0^l \rho AY^2(x)\mathrm{d}x$$

系统的势能等于应变能

$$V = \frac{1}{2}\int_0^l EI\left(\frac{\partial^2 y}{\partial x^2}\right)^2\mathrm{d}x = \frac{1}{2}\sin^2(pt + \varphi)\int_0^l EI\left(\frac{\mathrm{d}^2 Y(x)}{\mathrm{d}x^2}\right)^2\mathrm{d}x$$

故

$$V_{\max} = \frac{1}{2}\int_0^l EI\left(\frac{\mathrm{d}^2 Y(x)}{\mathrm{d}x^2}\right)^2\mathrm{d}x$$

令 $T_{max}=V_{max}$ 则得

$$p^2=\frac{\int_0^l EI\left(\frac{d^2Y(x)}{dx^2}\right)^2 dx}{\int_0^l \rho AY^2(x)dx} \tag{6-97}$$

利用上式求固有圆频率的方法称为瑞利法，通常用于求第一阶固有圆频率的近似值。根据经验，将 $Y(x)$ 取成静挠度曲线就可以得到精度较好的基频。

假若梁上有附加质量或弹性支承，则只要在计算梁的动能和势能时计入附加质量的动能和弹性支承的势能就可以了。例如在梁上 $x_i$ 处有集中质量 $m_i(i=1,2\cdots)$，则梁的最大动能为

$$T_{max}=\frac{1}{2}p^2\left[\int_0^l \rho AY^2(x)dx+\sum_{i=1}^n m_iY^2(x_i)\right] \tag{6-98}$$

在梁上 $x_i$ 处有弹簧刚度系数为 $k_i$ 和扭转弹簧刚度系数为 $k_{\theta i}$ 的弹性支承时，则梁的最大势能为

$$V_{max}=\frac{1}{2}\left[\int_0^l EI\left(\frac{d^2Y(x)}{dx^2}\right)^2 dx+k_iY^2(x_i)+k_{\theta i}\left(\frac{dY(x_i)}{dx}\right)^2\right] \tag{6-99}$$

**例 6-9** 用瑞利法求图 6-15 所示的等厚度变截面梁的第一阶固有频率。若梁宽为 $a$，截面的变化规律为 $A(x)=2ab\,\frac{x}{l}=A_0\,\frac{x}{l}$，$A_0$ 为根部面积。

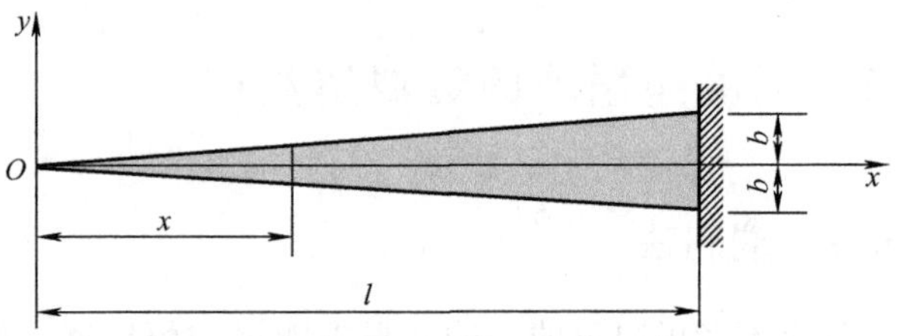


图 6-15 变截面梁

**解**：变截面梁的惯性矩为

$$I(x)=\frac{a}{12}\left(\frac{2bx}{l}\right)^3=I_0\,\frac{x^3}{l^3}$$

式中，$I_0$ 为根部截面对中心主轴的惯性矩。

假设振型函数为

$$Y(x)=a_1\left(1-\frac{x}{l}\right)^2$$

则

$$\frac{dY(x)}{dx}=a_1\left(-\frac{2}{l}+\frac{2x}{l^2}\right)$$

$$\frac{d^2Y(x)}{dx^2}=\frac{2a_1}{l^2}$$

可以验证下列边界条件均满足

$$M=EI(x)\frac{d^2Y}{dx^2}\bigg|_{x=0}=0,\quad F_S=\frac{dM}{dx}\bigg|_{x=0}=0$$

$$Y|_{x=l}=0,\quad \frac{\mathrm{d}Y}{\mathrm{d}x}\bigg|_{x=l}=0$$

于是

$$p^2=\frac{\int_0^l EI\left(\frac{\mathrm{d}^2Y(x)}{\mathrm{d}x^2}\right)^2\mathrm{d}x}{\int_0^l \rho AY^2(x)\,\mathrm{d}x}=\frac{\int_0^l E\left(I_0\frac{x^3}{l^3}\right)\left(\frac{2a_1}{l}\right)^2\mathrm{d}x}{\int_0^l \rho\left(A_0\frac{x}{l}\right)\left[a_1\left(1-\frac{x}{l}\right)^2\right]^2\mathrm{d}x}=\frac{30}{l^4}\frac{EI_0}{\rho A_0}$$

故

$$f_1=\frac{1}{2\pi}p=5.477\frac{1}{2\pi}\sqrt{\frac{EI_0}{\rho Al^4}}$$

与精确解 $f_1=\frac{1}{2\pi}p_1=5.315\frac{1}{2\pi}\sqrt{\frac{EI_0}{\rho Al^4}}$ 相比，误差为 3%。

## 6.6.2 里兹法

里兹（Ritz）法是瑞利法的发展，它除了能计算基频外，还能求得较高阶的固有频率，其原理和在有限多自由度系统中介绍的一样。它将振型表示为能满足边界条件的一组函数之和，即

$$Y(x)=a_1\varphi_1(x)+a_2\varphi_2(x)+a_3\varphi_3(x)+\cdots \tag{6-100}$$

式中，$a_1$，$a_2$，$a_3$，…为待定的参数；$\varphi_1(x)$，$\varphi_2(x)$，$\varphi_3(x)$，…为满足边界条件的函数。然后利用驻值条件，即

$$\frac{\partial p^2}{\partial a_i}=\frac{\partial}{\partial a_i}\left[\frac{\int_0^l EI\left(\frac{\mathrm{d}^2Y(x)}{\mathrm{d}x^2}\right)^2\mathrm{d}x}{\int_0^l \rho AY^2(x)\,\mathrm{d}x}\right]=0 \tag{6-101}$$

得到 $n$ 个关于 $a_1$，$a_2$，$a_3$，…，$a_n$ 的齐次方程，令它们的系数行列式为零，便可得到频率方程。在梁的弯曲振动中，考虑 $\frac{\partial p^2}{\partial a_i}$ 式的分子为零，得

$$\frac{\partial}{\partial a_i}\left[\int_0^l EI\left(\frac{\mathrm{d}^2Y(x)}{\mathrm{d}x^2}\right)^2\mathrm{d}x\right]\int_0^l \rho AY^2(x)\,\mathrm{d}x-\frac{\partial}{\partial a_i}\left[\int_0^l \rho AY^2(x)\,\mathrm{d}x\right]\cdot\int_0^l EI\left(\frac{\mathrm{d}^2Y(x)}{\mathrm{d}x^2}\right)^2\mathrm{d}x=0$$

整理为

$$\frac{\partial}{\partial a_i}\left[\int_0^l EI\left(\frac{\mathrm{d}^2Y(x)}{\mathrm{d}x^2}\right)^2\mathrm{d}x\right]-\frac{\partial}{\partial a_i}\left[\int_0^l \rho AY^2(x)\,\mathrm{d}x\right]\frac{\int_0^l EI\left(\frac{\mathrm{d}^2Y(x)}{\mathrm{d}x^2}\right)^2\mathrm{d}x}{\int_0^l \rho AY^2(x)\,\mathrm{d}x}=0$$

即

$$\frac{\partial}{\partial a_i}\left[\int_0^l EI\left(\frac{\mathrm{d}^2Y(x)}{\mathrm{d}x^2}\right)^2\mathrm{d}x\right]-p^2\frac{\partial}{\partial a_i}\left[\int_0^l \rho AY^2(x)\,\mathrm{d}x\right]=0$$

式中

$$\frac{\partial}{\partial a_i}\left[\int_0^l EI\left(\frac{\mathrm{d}^2Y(x)}{\mathrm{d}x^2}\right)^2\mathrm{d}x\right]=\frac{\partial}{\partial a_i}\int_0^l EI(a_1\varphi''_1+a_2\varphi''_2+\cdots+a_n\varphi''_n)^2\mathrm{d}x$$

$$= \int_0^l 2EI(a_1\varphi''_1 + a_2\varphi''_2 + \cdots + a_n\varphi''_n)\varphi''_i \mathrm{d}x$$

$$\frac{\partial}{\partial a_i}\int_0^l \rho AY^2(x)\mathrm{d}x = \frac{\partial}{\partial a_i}\int_0^l \rho A(a_1\varphi_1 + a_2\varphi_2 + \cdots + a_n\varphi_n)^2 \mathrm{d}x$$

$$= \int_0^l 2\rho A(a_1\varphi_1 + a_2\varphi_2 + \cdots + a_n\varphi_n)\varphi_i \mathrm{d}x$$

式中，$\varphi$ 对 $x$ 的二阶导数用 $\varphi''$表示，所以得到 $n$ 个方程式

$$\int_0^l 2EI(a_1\varphi''_1 + a_2\varphi''_2 + \cdots + a_n\varphi''_n)\varphi''_i \mathrm{d}x - p^2\int_0^l 2\rho A(a_1\varphi_1 + a_2\varphi_2 + \cdots + a_n\varphi_n)\varphi_i \mathrm{d}x = 0$$

$$i=1,2,\cdots,n \tag{6-102}$$

如果采用符号

$$K_{ij} = \int_0^l EI\varphi''_i\varphi''_j \mathrm{d}x \tag{6-103}$$

$$M_{ij} = \int_0^l \rho A\varphi_i\varphi_j \mathrm{d}x \tag{6-104}$$

将式（6-102）写成矩阵形式

$$\begin{pmatrix} K_{11} & K_{12} & \cdots & K_{1n} \\ K_{21} & K_{22} & \cdots & K_{2n} \\ \vdots & \vdots & & \vdots \\ K_{n1} & K_{n2} & \cdots & K_{nn} \end{pmatrix}\begin{pmatrix} a_1 \\ a_2 \\ \vdots \\ a_n \end{pmatrix} - p^2\begin{pmatrix} M_{11} & M_{12} & \cdots & M_{1n} \\ M_{21} & M_{22} & \cdots & M_{2n} \\ \vdots & \vdots & & \vdots \\ M_{n1} & M_{n2} & \cdots & M_{nn} \end{pmatrix}\begin{pmatrix} a_1 \\ a_2 \\ \vdots \\ a_n \end{pmatrix} = \begin{pmatrix} 0 \\ 0 \\ \vdots \\ 0 \end{pmatrix} \tag{6-105}$$

或记为

$$\boldsymbol{Ka} - p^2\boldsymbol{Ma} = \boldsymbol{0}$$

$$(\boldsymbol{K} - p^2\boldsymbol{M})\boldsymbol{a} = \boldsymbol{0} \tag{6-106}$$

即无限多个自由度系统变成了有限多个自由度系统，解上述方程，可求得 $n$ 个固有频率值和 $n$ 个振型函数。这种方法称为**里兹法**。

**里兹法在计算固有频率时，是计算系统的应变能及动能。然后利用瑞利商取驻值的条件来确定各个系数 $a_i$。**由于它在计算系统动能时，已经计入了系统振动时可能产生的全部动能，所以在选取 $\varphi_i(x)$ 时，只要满足系统的边界几何条件即可。

**例 6-10** 用里兹法求图 6-16 所示均匀等截面悬臂梁的前二阶固有频率。

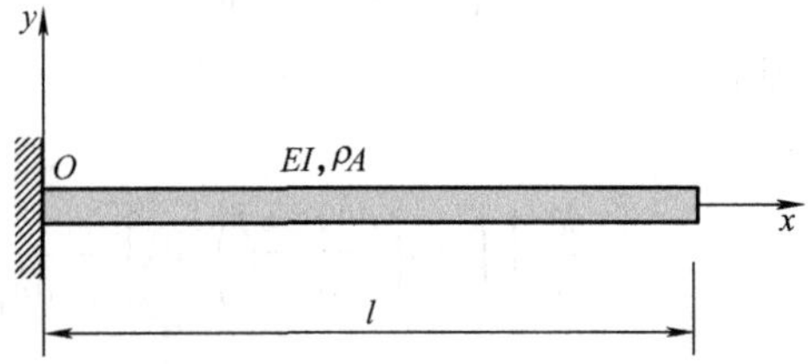

图 6-16 等截面悬臂梁示意图

**解：** 设 $\varphi_1=x^2$，$\varphi_2=x^3$，则

$$Y(x)=a_1\varphi_1+a_2\varphi_2=a_1x^2+a_2x^3$$

$$\varphi''_1=2,\quad \varphi''_2=6x$$

下面计算 $K_{ij}$和 $M_{ij}$

$$K_{11} = \int_0^l EI\varphi''_1\varphi''_1 \mathrm{d}x = \int_0^l 4EI\mathrm{d}x = 4EIl$$

$$K_{12} = K_{21} = \int_0^l EI\varphi''_1\varphi''_2 \mathrm{d}x = 6EIl^2$$

$$K_{22} = \int_0^l EI\varphi''_2\varphi''_2 \mathrm{d}x = 12EIl^3$$

$$M_{11}=\int_0^l \rho A\varphi_1\varphi_1\mathrm{d}x=\int_0^l \rho Ax^4\mathrm{d}x=\frac{\rho A}{5}l^5$$

$$M_{12}=M_{21}=\int_0^l \rho A\varphi_1\varphi_2\mathrm{d}x=\int_0^l \rho Ax^5\mathrm{d}x=\frac{\rho A}{6}l^6$$

$$M_{22}=\int_0^l \rho A\varphi_2\varphi_2\mathrm{d}x=\int_0^l \rho Ax^6\mathrm{d}x=\frac{\rho A}{7}l^7$$

由式（6-106）得到

$$\left(\begin{pmatrix}4EIl & 6EIl^2\\ 6EIl^2 & 12EIl^3\end{pmatrix}-p^2\begin{pmatrix}\dfrac{\rho Al^5}{5} & \dfrac{\rho Al^6}{6}\\ \dfrac{\rho Al^6}{6} & \dfrac{\rho Al^7}{7}\end{pmatrix}\right)\begin{pmatrix}a_1\\ a_2\end{pmatrix}=\begin{pmatrix}0\\ 0\end{pmatrix}$$

令 $\lambda=\dfrac{\rho Al^4}{EI}$，写出频率方程为

$$\left|\begin{pmatrix}4 & 6l\\ 6l & 12l^2\end{pmatrix}-\lambda\begin{pmatrix}\dfrac{1}{5} & \dfrac{l}{6}\\ \dfrac{l}{6} & \dfrac{l^2}{7}\end{pmatrix}\right|=0$$

即

$$\begin{vmatrix}4-\dfrac{\lambda}{5} & 6l-\dfrac{\lambda l}{6}\\ 6l-\dfrac{\lambda l}{6} & 12l^2-\dfrac{\lambda l^2}{7}\end{vmatrix}=0$$

展开得

$$\lambda^2-1224\lambda+15120=0$$

解出

$$\lambda_1=12.48,\ f_1=\frac{1}{2\pi}p_1=3.532\frac{1}{2\pi}\sqrt{\frac{EI}{\rho Al^4}}$$

$$\lambda_2=1211.5,\ f_2=\frac{1}{2\pi}p_2=34.81\frac{1}{2\pi}\sqrt{\frac{EI}{\rho Al^4}}$$

### 6.6.3　伽辽金法

伽辽金（Galerkin）法是直接由振动微分方程，利用虚位移原理进行计算的。伽辽金法不再计算系统的动能和势能，因此不只限于用在保守系统。

假设振型函数

$$Y(x)=A_1\varphi_1(x)+A_2\varphi_2(x)+\cdots+A_n\varphi_n(x) \tag{6-107}$$

式中，$\varphi_i(x)$ 除了满足边界几何条件外，还必须满足边界动力条件。例如悬臂梁

$$\varphi_i(x)\big|_{x=0}=0,\quad \frac{\mathrm{d}Y(x)}{\mathrm{d}x}\Big|_{x=0}=0$$

$$\frac{\mathrm{d}^2\varphi_i(x)}{\mathrm{d}x^2}\Big|_{x=l}=0,\frac{\mathrm{d}^3\varphi_i(x)}{\mathrm{d}x^3}\Big|_{x=l}=0$$

梁的振动微分方程式为

$$\frac{\mathrm{d}^2}{\mathrm{d}x^2}\left[EI(x)\frac{\mathrm{d}^2Y(x)}{\mathrm{d}x^2}\right]-p^2\rho AY(x)=0 \tag{6-108}$$

将式（6-107）代入上式，由于 $Y(x)$ 不是方程式（6-108）的真实解，因此将会得到方程式不等于零的量，这个量可看作为分布在梁长上的某种分布载荷，在虚位移

$$\delta Y(x)=\delta A_1\varphi_1(x)+\delta A_2\varphi_2(x)+\cdots=\sum_{i=1}^{n}\delta A_i\varphi_i(x)$$

中所做的虚功为零。根据这个条件来确定各个系数 $A_i$，虚功方程式为

$$\int_0^l\left\{\frac{\mathrm{d}^2}{\mathrm{d}x^2}\left[EI(x)\frac{\mathrm{d}^2Y(x)}{\mathrm{d}x^2}\right]-p^2\rho A(x)Y(x)\right\}\delta Y(x)\mathrm{d}x=0$$

即

$$\int_0^l\left\{\frac{\mathrm{d}^2}{\mathrm{d}x^2}[EI(x)\cdot\sum_{i=1}^{n}A_i\varphi''_i]-p^2\rho A(x)\sum_{i=1}^{n}A_i\varphi_i\right\}\sum_{j=1}^{n}\delta A_j\varphi_j\mathrm{d}x=0 \tag{6-109}$$

由于 $\delta A_j$ 是任意的，整理后可得方程

$$\sum_{j=1}^{n}\sum_{i=1}^{n}(d_{ij}-p^2m_{ij})A_i=0 \tag{6-110}$$

式中

$$d_{ij}=\int_0^l\frac{\mathrm{d}^2}{\mathrm{d}x^2}[EI(x)\varphi''_i]\varphi_j\mathrm{d}x \tag{6-111}$$

$$m_{ij}=\int_0^l\rho A(x)\varphi_i\varphi_j\mathrm{d}x \tag{6-112}$$

将式（6-110）写成矩阵形式为

$$(\boldsymbol{D}-p^2\boldsymbol{M})\boldsymbol{A}=\boldsymbol{0} \tag{6-113}$$

则频率方程为

$$|\boldsymbol{D}-p^2\boldsymbol{M}|=0 \tag{6-114}$$

**例 6-11** 用伽辽金法求例 6-9 题中变截面悬臂梁的固有圆频率。

**解：** 已知 $A(x)=A_0\dfrac{x}{l}$，$I(x)=I_0\dfrac{x^3}{l^3}$，设

$$\varphi_1(x)=\left(1-\frac{x}{l}\right)^2,\varphi_2(x)=\frac{x}{l}\left(1-\frac{x}{l}\right)^2$$

它们都满足全部的边界条件，即

$$EI(x)\varphi''\big|_{x=0}=0,\ (EI(x)\varphi'')'\big|_{x=0}=0$$

$$\varphi\big|_{x=l}=0,\quad \varphi'\big|_{x=l}=0$$

令

$$Y(x)=A_1\varphi_1(x)+A_2\varphi_2(x)$$

而

$$(EI(x)\varphi''_1)'' = 12EI_0 \frac{x}{l^5}$$

$$(EI(x)\varphi''_2)'' = 24EI_0\left(3\frac{x}{l} - 1\right)\frac{x}{l^5}$$

于是

$$m_{11} = \int_0^l \rho A(x)\varphi_1^2 \mathrm{d}x = \int_0^l \rho A_0 \frac{x}{l}\left(1 - \frac{x}{l}\right)^4 \mathrm{d}x = \frac{\rho A_0 l}{30}$$

$$m_{12} = m_{21} = \int_0^l \rho A(x)\varphi_1\varphi_2 \mathrm{d}x = \int_0^l \rho A_0 \frac{x}{l}\left(1 - \frac{x}{l}\right)^2 \cdot \frac{x}{l}\left(1 - \frac{x}{l}\right)^2 \mathrm{d}x = \frac{\rho A_0 l}{105}$$

$$m_{22} = \int_0^l \rho A(x)\varphi_2^2 \mathrm{d}x = \int_0^l \rho A_0 \frac{x}{l}\left(1 - \frac{x}{l}\right)^4\left(\frac{x}{l}\right)^2 \mathrm{d}x = \frac{\rho A_0 l}{280}$$

$$d_{11} = \int_0^l \frac{\mathrm{d}^2}{\mathrm{d}x^2}[EI(x)\varphi''_1]\varphi_1 \mathrm{d}x = \int_0^l 12EI_0 \frac{x}{l^5}\left(1 - \frac{x}{l}\right)^2 \mathrm{d}x = \frac{EI_0}{l^3}$$

$$d_{12} = d_{21} = \int_0^l \frac{\mathrm{d}^2}{\mathrm{d}x^2}[EI(x)\varphi''_1]\varphi_2 \mathrm{d}x = \int_0^l 12EI_0 \frac{x}{l^5} \cdot \frac{x}{l}\left(1 - \frac{x}{l}\right)^2 \mathrm{d}x = \frac{2EI_0}{5l^3}$$

$$d_{22} = \int_0^l \frac{\mathrm{d}^2}{\mathrm{d}x^2}[EI(x)\varphi''_2]\varphi_2 \mathrm{d}x = \int_0^l 12EI_0 \frac{x}{l^5} \cdot \frac{x}{l}\left(1 - \frac{x}{l}\right)^2 \mathrm{d}x = \frac{2EI_0}{5l^3}$$

代入式（6-110），得

$$(d_{11} - p^2 m_{11})A_1 + (d_{12} - p^2 m_{12})A_2 = 0$$
$$(d_{21} - p^2 m_{21})A_1 + (d_{22} - p^2 m_{22})A_2 = 0$$
$$\left(\frac{EI_0}{l^3} - p^2\frac{\rho A_0 l}{30}\right)A_1 + \left(\frac{2EI_0}{5l^3} - p^2\frac{\rho A_0 l}{105}\right)A_2 = 0$$
$$\left(\frac{2EI_0}{5l^3} - p^2\frac{\rho A_0 l}{105}\right)A_1 + \left(\frac{2EI_0}{5l^3} - p^2\frac{\rho A_0 l}{280}\right)A_2 = 0$$

特征方程为

$$\begin{vmatrix} \frac{EI_0}{l^3} - p^2\frac{\rho A_0 l}{30} & \frac{2EI_0}{5l^3} - p^2\frac{\rho A_0 l}{105} \\ \frac{2EI_0}{5l^3} - p^2\frac{\rho A_0 l}{105} & \frac{2EI_0}{5l^3} - p^2\frac{\rho A_0 l}{280} \end{vmatrix} = 0$$

展开后

$$\left(\frac{EI_0}{l^3} - p^2\frac{\rho A_0 l}{30}\right)\left(\frac{2EI_0}{5l^3} - p^2\frac{\rho A_0 l}{280}\right) - \left(\frac{2EI_0}{5l^3} - p^2\frac{\rho A_0 l}{105}\right)^2 = 0$$

求得基频为

$$f_1 = \frac{1}{2\pi}p_1 = 5.319\frac{1}{2\pi}\sqrt{\frac{EI_0}{\rho A_0 l^4}}$$

## *6.7 弹性体的复杂振动

### 6.7.1 梁的双向耦合振动

当外加载荷在梁横截面的主惯性轴平面内时，梁只在该平面内发生振动；如果外加载荷不在主惯性轴的平面内，则可将载荷分到两个主惯性轴上去，于是梁将在两个平面内发生振动；如果梁横截面的主惯性轴方向不随 $x$ 发生改变，则该两个方向的振动为互相独立的主振动，可以按照前面所介绍的方法分别求解，然后再叠加，变形曲线仍为平面曲线；如果主惯性轴的方向随着 $x$ 发生变化，梁振动过程中变形曲线不再是平面曲线，两个方向的振动将发生耦合，此时称为双向振动。此类振动是弹性体的复杂振动情形之一。

以梁变形前的弹性轴线为 $x$ 轴，建立坐标系 $Oxyz$ 如图 6-17 所示。梁上沿 $y$ 向和沿 $z$ 向分别作用有单位长度的分布载荷 $p_y(x, t)$、$p_z(x, t)$。梁上任一点 $a$ 的位置由其在变形前的坐标 $x$、$y$、$z$ 来确定，梁在双向振动中弹性轴线上各点沿 $y$、$z$ 方向的位移用

$$v = v(x, t)$$

$$w = w(x, t)$$

来表示，梁上任一点 $a$ 的位移则可由几何关系得到

$$u_a = -yv' - zw'$$

$$v_a = v$$

$$w_a = w$$

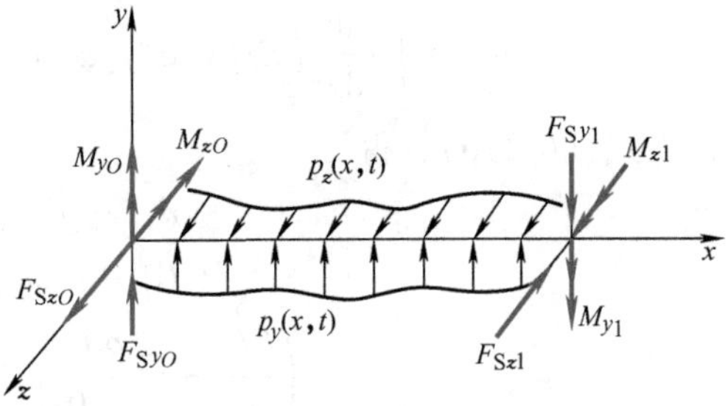


图 6-17 梁的双向振动微元段示意图

$a$ 点的轴向应变及应力为

$$\varepsilon_x = \frac{\partial u_a}{\partial x} = -yv'' - zw'', \quad \sigma_x = E\varepsilon_x$$

于是梁的动能及势能为

$$T = \frac{1}{2}\iiint_V \rho(\dot{v}^2 + \dot{w}^2)\mathrm{d}V = \frac{1}{2}\int_0^l \rho A(\dot{v}^2 + \dot{w}^2)\mathrm{d}x$$

$$V = \frac{1}{2}\iiint_V \sigma_x\varepsilon_x \mathrm{d}V = \frac{1}{2}\int_0^l [EI_z(v'')^2 + 2EI_{yz}v''w'' + EI_y(w'')^2]\mathrm{d}x$$

式中，$E$ 为材料的弹性模量；$\rho$ 为单位体积梁的质量；$A$ 为梁的横截面积；$I_z$，$I_y$ 分别为横截面对 $z$，$y$ 轴的惯性矩；$I_{yz}$为惯性积

$$I_z = \iint_A y^2\mathrm{d}A, \quad I_y = \iint_A z^2\mathrm{d}A, \quad I_{yz} = \iint_A yz\mathrm{d}A$$

由作用在梁上的分布载荷 $P_y(x, t)$、$P_z(x, t)$ 及两端的剪力和弯矩 $F_{SyO}$、$F_{SzO}$、$M_{yO}$、$M_{zO}$、$F_{Syl}$、$F_{Szl}$、$M_{yl}$、$M_{zl}$，写出主动力的虚功为

$$\delta W = \int_0^l (p_{y(x,t)}\delta_v + p_{z(x,t)}\delta_w)\mathrm{d}x + F_{SyO}\delta_v(0) + F_{SzO}\delta_w(0) - F_{Syl}\delta_v(l) - F_{Szl}\delta_w(l) - M_{yO}\delta_w'(0) - M_{zO}\delta_v'(0) + M_{yl}\delta_w'(l) + M_{zl}\delta_v'(l)$$

应用哈密顿原理

$$\delta\int_{t_1}^{t_2}(T-V)\mathrm{d}t+\int_{t_1}^{t_2}\delta W\mathrm{d}t=0 \tag{6-115}$$

则得

$$\begin{aligned}&\int_0^l[(EI_zv''+EI_{yz}w'')''+\rho A\ddot{v}-p_y]\delta_v\mathrm{d}x=0\\&\int_0^l[(EI_{yz}v''+EI_yw'')''+\rho A\ddot{w}-p_z]\delta_w\mathrm{d}x=0\end{aligned} \tag{6-116}$$

和

$$\begin{aligned}&[(EI_zv''+EI_{yz}w'')'|_{x=0}-F_{SyO}]\delta_v(0)=0\\&[(EI_{yz}v''+EI_yw'')'|_{x=0}-F_{SzO}]\delta_w(0)=0\\&[(EI_zv''+EI_{yz}w'')'|_{x=0}-M_{zO}]\delta'_v(0)=0\\&[(EI_{yz}v''+EI_yw'')'|_{x=0}-M_{yO}]\delta'_w(0)=0\\&[(EI_zv''+EI_{yz}w'')'|_{x=l}-F_{Syl}]\delta_v(l)=0\\&[(EI_{yz}v''+EI_yw'')'|_{x=l}-F_{Szl}]\delta_w(l)=0\\&[(EI_zv''+EI_{yz}w'')'|_{x=l}-M_{zl}]\delta'_v(l)=0\\&[(EI_{yz}v''+EI_yw'')'|_{x=l}-M_{yl}]\delta'_w(l)=0\end{aligned} \tag{6-117}$$

这是梁两端的力的边界条件。

由式（6-116）可得梁的微元体的双向振动微分方程，即

$$\begin{aligned}&E(I_zv''+I_{yz}w'')''+\rho A\ddot{v}=p_y(x,\ t)\\&E(I_{yz}v''+I_yw'')''+\rho A\ddot{w}=p_z(x,\ t)\end{aligned} \tag{6-118}$$

这两个方程是互相耦合的，只有当 $I_{yz}=0$ 时才退化成为各自独立的振动微分方程。

### 6.7.2　梁的弯曲和扭转的耦合振动

如果梁的截面对称，截面形心与质心吻合，用 $y$、$z$ 作为截面的两个主惯性轴，$x$ 为通过截面形心沿梁长的轴，则当梁在 $y$、$z$ 方向进行自由振动时，惯性力正好通过截面形心并与主惯性轴重合，此时不会产生扭转力矩，梁也不会发生扭转振动。如果梁的横截面不对称或虽对称但截面形心与质心不重合，则运动时的惯性力将对截面的挠曲中心产生力矩作用，从而使梁产生扭转变形，于是梁产生**弯曲扭转的耦合振动**。

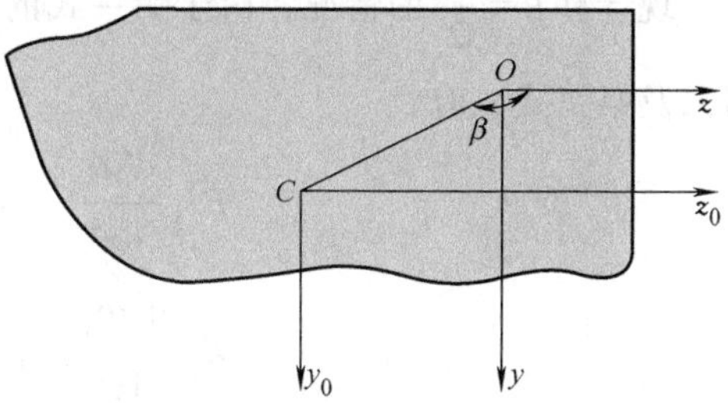


图 6-18　梁的耦合振动示意图

设图 6-18 表示某一梁的横截面，$O$ 为挠曲中心，$C$ 为质心，$y$、$z$ 轴为通过挠曲中心 $O$ 且平行于主惯性轴的两个轴，$y_0$、$z_0$ 为通过 $C$ 点且平行于 $y$、$z$ 的两个轴，设 $b=OC$，$\beta$ 表示 $OC$ 与 $z$ 轴的夹角，当梁进行弯曲扭转耦合振动时，以 $y$、$z$ 表示挠曲中心 $O$ 的位移，以 $\varphi$ 表示截面的转角，$\bar{y}$、$\bar{z}$ 表示质心的位移。对于微幅振动，$\varphi$ 很小，则质心坐标可写为

$$\begin{aligned}&\bar{y}=y+b\varphi\cos\beta,\ \bar{y}''=y''+b\varphi''\cos\beta\\&\bar{z}=z+b\varphi\sin\beta,\ \bar{z}''=z''+b\varphi''\sin\beta\end{aligned} \tag{6-119}$$

为了简单，只讨论 $b$、$\beta$ 是常数的情形。利用质心运动定理和绕挠曲中心的转动方程，并借助前面讨论的梁弯曲振动微分方程，得到

$$
\begin{aligned}
EI_z \frac{\partial^4 y}{\partial x^4} + \rho A \frac{\partial^2 y}{\partial t^2} + \rho Ab\cos\beta \frac{\partial^2 \varphi}{\partial t^2} &= 0 \\
EI_y \frac{\partial^4 y}{\partial x^4} + \rho A \frac{\partial^2 z}{\partial t^2} + \rho bA\sin\beta \frac{\partial^2 \varphi}{\partial t^2} &= 0 \\
GI_p \frac{\partial^2 \varphi}{\partial x^2} + \rho J_O \frac{\partial^2 \varphi}{\partial t^2} + \rho A\cos\beta \frac{\partial^2 y}{\partial t^2} + \rho Ab\sin\beta \frac{\partial^2 y}{\partial t^2} &= 0
\end{aligned}
\tag{6-120}
$$

式中，$J_O$ 为截面对挠曲中心的转动惯量；$GI_p$ 为抗扭刚度；$I_z$、$I_y$ 分别为截面对 $z$、$y$ 轴的惯性矩。

设梁做主振动，令其解为

$$
\begin{aligned}
y(x,\ t) &= Y_x \sin pt \\
z(x,\ t) &= Z_x \sin pt \\
\varphi(x,\ t) &= \Phi_x \sin pt
\end{aligned}
\tag{6-121}
$$

将其代入式（6-120）并消去 $\sin pt$ 后，得

$$
\begin{aligned}
EI_z \frac{d^4 Y_x}{dx^4} - \rho Ap^2 Y_x - (\rho Abp^2\cos\beta)\Phi_x &= 0 \\
EI_y \frac{d^4 Z_x}{dx^4} - \rho Ap^2 Z_x - (\rho Abp^2\sin\beta)\Phi_x &= 0 \\
GI_p \frac{d^2 \Phi_x}{dx^2} - \rho J_O p^2 \Phi_x - (\rho Abp^2\cos\beta) Y_x - (\rho Abp^2\sin\beta) Z_x &= 0
\end{aligned}
\tag{6-122}
$$

现以几种特殊情况讨论式（6-122）。当点 $O$ 与点 $C$ 同在 $y$ 轴上时，$\beta = \frac{\pi}{2}$ 或 $\frac{3\pi}{2}$，于是第一式为在 $y$ 方向的独立的弯曲振动，第二、第三两式则为弯曲扭转耦合振动；当点 $O$ 与点 $C$ 同在 $z$ 轴上时，$\beta = 0$ 或 $\pi$，则第二式为独立的弯曲振动，第一、第三两式则为弯曲扭转耦合振动；当 $b = 0$ 时，点 $O$ 与点 $C$ 重合，则三个方程间彼此不发生耦合，各自为独立的振动。

现计算 $\beta = \frac{\pi}{2}$ 的情况，由于第一式的解与前面章节讨论的相同，就不再赘述，现只讨论第二及第三式，有

$$
EI_y \frac{d^4 Z_x}{dx^4} - \rho Ap^2 Z_x - \rho Abp^2 \Phi_x = 0 \tag{a}
$$

$$
GI_p \frac{d^2 \Phi_x}{dx^2} - \rho J_O p^2 \Phi_x - \rho Abp^2 Z_x = 0 \tag{b}
$$

由式（a）解出

$$
\Phi_x = \frac{EJ_y}{\rho Abp^2} \frac{d^4 Z_x}{dx^4} - \frac{1}{b} Z_x
$$

则

$$\frac{d^2\Phi_x}{dx^2}=\frac{EI_y}{\rho Abp^2}\frac{d^6Z_x}{dx^6}-\frac{1}{b}\frac{d^2Z_x}{dx^2}$$

将其代入式（b），得

$$\frac{d^6Z_x}{dx^6}-\frac{\rho J_Op^2}{GI_p}\frac{d^4Z_x}{dx^4}-\frac{\rho Ap^2}{EI_y}\frac{d^2Z_x}{dx^2}+\frac{\rho Ap^4}{GI_pEI_y}(\rho J_O-\rho Ab^2)Z_x=0$$

得到的特征方程为

$$(\lambda^2)^3-\frac{\rho J_Op^2}{GI_p}(\lambda^2)^2-\frac{\rho Ap^2}{EI_y}\lambda^2+\frac{\rho Ap^4}{GI_pEI_y}(\rho J_O-\rho Ab^2)=0 \tag{6-123}$$

设 $\rho Ab^2>\rho J_O$，上式有关于 $\lambda^2$ 的三次方程式的根，有一正实根和两个负实根，为

$$\begin{cases}\lambda_1^2=r+s+\dfrac{\rho J_Op^2}{3GI_p}\\ \lambda_2^2=-\left(\dfrac{-1+\sqrt{3}}{2}r+\dfrac{-1-\sqrt{3}}{2}s+\dfrac{\rho J_Op^2}{3GI_p}\right)\\ \lambda_3^2=-\left(\dfrac{-1-\sqrt{3}}{2}r+\dfrac{-1+\sqrt{3}}{2}s+\dfrac{\rho J_Op^2}{3GI_p}\right)\end{cases} \tag{6-124}$$

式中

$$r=\sqrt[3]{-\frac{q}{2}+\sqrt{\left(\frac{q}{2}\right)^2+\left(\frac{R}{3}\right)^2}},\quad s=\sqrt[3]{-\frac{q}{2}-\sqrt{\left(\frac{q}{2}\right)^2+\left(\frac{R}{3}\right)^2}} \tag{6-125}$$

$$\begin{cases}R=\dfrac{\rho^2J_O^2p^4}{3G^2I_p^2}-\dfrac{\rho Ap^2}{EI_y}\\ q=\dfrac{\rho^3J_O^3p^6}{27G^3I_p^3}-\dfrac{\rho Ap^4}{GI_pEI_y}(\rho Ab^2-\rho J_O)\end{cases} \tag{6-126}$$

$$Z_x=A\text{sh}\lambda_1x+B\text{ch}\lambda_1x+C\sin\lambda_2x+D\cos\lambda_2x+E\sin\lambda_3x+F\cos\lambda_3x \tag{6-127}$$

式中，$A$、$B$、$C$、$D$、$E$、$F$ 六个常数由端点边界条件确定。其中有两个属于扭转作用的边界条件，四个属于弯曲作用的边界条件。例如悬臂梁

$$\begin{cases}Z_x|_{x=0}=0,\quad \left.\dfrac{dZ_x}{dx}\right|_{x=0}=0,\quad \Phi_x|_{x=0}=0\\ EI_y\left.\dfrac{d^2Z_x}{dx^2}\right|_{x=l}=0,\quad EI_y\left.\dfrac{d^3Z_x}{dx^3}\right|_{x=l}=0,\quad \left.\dfrac{d\Phi_x}{dx}\right|_{x=l}=0\end{cases} \tag{6-128}$$

扭转的两个边界条件，可变成 $Z_x$ 的条件，即

$$\begin{cases}\Phi_x|_{x=0}=0,\ \text{即}\left.\dfrac{d^4Z_x}{dx^4}\right|_{x=0}=0\\ \left.\dfrac{d\Phi_x}{dx}\right|_{x=l}=0,\ \text{即}\left.\left(\dfrac{EI_y}{\rho Abp^2}\dfrac{d^5Z_x}{dx^5}-\dfrac{1}{b}\dfrac{dZ_x}{dx}\right)\right|_{x=l}=0\end{cases} \tag{6-129}$$

根据式 $x=0$ 的边界条件可得三个方程为

$$B + D + F = 0$$
$$\lambda_1 A + \lambda_2 C + \lambda_3 E = 0$$
$$\lambda_1^4 B + \lambda_2^4 D + \lambda_3^4 F = 0$$
$$D = \frac{\lambda_1^4 - \lambda_3^4}{\lambda_1^4 - \lambda_2^4}F, \quad B = \frac{\lambda_2^4 - \lambda_3^4}{\lambda_1^4 - \lambda_2^4}F, \quad A = -\frac{\lambda_2}{\lambda_1}C - \frac{\lambda_2}{\lambda_1}E$$

所以

$$Z_x = C\left(\sin\lambda_2 x - \frac{\lambda_2}{\lambda_1}\mathrm{sh}\lambda_1 x\right) + E\left(\sin\lambda_3 x - \frac{\lambda_3}{\lambda_1}\mathrm{sh}\lambda_1 x\right) + F\left(\cos\lambda_3 x + \frac{\lambda_2^4 - \lambda_3^4}{\lambda_1^4 - \lambda_2^4}\mathrm{ch}\lambda_1 x - \frac{\lambda_1^4 - \lambda_3^4}{\lambda_1^4 - \lambda_2^4}\cos\lambda_2 x\right)$$

再由 $x = l$ 的边界条件，可得关于 $C$、$E$、$F$ 的三个齐次方程

$$C(-\lambda_2^2\sin\lambda_2 l - \lambda_1\lambda_2\mathrm{sh}\lambda_1 l) + E(-\lambda_2^2\sin\lambda_3 l - \lambda_1\lambda_3\mathrm{sh}\lambda_1 l) + F\left[-\lambda_3^2\cos\lambda_3 l + \frac{\lambda_1^2(\lambda_2^4 - \lambda_3^4)}{\lambda_1^4 - \lambda_2^4}\mathrm{ch}\lambda_1 l + \frac{\lambda_2^2(\lambda_1^4 - \lambda_3^4)}{\lambda_1^4 - \lambda_2^4}\cos\lambda_2 l\right] = 0$$

$$C(-\lambda_2^3\cos\lambda_2 l - \lambda_1^2\lambda_2\mathrm{ch}\lambda_1 l) + E(-\lambda_2^3\cos\lambda_3 l - \lambda_1^2\lambda_3\mathrm{ch}\lambda_1 l) + F\left[-\lambda_3^3\sin\lambda_3 l + \frac{\lambda_1^3(\lambda_2^4 - \lambda_3^4)}{\lambda_1^4 - \lambda_2^4}\mathrm{sh}\lambda_1 l + \frac{\lambda_2^3(\lambda_1^4 - \lambda_3^4)}{\lambda_1^4 - \lambda_2^4}\sin\lambda_2 l\right] = 0$$

$$C\left[\left(\frac{EI_y\lambda_2^5}{\rho Abp^2} - \frac{\lambda_2}{b}\right)\cos\lambda_2 l - \left(\frac{EI_y\lambda_1^4\lambda_2}{\rho Abp^2} - \frac{\lambda_3}{b}\right)\mathrm{ch}\lambda_1 l\right] + E\left[\left(\frac{EI_y\lambda_3^5}{\rho Abp^2} - \frac{\lambda_3}{b}\right)\cos\lambda_3 l - \left(\frac{EI_y\lambda_1^5}{\rho Abp^2} - \frac{\lambda_1}{b}\right)\mathrm{ch}\lambda_1 l\right] + F\left[\left(-\frac{EI_y\lambda_3^5}{\rho Abp^2} - \frac{\lambda_3}{b}\right)\sin\lambda_3 l + \left(\frac{EI_y\lambda_1^6}{\rho Abp^2} - \frac{\lambda_1}{b}\right)\frac{(\lambda_2^4 - \lambda_3^4)}{\lambda_1^4 - \lambda_2^4}\mathrm{sh}\lambda_1 l + \left(\frac{EI_y\lambda_2^5}{\rho Abp^2} - \frac{\lambda_2}{b}\right)\frac{(\lambda_1^4 - \lambda_3^4)}{\lambda_1^4 - \lambda_2^4}\sin\lambda_2 l\right] = 0$$

令 $C$、$E$、$F$ 的系数行列式为零，便可得到频率方程。通过以上的分析可以看到，对于弯曲扭转耦合振动，在求解其固有圆频率时，理论上并不困难，但计算工作量十分大，常常采用计算机进行分析运算。

### 6.7.3 薄板的横向振动

假定板的厚度 $h$ 不变，而且比其他尺寸小很多，便称之为薄板，如图 6-19 所示。

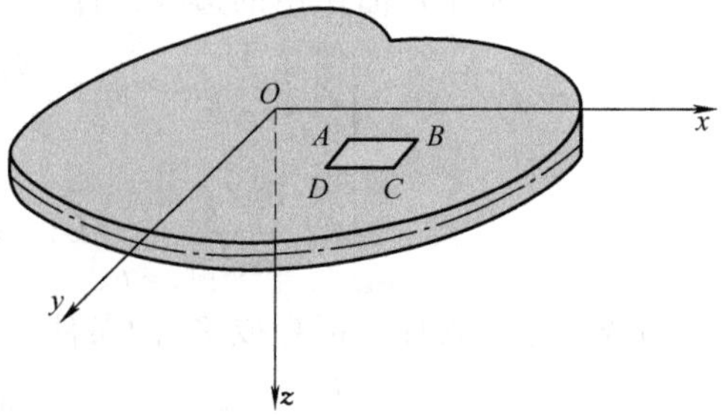

图 6-19 薄板振动系统

#### 6.7.3.1 薄板的横向振动微分方程

平分板厚的中间平面称为中面，以中面为 $Oxy$ 坐标平面，可以建立图 6-19 所示的空间直角坐标系。当薄板弯曲变形时，中面弯成曲面，称为**弹性曲面**，板上任意一点沿 $x$、$y$、$z$ 方向的位移分别用 $u$、$v$、$w$ 表示，其中 $w$ 称为横向位移或挠度。

在研究薄板的横向振动时，是以克希霍夫（G. Kirchhoff）建立的**弹性薄板小挠度弯曲理论**为基础，其基本假设为：

（1）变形前与中面垂直的法线在板弯曲时仍保持为**直线**并与弹性曲面垂直。这个假设称为**直法线假设**，即忽略不计 $\gamma_{xz}$、$\gamma_{yz}$。

（2）板弯曲时板内的应力以弯曲应力 $\sigma_x$、$\sigma_y$、$\tau_{xy}$ 为主，而 $\tau_{yz}$ 和 $\tau_{xz}$ 为次要应力，$\sigma_z$ 为更次要应力。

（3）板弯曲时厚度的变化略去不计。这表明 $\varepsilon_z=0$，于是与中面垂直的直线上各点都具有相同的横向位移 $w$，即 $w$ 与 $z$ 无关。

（4）板的挠度 $w$ 比板的厚度 $h$ 小得多。这个假设认为，板弯曲时中面不产生变形，即中面为中性面，因而中面内各点都没有平行于中面的位移。

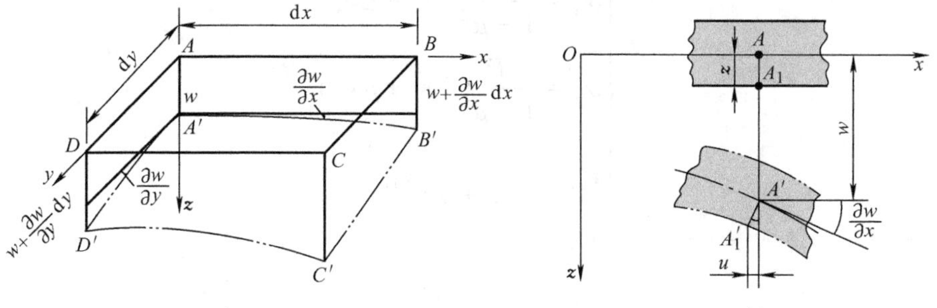


图 6-20 薄板的横向振动示意图

a）立体图 b）平面图

从中面取出一矩形微元 $ABCD$，弯曲变形后成为曲面 $A'B'C'D'$，如图 6-20a 所示，这个弹性曲面沿 $x$、$y$ 方向的倾角分别为 $\dfrac{\partial w}{\partial x}$、$\dfrac{\partial w}{\partial y}$。在薄板中取一截面与 $Oxz$ 坐标平面平行，见图 6-20b。设 $A_1$ 是中面内 $A$ 点法线上的一点，$A_1$ 点与 $A$ 点的距离是 $z$，当 $A$ 点产生挠度 $w$ 移至 $A'$ 点时，$A_1$ 点移至 $A'_1$ 点，由假设 1 及 3，$A'A'_1$ 仍与弹性曲面垂直，并且 $A'A'_1=z$，由图 6-20b 看出 $A_1$ 点沿 $x$ 方向的位移分量为

$$u=-z\frac{\partial w}{\partial x}$$

同理，若取截面与 $Oyz$ 坐标平面平行，可以得知 $A_1$ 点沿 $y$ 方向的位移分量为

$$v=-z\frac{\partial w}{\partial y}$$

根据应变与位移的几何关系，由上面两式得到

$$\begin{aligned}\varepsilon_x&=\frac{\partial u}{\partial x}=-z\frac{\partial^2 w}{\partial x^2}=z\kappa_x\\ \varepsilon_y&=\frac{\partial v}{\partial y}=-z\frac{\partial^2 w}{\partial y^2}=z\kappa_y\\ \gamma_{xy}&=\frac{\partial v}{\partial x}+\frac{\partial u}{\partial y}=-2z\frac{\partial^2 w}{\partial x\partial y}=z\kappa_{xy}\end{aligned}\tag{6-130}$$

式中

$$\kappa_x=-\frac{\partial^2 w}{\partial x^2},\quad \kappa_y=-\frac{\partial^2 w}{\partial y^2},\quad \kappa_{xy}=-2\frac{\partial^2 w}{\partial x\partial y}$$

$\kappa_x$、$\kappa_y$ 分别表示弹性曲面在 $x$、$y$ 方向的曲率；$\kappa_{xy}$表示弹性曲面在 $x$ 和 $y$ 方向的扭率。若记向量 $\boldsymbol{\varepsilon}$、$\boldsymbol{\kappa}$ 为

$$\boldsymbol{\varepsilon} = (\varepsilon_x \quad \varepsilon_y \quad \gamma_{xy})^{\mathrm{T}}, \boldsymbol{\kappa} = (\kappa_x \quad \kappa_y \quad \kappa_{xy})^{\mathrm{T}} \tag{6-131}$$

则式（6-130）可表示为

$$\boldsymbol{\varepsilon} = z\boldsymbol{\kappa} \tag{6-132}$$

由假设2，可以忽略应力 $\sigma_z$ 对变形的影响，因而薄板弯曲时的应力应变关系与平面应力问题中的一样，即有

$$\begin{cases} \sigma_x = \dfrac{E}{1-\mu^2}(\varepsilon_x + \mu\varepsilon_y) \\ \sigma_y = \dfrac{E}{1-\mu^2}(\varepsilon_y + \mu\varepsilon_x) \\ \tau_{xy} = \dfrac{E}{2(1+\mu)}\gamma_{xy} \end{cases} \tag{6-133}$$

式中，$E$ 是材料的弹性模量；$\mu$ 是泊松比。记

$$\boldsymbol{\sigma} = \begin{pmatrix} \sigma_x \\ \sigma_y \\ \tau_{xy} \end{pmatrix}, \quad \boldsymbol{D}_1 = \begin{pmatrix} 1 & \mu & 0 \\ \mu & 1 & 0 \\ 0 & 0 & \dfrac{1-\mu}{2} \end{pmatrix} \tag{6-134}$$

式（6-133）写成矩阵形式为

$$\boldsymbol{\sigma} = \frac{E}{1-\mu^2}\boldsymbol{D}_1\boldsymbol{\varepsilon} = \frac{Ez}{1-\mu^2}\boldsymbol{D}_1\boldsymbol{\kappa} \tag{6-135}$$

由上式可见薄板中的应力分量 $Q_x$、$Q_y$、$\tau_{xy}$ 都沿板的厚度呈线性分布，在中面上的值为零，它们又都是 $z$ 的齐次函数，因此在薄板厚度上的总和都为零，只能合成弯矩与扭矩。图6-21a、b 表示了微小六面体（尺寸为 $h\mathrm{d}x\mathrm{d}y$）上应力的分布情况。

由图 6-21 看出，在垂直于 $x$ 方向的截面上，正应力 $\sigma_x$ 合成弯矩，切应力$\tau_{xy}$合成扭矩，若记 $M_x$、$M_{xy}$分别为单位宽度上的弯矩及扭矩，则得

$$M_x = \int_{-h/2}^{h/2} \sigma_x z\mathrm{d}z, \quad M_{xy} = \int_{-h/2}^{h/2} \tau_{xy} z\mathrm{d}z$$

同理，在垂直于 $y$ 方向的截面上可得到下列弯矩及扭矩

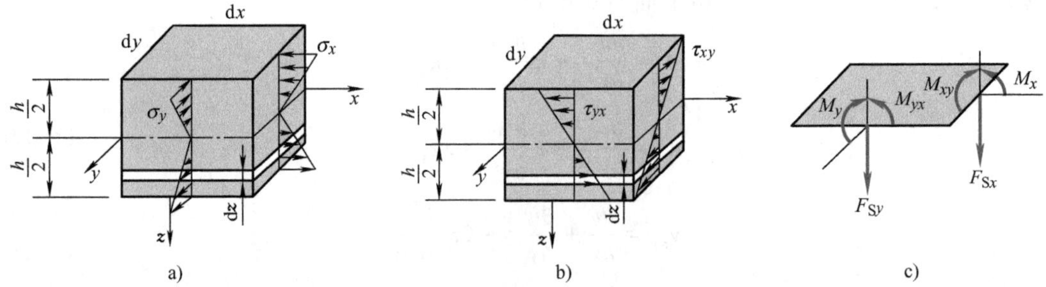


图 6-21 微小六面体受力图

a）弯曲应力图 b）扭应力图 c）受力图

$$M_y = \int_{-h/2}^{h/2} \sigma_y z\mathrm{d}z \ , \quad M_{yx} = \int_{-h/2}^{h/2} \tau_{yx} z\mathrm{d}z$$

式中，$M_{yx}=M_{xy}$，这是切应力 $\tau_{yx}$ 与 $\tau_{xy}$ 相等的缘故。若记

$$\boldsymbol{M} = (M_x \quad M_y \quad M_{xy})^{\mathrm{T}} \tag{6-136}$$

则上面的内力分量与应力分量的关系可表示为

$$\boldsymbol{M} = \int_{-h/2}^{h/2} \boldsymbol{\sigma} z\mathrm{d}z$$

将式（6-135）代入上式，得

$$\boldsymbol{M} = \frac{E}{1-\mu^2}\boldsymbol{D}_1\boldsymbol{\kappa}\int_{-h/2}^{h/2} z^2\mathrm{d}z = D_0\boldsymbol{D}_1\boldsymbol{\kappa} = \boldsymbol{D}\boldsymbol{\kappa} \tag{6-137}$$

式中

$$D_0 = \frac{Eh^3}{12(1-\mu^2)}, \quad \boldsymbol{D} = D_0\boldsymbol{D}_1 \tag{6-138}$$

$D_0$ 称为薄板抗弯刚度，矩阵 $\boldsymbol{D}$ 称为弹性矩阵。若将式（6-137）具体写出，则有

$$\begin{cases} M_x = -D_0\left(\dfrac{\partial^2 w}{\partial x^2}+\mu\dfrac{\partial^2 w}{\partial y^2}\right) \\ M_y = -D_0\left(\dfrac{\partial^2 w}{\partial y^2}+\mu\dfrac{\partial^2 w}{\partial x^2}\right) \\ M_{xy} = -D_0(1-\mu)\dfrac{\partial^2 w}{\partial x\partial y} \end{cases} \tag{6-139}$$

薄板横截面上还存在横向剪应力 $\tau_{xz}$、$\tau_{yz}$，它们合成下列横向剪力

$$F_{\mathrm{S}x} = \int_{-h/2}^{h/2} \tau_{xz}\mathrm{d}z \ , \quad F_{\mathrm{S}y} = \int_{-h/2}^{h/2} \tau_{yz}\mathrm{d}z \tag{6-140}$$

式中，$F_{\mathrm{S}x}$、$F_{\mathrm{S}y}$ 分别是垂直于 $x$ 轴和 $y$ 轴的截面上单位宽度的横向剪力，它们与上述弯矩和扭矩的正方向如图 6-21c 所示。由于不计应变 $\gamma_{xz}$、$\gamma_{yz}$，剪力 $F_{\mathrm{S}x}$ 与 $F_{\mathrm{S}y}$ 并不做功。

以中面上的矩形微元 $\mathrm{d}x\mathrm{d}y$ 代替微元体 $h\mathrm{d}x\mathrm{d}y$，图 6-22 表示了微元的受力情况，其中所有内力分量都按正向规定画出，在坐标有增量的截面上，内力分量也有相应的增量。$p(x, y, t)$ 是分布在单位面积上的激振力，记 $\rho$ 为单位体积薄板的质量，则 $-\rho h\dfrac{\partial^2 w}{\partial t^2}$ 为单位面积薄板上的惯性力。根据 $y$ 方向、$x$ 方向的力矩平衡及 $z$ 方向的力平衡条件，得到下列方程

$$\begin{aligned} &\frac{\partial M_x}{\partial x}+\frac{\partial M_{yx}}{\partial y}-F_{\mathrm{S}x}=0 \\ &\frac{\partial M_{xy}}{\partial x}+\frac{\partial M_y}{\partial y}-F_{\mathrm{S}y}=0 \\ &\frac{\partial F_{\mathrm{S}x}}{\partial x}+\frac{\partial F_{\mathrm{S}y}}{\partial y}+p-\rho h\frac{\partial^2 w}{\partial t^2}=0 \end{aligned} \tag{6-141}$$

将式（6-139）代入式（6-141）的前两式，得

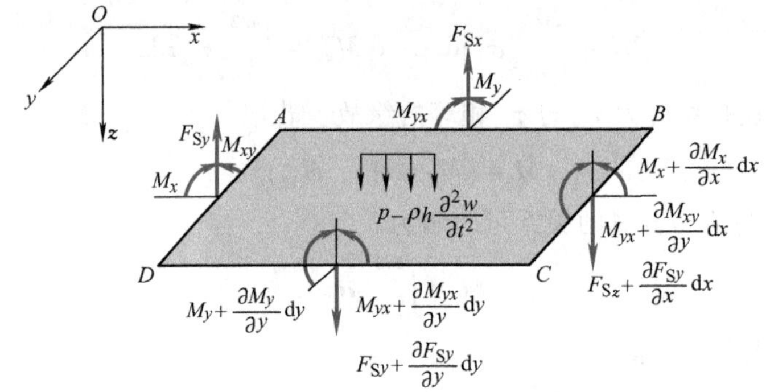


图 6-22 微元体受力图

$$F_{Sx}=-D_0\frac{\partial}{\partial x}(\nabla^2 w),\quad F_{Sy}=-D_0\frac{\partial}{\partial y}(\nabla^2 w) \tag{6-142}$$

式中，$\nabla^2$ 为调和算子，定义为

$$\nabla^2=\frac{\partial^2}{\partial x^2}+\frac{\partial^2}{\partial y^2}$$

将式（6-142）代入式（6-141）的第三式，便得到**薄板横向振动微分方程**

$$D_0\left(\frac{\partial^4 w}{\partial x^4}+2\frac{\partial^4 w}{\partial x^2\partial y^2}+\frac{\partial^4 w}{\partial y^4}\right)+\rho h\frac{\partial^2 w}{\partial t^2}=p(x,y,t) \tag{6-143}$$

上式也可写成

$$D_0\nabla^4 w+\rho h\frac{\partial^2 w}{\partial t^2}=p(x,y,t) \tag{6-144}$$

式中，$\nabla^4$ 为重调和算子，定义为

$$\nabla^4=\nabla^2\nabla^2=\left(\frac{\partial^2}{\partial x^2}+\frac{\partial^2}{\partial y^2}\right)\left(\frac{\partial^2}{\partial x^2}+\frac{\partial^2}{\partial y^2}\right)$$

#### 6.7.3.2 薄板的边界条件

图 6-23a 是边长为 $a$ 及 $b$ 的矩形薄板，这里以 $AD$ 边（$x=0$）为例讨论薄板的边界条件。比较典型的边界条件有固定、简支和自由三种类型，它们的表示方法如图 6-23b 所示。

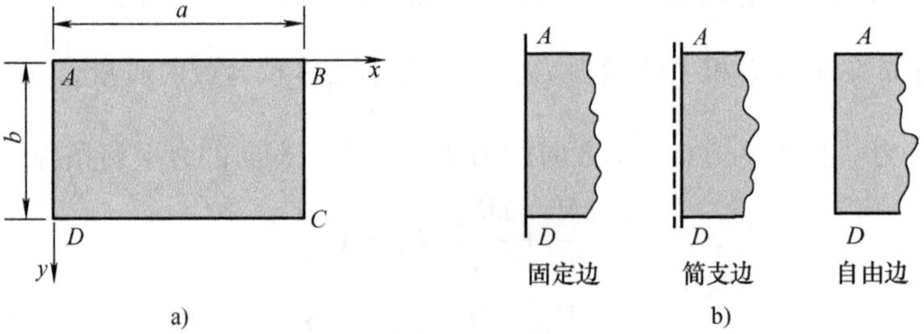


图 6-23 典型边界条件类型示意图

a）矩形板 b）边界条件

**1. 固定边**

薄板在 $AD$ 边上的挠度为零，绕 $y$ 轴的转角为零，因此 $AD$ 边的边界条件为

$$w|_{x=0}=0,\quad \left.\frac{\partial w}{\partial x}\right|_{x=0}=0 \tag{6-145}$$

**2. 简支边**

薄板在 $AD$ 边上的挠度为零，弯矩 $M_x$ 为零，因此 $AD$ 边的边界条件为

$$w|_{x=0}=0,\quad \left.\left(\frac{\partial^2 w}{\partial x^2}+\mu\frac{\partial^2 w}{\partial y^2}\right)\right|_{x=0}=0$$

由于在 $x=0$ 的边上各点挠度都等于零，从而有 $\frac{\partial w}{\partial y}=0$，$\frac{\partial^2 w}{\partial y^2}=0$，因此简支边 $AD$ 边的边界条件为

$$w|_{x=0}=0,\quad \left.\frac{\partial^2 w}{\partial x^2}\right|_{x=0}=0 \tag{6-146}$$

**3. 自由边**

这时 $AD$ 边上，弯矩 $M_x$、扭矩 $M_{xy}$ 及横向剪力 $F_{Sx}$ 都等于零，即有下列三个边界条件

$$M_x|_{x=0}=0,\quad M_{xy}|_{x=0}=0,\quad F_{Sx}|_{x=0}=0$$

但根据微分方程理论，对于式（6-143）所示的四阶椭圆方程，在每一个边界上一般需要提供两个边界条件才是恰当的，上面的三个边界条件太多了。克希霍夫指出，薄板任一边界上的扭矩可以变换为等效的横向剪力，和原来的横向剪力合并。这样，上面后两式表示的边界条件可以合并为一个边界条件。

假设 $AD$ 边是任意边界（不一定是自由边界），在上面取 $dy$ 长的两个相邻微元段 $EF$ 和 $FG$，如图 6-24a 所示，在 $EF$ 段上作用着扭矩 $M_{xy}dy$，它可以变换为等效的一对横向剪力，其方向相反，大小都等于 $M_{xy}$，作用于 $EF$ 段的两端，如图 6-24b 所示。同样，作用在 $FG$ 段上的扭矩 $\left(M_{xy}+\frac{\partial M_{xy}}{\partial y}dy\right)dy$ 也可以等效为作用于 $FG$ 段两端的一对横向剪力，其方向相反，大小都等于 $\left(M_{xy}+\frac{\partial M_{xy}}{\partial y}dy\right)$。这样在 $F$ 点上就有对应于长度 $dy$ 的一个合力 $\frac{\partial M_{xy}}{\partial y}dy$，或认为长度 $dy$ 上连续分布着横向剪力 $\frac{\partial M_{xy}}{\partial y}$。如果将 $AD$ 边分成许多微元段做同样考虑，边界 $AD$ 上的分布扭矩就变换为等效的分布剪力 $\frac{\partial M_{xy}}{\partial y}$ 了，因此 $AD$ 边上总的分布剪力为

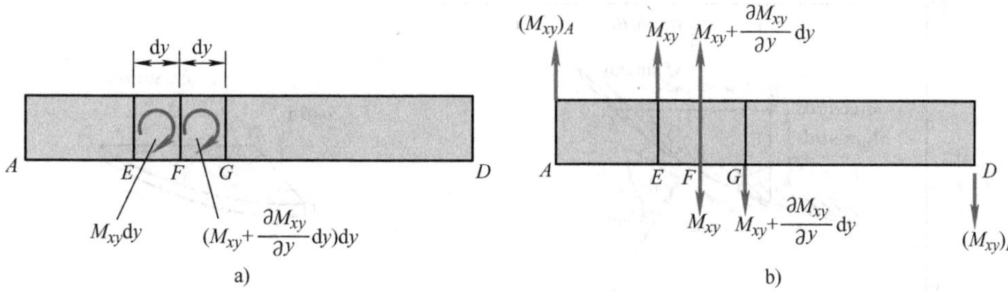


图 6-24　任意边界条件示意图

a）边界条件　b）等效边界条件

$$F'_{Sx}=F_{Sx}+\frac{\partial M_{xy}}{\partial y}$$

应当注意，在 $A$、$D$ 两个角点上还存在未能抵消的集中剪力 $(M_{xy})_A$ 和 $(M_{xy})_D$。

根据圣维南原理，上述的等效变换只影响 $AD$ 边近处的应力分布，因而是允许的。这样，当 $AD$ 为自由边时，边界条件就成为

$$M_x\big|_{x=0}=0,\quad F_{Sx}\big|_{x=0}=\left(F_{Sx}+\frac{\partial M_{x,y}}{\partial y}\right)\bigg|_{x=0}=0$$

将式(6-139)与式(6-142)代入上面两式,得到

$$\left(\frac{\partial^2 w}{\partial x^2}+\mu\frac{\partial^2 w}{\partial y^2}\right)\bigg|_{x=0}=0,\quad \left[\frac{\partial^3 w}{\partial x^3}+(2-\mu)\frac{\partial^3 w}{\partial x\partial y^2}\right]\bigg|_{x=0}=0 \tag{6-147}$$

现在讨论角点 $D$ 的情况，如果图 6-23a 中矩形板的 $AD$ 边与 $CD$ 边都是自由边，即角点 $D$ 悬空，则 $D$ 点的集中剪力应当等于零，即有

$$(M_{xy})_D+(M_{yx})_D=2(M_{xy})_D=-2D_0(1-\mu)\left(\frac{\partial^2 w}{\partial x\partial y}\right)_D=0$$

由此得到 $D$ 点的角点条件为

$$\left(\frac{\partial^2 w}{\partial x\partial y}\right)_D=0 \tag{6-148}$$

如果 $D$ 点有支柱，则 $D$ 点挠度受到限制，角点条件为

$$(w)_D=0 \tag{6-149}$$

而支柱对薄板的集中约束力 $F_{RD}$ 为

$$F_{RD}=-2D_0(1-\mu)\left(\frac{\partial^2 w}{\partial x\partial y}\right)_D \tag{6-150}$$

对于边缘是曲线形的薄板，确定边界条件时要先确定曲线形边缘上分布的弯矩、扭矩和剪力。如图 6-25 所示，在薄板的边缘部分取一微元 $ABC$，设 $n$ 为边缘的外法线方向，$s$ 为切线方向，外法线与 $x$ 的夹角为 $\theta$，若 $AC$ 长 $\mathrm{d}s$，则 $BC$ 长 $\sin\theta\mathrm{d}s$，$AB$ 长 $\cos\theta\mathrm{d}s$，假设边缘上作用有分布的弯矩 $M_n$、扭矩 $M_{ns}$ 及剪力 $F_{Sn}$，将薄板其他部分对微元 $ABC$ 的作用以弯矩 $M_x$、$M_y$，扭矩 $M_{xy}$、$M_{yx}$ 及剪力 $F_{Sx}$、$F_{Sy}$ 代替，图中双箭头表示弯矩及扭矩，它们的方向依据右手螺旋法则确定。

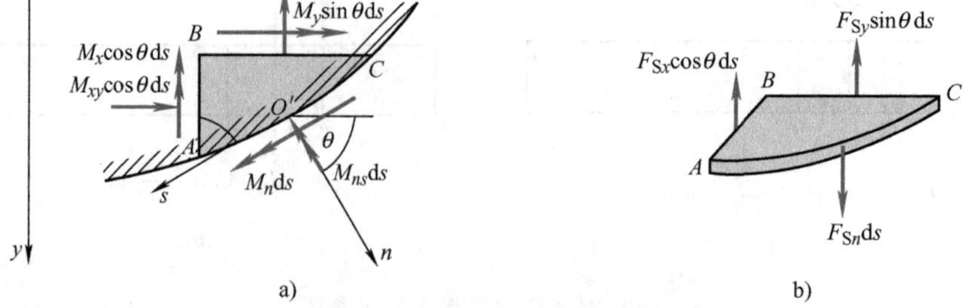


图 6-25　曲线形边界条件示意图

由力矩平衡得到

$$M_n\sin\theta+M_{ns}\cos\theta=M_y\sin\theta+M_{xy}\cos\theta$$

$$M_n\cos\theta-M_{ns}\sin\theta=M_y\cos\theta+M_{xy}\sin\theta$$

若记 $l=\cos\theta$，$m=\sin\theta$，由上面两式得到

$$\begin{aligned}M_n&=M_xl^2+M_ym^2+2M_{xy}lm\\M_{ns}&=(M_y-M_x)lm+M_{xy}(l^2-m^2)\end{aligned}\tag{6-151}$$

由剪力平衡得到

$$F_{Sn}=F_{Sx}l+F_{Sy}m\tag{6-152}$$

如果用挠度 $w$ 来表示，可以将式（6-139）和式（6-142）代入以上三式，经整理得到

$$\begin{aligned}M_n&=-D_0\left[(1-\mu)\left(\frac{\partial^2w}{\partial x^2}l^2+2\frac{\partial^2w}{\partial x\partial y}lm+\frac{\partial^2w}{\partial y^2}m^2\right)+\mu\nabla^2w\right]\\M_{ns}&=D_0(1-\mu)\left[\left(\frac{\partial^2w}{\partial x^2}-\frac{\partial^2w}{\partial y^2}\right)lm-\frac{\partial^2w}{\partial x\partial y}(l^2-m^2)\right]\\F_{Sn}&=-D_0\left[-\frac{\partial}{\partial x}(\nabla^2w)l+\frac{\partial}{\partial y}(\nabla^2w)m\right]\end{aligned}\tag{6-153}$$

有了上述关系，便容易写出曲线形边缘的边界条件了，即

（1）固定边缘

$$w=0,\quad\frac{\partial w}{\partial n}=0\tag{6-154}$$

（2）简支边缘

$$w=0,\quad M_n=0\tag{6-155}$$

（3）自由边缘

$$M_n=0,\quad Q_n+\frac{\partial M_{ns}}{\partial s}=0\tag{6-156}$$

上述运动微分方程与边界条件组成了**薄板振动微分方程的特征值问题**，对于不同的边界条件，薄板有不同的主振型及相应的固有频率，一般很难得到固有频率和振型的精确解。只有四边简支的矩形薄板等少数特殊情况才能得到自由振动的精确解，所以许多问题只能得到近似解。

**例 6-12**　四周简支的长方形薄板边长分别为 $a$、$b$，如图 6-26 所示，试求固有频率和振型表达式。

**解**：在式（6-144）中令 $p(x,y,t)=0$，便得到薄板自由振动的微分方程

$$\nabla^4w+\frac{\rho h}{D_0}\frac{\partial^2w}{\partial t^2}=0$$

假设主振动为

$$w(x,y,t)=W(x,y)\sin(pt+\varphi)$$

式中，$W(x,y)$ 为主振型，将此式代入上式，得

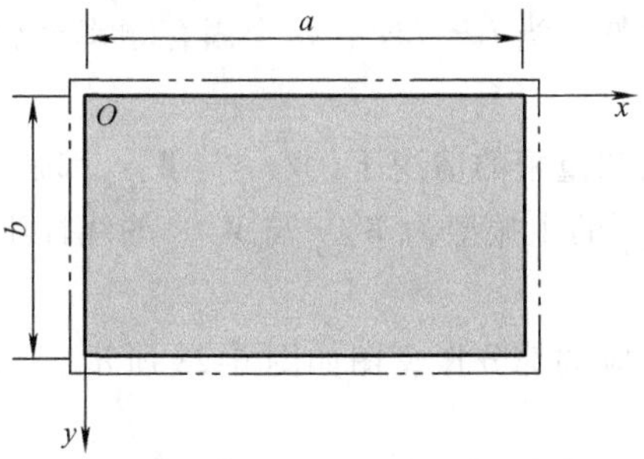

图 6-26　曲线形边界条件示意图

$$\nabla^4 W-\beta^4 W=0$$

式中

$$\beta^4=\frac{\rho h}{D_0}p^2$$

四边简支的边界条件为

$$W\big|_{x=0}=\left.\frac{\partial^2 W}{\partial x^2}\right|_{x=0}=0,\quad W\big|_{x=a}=\left.\frac{\partial^2 W}{\partial x^2}\right|_{x=a}=0$$

$$W\big|_{y=0}=\left.\frac{\partial^2 W}{\partial y^2}\right|_{y=0}=0,\quad W\big|_{y=b}=\left.\frac{\partial^2 W}{\partial y^2}\right|_{y=b}=0$$

所以，设主振型为

$$W_{i,j}(x,y)=A_{i,j}\sin\frac{i\pi x}{a}\sin\frac{i\pi y}{b},\qquad i,j=1,2,\cdots$$

解出固有频率为

$$f_{i,j}=\frac{1}{2\pi}p_{i,j}=\frac{\pi}{2}\left(\frac{i^2}{a^2}+\frac{j^2}{b^2}\right)\sqrt{\frac{D_0}{\rho h}},\ i,j=1,2,\cdots$$

由上式可以看出，在板的振动问题中，通常采用两个下标对固有频率及相应的主振型进行编号，并且有重根现象，相应的部分振型图如图6-27所示。

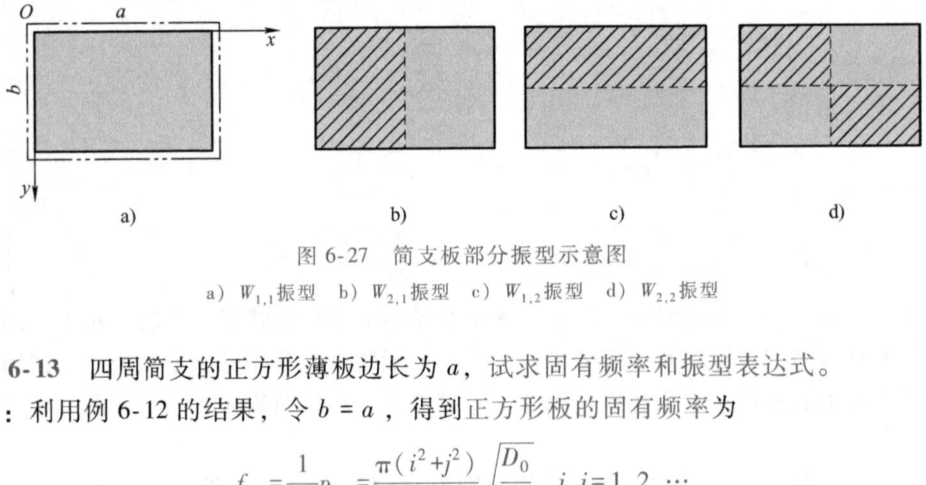


图6-27 简支板部分振型示意图

a）$W_{1,1}$振型 b）$W_{2,1}$振型 c）$W_{1,2}$振型 d）$W_{2,2}$振型

**例6-13** 四周简支的正方形薄板边长为$a$，试求固有频率和振型表达式。

**解**：利用例6-12的结果，令$b=a$，得到正方形板的固有频率为

$$f_{i,j}=\frac{1}{2\pi}p_{i,j}=\frac{\pi(i^2+j^2)}{2a^2}\sqrt{\frac{D_0}{\rho h}},\ i,j=1,2,\cdots$$

显然，当$i\neq j$时，每个固有频率至少是频率方程的二重根，即有

$$f_{i,j}=f_{j,i}$$

在二重根的情况下，$W_{i,j}$与$W_{j,i}$都是对应于同一个固有频率的主振型，因此相应于固有频率$f_{i,j}$的主振型为$W_{i,j}$与$W_{j,i}$的线性组合，即

$$W=AW_{i,j}+BW_{j,i}$$

相应的部分振型图如图6-28所示。

**例6-14** 试求圆形薄板的横向振动的固有频率和振型表达式。

**解**：分析圆形薄板的横向振动，采用极坐标最方便，如图6-29所示。

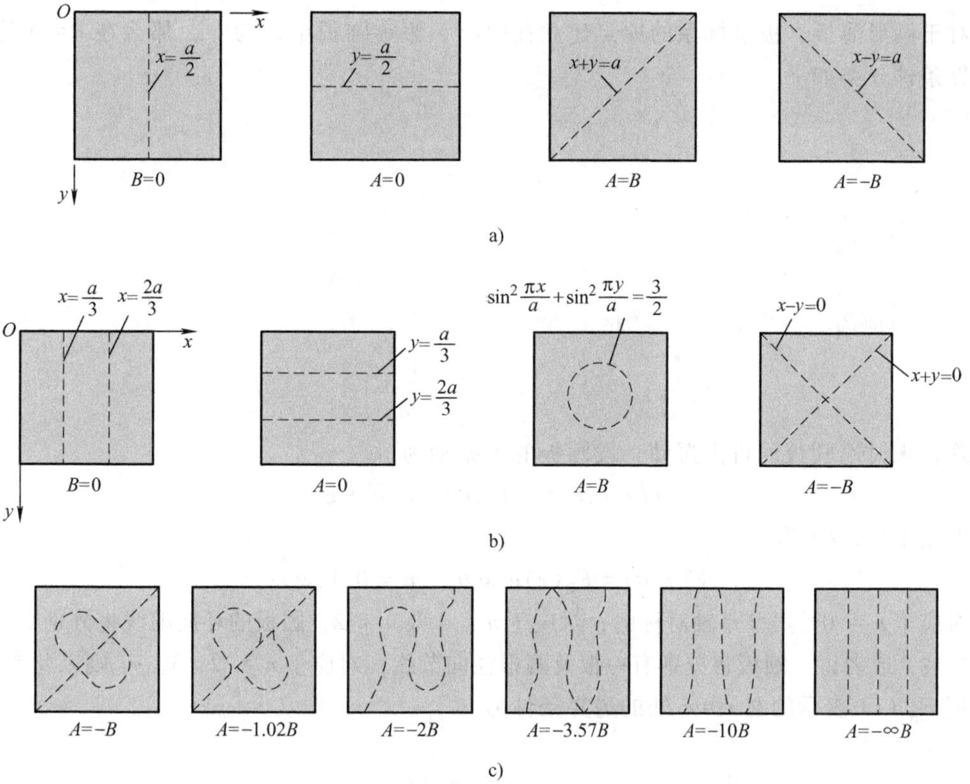


图 6-28　简支正方形板的部分振型示意图

a）对应于固有圆频率 $f_{2,1}$ 的振型图　b）对应于固有圆频率 $f_{3,1}$ 的振型图　c）对应于固有圆频率 $f_{4,1}$ 的振型图

极坐标与直角坐标的变换关系为

$$r^2 = x^2 + y^2, \quad \theta = \arctan \frac{y}{x}$$

于是，薄板振动方程在极坐标系中表示为

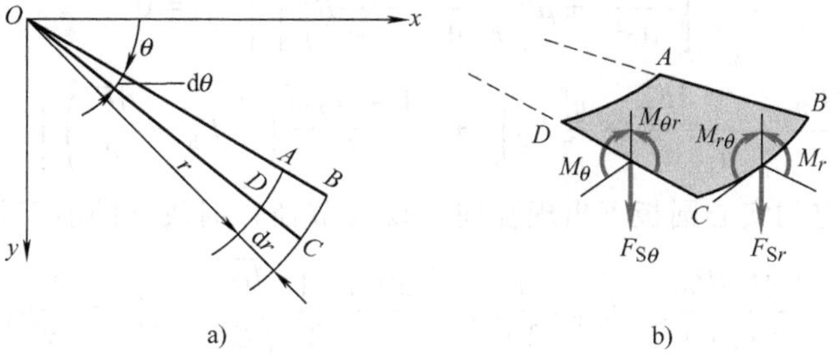


图 6-29　圆形薄板的横向振动示意图

a）几何关系　b）受力图

$$D_0\left(\frac{\partial^2}{\partial r^2}+\frac{1}{r}\frac{\partial}{\partial r}+\frac{1}{r^2}\frac{\partial^2}{\partial \theta^2}\right)\left(\frac{\partial^2}{\partial r^2}+\frac{1}{r}\frac{\partial}{\partial r}+\frac{1}{r^2}\frac{\partial^2}{\partial \theta^2}\right)w+\rho h\frac{\partial^2 w}{\partial t^2}=0$$

式中

$$w=w(r,\theta,t)$$

对于圆形薄板，极坐标系的原点建立在圆心，假定圆板半径为 $a$，那么在 $r=a$ 处相应的边界条件分类如下

（1）固定边

$$w\big|_{r=a}=0,\quad \left.\frac{\partial w}{\partial r}\right|_{r=a}=0$$

（2）简支边

$$w\big|_{r=a}=0,\quad M_r\big|_{r=a}=0$$

（3）自由边

$$M_r\big|_{r=a}=0,\quad \left.\left(F_{Sr}+\frac{1}{r}\frac{\partial M_{r\theta}}{\partial\theta}\right)\right|_{r=a}=0$$

现在来讨论圆板的自由振动，设圆板的主振动为

$$w(r,\theta,t)=W(r,\theta)\sin(pt+\varphi)$$

设主振型 $W(r,\theta)$ 为

$$W(r,\theta)=F_{\mathrm{R}}(r)\cos n\theta,\quad n=0,1,2,\cdots$$

对应于 $n=0$，振型是轴对称的；对应于 $n=1$ 及 $n=2$，圆板的环向围线将分别具有一个及两个波，或者说，圆板将分别有一根及两根径向节线；对应于 $n=2$，3，… 则以此类推。

用 $F_{\mathrm{R}}(r)$ 表示的在 $r=a$ 处的边界条件为

（1）固定边

$$F_{\mathrm{R}}(a)=0,\quad \left.\frac{\mathrm{d}F_{\mathrm{R}}}{\mathrm{d}r}\right|_{r=a}=0$$

（2）简支边

$$F_{\mathrm{R}}(a)=0,\quad \left.\left[\frac{\mathrm{d}^2F_{\mathrm{R}}}{\mathrm{d}r^2}+\mu\left(\frac{1}{r}\frac{\mathrm{d}F_{\mathrm{R}}}{\mathrm{d}r}-\frac{n^2}{r^2}R\right)\right]\right|_{r=a}=0$$

（3）自由边

$$\left.\left[\frac{\mathrm{d}^2F_{\mathrm{R}}}{\mathrm{d}r^2}+\mu\left(\frac{1}{r}\frac{\mathrm{d}F_{\mathrm{R}}}{\mathrm{d}r}-\frac{n^2}{r^2}R\right)\right]\right|_{r=a}=0$$

$$\left.\left[\frac{\mathrm{d}}{\mathrm{d}r}\left(\frac{\mathrm{d}^2F_{\mathrm{R}}}{\mathrm{d}r^2}+\frac{1}{r}\frac{\mathrm{d}F_{\mathrm{R}}}{\mathrm{d}r}-\frac{n^2}{r^2}F_{\mathrm{R}}\right)+\frac{(1-\mu)n^2}{r^2}\left(\frac{1}{r}F_{\mathrm{R}}-\frac{\mathrm{d}F_{\mathrm{R}}}{\mathrm{d}r}\right)\right]\right|_{r=a}=0$$

对于外边界固定的实心圆板不出现径向节线（节径）时较低的前三阶固有圆频率为

$$f_{0,0}=\frac{1}{2\pi}p_{0,0}=\frac{10.21}{a^2}\frac{1}{2\pi}\sqrt{\frac{D_0}{\beta h}},\quad f_{0,1}=\frac{1}{2\pi}p_{0,1}=\frac{39.77}{a^2}\frac{1}{2\pi}\sqrt{\frac{D_0}{\beta h}},\quad f_{0,2}=\frac{1}{2\pi}p_{0,2}=\frac{88.90}{a^2}\frac{1}{2\pi}\sqrt{\frac{D_0}{\beta h}}$$

若取 $n=1$，则可以计算出圆板出现一条节径时的固有圆频率，其余类推。记 $W_{n,s}$ 为圆板上出现 $n$ 条节径、$s$ 个节圆的主振型，则圆板的几种振型图如图 6-30 所示。

圆板的固有频率通常表示为

$$f=\frac{1}{2\pi}p=\frac{k}{a^2}\frac{1}{2\pi}\sqrt{\frac{D_0}{\beta h}}$$

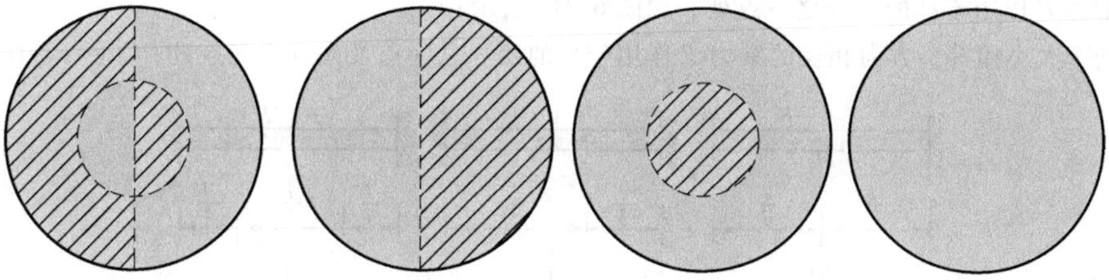


图 6-30　圆形薄板的振型示意图

式中，$k$ 称为频率系数，表 6-3 给出了泊松比 $\mu$ 等于 0.3 时各种边界的实心圆板的 $k$ 值

表 6-3　各种边界的实心圆板的 $k$ 值（$\mu=0.3$）

| $n$ \ $s$ | 0 | 1 | 2 | 3 |
|---|---|---|---|---|
| 周边固定 | | | | |
| 0 | 10.21 | 39.78 | 89.10 | 158.13 |
| 1 | 21.25 | 60.82 | 120.07 | 199.07 |
| 2 | 34.88 | 84.58 | 153.81 | 242.73 |
| 3 | 51.04 | 111.00 | 190.30 | 289.17 |
| 周边自由 | | | | |
| 0 | — | 9.084 | 38.55 | 87.80 |
| 1 | — | 21.43 | 59.81 | 110.03 |
| 2 | 5.25 | 35.25 | 83.91 | 154.01 |
| 3 | 12.23 | 52.91 | 111.30 | 192.10 |
| 周边简支 | | | | |
| 0 | 4.977 | 29.76 | 74.20 | — |
| 1 | 13.94 | 48.51 | 102.80 | |
| 2 | 25.65 | 70.14 | 134.33 | |
| 中心固定，周边自由 | | | | |
| 0 | 3.75 | 20.91 | 60.68 | 119.7 |

以上只是对能够求出解析解和近似解析解的较为简单的弹性结构的振动进行了论述，但对结构比较复杂的振动弹性系统，用解析方法求出系统的解析解就很困难了，所以对于比较复杂的弹性系统的振动问题，借助于比较流行的有限元软件进行数值计算解决，其效果是比较理想的，它是工程中常用的工具之一。

## 习　题

6-1　一等直杆沿纵向以等速 $v$ 向右运动，求下列情况中杆的自由振动：

（1）杆的左端突然固定；

（2）杆的右端突然固定；

（3）杆的中点突然固定。

6-2　求下列情况中当轴向常力突然移去时两端固定等直杆的自由振动：

（1）常力 $F$ 作用于杆的中点，如图 6-31a 所示；

（2）常力 $F$ 作用于杆的三分之一点处，如图 6-31b 所示；

（3）两个大小相等、方向相反的常力 $F$ 作用于杆的四分之一点及四分之三点处，如图 6-31c 所示。

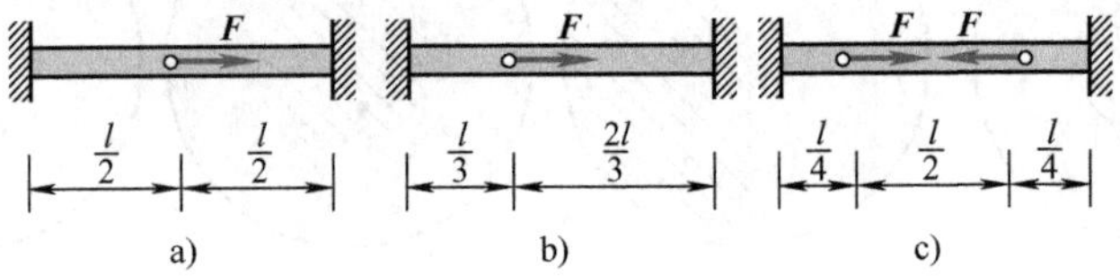


图　6-31

6-3　如图 6-32 所示，一端固定一端自由的等直杆受到均匀分布力 $F_x = \dfrac{F_0}{l}$ 的作用，求分布力突然移去时杆的响应。

6-4　假定一轴向常力 $F$ 突然作用于题 6-2 的等直杆的中点处，初始时刻杆处于静止平衡状态，求杆的响应。

6-5　假定题 6-3 的等直杆上作用有轴向均匀分布的干扰力 $F = \dfrac{F_0}{l}\sin\omega t$，求该杆的稳态强迫振动。

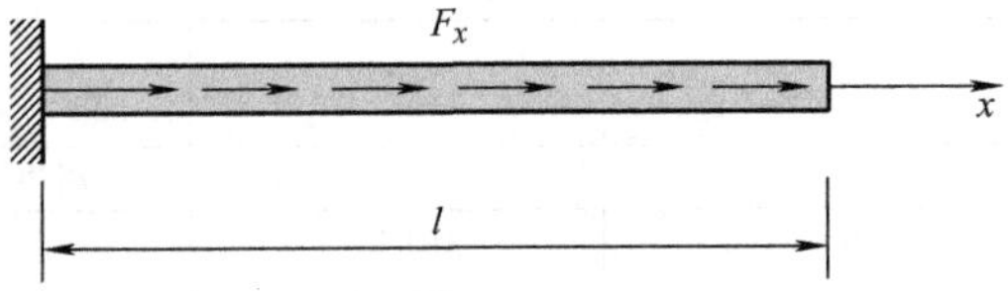


图　6-32

6-6　一根两端自由的等直杆，中央作用有一轴向力 $F(t) = F_1\left(\dfrac{t}{t_1}\right)^2$，其中 $F_1$、$t_1$ 为常数，假设初始时刻杆处于静止状态，求杆的响应。

6-7　一根等直圆轴的两端连接着两个相同的圆盘，如图 6-33 所示，已知轴长 $l$，轴及圆盘对轴中心线的转动惯量分别为 $J_s$ 及 $J_0$，求系统扭转振动的频率方程。

6-8　图 6-34 中的等直圆轴一端固定，另一端和扭转弹簧相连，已知轴的抗扭刚度为 $GI_p$，密度为 $\rho$，长度为 $l$，弹簧的扭转刚度系数为 $k_\theta$，求系统扭转的频率方程。

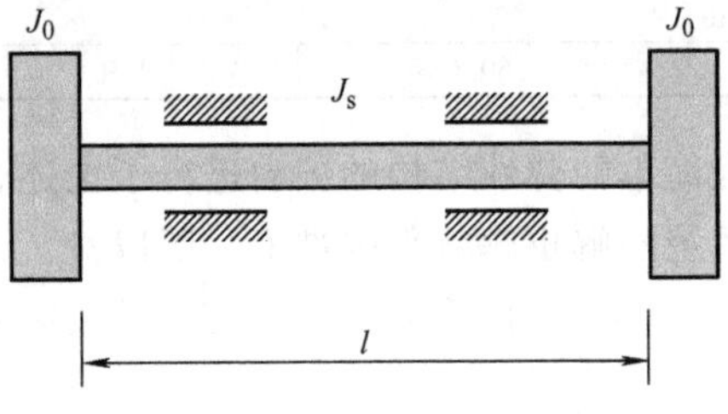


图　6-33

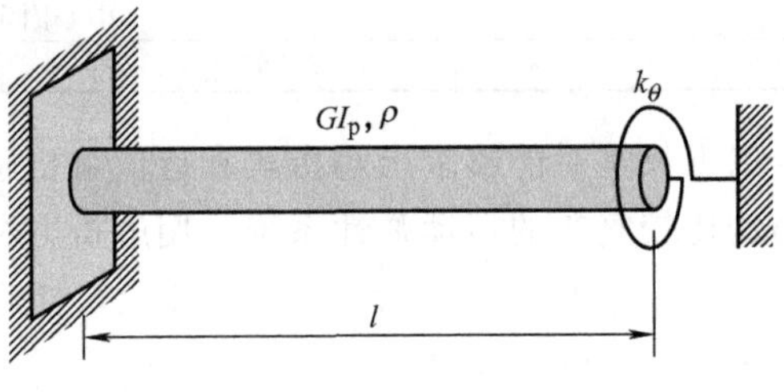


图　6-34

6-9　写出图 6-35 所示系统的纵向振动频率方程，并写出主振型的正交性表达式。

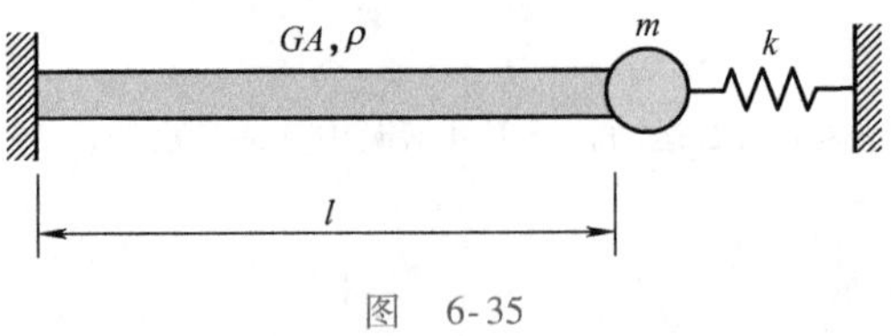


图　6-35

6-10　试求具有下列边界条件的等截面梁的横向弯曲振动的频率方程及主振型：

（1）两端固定；

（2）一端固定、一端简支；

（3）一端简支、一端自由。

6-11　求下列情况中常力 $F$ 突然移去时等截面简支梁的自由振动：

（1）常力 $F$ 作用于 $x=a$ 处，如图 6-36a 所示；

（2）两个大小相等、方向相反的常力 $F$ 作用于梁的四分之一点及四分之三点处，如图 6-36b 所示。

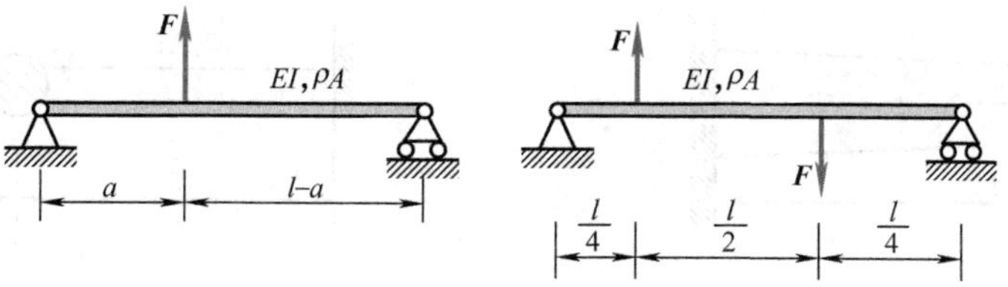


a)　　b)

图　6-36

6-12　假定题 6-11 的简支梁承受强度为 $F_0$ 的均匀分布力，求分布力突然移去时梁的响应。

6-13　一简支梁在 $t=0$ 时，除两端点外梁上所有点都得到横向速度 $v$，求梁的响应。

6-14　一常力 $F$ 突然加在简支梁的中点，求梁的响应。

6-15　一简支梁在距左端 $\dfrac{l}{3}$ 和 $\dfrac{2l}{3}$ 处作用有两个横向干扰力 $F_0\sin\omega t$，求梁的稳态响应。

6-16　一简支梁在左半跨上作用有强度为 $F_0\sin\omega t$ 的分布力，求梁中点处的振幅。

6-17　试求简支梁在正弦分布的横向干扰力 $p(x,\ t)\ =\ F_0\sin\dfrac{\pi x}{l}\sin\omega t$ 作用下的稳态响应。

6-18　简支梁受分布干扰力 $p(x,t)=F_0\sin\omega t$ 作用，求梁的稳态响应。

6-19　简支梁受分布干扰力 $p(x,t)=\dfrac{x}{l}F_0\sin\omega t$ 的作用，求梁的稳态响应。

6-20　一简支梁在 $x=l$ 端的支座有 $y_l(t)=b\sin\omega t$ 的横向运动，求梁的稳态响应。

6-21　如图 6-37 所示，等截面悬臂梁的自由端有一弹性支撑，其弹簧刚度系数为 $k$，求频率方程和主振型的正交性条件。

6-22　如图 6-38 所示，简支梁上附有两个相等的集中质量 $m$，$m$ 等于全梁质量的一半，试用瑞利法求系统的基频，并用里兹法求基频和第二阶固有频率。

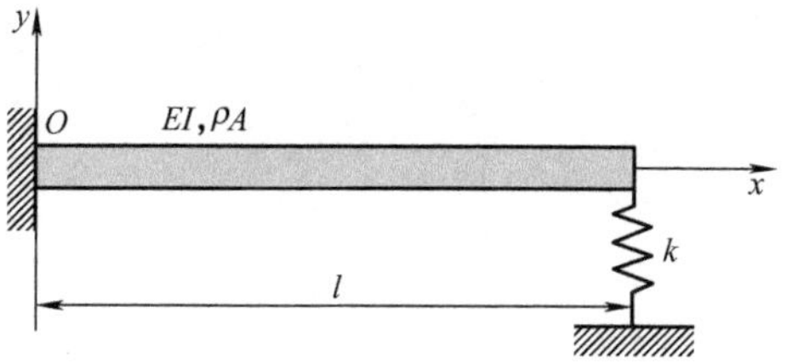


图　6-37

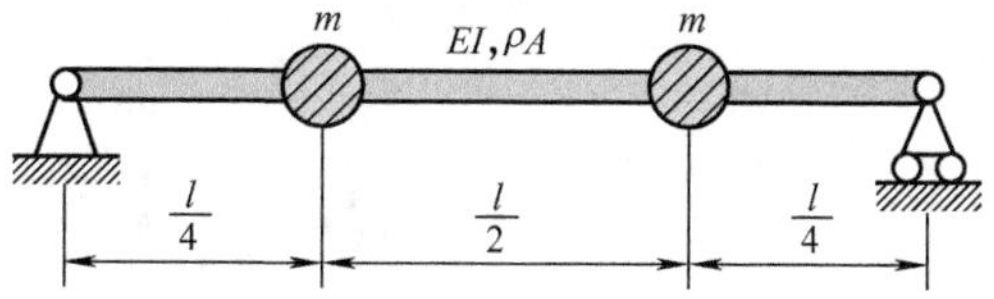


图　6-38

6-23　如图 6-39 所示，一根矩形截面梁一端固定一端自由，其长度为 $l$，厚度为 $b$，横截面积 $A$ 按直线规律变化：$A(x)\ =\ A_0\left(1+\dfrac{x}{l}\right)$，其中 $A_0$ 为自由端的横截面积，试用里兹法求此梁的第一及第二阶固有频率。假设基础函数为

$$\psi_1(x) = 1 - \frac{x^2}{l^2}, \quad \psi_2(x) = 1 - \frac{x^3}{l^3}$$

6-24　两端固定的等截面梁，中央有一集中质量 $m$，如图 6-40 所示，设振型函数 $Y(x) = Y_0\left(1 - \cos\frac{2\pi}{l}x\right)$，用瑞利法求梁横向振动的基频。

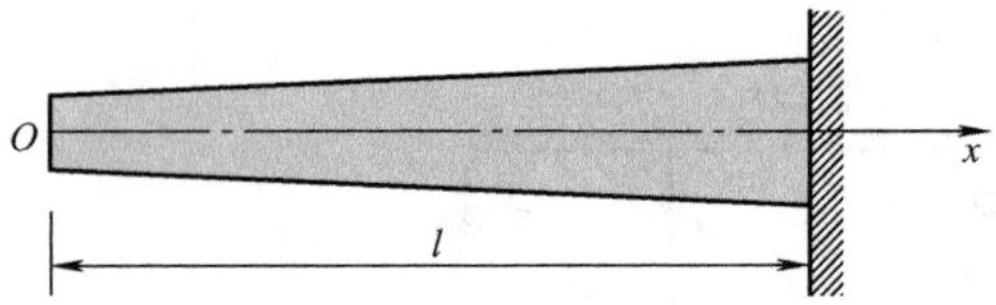


图　6-39

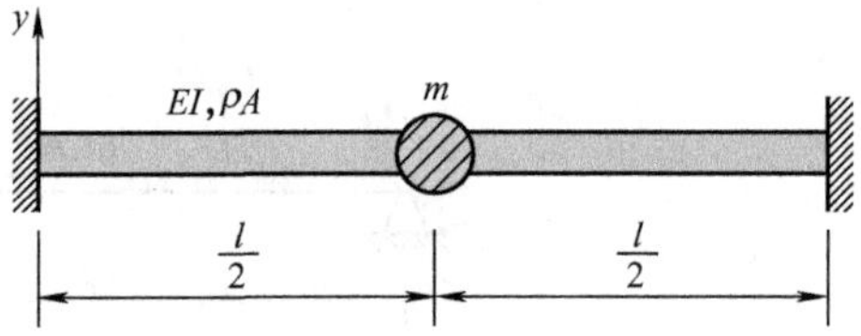


图　6-40

6-25　图 6-41 所示为一等截面悬臂梁：(1) 选基础函数 $\psi_1(x) = \left(\frac{x}{l}\right)^2$, $\psi_2(x) = 2\left(\frac{x}{l}\right)^2 - \left(\frac{x}{l}\right)^3$ 用里兹法求第一及第二阶固有频率，并与精确值比较。(2) 分别取 $\psi_1(x)$ 及 $\psi_2(x)$ 做振型函数，用瑞利法求梁的基频，并与 (1) 的结果比较。

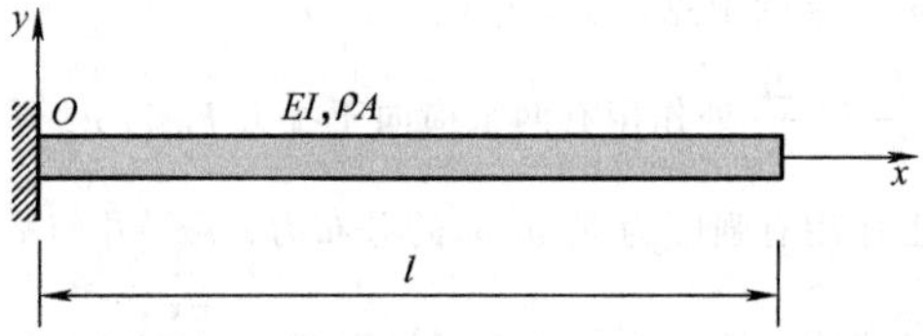


图　6-41

# 第 7 章
# 振动分析的有限元法

从前述章节可以看出，对于结构较为复杂的弹性系统，用列偏微分方程的解析方法去解决问题有很大困难，所以一般用有限元的方法加以解决。

有限元法是解决振动问题的近似数值计算方法。它先将拟分析的工程结构模型假想地分割成有限个单元，组成离散化模型，各个单元之间在单元的外节点处互相连接起来，然后导出各单元体的运动方程式，最后将这些单元体的运动方程式组合而得到工程结构的有限元运动方程式。从而形成了类似于第 4 章所论述的多自由度系统的动力学方程，然后运用第 4 章、第 5 章等所论述的方法进行求解。因此，有限元法中分析的结构，是一个由有限个单元组成的与原结构非常接近的离散系统，有限元法是离散化方法。计算所得结果的精确程度取决于单元体的划分。

有限元法的基本过程如下。(1) 将结构离散化，即把结构划分成离散的单元。(2) 考虑单元的性质，建立单元的质量矩阵、刚度矩阵、阻尼矩阵、载荷矩阵，推导出单元体的运动方程式。(3) 组合各单元的质量矩阵、刚度矩阵、阻尼矩阵，得到整个离散系统的运动方程式。(4) 解特征方程，求出固有频率与振型，或求解动力响应问题和动应力问题。

有限元法中采用的单元类型有二维、三维等，其形状、大小可以变化，各单元互相之间也容易连接，因此它能适应复杂的结构，如板、壳、杆等组合的结构物，也适用于各种不同的边界条件。有限元法中的分析顺序是比较固定的，因此便于计算机计算，并有工程实际中常用的标准程序和通用程序。

## 7.1　单元体的运动方程式

取一单元体，设单元体的动能为 $T$，应变能为 $V$，阻尼的消耗能为 $W_{\mathrm{d}}$，外力的势能为 $W_{\mathrm{e}}$。建立拉格朗日函数为

$$L = T - V - W_{\mathrm{d}} - W_{\mathrm{e}} \tag{7-1}$$

设 $\boldsymbol{q}$ 为单元体内任一点的位移矢量，$\boldsymbol{q}^e$ 为单元体上各节点的位移矢量，它是时间 $t$ 的函

数。设单元体中任一点的位移矢量 $\boldsymbol{q}$ 可用单元体上各节点的位移矢量 $\boldsymbol{q}^e$ 表示为

$$\boldsymbol{q} = \boldsymbol{N}\boldsymbol{q}^e \tag{7-2}$$

式中，$\boldsymbol{N}$ 为形函数矩阵，它是坐标 $x$、$y$、$z$ 的函数。

单元体中任一点的位移矢量 $\boldsymbol{q}$ 又可表示为

$$\boldsymbol{q} = (\boldsymbol{u}(t) \quad \boldsymbol{v}(t) \quad \boldsymbol{w}(t))^{\mathrm{T}} \tag{7-3}$$

式中，$\boldsymbol{u}(t)$、$\boldsymbol{v}(t)$、$\boldsymbol{w}(t)$ 分别表示该点沿 $x$、$y$、$z$ 方向的位移，它们都是时间 $t$ 的函数，如用“·”表示“$\dfrac{\partial}{\partial t}$”，则

$$\dot{\boldsymbol{q}} = (\dot{\boldsymbol{u}} \quad \dot{\boldsymbol{v}} \quad \dot{\boldsymbol{w}})^{\mathrm{T}} = \boldsymbol{N}\dot{\boldsymbol{q}}^e \tag{7-4}$$

于是可求得单元体的动能为

$$T = \iiint_V \frac{1}{2}\rho\, \dot{\boldsymbol{q}}^{\mathrm{T}} \dot{\boldsymbol{q}} \mathrm{d}V = \iiint_V \frac{1}{2}\rho (\dot{\boldsymbol{q}}^e)^{\mathrm{T}} \boldsymbol{N}^{\mathrm{T}} \boldsymbol{N} \dot{\boldsymbol{q}}^e \mathrm{d}V \tag{7-5}$$

式中，$\rho$ 为单位体积的质量。

按照弹性力学中的公式，应变与节点位移之间的关系为

$$\boldsymbol{\varepsilon} = \boldsymbol{B}\boldsymbol{q}^e \tag{7-6}$$

式中，$\boldsymbol{B}$ 为应变位移关系矩阵，它是几何矩阵，与 $t$ 无关。

单元体上的应力 $\boldsymbol{\sigma}$ 为

$$\boldsymbol{\sigma} = \boldsymbol{D}\boldsymbol{\varepsilon} = \boldsymbol{D}\boldsymbol{B}\boldsymbol{q}^e \tag{7-7}$$

$\boldsymbol{D}$ 为应力应变关系矩阵，又称为弹性矩阵，所以单元体的应变能为

$$V = \iiint_V \frac{1}{2}\boldsymbol{\varepsilon}^{\mathrm{T}} \boldsymbol{\sigma} \mathrm{d}V = \iiint_V \frac{1}{2}(\boldsymbol{q}^e)^{\mathrm{T}} \boldsymbol{B}^{\mathrm{T}} \boldsymbol{D}\boldsymbol{B}\boldsymbol{q}^e \mathrm{d}V \tag{7-8}$$

设单元体振动时，受有正比于速度的阻尼，阻尼系数为 $c$，则单元体上所受的阻尼力为 $-c\dot{\boldsymbol{q}}$。单元体上阻尼所消耗的能量为

$$W_d = -\iiint_V \frac{1}{2}c\dot{\boldsymbol{q}}^{\mathrm{T}} \dot{\boldsymbol{q}} \mathrm{d}V = -\iiint_V \frac{1}{2}c(\dot{\boldsymbol{q}}^e)^{\mathrm{T}} \boldsymbol{N}^{\mathrm{T}} \boldsymbol{N} \dot{\boldsymbol{q}}^e \mathrm{d}V \tag{7-9}$$

单元体上所受的外力分为两部分，即体积力 $\boldsymbol{F}_{\mathrm{V}} = (F_x,\ F_y,\ F_z)$ 和表面力 $\boldsymbol{F}_{\mathrm{S}} = (\overline{F}_x,\ \overline{F}_y,\ \overline{F}_z)$。它们的势能分别为 $W_{\mathrm{e1}}$，$W_{\mathrm{e2}}$。

$$W_{\mathrm{e1}} = \iiint_V \boldsymbol{q}^{\mathrm{T}} \boldsymbol{F}_{\mathrm{V}} \mathrm{d}V = \iiint_V (\boldsymbol{q}^e)^{\mathrm{T}} \boldsymbol{N}^{\mathrm{T}} \boldsymbol{F}_{\mathrm{V}} \mathrm{d}V \tag{7-10}$$

$$W_{\mathrm{e2}} = \iint_S \boldsymbol{q}^{\mathrm{T}} \boldsymbol{F}_{\mathrm{S}} \mathrm{d}S = \iint_S (\boldsymbol{q}^e)^{\mathrm{T}} \boldsymbol{N}^{\mathrm{T}} \boldsymbol{F}_{\mathrm{S}} \mathrm{d}S \tag{7-11}$$

于是拉格朗日泛函为

$$L = \frac{1}{2}\iiint_V [\rho(\dot{\boldsymbol{q}}^e)^{\mathrm{T}} \boldsymbol{N}^{\mathrm{T}} \boldsymbol{N} \dot{\boldsymbol{q}}^e - (\boldsymbol{q}^e)^{\mathrm{T}} \boldsymbol{B}^{\mathrm{T}} \boldsymbol{D}\boldsymbol{B}\boldsymbol{q}^e - c(\dot{\boldsymbol{q}}^e)^{\mathrm{T}} \boldsymbol{N}^{\mathrm{T}} \boldsymbol{N} \dot{\boldsymbol{q}}^e + 2(\boldsymbol{q}^e)^{\mathrm{T}} \boldsymbol{N}^{\mathrm{T}} \boldsymbol{F}_{\mathrm{V}}] \mathrm{d}V + \iint_S (\boldsymbol{q}^e)^{\mathrm{T}} \boldsymbol{N}^{\mathrm{T}} \boldsymbol{F}_{\mathrm{S}} \mathrm{d}S \tag{7-12}$$

由哈密顿原理，将其在时间区间 $(t_1,\ t_2)$ 上对 $L$ 积分，并使其变分等于零，考虑到 $\boldsymbol{D}$ 的对称性后，有

$$\delta L=\int_{t_1}^{t_2}[\delta(\boldsymbol{q}^e)^{\mathrm{T}}(\iiint_V \boldsymbol{B}^{\mathrm{T}}\boldsymbol{D}\boldsymbol{B}\mathrm{d}V)\boldsymbol{q}^e-\delta(\dot{\boldsymbol{q}}^e)^{\mathrm{T}}(\iiint_V \rho\boldsymbol{N}^{\mathrm{T}}\boldsymbol{N}\mathrm{d}V)\dot{\boldsymbol{q}}^e-\delta(\dot{\boldsymbol{q}}^e)^{\mathrm{T}}(\iiint_V c\boldsymbol{N}^{\mathrm{T}}\boldsymbol{N}\mathrm{d}V)\boldsymbol{q}^e-$$

$$\delta(\boldsymbol{q}^e)^{\mathrm{T}}(\iiint_V \boldsymbol{N}^{\mathrm{T}}\boldsymbol{F}_{\mathrm{V}}\mathrm{d}V)-\delta(\boldsymbol{q}^e)^{\mathrm{T}}(\iint_S \boldsymbol{N}^T\boldsymbol{F}_S\mathrm{d}S)]\mathrm{d}t=0 \tag{7-13}$$

应用分部积分公式，上式的第二项有

$$\int_{t_1}^{t_2}[\delta(\dot{\boldsymbol{q}}^e)^{\mathrm{T}}(\iiint_V \rho\boldsymbol{N}^{\mathrm{T}}\boldsymbol{N}\mathrm{d}V)\dot{\boldsymbol{q}}^e]\mathrm{d}t$$

$$=[\delta(\boldsymbol{q}^e)^{\mathrm{T}}(\iiint_V \rho\boldsymbol{N}^{\mathrm{T}}\boldsymbol{N}\mathrm{d}V)\dot{\boldsymbol{q}}^e]_{t_1}^{t_2}-\int_{t_1}^{t_2}[\delta(\boldsymbol{q}^e)^{\mathrm{T}}(\iiint_V \rho\boldsymbol{N}^{\mathrm{T}}\boldsymbol{N}\mathrm{d}V)\ddot{\boldsymbol{q}}^e]\mathrm{d}t \tag{7-14}$$

式中，$\delta\boldsymbol{q}^e(t_1)=0$，$\delta\boldsymbol{q}^e(t_2)=0$，则只剩下第二项。用同样的方法可得到

$$\int_{t_1}^{t_2}[\delta(\dot{\boldsymbol{q}}^e)^{\mathrm{T}}(\iiint_V c\boldsymbol{N}^{\mathrm{T}}\boldsymbol{N}\mathrm{d}V)\boldsymbol{q}^e]\mathrm{d}t=-\int_{t_1}^{t_2}[\delta(\boldsymbol{q}^e)^{\mathrm{T}}(\iiint_V c\boldsymbol{N}^{\mathrm{T}}\boldsymbol{N}\mathrm{d}V)\dot{\boldsymbol{q}}^e]\mathrm{d}t \tag{7-15}$$

于是式（7-13）成为

$$\delta L=\int_{t_1}^{t_2}\delta(\boldsymbol{q}^e)^{\mathrm{T}}[(\iiint_V \boldsymbol{B}^{\mathrm{T}}\boldsymbol{D}\boldsymbol{B}\mathrm{d}V)\boldsymbol{q}^e+(\iiint_V \rho\boldsymbol{N}^{\mathrm{T}}\boldsymbol{N}\mathrm{d}V)\ddot{\boldsymbol{q}}^e+(\iiint_V c\boldsymbol{N}^{\mathrm{T}}\boldsymbol{N}\mathrm{d}V)\dot{\boldsymbol{q}}^e-$$

$$(\iiint_V \boldsymbol{N}^{\mathrm{T}}\boldsymbol{F}_{\mathrm{V}}\mathrm{d}V)-(\iint_S \boldsymbol{N}^{\mathrm{T}}\boldsymbol{F}_{\mathrm{S}}\mathrm{d}S)]\mathrm{d}t=0 \tag{7-16}$$

令 $\boldsymbol{K}_{\mathrm{eq}}$、$\boldsymbol{M}_{\mathrm{eq}}$、$\boldsymbol{C}_{\mathrm{eq}}$、$\boldsymbol{F}_{\mathrm{eq}}$ 分别表示单元体的刚度矩阵、质量矩阵、阻尼矩阵和载荷矩阵，则有

$$\boldsymbol{K}_{\mathrm{eq}}=\iiint_V \boldsymbol{B}^{\mathrm{T}}\boldsymbol{D}\boldsymbol{B}\mathrm{d}V \tag{7-17}$$

$$\boldsymbol{M}_{\mathrm{eq}}=\iiint_V \rho\boldsymbol{N}^{\mathrm{T}}\boldsymbol{N}\mathrm{d}V \tag{7-18}$$

$$\boldsymbol{C}_{\mathrm{eq}}=\iiint_V c\boldsymbol{N}^{\mathrm{T}}\boldsymbol{N}\mathrm{d}V \tag{7-19}$$

$$\boldsymbol{F}_{\mathrm{eq}}=(\iiint_V \boldsymbol{N}^{\mathrm{T}}\boldsymbol{F}_{\mathrm{V}}\mathrm{d}V)+(\iint_{\mathrm{S}} \boldsymbol{N}^{\mathrm{T}}\boldsymbol{F}_{\mathrm{S}}\mathrm{d}S) \tag{7-20}$$

由此得到

$$\delta L=\int_{t_1}^{t_2}\delta(\boldsymbol{q}^e)^{\mathrm{T}}(\boldsymbol{K}_{\mathrm{eq}}\boldsymbol{q}^e+\boldsymbol{M}_{\mathrm{eq}}\ddot{\boldsymbol{q}}^e+\boldsymbol{C}_{\mathrm{eq}}\dot{\boldsymbol{q}}^e-\boldsymbol{F}_{\mathrm{eq}})\mathrm{d}t=0 \tag{7-21}$$

由于单元体位移的变分 $\delta(\boldsymbol{q}^e)^{\mathrm{T}}$ 是任取的，所以可由式（7-21）得到单元体的运动方程为

$$\boldsymbol{M}_{\mathrm{eq}}\ddot{\boldsymbol{q}}^e+\boldsymbol{C}_{\mathrm{eq}}\dot{\boldsymbol{q}}^e+\boldsymbol{K}_{\mathrm{eq}}\boldsymbol{q}^e=\boldsymbol{F}_{\mathrm{eq}} \tag{7-22}$$

---

## 7.2 单元体的特性分析

在有限元法中，将单元节点的位移作为基本量，单元体内各点的位移、应变、应力等量都要表示为节点位移的函数，单元特性分析就是研究如何得到这些关系。

### 7.2.1 形函数矩阵

在有限元中，形函数的作用十分重要，因为单元形状和相应的形函数确定以后，其他运算可依照标准步骤和普遍公式进行。单元上任一点的位移用节点的位移表示为

$$\boldsymbol{q}=\boldsymbol{N}\boldsymbol{q}^e$$

用 $u$、$v$、$w$ 表示一点在空间沿 $x$、$y$、$z$ 方向的位移，则

$$\begin{aligned} u &= \sum N_i u_i = N_1 u_1 + N_2 u_2 + N_3 u_3 + \cdots \\ v &= \sum N_i v_i = N_1 v_1 + N_2 v_2 + N_3 v_3 + \cdots \\ w &= \sum N_i w_i = N_1 w_1 + N_2 w_2 + N_3 w_3 + \cdots \end{aligned} \tag{7-23}$$

式中，$N_i$ 为形函数；$u_i$、$v_i$、$w_i$ 是第 $i$ 个节点的位移。

形函数 $N_i$ 是单元内部坐标的连续函数，它所满足的条件是：在节点 $i$ 处，$N_i=1$；在其他节点处 $N_i=0$。用它定义的未知量 $u$、$v$、$w$ 要保证相邻单元间的连续性。为了保证收敛于精确解，形函数应包含任意线性项并满足 $\sum N_i=1$，从而使单元体包含有常应变状态和刚体位移。单元体的形状越复杂，形函数的阶次就越高，单元适应能力就越强。

将式（7-23）写成矩阵形式，有

$$\boldsymbol{q}=\begin{pmatrix} u \\ v \\ w \end{pmatrix}=\begin{pmatrix} N_1 & 0 & 0 & N_2 & 0 & 0 & \cdots \\ 0 & N_1 & 0 & 0 & N_2 & 0 & \cdots \\ 0 & 0 & N_1 & 0 & 0 & N_2 & \cdots \end{pmatrix}\begin{pmatrix} u_1 \\ v_1 \\ w_1 \\ u_2 \\ v_2 \\ w_2 \\ \vdots \end{pmatrix} \tag{7-24}$$

式中，$u_i$、$v_i$、$w_i$ 的下标为节点号，所以形函数矩阵为

$$\boldsymbol{N}=\begin{pmatrix} N_1 & 0 & 0 & N_2 & 0 & 0 & \cdots \\ 0 & N_1 & 0 & 0 & N_2 & 0 & \cdots \\ 0 & 0 & N_1 & 0 & 0 & N_2 & \cdots \end{pmatrix} \tag{7-25}$$

在一维单元中，有两个节点，节点的位移为 $u_1(t)$、$u_2(t)$，如图 7-1 所示。设单元上距 1 点为 $x$ 的点的位移为

$$u(x,t)=N_1(x)u_1(t)+N_2(x)u_2(t)$$

式中，$N_1(x)$、$N_2(x)$ 为形函数，也称为插值函数，它们应使点的位移满足单元的边界条件，即

$$u(0,t)=u_1(t),\quad u(l,t)=u_2(t)$$

于是可得到

$$N_1(0)=1,\quad N_1(l)=0,\quad N_2(0)=0,\quad N_2(l)=1$$

设形函数 $N_i(x)=a_i+b_i x$，包含常数项和线性项。将边界条件代入可得

$$N_1(x)=1-\frac{x}{l},\quad N_2(x)=\frac{x}{l}$$

满足 $\sum N_i = 1$。所以对于一维单元，形函数矩阵为

$$N = \begin{pmatrix} 1 - \dfrac{x}{l} & \dfrac{x}{l} \end{pmatrix}$$

形函数是用局部坐标在单元中定义的。如将坐标原点取在单元中点，如图 7-2 所示，以 $\xi = \dfrac{x}{\frac{l}{2}}$ 做局部坐标，则可得形函数为

$$N_1(\xi) = \frac{1-\xi}{2}, \quad N_2(\xi) = \frac{1+\xi}{2}$$

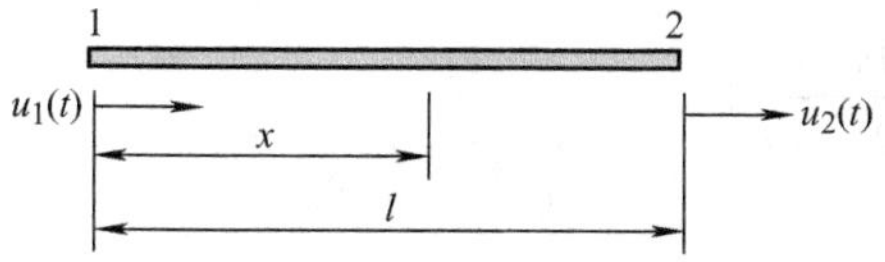


图 7-1 一维单元

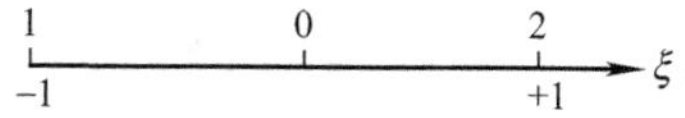


图 7-2 一维单元中的坐标

对于二维单元（$\xi$，$\eta$）如图 7-3 所示。正方形单元有 4 个节点，则其形函数为

$$N_1 = \frac{(1-\xi)(1-\eta)}{4}, \quad N_2 = \frac{(1+\xi)(1-\eta)}{4}, \quad N_3 = \frac{(1-\xi)(1+\eta)}{4}, \quad N_4 = \frac{(1+\xi)(1+\eta)}{4}$$

引入新的变量 $\xi_0 = \xi_i \xi$，$\eta_0 = \eta_i \eta$。其中 $\xi_i$，$\eta_i$ 为节点 $i$ 的坐标，于是上面的四个形函数可合并表示为

$$N_i = \frac{(1+\xi_0)(1+\eta_0)}{4}, \quad i = 1,2,3,4$$

对于三维单元（$\xi$，$\eta$，$\zeta$），如图 7-4 所示为正六面体，$-1 \leqslant \xi \leqslant +1$，$-1 \leqslant \eta \leqslant +1$，$-1 \leqslant \zeta \leqslant +1$。将坐标原点取在单元形心上，单元边界是六个平面，$\xi = \pm 1$，$\eta = \pm 1$，$\zeta = \pm 1$，单元的节点是八个角点，则其形函数为

$$N_i = \frac{(1+\xi_0)(1+\eta_0)(1+\zeta_0)}{8}, \quad i = 1,2,3,4,5,6,7,8$$

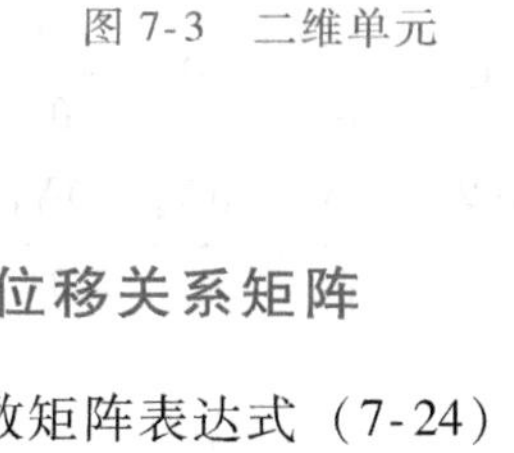

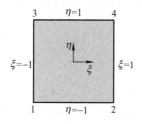

图 7-3 二维单元

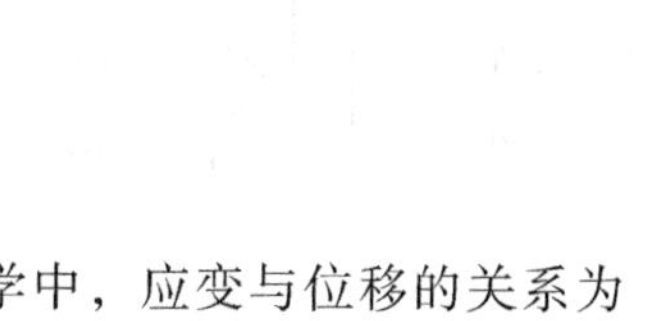

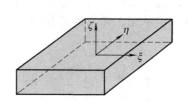

图 7-4 三维单元

### 7.2.2 应变位移关系矩阵

将位移函数矩阵表达式（7-24）代入弹性力学中，应变与位移的关系为

$$\boldsymbol{\varepsilon}=\begin{pmatrix}\varepsilon_x\\ \varepsilon_y\\ \varepsilon_z\\ \gamma_x\\ \gamma_y\\ \gamma_z\end{pmatrix}=\begin{pmatrix}\dfrac{\partial u}{\partial x}\\ \dfrac{\partial v}{\partial y}\\ \dfrac{\partial w}{\partial z}\\ \dfrac{\partial u}{\partial y}+\dfrac{\partial v}{\partial x}\\ \dfrac{\partial v}{\partial z}+\dfrac{\partial w}{\partial y}\\ \dfrac{\partial w}{\partial x}+\dfrac{\partial u}{\partial z}\end{pmatrix} \tag{7-26}$$

可得到

$$\boldsymbol{\varepsilon}=\boldsymbol{B}\boldsymbol{q}^{e}=(\boldsymbol{B}_1 \quad \boldsymbol{B}_2 \quad \boldsymbol{B}_3 \quad \cdots)\ \boldsymbol{q}^{e}$$

其中子矩阵 $B_i$ 为

$$\boldsymbol{B}_i=\begin{pmatrix}\dfrac{\partial N_i}{\partial x} & 0 & 0\\ 0 & \dfrac{\partial N_i}{\partial y} & 0\\ 0 & 0 & \dfrac{\partial N_i}{\partial z}\\ \dfrac{\partial N_i}{\partial y} & \dfrac{\partial N_i}{\partial x} & 0\\ 0 & \dfrac{\partial N_i}{\partial z} & \dfrac{\partial N_i}{\partial y}\\ \dfrac{\partial N_i}{\partial z} & 0 & \dfrac{\partial N_i}{\partial x}\end{pmatrix} \tag{7-27}$$

如果形函数是用 $\xi$、$\eta$、$\zeta$ 局部坐标给出的，则应根据偏微分法则先对 $\xi$、$\eta$、$\zeta$ 求偏导数，然后再对其整体坐标 $x$、$y$、$z$ 求偏导数。

对于平面二维单元，其关系式为

$$\boldsymbol{\varepsilon}=\begin{pmatrix}\varepsilon_x\\ \varepsilon_y\\ \gamma_{xy}\end{pmatrix}=\begin{pmatrix}\dfrac{\partial u}{\partial x}\\ \dfrac{\partial v}{\partial y}\\ \dfrac{\partial u}{\partial y}+\dfrac{\partial v}{\partial x}\end{pmatrix}=\begin{pmatrix}\dfrac{\partial N_1}{\partial x} & 0 & \dfrac{\partial N_2}{\partial x} & 0 & \dfrac{\partial N_3}{\partial x} & 0 & \dfrac{\partial N_4}{\partial x} & 0\\ 0 & \dfrac{\partial N_1}{\partial y} & 0 & \dfrac{\partial N_2}{\partial y} & 0 & \dfrac{\partial N_3}{\partial y} & 0 & \dfrac{\partial N_4}{\partial y}\\ \dfrac{\partial N_1}{\partial y} & \dfrac{\partial N_1}{\partial x} & \dfrac{\partial N_2}{\partial y} & \dfrac{\partial N_2}{\partial x} & \dfrac{\partial N_3}{\partial y} & \dfrac{\partial N_3}{\partial x} & \dfrac{\partial N_4}{\partial y} & \dfrac{\partial N_4}{\partial x}\end{pmatrix}\begin{pmatrix}u_1\\ v_1\\ u_2\\ v_2\\ u_3\\ v_3\\ u_4\\ v_4\end{pmatrix}$$

得到 $B$ 为

$$\boldsymbol{B}=\begin{pmatrix}\dfrac{\partial N_1}{\partial x} & 0 & \dfrac{\partial N_2}{\partial x} & 0 & \dfrac{\partial N_3}{\partial x} & 0 & \dfrac{\partial N_4}{\partial x} & 0\\ 0 & \dfrac{\partial N_1}{\partial y} & 0 & \dfrac{\partial N_2}{\partial y} & 0 & \dfrac{\partial N_3}{\partial y} & 0 & \dfrac{\partial N_4}{\partial y}\\ \dfrac{\partial N_1}{\partial y} & \dfrac{\partial N_1}{\partial x} & \dfrac{\partial N_2}{\partial y} & \dfrac{\partial N_2}{\partial x} & \dfrac{\partial N_3}{\partial y} & \dfrac{\partial N_3}{\partial x} & \dfrac{\partial N_4}{\partial y} & \dfrac{\partial N_4}{\partial x}\end{pmatrix} \tag{7-28}$$

对于一维单元

$$\varepsilon=\frac{\partial u}{\partial x}=\frac{\partial}{\partial x}(\boldsymbol{N}\boldsymbol{q}^e)=\frac{\partial}{\partial x}\left(\begin{pmatrix}1-\dfrac{x}{l} & \dfrac{x}{l}\end{pmatrix}\boldsymbol{q}^e\right)=\begin{pmatrix}-\dfrac{1}{l} & \dfrac{1}{l}\end{pmatrix}\boldsymbol{q}^e$$

得到 $\boldsymbol{B}$ 为

$$\boldsymbol{B}=\begin{pmatrix}-\dfrac{1}{l} & \dfrac{1}{l}\end{pmatrix}$$

## 7.2.3　弹性矩阵

按照材料力学中的广义胡克定律

$$\varepsilon_x=\frac{1}{E}[\sigma_x-\mu(\sigma_y+\sigma_z)],\quad \varepsilon_y=\frac{1}{E}[\sigma_y-\mu(\sigma_x+\sigma_z)],\quad \varepsilon_z=\frac{1}{E}[\sigma_z-\mu(\sigma_x+\sigma_y)]$$

切应变与切应力的关系为

$$\gamma_{xy}=\frac{\tau_{xy}}{G},\quad \gamma_{xz}=\frac{\tau_{xz}}{G},\quad \gamma_{yz}=\frac{\tau_{yz}}{G}$$

式中，$E$ 为弹性模量；$G$ 为切变模量；$\mu$ 为泊松比，有

$$G=\frac{E}{2(1+\mu)}$$

对于平面应力问题，$\sigma_z=\tau_{xz}=\tau_{yz}=0$，可得到应力与应变的弹性方程

$$\varepsilon_x=\frac{1}{E}(\sigma_x-\mu\sigma_y),\quad \varepsilon_y=\frac{1}{E}(\sigma_y-\mu\sigma_x),\quad \gamma_{xy}=\frac{\tau_{xy}}{G}=\frac{2(1+\mu)}{E}\tau_{xy}$$

$$\sigma_x=\frac{E}{1-\mu^2}(\varepsilon_x+\mu\varepsilon_y),\quad \sigma_y=\frac{E}{1-\mu^2}(\varepsilon_y+\mu\varepsilon_x)$$

$$\tau_{xy}=\frac{E}{2(1+\mu)}\gamma_{xy}=\frac{E}{1-\mu^2}\frac{1-\mu}{2}\gamma_{xy}$$

写成矩阵形式为

$$\boldsymbol{\sigma}=\boldsymbol{D}\boldsymbol{\varepsilon}$$

平面应力问题的弹性矩阵为

$$\boldsymbol{D}=\frac{E}{1-\mu^2}\begin{pmatrix}1 & \mu & 0\\ \mu & 1 & 0\\ 0 & 0 & \dfrac{1-\mu}{2}\end{pmatrix} \tag{7-29}$$

平面应变问题的弹性矩阵为

$$
\boldsymbol{D}=\frac{E(1-\mu)}{(1+\mu)(1-2\mu)}\begin{pmatrix} 1 & \frac{\mu}{1-\mu} & 0 \\ \frac{\mu}{1-\mu} & 1 & 0 \\ 0 & 0 & \frac{1-2\mu}{2(1-\mu)} \end{pmatrix} \tag{7-30}
$$

### 7.2.4 质量矩阵

由式（7-18）

$$
\boldsymbol{M}_{\mathrm{eq}}=\iiint_V \rho \boldsymbol{N}^{\mathrm{T}} \boldsymbol{N} \mathrm{d} V
$$

计算的质量矩阵称为一致质量矩阵，它总是正定的。如果选择的位移函数接近真实位移，那么计算的结果比较正确，固有频率与振型比较可靠，接近固有频率的上界。但是它是一个满矩阵，要费很多时间才能形成，数值计算也不方便。因此在工程实际分析中，还常常采用另一种质量矩阵。即将单元体的质量简单地分配于单元的节点上，每个节点上分配到质量的多少，要根据该节点所管辖的范围而定，这样得到的质量矩阵称为集中质量矩阵，它是一个对角矩阵。应用集中质量矩阵往往得到偏低的固有频率。

以平面问题中的三角形单元为例。其一致质量矩阵为

$$
\boldsymbol{M}_{\mathrm{eq}}=\frac{m}{3}\begin{pmatrix} \frac{1}{2} & 0 & \frac{1}{4} & 0 & \frac{1}{4} & 0 \\ 0 & \frac{1}{2} & 0 & \frac{1}{4} & 0 & \frac{1}{4} \\ \frac{1}{4} & 0 & \frac{1}{2} & 0 & \frac{1}{4} & 0 \\ 0 & \frac{1}{4} & 0 & \frac{1}{2} & 0 & \frac{1}{4} \\ \frac{1}{4} & 0 & \frac{1}{4} & 0 & \frac{1}{2} & 0 \\ 0 & \frac{1}{4} & 0 & \frac{1}{4} & 0 & \frac{1}{2} \end{pmatrix} \tag{7-31}
$$

式中，$m$ 为三角形单元体的质量。

如果用集中质量矩阵，则只要将单元的质量一分为三，集中作用在三个节点上，即

$$
\boldsymbol{M}_{\mathrm{eq}}=\frac{m}{3}\begin{pmatrix} 1 & 0 & 0 & 0 & 0 & 0 \\ 0 & 1 & 0 & 0 & 0 & 0 \\ 0 & 0 & 1 & 0 & 0 & 0 \\ 0 & 0 & 0 & 1 & 0 & 0 \\ 0 & 0 & 0 & 0 & 1 & 0 \\ 0 & 0 & 0 & 0 & 0 & 1 \end{pmatrix} \tag{7-32}
$$

综合上述，可得到单元体的运动方程式

$$\boldsymbol{M}_{\mathrm{eq}}\ddot{\boldsymbol{q}}^{e}+\boldsymbol{C}_{\mathrm{eq}}\dot{\boldsymbol{q}}^{e}+\boldsymbol{K}_{\mathrm{eq}}\boldsymbol{q}^{e}=\boldsymbol{F}_{\mathrm{eq}}$$

---

## 7.3　坐标转换

在有限元法中，单元节点位移分量的方向的选择，取决于所考虑的单元的性质，所用的坐标系是局部坐标系。由于每个单元在空间可以有不同的方向，故局部坐标系的方向不同。但描述整个结构的运动，需要选择一个统一的坐标系，称为总体坐标系。分析计算时，必须将表征单元特征的各个方程转换到总体坐标系中。设 $\bar{x}$、$\bar{y}$、$\bar{z}$ 为总体坐标系，$x$、$y$、$z$ 为局部坐标系，其方向余弦矩阵为

$$\boldsymbol{l}=\begin{pmatrix} l_{x\bar{x}} & l_{x\bar{y}} & l_{x\bar{z}} \\ l_{y\bar{x}} & l_{y\bar{y}} & l_{y\bar{z}} \\ l_{z\bar{x}} & l_{z\bar{y}} & l_{z\bar{z}} \end{pmatrix} \tag{7-33}$$

式中，$l_{x\bar{x}}$表示轴 $x$ 与轴 $\bar{x}$ 之间夹角的余弦，则有

$$\begin{pmatrix} x \\ y \\ z \end{pmatrix}=\boldsymbol{l}\begin{pmatrix} \bar{x} \\ \bar{y} \\ \bar{z} \end{pmatrix}$$

同样，位移矢量间也适用此交换关系。对于平面二维系统单元，有

$$\begin{pmatrix} u_1 \\ u_2 \\ u_3 \end{pmatrix}=\boldsymbol{l}\begin{pmatrix} \bar{u}_1 \\ \bar{u}_2 \\ \bar{u}_3 \end{pmatrix},\quad \begin{pmatrix} v_1 \\ v_2 \\ v_3 \end{pmatrix}=\boldsymbol{l}\begin{pmatrix} \bar{v}_1 \\ \bar{v}_2 \\ \bar{v}_3 \end{pmatrix}$$

将以上两位移分量式合并，可写成

$$\boldsymbol{q}^{e}=\boldsymbol{L}\,\bar{\boldsymbol{q}}^{e}=\begin{pmatrix} \boldsymbol{l} & \boldsymbol{0} \\ \boldsymbol{0} & \boldsymbol{l} \end{pmatrix}\bar{\boldsymbol{q}}^{e} \tag{7-34}$$

除了某些单元在空间具有相同的方位，即其局部坐标系是平行的情况外，不同单元的矩阵 $\boldsymbol{L}$ 是不同的。由于 $\boldsymbol{l}$ 表示两个正交轴系间的一种变换，所以矩阵 $\boldsymbol{L}$ 是正交的，即 $\boldsymbol{L}^{-1}=\boldsymbol{L}^{\mathrm{T}}$ 。

在平面结构的特殊情况下，所有各单元的局部坐标系中，都有一根坐标 $z$ 轴与总体坐标系的一根 $\bar{z}$ 轴平行。可以证明

$$\boldsymbol{l}=\begin{pmatrix} \cos\alpha & -\sin\alpha & 0 \\ \sin\alpha & \cos\alpha & 0 \\ 0 & 0 & 1 \end{pmatrix} \tag{7-35}$$

有了变换矩阵之后，可以将单元的质量矩阵、刚度矩阵和阻尼矩阵等换算至总体坐标系中，即

$$\overline{\boldsymbol{M}}_{\mathrm{eq}}=\boldsymbol{L}^{\mathrm{T}}\boldsymbol{M}_{\mathrm{eq}}\boldsymbol{L} \tag{7-36}$$

$$\overline{\boldsymbol{K}}_{\mathrm{eq}}=\boldsymbol{L}^{\mathrm{T}}\boldsymbol{K}_{\mathrm{eq}}\boldsymbol{L} \tag{7-37}$$

$$\overline{C}_{eq}=L^{T}C_{eq}L \tag{7-38}$$

$$\overline{F}_{eq}=L^{T}F_{eq} \tag{7-39}$$

于是可得到在总体坐标系中该单元的运动方程式

$$\overline{M}_{eq}\ddot{\overline{q}}^{e}+\overline{C}_{eq}\dot{\overline{q}}^{e}+\overline{K}_{eq}\overline{q}^{e}=\overline{F}_{eq} \tag{7-40}$$

为了书写简便，将总体坐标系的运动方程式中的矩阵上的横线省略。若以 $q^e$ 表示结构物整体所有节点的位移矢量，并将用总体坐标系表示的单元质量矩阵、阻尼矩阵、刚度矩阵，按其相应的贡献叠加到总质量矩阵、总阻尼矩阵、总刚度矩阵中，有

$$M=\sum M_{eq},\quad C=\sum C_{eq},\quad K=\sum K_{eq}$$

由单元载荷 $F_{eq}$ 按其相应的贡献叠加，可得节点载荷矢量 $F$。于是整个结构的运动方程式为

$$M\ddot{q}^{e}+C\dot{q}^{e}+Kq^{e}=F \tag{7-41}$$

---

**例 7-1** 试用有限元法列出图 7-5 所示的简支梁的弯曲自由振动方程式。已知梁长为 $L$，抗弯刚度为 $EI$，单位长度的质量为 $\overline{m}$。

解：将梁离散分为两个单元，单元长 $l=\dfrac{L}{2}$，现取其中一个单元研究，并确定 $N$ 及 $B$。

单元节点位移矢量为

$$q^{e}=\begin{pmatrix}v_1\\ \theta_1\\ v_2\\ \theta_2\end{pmatrix}$$

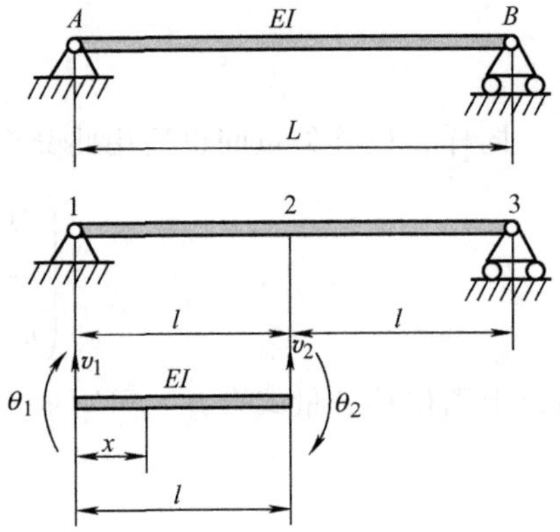


图 7-5 简支梁

现假设单元中的点的位移函数为多项式

$$q(x)=a_1+a_2x+a_3x^2+a_4x^3$$

由于单元有四个端点位移，所以有四个待定常数 $a_1$，$a_2$，$a_3$，$a_4$。写成矩阵形式为

$$q(x)=(1\quad x\quad x^2\quad x^3)\begin{pmatrix}a_1\\ a_2\\ a_3\\ a_4\end{pmatrix}$$

边界条件为

$x=0$ 时，$$q(x)\big|_{x=0}=v_1,\quad \left.\frac{dq(x)}{dx}\right|_{x=0}=-\theta_1$$

得 $x=l$ 时，$$q(x)\big|_{x=l}=v_2,\quad \left.\frac{dq(x)}{dx}\right|_{x=l}=-\theta_2$$

即
$$a_1=v_1,\quad a_2=-\theta_1$$
$$a_1+a_2l+a_3l^2+a_4l^3=v_2$$
$$a_2+2a_3l+3a_4l^2=-\theta_2$$

将以上各式改写为

$$\begin{pmatrix} v_1 \\ \theta_1 \\ v_2 \\ \theta_2 \end{pmatrix} = \begin{pmatrix} 1 & 0 & 0 & 0 \\ 0 & -1 & 0 & 0 \\ 1 & l & l^2 & l^3 \\ 0 & -1 & -2l & -3l^2 \end{pmatrix} \begin{pmatrix} a_1 \\ a_2 \\ a_3 \\ a_4 \end{pmatrix}$$

由此解出四个待定常数为

$$\begin{pmatrix} a_1 \\ a_2 \\ a_3 \\ a_4 \end{pmatrix} = \begin{pmatrix} 1 & 0 & 0 & 0 \\ 0 & -1 & 0 & 0 \\ -\frac{3}{l^2} & \frac{2}{l} & \frac{3}{l^2} & \frac{1}{l} \\ \frac{2}{l^3} & -\frac{1}{l^2} & -\frac{2}{l^3} & -\frac{1}{l^2} \end{pmatrix} \begin{pmatrix} v_1 \\ \theta_1 \\ v_2 \\ \theta_2 \end{pmatrix}$$

于是得到

$$\boldsymbol{q}(x) = (1 \quad x \quad x^2 \quad x^3) \begin{pmatrix} a_1 \\ a_2 \\ a_3 \\ a_4 \end{pmatrix} = (1 \quad x \quad x^2 \quad x^3) \begin{pmatrix} 1 & 0 & 0 & 0 \\ 0 & -1 & 0 & 0 \\ -\frac{3}{l^2} & \frac{2}{l} & \frac{3}{l^2} & \frac{1}{l} \\ \frac{2}{l^3} & -\frac{1}{l^2} & -\frac{2}{l^3} & -\frac{1}{l^2} \end{pmatrix} \begin{pmatrix} v_1 \\ \theta_1 \\ v_2 \\ \theta_2 \end{pmatrix}$$

$$= \left( 1-3\frac{x^2}{l^2}+2\frac{x^3}{l^3} \quad -x+2\frac{x^2}{l}-\frac{x^3}{l^2} \quad 3\frac{x^2}{l^2}-2\frac{x^3}{l^3} \quad \frac{x^2}{l}-\frac{x^3}{l^2} \right) \begin{pmatrix} v_1 \\ \theta_1 \\ v_2 \\ \theta_2 \end{pmatrix} = \boldsymbol{N}\boldsymbol{q}^e$$

式中

$$\boldsymbol{N} = (N_1(x) \quad N_2(x) \quad N_3(x) \quad N_4(x))$$

$$N_1(x) = 1-3\frac{x^2}{l^2}+2\frac{x^3}{l^3}, \quad N_2(x) = -x+2\frac{x^2}{l}-\frac{x^3}{l^2}$$

$$N_3(x) = 3\frac{x^2}{l^2}-2\frac{x^3}{l^3}, \quad N_4(x) = \frac{x^2}{l}-\frac{x^3}{l^2}$$

现求应变与位移的关系矩阵 $\boldsymbol{B}$。梁的应变为

$$\varepsilon = -y\frac{\mathrm{d}^2 v}{\mathrm{d}x^2} = -y\frac{\mathrm{d}^2}{\mathrm{d}x^2}\boldsymbol{N}(x)\boldsymbol{q}^e = \boldsymbol{B}\boldsymbol{q}^e$$

于是有

$$\boldsymbol{B} = -y\frac{\mathrm{d}^2}{\mathrm{d}x^2}\boldsymbol{N}(x) = \left\{ \frac{6y}{l^2}-\frac{12xy}{l^3} \quad \frac{-4y}{l}+\frac{6xy}{l^2} \quad \frac{-6y}{l^2}+\frac{12xy}{l^2} \quad \frac{-2y}{l}+\frac{6xy}{l^2} \right\}$$

应变与应力的关系为 $\sigma = E\varepsilon$，即 $\boldsymbol{D} = \boldsymbol{E}$，可求得单元刚度矩阵 $\boldsymbol{K}_{\mathrm{eq}}$。

$$\boldsymbol{K}_{\mathrm{eq}} = \iiint_V \boldsymbol{B}^{\mathrm{T}}\boldsymbol{D}\boldsymbol{B}\mathrm{d}V = \int_0^l \left(\iint_S \boldsymbol{B}^{\mathrm{T}}\boldsymbol{E}\boldsymbol{B}\mathrm{d}S\right)\mathrm{d}x$$

注意到

$$\iint_S y^2\mathrm{d}S = I$$

得单元刚度矩阵为

$$\boldsymbol{K}_{\mathrm{eq}} = \frac{EI}{l^3}\begin{pmatrix} 12 & -6l & -12 & -6l \\ -6l & 4l^2 & 6l & 2l^2 \\ -12 & 6l & 12 & 6l \\ -6l & 2l^2 & 6l & 4l^3 \end{pmatrix}$$

单元质量矩阵为

$$\boldsymbol{M}_{\mathrm{eq}} = \frac{\overline{m}l}{420}\begin{pmatrix} 156 & -22l & 54 & 13l \\ -22l & 4l^2 & -13l & -3l^2 \\ 54 & -13l & 156 & 22l \\ 13l & -3l^2 & 22l & 4l^2 \end{pmatrix}$$

现在，求结构的总刚度矩阵和总质量矩阵。首先将单元编码，如图 7-6 所示，取统一的总体坐标系，写出结构的位移列矩阵和单元的位移列矩阵，寻找单元位移列矩阵与结构位移列矩阵的转换关系。

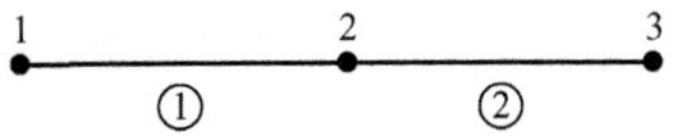


图 7-6　单元编号

结构位移列矩阵

$$\boldsymbol{q} = (v_1 \quad \theta_1 \quad v_2 \quad \theta_2 \quad v_3 \quad \theta_3)^{\mathrm{T}}$$

$$\boldsymbol{q}_1^e = (v_1 \quad \theta_1 \quad v_2 \quad \theta_2)^{\mathrm{T}}$$

$$\boldsymbol{q}_2^e = (v_2 \quad \theta_2 \quad v_3 \quad \theta_3)^{\mathrm{T}}$$

$$\boldsymbol{q}_1^e = \begin{pmatrix} v_1 \\ \theta_1 \\ v_2 \\ \theta_2 \end{pmatrix} = \begin{pmatrix} 1 & 0 & 0 & 0 & 0 & 0 \\ 0 & 1 & 0 & 0 & 0 & 0 \\ 0 & 0 & 1 & 0 & 0 & 0 \\ 0 & 0 & 0 & 1 & 0 & 0 \end{pmatrix}\begin{pmatrix} v_1 \\ \theta_1 \\ v_2 \\ \theta_2 \\ v_3 \\ \theta_3 \end{pmatrix} = \begin{pmatrix} \mathbf{I} & \mathbf{0} & \mathbf{0} \\ \mathbf{0} & \mathbf{I} & \mathbf{0} \end{pmatrix}\begin{pmatrix} v_1 \\ \theta_1 \\ v_2 \\ \theta_2 \\ v_3 \\ \theta_3 \end{pmatrix} = \boldsymbol{e}_1\boldsymbol{q}_s$$

$\boldsymbol{e}_1$ 称为单元①的节点位移转换矩阵，表示为

$$\boldsymbol{e}_1 = \begin{pmatrix} \mathbf{I} & \mathbf{0} & \mathbf{0} \\ \mathbf{0} & \mathbf{I} & \mathbf{0} \end{pmatrix}$$

同样可得单元②的节点位移转换矩阵 $\boldsymbol{e}_2$

$$\boldsymbol{e}_2 = \begin{pmatrix} \mathbf{0} & \mathbf{I} & \mathbf{0} \\ \mathbf{0} & \mathbf{0} & \mathbf{I} \end{pmatrix}$$

式中，$\mathbf{0}$ 和 $\mathbf{I}$ 都是 2×2 阶子矩阵。

两单元的刚度矩阵分别为

$$
\boldsymbol{K}_{\mathrm{eq}}^{1}=\begin{pmatrix}
\frac{12EI}{l^3} & \frac{-6EI}{l^2} & \frac{-12EI}{l^3} & \frac{-6EI}{l^2}\\
\frac{-6EI}{l^2} & \frac{4EI}{l} & \frac{6EI}{l^2} & \frac{2EI}{l}\\
\frac{-12EI}{l^3} & \frac{6EI}{l^2} & \frac{12EI}{l^3} & \frac{6EI}{l^2}\\
\frac{-6EI}{l^2} & \frac{2EI}{l} & \frac{6EI}{l^2} & \frac{4EI}{l}
\end{pmatrix}=\begin{pmatrix}
\boldsymbol{K}_{11}^{1} & \boldsymbol{K}_{12}^{1}\\
\boldsymbol{K}_{21}^{1} & \boldsymbol{K}_{22}^{1}
\end{pmatrix}
$$

$$
\boldsymbol{K}_{\mathrm{eq}}^{2}=\begin{pmatrix}
\frac{12EI}{l^3} & \frac{-6EI}{l^2} & \frac{-12EI}{l^3} & \frac{-6EI}{l^2}\\
\frac{-6EI}{l^2} & \frac{4EI}{l} & \frac{6EI}{l^2} & \frac{2EI}{l}\\
\frac{-12EI}{l^3} & \frac{6EI}{l^2} & \frac{12EI}{l^3} & \frac{6EI}{l^2}\\
\frac{-6EI}{l^2} & \frac{2EI}{l} & \frac{6EI}{l^2} & \frac{4EI}{l}
\end{pmatrix}=\begin{pmatrix}
\boldsymbol{K}_{11}^{2} & \boldsymbol{K}_{12}^{2}\\
\boldsymbol{K}_{21}^{2} & \boldsymbol{K}_{22}^{2}
\end{pmatrix}
$$

现求总刚度矩阵 $\boldsymbol{K}$

$$
\boldsymbol{K}=\boldsymbol{e}_1^{\mathrm{T}}\boldsymbol{K}_{\mathrm{eq}}^{1}\boldsymbol{e}_1+\boldsymbol{e}_2^{\mathrm{T}}\boldsymbol{K}_{\mathrm{eq}}^{2}\boldsymbol{e}_2
$$

采用分块矩阵乘法得

$$
\boldsymbol{e}_1^{\mathrm{T}}\boldsymbol{K}_{\mathrm{eq}}^{1}\boldsymbol{e}_1=\begin{pmatrix}
\boldsymbol{K}_{11}^{1} & \boldsymbol{K}_{12}^{1} & \boldsymbol{0}\\
\boldsymbol{K}_{21}^{1} & \boldsymbol{K}_{22}^{1} & \boldsymbol{0}\\
\boldsymbol{0} & \boldsymbol{0} & \boldsymbol{0}
\end{pmatrix}
$$

$$
\boldsymbol{e}_2^{\mathrm{T}}\boldsymbol{K}_{\mathrm{eq}}^{2}\boldsymbol{e}_2=\begin{pmatrix}
\boldsymbol{0} & \boldsymbol{0} & \boldsymbol{0}\\
\boldsymbol{0} & \boldsymbol{K}_{11}^{2} & \boldsymbol{K}_{12}^{2}\\
\boldsymbol{0} & \boldsymbol{K}_{21}^{2} & K_{22}^{2}
\end{pmatrix}
$$

叠加以上结果，得到

$$
\boldsymbol{K}=\begin{pmatrix}
\boldsymbol{K}_{11}^{1} & \boldsymbol{K}_{12}^{1} & \boldsymbol{0}\\
\boldsymbol{K}_{21}^{1} & \boldsymbol{K}_{22}^{1}+\boldsymbol{K}_{11}^{2} & \boldsymbol{K}_{12}^{2}\\
\boldsymbol{0} & \boldsymbol{K}_{21}^{2} & \boldsymbol{K}_{22}^{2}
\end{pmatrix}
$$

同样，质量矩阵也按类似方法叠加，于是得到简支梁整个结构系统的质量矩阵和刚度矩阵。

$$
\boldsymbol{M}=\frac{\overline{m}l}{420}\begin{pmatrix}
156 & -22l & 54 & 13l & 0 & 0\\
-22l & 4l^2 & -13l & -3l^2 & 0 & 0\\
54 & -13l & 312 & 0 & 54 & 13l\\
13l & -3l^2 & 0 & 8l^2 & -13l & -3l^2\\
0 & 0 & 54 & -13l & 156 & 22l\\
0 & 0 & 13l & -3l^2 & 22l & 4l^2
\end{pmatrix}
$$

$$
\boldsymbol{K}=\begin{pmatrix}
\frac{12EI}{l^3} & \frac{-6EI}{l^2} & \frac{-12EI}{l^3} & \frac{-6EI}{l^2} & 0 & 0\\
\frac{6EI}{l^2} & \frac{4EI}{l} & \frac{6EI}{l^2} & \frac{2EI}{l} & 0 & 0\\
\frac{-12EI}{l^3} & \frac{6EI}{l^2} & \frac{24EI}{l^3} & 0 & \frac{-12EI}{l^3} & \frac{-6EI}{l^2}\\
\frac{-6EI}{l^2} & \frac{2EI}{l} & 0 & \frac{8EI}{l} & \frac{6EI}{l^2} & \frac{2EI}{l}\\
0 & 0 & \frac{-12EI}{l^3} & \frac{6EI}{l^2} & \frac{12EI}{l^3} & \frac{6EI}{l^2}\\
0 & 0 & \frac{-6EI}{l^2} & \frac{2EI}{l} & \frac{6EI}{l^2} & \frac{4EI}{l}
\end{pmatrix}
$$

由于简支梁在 $x=0$ 和 $x=l$ 处点的位移为零，即 $v_1=v_2=0$，因此可以删去第一行、第五行及第一列、第五列，于是得简支梁的振动方程式为

$$
\frac{\overline{m}l}{420}\begin{pmatrix}
4l^2 & -13l & -3l^2 & 0\\
-13l & 312 & 0 & 13l\\
-3l^2 & 0 & 8l^2 & -3l^2\\
0 & 13l & -3l^2 & 4l^2
\end{pmatrix}\begin{pmatrix}\ddot{\theta}_1\\ \ddot{v}_2\\ \ddot{\theta}_2\\ \ddot{\theta}_3\end{pmatrix}+\frac{EI}{l^3}\begin{bmatrix}
4l^2 & 6l & 2l^2 & 0\\
6l & 24 & 0 & -6l\\
2l^2 & 0 & 8l^2 & 2l^2\\
0 & -6l & 2l^2 & 4l^2
\end{bmatrix}\begin{pmatrix}\theta_1\\ v_2\\ \theta_2\\ \theta_3\end{pmatrix}=0
$$

将 $l=\dfrac{L}{2}$代入，得到简支梁的有限元自由振动方程式为

$$
\frac{\overline{m}L}{3360}\begin{pmatrix}
4L^2 & -26L & -3L^2 & 0\\
-26L & 1248 & 0 & 26L\\
-3L^2 & 0 & 8L^2 & -3L^2\\
0 & 26L & -3L^2 & 4L^2
\end{pmatrix}\begin{pmatrix}\ddot{\theta}_1\\ \ddot{v}_2\\ \ddot{\theta}_2\\ \ddot{\theta}_3\end{pmatrix}+\frac{EI}{L^3}\begin{pmatrix}
8L^2 & 24L & 4L^2 & 0\\
24L & 192 & 0 & -24L\\
4L^2 & 0 & 16L^2 & 4L^2\\
0 & -24L & 4L^2 & 8L^2
\end{pmatrix}\begin{pmatrix}\theta_1\\ v_2\\ \theta_2\\ \theta_3\end{pmatrix}=0
$$

---

## 7.4　固有频率及主振型

用有限元法求得的结构的自由振动方程式与第 4 章的动力学方程相似，可用矩阵形式表示为

$$
\boldsymbol{M}\ddot{\boldsymbol{q}}^e+\boldsymbol{K}\boldsymbol{q}^e=\boldsymbol{0} \tag{7-42}
$$

运用第 4 章、第 5 章的方法求解，则设结构做简谐振动，其解为

$$
\boldsymbol{q}^e=\boldsymbol{q}_0\sin pt \tag{7-43}
$$

式中，$\boldsymbol{q}_0$ 是位移 $\boldsymbol{q}^e$ 的振幅矢量；$p$ 是系统的固有圆频率，将其代入振动方程，消去 $\sin pt$ 得到

$$(\boldsymbol{K}-p^2\boldsymbol{M})\boldsymbol{q}_0=\boldsymbol{0} \tag{7-44}$$

频率方程为

$$|\boldsymbol{K}-p^2\boldsymbol{M}|=0$$

用有限元法计算时，质量矩阵总是对称的正定矩阵，而刚度矩阵 $\boldsymbol{K}$ 则因为在考虑单元体的位移模式时，考虑了刚体位移和常应变状态，即各单元体都被看成是不受约束的，所以是半正定的，系统含有刚体运动模态。为了以后计算方便，可将系统分为约束系统和无约束系统，对于无约束系统要从其中消去刚体运动模态。

对于无约束系统，由于刚度矩阵 $\boldsymbol{K}$ 是奇异的，所以可以给出一些位移矢量 $\boldsymbol{q}_0$，并满足

$$\boldsymbol{K}\boldsymbol{q}_0=\boldsymbol{0}$$

它们对应于一个等于零的固有频率，一个完全自由的系统，具有六个刚体运动模态，所以有六个零固有频率，对应于这些零固有频率的特征矢量，相互之间应满足对 $\boldsymbol{M}$ 的正交关系，则

$$(\boldsymbol{q}_0^r)^{\mathrm{T}}\boldsymbol{M}\boldsymbol{q}_0^s=\boldsymbol{0},\qquad r\neq s$$

利用正交关系，可以找到各位移之间的变换关系。经过坐标变换，可以从运动方程式中消去刚体运动模态。并使得总刚度矩阵 $\boldsymbol{K}$ 也成为对称正定矩阵，可以求解广义特征值和特征矢量。由于总刚度矩阵 $\boldsymbol{K}$ 是大型稀疏矩阵，所以在有限元法中常采用子空间迭代法，还可以采用行列式搜索法、雅可比方法、QL 方法和迭代法等。用有限元法求解特征值和特征矢量比较费机时，因此在计算中可采用凝聚的方法缩减结构的自由度数。

**例 7-2**　求解例 7-1 所示简支梁的固有频率。

**解**：由例 7-1，已解出简支梁的振动方程式为

$$\frac{\overline{m}L}{3360}\begin{pmatrix}4L^2 & -26L & -3L^2 & 0\\ -26L & 1248 & 0 & 26L\\ -3L^2 & 0 & 8L^2 & -3L^2\\ 0 & 26L & -3L^2 & 4L^2\end{pmatrix}\begin{pmatrix}\ddot{\theta}_1\\ \ddot{v}_2\\ \ddot{\theta}_2\\ \ddot{\theta}_3\end{pmatrix}+\frac{EI}{L^3}\begin{pmatrix}8L^2 & 24L & 4L^2 & 0\\ 24L & 192 & 0 & -24L\\ 4L^2 & 0 & 16L^2 & 4L^2\\ 0 & -24L & 4L^2 & 8L^2\end{pmatrix}\begin{pmatrix}\theta_1\\ v_2\\ \theta_2\\ \theta_3\end{pmatrix}=0$$

考虑梁发生正对称振动，即 $\theta_1=-\theta_3$，$\theta_2=0$，于是在方程式中划去第三行和第三列，可得

$$\left(\frac{EI}{L^3}\begin{pmatrix}8L^2 & 24L\\ 48L & 192\end{pmatrix}-p^2\frac{\overline{m}L}{3360}\begin{pmatrix}4L^2 & -26L\\ -52L & 1248\end{pmatrix}\right)\begin{pmatrix}\theta_1\\ v_2\end{pmatrix}=0$$

其特征方程式为

$$\begin{vmatrix}\dfrac{8EI}{L}-\dfrac{4\overline{m}L^3}{3360}p^2 & \dfrac{24EI}{L^2}+\dfrac{26\overline{m}L^2}{3360}p^2\\ \dfrac{48EI}{L^2}+\dfrac{52\overline{m}L^2}{3360}p^2 & \dfrac{192EI}{L^3}-\dfrac{1248\overline{m}L}{3360}p^2\end{vmatrix}=0$$

展开后得到

$$\frac{384E^2I^2}{L^4}-\frac{13\ 248}{3360}\overline{m}EIp^2+\frac{3640}{3360^2}\overline{m}^2L^4p^4=0$$

由此解出

$$f_1=\frac{1}{2\pi}p_1=9.945\frac{1}{L^2}\frac{1}{2\pi}\sqrt{\frac{EI}{\overline{m}}},\quad f_3=\frac{1}{2\pi}p_3=110.13\frac{1}{L^2}\frac{1}{2\pi}\sqrt{\frac{EI}{\overline{m}}}$$

再设梁做反对称振动，即 $\theta_1=\theta_3$，$v_2=0$，于是在方程式中划去第二行和第二列，可得

$$\left(\frac{EI}{L^3}\begin{pmatrix}8L^2 & 4L^2\\ 8L^2 & 16L^2\end{pmatrix}-p^2\frac{\overline{m}L}{3360}\begin{pmatrix}4L^2 & -3L^2\\ -6L^2 & 8L^2\end{pmatrix}\right)\begin{pmatrix}\theta_1\\ \theta_2\end{pmatrix}=0$$

其特征方程式为

$$\begin{vmatrix}\frac{8EI}{L}-\frac{4\overline{m}L^3}{3360}p^2 & \frac{4EI}{L}+\frac{3\overline{m}L^3}{3360}p^2\\ \frac{8EI}{L}+\frac{6\overline{m}L^3}{3360}p^2 & \frac{16EI}{L}-\frac{8\overline{m}L^3}{3360}p^2\end{vmatrix}=0$$

展开后得到

$$\frac{96E^2I^2}{L^4}-\frac{152}{3360}\overline{m}EIp^2+\frac{14}{3360^2}\overline{m}^2L^4p^4=0$$

由此解出

$$f_2=\frac{1}{2\pi}p_2=47.54\frac{1}{L^2}\frac{1}{2\pi}\sqrt{\frac{EI}{\overline{m}}},\quad f_4=\frac{1}{2\pi}p_4=184.98\frac{1}{L^2}\frac{1}{2\pi}\sqrt{\frac{EI}{\overline{m}}}$$

本题的精确解为 $f_1=\frac{1}{2\pi}p_1=9.867\frac{1}{L^2}\frac{1}{2\pi}\sqrt{\frac{EI}{\overline{m}}}$，$f_2=\frac{1}{2\pi}p_2=39.48\frac{1}{L^2}\frac{1}{2\pi}\sqrt{\frac{EI}{\overline{m}}}$，$f_3=\frac{1}{2\pi}p_3=88.83\frac{1}{L^2}\frac{1}{2\pi}\sqrt{\frac{EI}{\overline{m}}}$。由上述计算可见，单元划分得太粗影响计算结果的精确度。

**例 7-3**　某人行中承式钢管混凝土拱桥全长 126m，主桥跨中心线间距 110m，桥面全宽 7m，全桥钢结构净重约 248t，桥高 8m，如图 7-7 所示。本桥按超静定结构设计，承载主体为钢管混凝土拱肋，拱肋两端锚固于拱座基础内，全桥采用两根平行、对称的主拱肋，主拱肋采用等截面单圆钢管结构。平面框架由横梁、纵梁及桥面板组成，其中横梁为主要承载结构，纵梁为次要承载结构。载荷直接作用于桥面，经横梁传递至吊杆，吊杆两端分别锚于主拱肋和横梁上，垂直于桥面，所有吊杆均采用不锈钢拉杆。桥台采用实体式钢筋混凝土桥台，基础采用钢筋混凝土扩大基础。求该桥的前 5 阶固有频率和振型。

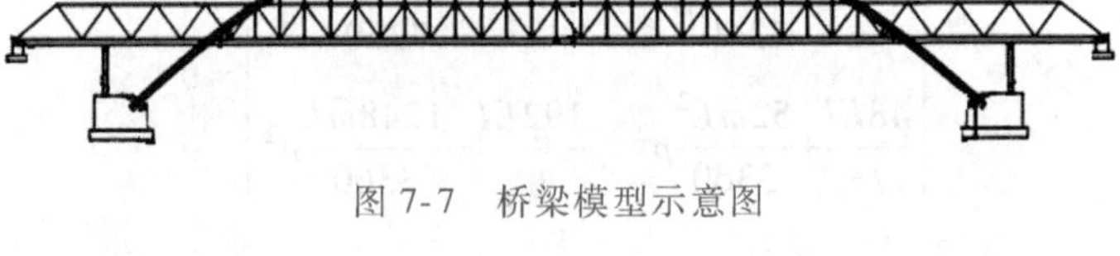

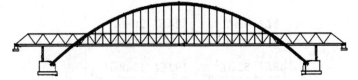

图 7-7　桥梁模型示意图

**解**：根据桥梁的特点，采用多种单元形成混合力学模型，其中，横梁、纵梁、横撑、立柱、主拱肋、立柱横联钢管采用空间梁单元，吊杆采用三维杆单元，桥面采用空间壳单元。共计 6920 个节点，8763 个单元，有限元模型如图 7-8a 所示。计算结果如图 7-8b～f 所示。

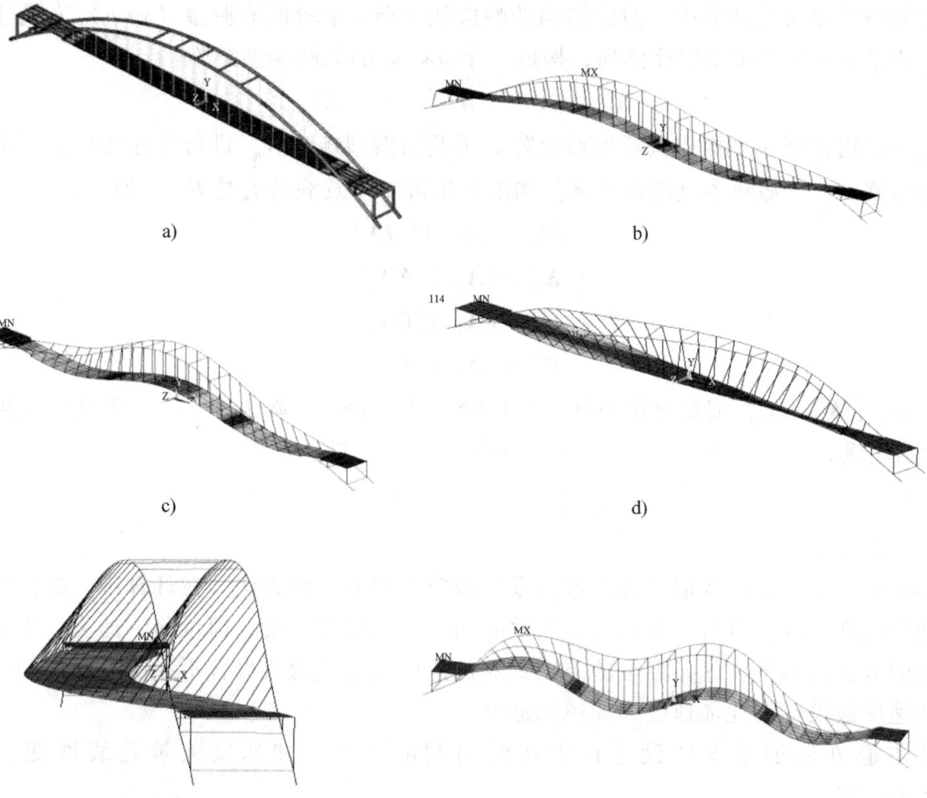


图 7-8　桥梁有限元模型及振型示意图

a）有限元模型　b）桥面竖向反对称振型（固有频率 0.707 347Hz）
c）桥面竖向对称振型（固有频率 1.295 Hz）　d）两拱及桥面微扭振型（固有频率 1.345 Hz）
e）桥面横向对称振型（固有频率 1.741 Hz）　f）桥面竖向反对称振型（固有频率 2.372 Hz）

通过建立典型的中承式钢管混凝土拱桥空间有限元模型，利用软件计算了其前 5 阶固有频率和相应的振型，从而对其动力学性能加深了了解，对中承式钢管混凝土拱桥的设计和施工提供了一定的帮助。

---

## 7.5　系统的响应

用有限元法解系统的响应问题就是解运动方程组

$$\boldsymbol{M}\ddot{\boldsymbol{q}}^e + \boldsymbol{C}\dot{\boldsymbol{q}}^e + \boldsymbol{K}\boldsymbol{q}^e = \boldsymbol{F} \tag{7-45}$$

目前普遍使用的有两种方法，一种是振型叠加法，另一种是逐步积分法。前一种方法就是在第4章、第5章论述的方法，主要用在比例阻尼情况，而且通常在最低几阶振型起主要作用。后一种方法则用于有复杂动载荷作用，并且有高频振型出现不得不用多种振型表达的情况。

## 一、振型叠加法

在振型叠加法的计算中，假定结构的响应能用前 $s$ 个较低的振型（$s \ll n$）来描述，这时可以将所求的 $s$ 个主振型依此排列，构成一个 $n \times s$ 阶的截断振型矩阵。

$$\boldsymbol{A}_p^* = (\boldsymbol{A}^{(1)} \quad \boldsymbol{A}^{(2)} \quad \cdots \quad \boldsymbol{A}^{(s)}) \tag{7-46}$$

当然也可以用正则振型构成截断振型矩阵。用截断振型矩阵 $\boldsymbol{A}_p^*$ 进行坐标变换，可求出截断主质量矩阵 $\boldsymbol{M}_p^*$、截断主刚度矩阵 $\boldsymbol{K}_p^*$ 和阻尼矩阵 $\boldsymbol{C}_p^*$ 及载荷矢量 $\boldsymbol{F}_s^*$，即

$$\boldsymbol{M}_p^* = (\boldsymbol{A}_p^*)^{\mathrm{T}} \boldsymbol{M} \boldsymbol{A}_p^* \tag{7-47}$$

$$\boldsymbol{K}_p^* = (\boldsymbol{A}_p^*)^{\mathrm{T}} \boldsymbol{K} \boldsymbol{A}_p^* \tag{7-48}$$

$$\boldsymbol{C}_p^* = (\boldsymbol{A}_p^*)^{\mathrm{T}} \boldsymbol{C} \boldsymbol{A}_p^* \tag{7-49}$$

$$\boldsymbol{F}_s^* = (\boldsymbol{A}_p^*)^{\mathrm{T}} \boldsymbol{F}_s \tag{7-50}$$

式中，$\boldsymbol{M}_p^*$、$\boldsymbol{K}_p^*$、$\boldsymbol{C}_p^*$ 都是对角矩阵，而且阶次已由 $n \times n$ 阶降为 $s \times s$ 阶。于是系统被变换成为 $s$ 个自由度，运动方程为 $s$ 个互相独立的振动方程，即

$$M_i^* \ddot{q}_{pi}^* + C_i^* \dot{q}_{pi}^* + K_i^* q_{pi}^* = F_{si}^* \tag{7-51}$$

## 二、逐步积分法

逐步积分法是通过数值积分来近似求解微分方程的一种方法。在计算中，把作用力的时间区间分成许多段，然后计算出每段离散时间点上的状态矢量，即位移、速度、加速度。目前计算的方法有多种，这些方法的差别是对加速度表达式的假设各不相同。常用的一种方法是将加速度假设成线性加速度，如威尔逊 $\theta$ 法。

威尔逊 $\theta$ 法的基本假设是认为在时间间隔 $\tau$ 中，加速度矢量是线性变化的。设 $0 \leqslant \tau \leqslant \theta \Delta t$，有

$$\ddot{q}_{t+\tau} = \ddot{q}_t + \tau(\Delta \ddot{q}_t) \tag{7-52}$$

式中，$\Delta \ddot{q}_t$ 是常数。积分上式，并考虑初始条件 $\dot{q}_{t+\tau}|_{\tau=0} = \dot{q}_t$，则得

$$\dot{q}_{t+\tau} = \ddot{q}_t \tau + \frac{\tau^2}{2}(\Delta \ddot{q}_t) + \dot{q}_t \tag{7-53}$$

从式（7-52）解出 $\Delta \ddot{q}_t$，再代入式（7-53），得到

$$\dot{q}_{t+\tau} = \dot{q}_t + \frac{\tau}{2}(\ddot{q}_{t+\tau} + \ddot{q}_t) \tag{7-54}$$

积分，同时考虑初始条件 $q_{t+\tau}|_{\tau=0} = q_t$ 和 $\Delta q_t$，得到

$$q_{t+\tau} = q_t + \dot{q}_t \tau + \frac{\tau^2}{6}(2\ddot{q}_t + \ddot{q}_{t+\tau}) \tag{7-55}$$

从式（7-54）和式（7-55），解出 $t+\tau$ 时的速度和加速度

$$\ddot{q}_{t+\tau} = \frac{6}{\tau^2}(q_{t+\tau} - q_t) - \frac{6}{\tau}\dot{q}_t - 2\ddot{q}_t \tag{7-56}$$

$$\dot{q}_{t+\tau} = \frac{3}{\tau}(q_{t+\tau} - q_t) - 2\dot{q}_t - \frac{\tau}{2}\ddot{q}_t \tag{7-57}$$

将 $t+\tau$ 瞬时的矢量代入运动方程

$$\boldsymbol{M}\ddot{\boldsymbol{q}}_{t+\tau}+\boldsymbol{C}\dot{\boldsymbol{q}}_{t+\tau}+\boldsymbol{K}\boldsymbol{q}_{t+\tau}=\boldsymbol{F}_{t+\tau}$$

将上式左边不包含 $t+\tau$ 的项移到等号右边去，得到

$$\overline{\boldsymbol{K}}\boldsymbol{q}_{t+\tau}=\overline{\boldsymbol{F}}_{t+\tau} \tag{7-58}$$

式中

$$\overline{\boldsymbol{K}}=\boldsymbol{K}+\frac{3}{\tau}\boldsymbol{C}+\frac{6}{\tau^2}\boldsymbol{M} \tag{7-59}$$

$$\overline{\boldsymbol{F}}_{t+\tau}=\boldsymbol{F}_{t+\tau}+\boldsymbol{M}\left(2\ddot{\boldsymbol{q}}_t+\frac{6}{\tau}\dot{\boldsymbol{q}}_t+\frac{6}{\tau^2}\boldsymbol{q}_t\right)+C\left(\frac{\tau}{2}\ddot{\boldsymbol{q}}_t+2\dot{\boldsymbol{q}}_t+\frac{3}{\tau}\boldsymbol{q}_t\right) \tag{7-60}$$

解方程式（7-58）可求得位移矢量，从式（7-56）可求得加速度矢量 $\Delta\ddot{q}_{t+\tau}$，于是 $t+\Delta t$ 时的加速度可通过线性插值得到

$$\ddot{\boldsymbol{q}}_{t+\Delta t}=\left(1-\frac{1}{\theta}\right)\ddot{\boldsymbol{q}}_t+\frac{1}{\theta}\ddot{\boldsymbol{q}}_{t+\tau} \tag{7-61}$$

位移和速度可由式（7-55）和式（7-57）求出。经过实践验证，若选择 $\theta>1.37$，则此方法是无条件稳定的。

威尔逊 $\theta$ 法的计算步骤如下。

**1. 初始计算**

（1）计算常数

确定初始值 $q_0$，$\dot{q}_0$，$\ddot{q}_0$。由 $\tau=\theta\Delta t$（$\theta>1.37$），得

$$a_0=\frac{6}{\tau},a_1=\frac{3}{\tau},a_2=2a_1,a_3=\frac{\tau}{2},a_4=\frac{a_0}{\theta},a_5=\frac{-a_2}{\theta},a_6=1-\frac{3}{\theta},a_7=\frac{\Delta t}{2},a_8=\frac{\Delta t^2}{6}$$

（2）形成等效刚度矩阵 $\overline{\boldsymbol{K}}$

$$\overline{\boldsymbol{K}}=\boldsymbol{K}+a_1\boldsymbol{C}+a_0\boldsymbol{M}$$

（3）将 $\overline{\boldsymbol{K}}$ 三角化，即求得 $\boldsymbol{LDL}^{\mathrm{T}}$。

**2. 对每一时间增量 $\Delta t$ 计算**

（1）计算等效载荷 $\overline{\boldsymbol{F}}_{t+\tau}$

$$\overline{\boldsymbol{F}}_{t+\tau}=\boldsymbol{F}_{t+\tau}+\boldsymbol{M}(a_0\boldsymbol{q}_t+a_2\dot{\boldsymbol{q}}_t+2\ddot{\boldsymbol{q}}_t)+C(a_3\ddot{\boldsymbol{q}}_t+2\dot{\boldsymbol{q}}_t+a_1\boldsymbol{q}_t)$$

（2）计算位移矢量 $\boldsymbol{q}_{t+\tau}$

$$\overline{\boldsymbol{K}}\boldsymbol{q}_{t+\tau}=\overline{\boldsymbol{F}}_{t+\tau}$$

$$\boldsymbol{q}_{t+\tau}=\overline{\boldsymbol{K}}^{-1}\overline{\boldsymbol{F}}_{t+\tau}$$

（3）计算新的状态矢量（加速度、速度、位移）

$$\ddot{\boldsymbol{q}}_{t+\Delta t}=a_4(\boldsymbol{q}_{t+\tau}-\boldsymbol{q}_t)+a_5\dot{\boldsymbol{q}}_t+a_6\ddot{\boldsymbol{q}}_t$$

$$\dot{\boldsymbol{q}}_{t+\Delta t}=\dot{\boldsymbol{q}}_t+a_7(\ddot{\boldsymbol{q}}_{t+\Delta t}+\ddot{\boldsymbol{q}}_t)$$

$$\boldsymbol{q}_{t+\Delta t}=\boldsymbol{q}_t-\Delta t\dot{\boldsymbol{q}}_t+a_8(\ddot{\boldsymbol{q}}_{t+\Delta t}+2\ddot{\boldsymbol{q}}_t)$$

对于一个振动系统，除了需要知道其响应外，还要知道动应力，以校核结构的强度。求

出了系统的响应，即得到了各节点的位移 $\boldsymbol{q}^e$，因此动应力为

$$\boldsymbol{\sigma}=\boldsymbol{D\varepsilon}=\boldsymbol{DBq}^e \tag{7-62}$$

## 习　题

7-1 用一个单元体有限元模型来近似计算一端固定一端自由的均匀杆的第一阶固有频率。

7-2 试求图7-9所示一端固定一端自由的均匀杆，分为四个单元的有限元模型的总刚度矩阵和总质量矩阵。

7-3 用两个单元体有限元模型，近似计算图7-10所示扭转系统的第一阶固有频率。

7-4 用两个单元体有限元模型，建立图7-11所示系统的受迫振动的微分方程。

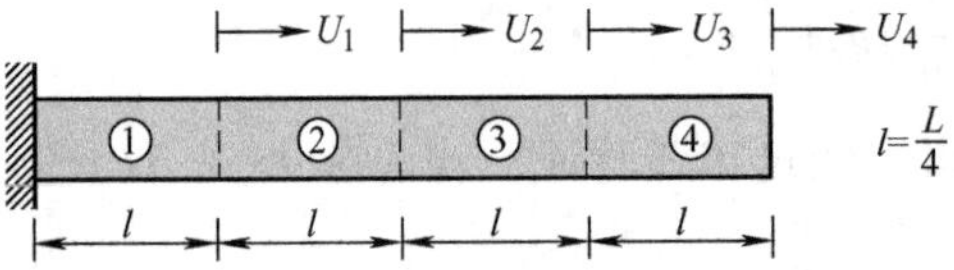


图 7-9

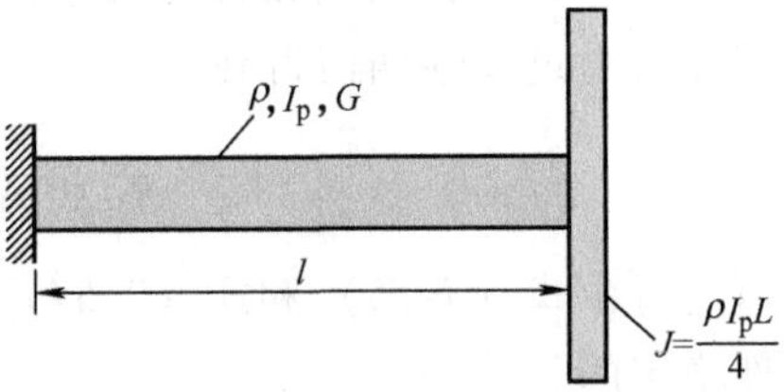


图 7-10

7-5 用一个单元体有限元模型来近似计算一个单端固定的等直梁的第一阶固有频率和振型。

7-6 试用一个单元体有限元模型来估算一个两端均自由的轴的第一阶非零扭转固有频率。

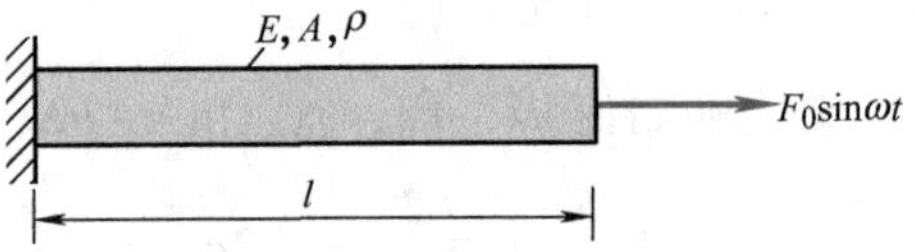


图 7-11

7-7 求梁的一个单元体模型的第一阶固有频率。

7-8 如图7-12所示系统，用一个单元体代替一个杆，其中 $m=\frac{1}{2}\rho Al$，建立此模型，估算该系统的第一阶固有频率。

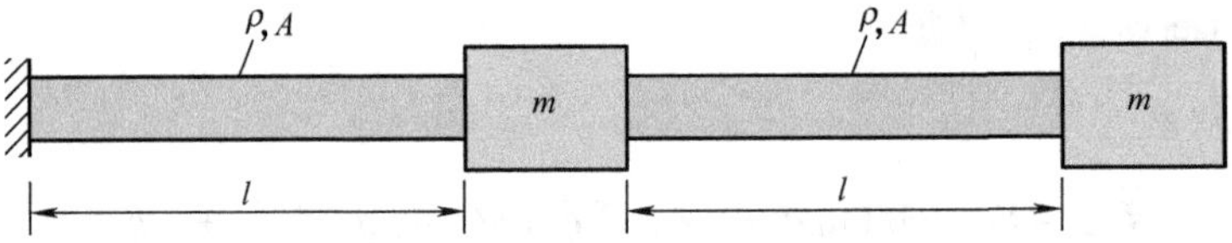


图 7-12

7-9 应用通用有限元软件计算第6章例6-12、例6-13和例6-14有关薄板的固有频率和振型。

# 第 8 章 减振技术

机械振动是一种常见的物理现象，在许多领域是有害的。例如它的存在会影响机器的正常运转，使机床的加工精度、精密仪器的灵敏度下降，引发噪声，污染环境，严重的还会引发机器或建筑结构的毁坏。但是对复杂系统或结构的振动问题，仅靠设计是难以彻底解决该问题的，当产品制成后出现了不符合要求的振动，一个重要的方法就是采取减振措施，人们在各个工程领域中进行了大量的减振研究工作，经典的减振措施主要包括减振、隔振与阻尼消振三大部分，其中减振、隔振的理论分析和实验研究工作在其中占有很重要的地位。

## 8.1 减振的基本概念

在振动理论分析中，已经知道振动的幅值决定于激励力幅值、频率比、系统的阻尼等，因此进行减振就是要调整它们的参数使振动减小。采取减振措施时，首先应该考虑降低振源的激励强度，如果降低振源的激励强度达不到预期的技术要求，再考虑安装合适的隔振装置，如果隔振还不能达到预期的技术要求，就要使用减振装置进行减振。

**1. 降低激振力幅值**

首先通过理论分析和实验，找出产生激振力的原因，然后采取相应措施，把产生激振力的因素消除或降低，从而达到消除激振力的目的。例如对于旋转机械系统，要对旋转组件进行动平衡处理，包括在动平衡机上及在现场进行动平衡处理，以减小不平衡质量达到降低干扰力幅值的目的。改变机器部件的某些结构，也可以达到减振的目的。例如柴油机的曲轴扭转振动，在其振动的一周内，干扰力所做的功与曲轴的配置有关，改变配置可以减小干扰力所做的功，也就降低了强迫振动的幅值。还可以利用专门的装置降低振动的幅值，如使用吸振器，以适当的形式将吸振器与机械结构相连接，使得从力学原理上让吸振器的弹性力大小与激振力等值反向，从而达到减振的目的。

**2. 改变干扰力的频率与系统固有频率之比**

当发生共振时，其振动幅值最大，应尽量调整结构的固有频率或激振力的频率，使其避开共振区，以达到减小振幅的目的；当 $\omega \approx p_n$ 时，发生共振，振动幅值最大，当 $\omega - p_n$ 的差值变大，则振幅会明显降低。一般情况下，机器转速的设计不可能随意变动，因此往往是通过改变结构的固有频率来降低振动幅值。改变结构固有频率可通过改变刚度系数 $k$ 或改变质量 $m$ 来实现。假定机器工作转速 $\omega$ 不能改变，现以系统第一阶固有频率为准进行分析，则要分两种情况来调整固有频率。当机器在亚共振区工作，即工作转速 $\omega<p_n$ 时，若 $\omega$ 不变，则只有提高 $p_n$，使 $p_n-\omega$的差值增大，则幅值减小。要使 $p_n$ 增大，一种方法是增加刚度系数 $k$，或减小质量 $m$，另一种方法是增加约束，使 $p_n$ 增加。当机器在超共振区工作，即 $\omega>p_n$ 时，只有减小 $p_n$，即减小刚度系数或者增加质量，以使 $\omega-p_n$ 的差值增大，则振幅减小。另一种方法则是释放约束，使 $p_n$ 减小。在可能的情况下，有时可以通过改变机器的尺寸与零部件的形状，或者引入某些弹性元件就可以协调刚度和质量，也可以利用吸振器来改变系统的固有频率，而且使整个系统的振动特性发生变化。在调整固有频率的过程中，为保证机器使用得安全可靠，可遵循两条基本原则。

（1）增加或减小约束以引起系统固有频率的变化。为了避开共振区，可以设法改变自由度数来实现。在设计过程中，自由度数量的划分、变化将使系统振动特性产生变化。在已运行的机器中，由于各种原因造成部件松脱或卡住均会引起振动特性的变化，这在实际中都必须注意。

（2）改变系统的质量和刚度系数以对固有频率进行调整。改变系统的刚度系数就是改变它的势能，改变系统的质量就是改变它的动能。如果系统刚度系数增大而动能不变，则系统的各阶固有频率就增高。如果系统的质量增大而势能不变，则系统的各阶固有频率就会降低。对某些机器，有时也用附加质量的办法，如对一些大型柴油发电机，采用附加质量法降低系统的各阶固有频率，使系统固有频率远离激励频率，从而达到减振目的。

**3. 在机械结构内增加阻尼力**

在机械结构内增加阻尼力使共振振幅与非共振振幅降低，这可以通过在系统上加一个专门装置，如“阻尼器”来实现，也可以粘贴适当的阻尼材料，利用阻尼层来减小振幅。

应该注意，有时只利用改变系统的结构来达到减振目的是不现实的，因为部件的结构形式尚应满足其他性能的要求，而这些要求有一些是与减振相矛盾的。因此在设计新机械设备时，应进行全面优化设计，包括结构动态特性的优化，这也是最重要最根本的技术设计环节。

## 8.2 隔振

有些机械在工作时会产生较大的振动，影响其周围的环境；有些精密机械、精密仪器又往往需要防止周围环境对它的影响。这两种情形都需要进行振动隔离，简称隔振。隔振可分为两类。一类是主动隔振，即用隔振器将振动着的机器与地基隔离开；另一类是被动隔振，即将需要保护的设备用隔振器与振动着的地基隔离开。这里说的隔振器是由弹簧和阻尼器组成的模型系统。在实际应用中隔振器通常选用合适的弹性材料及阻尼材料，如木材、橡胶、充气轮胎、沙子等。

### 8.2.1 主动隔振

振源是机器本身。主动隔振是将振源隔离，以减小传递到地基上的动压力，从而抑制振源对周围环境的影响。主动隔振的效果一般用力传递率或隔振系数 $\eta_a$ 来衡量，定义为

$$\eta_a=\frac{H_T}{H} \tag{8-1}$$

式中，$H$ 和 $H_T$ 分别为隔振前后传递到地基上的力的幅值。

在图 8-1 中，设作用在质量为 $m$ 的机器上的激振力为 $S=H\sin\omega t$。在采取隔振措施前，机器传递到地基的最大动压力 $S_{max}=H$。现在，它与地基之间装上隔振器，其中的弹簧的刚度系数为 $k$，阻尼系数为 $c$。此系统的受迫振动方程为

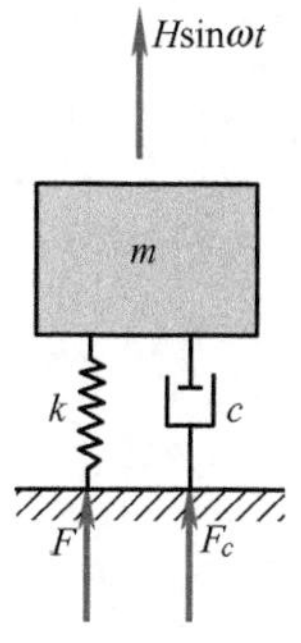

图 8-1　主动隔振

$$m\ddot{x}+c\dot{x}+kx=H\sin\omega t$$

其特解为

$$x=B\sin(\omega t-\varphi) \tag{a}$$

其中振幅为

$$B=\frac{H}{k}\frac{1}{\sqrt{(1-\lambda^2)^2+(2\zeta\lambda)^2}} \tag{b}$$

式中，$\lambda=\frac{\omega}{p_n}$，$p_n=\sqrt{\frac{k}{m}}$，$\zeta=\frac{n}{p_n}$，$2n=\frac{c}{m}$。此时，机器通过弹簧、阻尼器传到地基上的动压力为

$$F_D=F+F_C=-kx-c\dot{x}=-kB\sin(\omega t-\varphi)-cB\omega\cos(\omega t-\varphi)$$

即 $F$ 和 $F_c$ 是相同频率，在相位上相差$\frac{\pi}{2}$的简谐力。根据同频率振动合成的结果，得到传给地基的动压力的最大值为

$$H_T=\sqrt{(kB)^2+(cB\omega)^2}=kB\sqrt{1+(2\zeta\lambda)^2} \tag{c}$$

将式（b）代入式（c），得

$$H_T=H\frac{\sqrt{1+(2\zeta\lambda)^2}}{\sqrt{(1-\lambda^2)^2+(2\zeta\lambda)^2}} \tag{d}$$

将式（d）代入式（8-1），得

$$\eta_a=\frac{H_T}{H}=\sqrt{\frac{1+(2\zeta\lambda)^2}{(1-\lambda^2)^2+(2\zeta\lambda)^2}} \tag{8-2}$$

此式称为传递率公式。以 $\lambda$ 为横坐标，$\eta_a$ 为纵坐标，其频响曲线如图 8-2 所示。它表示在各种阻尼情况下（即各种 $\zeta$ 值），$\eta_a$ 值随频率比 $\lambda$ 变化的规律。当 $\lambda>\sqrt{2}$时，$\eta_a<1$，才有隔振效果，而且 $\lambda$ 值越大，$\eta_a$ 越小，隔振效果越好。因此，通常将 $\lambda$ 选在 2.5～5 的范围内。另外 $\lambda>\sqrt{2}$以后，增加阻尼反而使隔振效果变坏。因此，为了取得较好的隔振效果，系统应当具有较低的固有频率和较小的阻尼。不过阻尼也不能太小，否则振动系统在通过共振区时会产生较大的振动。

## 8.2.2　被动隔振

当振源来自地基的运动时，被动隔振是将需要防振的物体与振源隔离，防止或减小地基运动对物体的影响。被动隔振的效果也用传递率来表示，定义为

$$\eta_a'=\frac{B}{b} \tag{8-3}$$

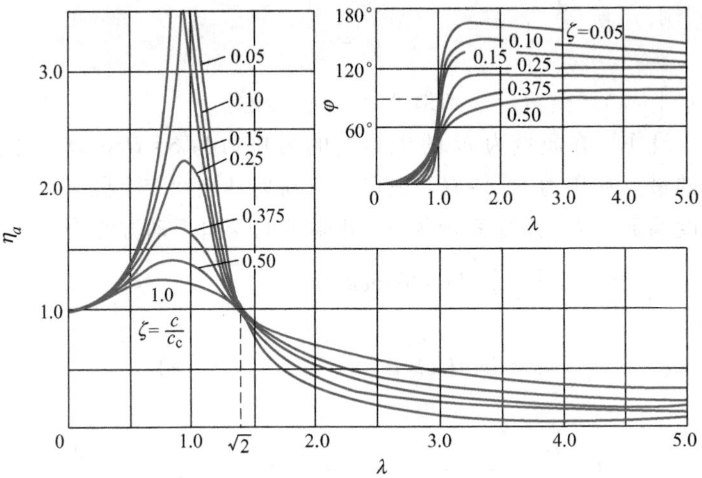


图 8-2 频响曲线

式中，$B$ 和 $b$ 分别为隔振后传到物体上的振动幅值和地基运动的振动幅值。

被动隔振示意图如图 8-3 所示，设地基为简谐振动 $y=b\sin\omega t$。因此，运动微分方程为

$$m\ddot{x}=-c(\dot{x}-\dot{y})-k(x-y-\delta_{st})-mg$$

即

$$m\ddot{x}+c\dot{x}+kx=c\dot{y}+ky$$

或写成

$$m\ddot{x}+c\dot{x}+kx=cb\omega\cos\omega t+kb\sin\omega t$$

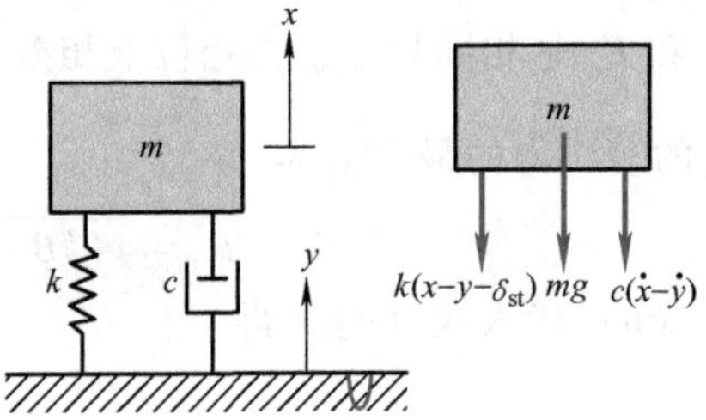


图 8-3 被动隔振示意图

力由两部分组成：一部分是由弹簧传递过来的 $ky$，相位与 $y$ 相同；另一部分是由阻尼器传递过来的 $c\dot{y}$，相位比 $y$ 超前$\frac{\pi}{2}$。

由例 2-8 中的结果得到

$$\eta_a'=\frac{B}{b}=\sqrt{\frac{1+(2\zeta\lambda)^2}{(1-\lambda^2)^2+(2\zeta\lambda)^2}} \tag{8-4}$$

显然，位移传递率 $\eta_a'$ 与力传递率 $\eta_a$ 具有完全相同的形式，描绘的曲线族如图 8-2 所示，隔振效果也相同，不再论述。

## 8.3 阻尼消振

阻尼消振方法是采用阻尼减振方法的简称，即用附加的子系统连接于需要减振的结构或系统以消耗振动能量，从而达到减振的目的。阻尼减振技术能降低结构或系统在共振频率附近的动响应强度。阻尼减振有两种方式，一种是集中力阻尼器，如各种成型的阻尼器，工程

中大量应用于可以施加集中力的系统。另一种是分布力阻尼器，如各种黏弹性阻尼材料以及复合材料等，主要应用于薄板和薄壳等薄壁结构减振、不宜施加集中阻尼力的系统。事实上，航空航天领域早已广泛采用阻尼层减振降噪，此种技术抑制高频振动特别有效，因此，目前粘贴在结构上的自由阻尼层和约束阻尼层被广泛应用。

### 8.3.1　阻尼器的设计

评价阻尼器设计的标准，主要是系统增加单位重量取得的减振效果及其工作性能稳定可靠的程度，前者即要求单位重量和单位体积的阻尼器能够提供尽可能大的阻尼力，后者即要求阻尼器能在恶劣环境下长期正常工作。

**1. 分布力阻尼器**

按照阻尼层介质的变形机制不同，阻尼层可以分为两类，如图 8-4 所示。一类阻尼层被粘贴在主结构的表面，此种阻尼层能够“自由”变形，称为自由阻尼层；另一类阻尼层的外表面粘贴一个坚硬的薄板。后者约束阻尼层变形，形成一种复合结构，称为约束阻尼层。由于受到坚硬薄板的约束，约束阻尼层的伸缩变形小，因而它的变形以剪切变形为主。

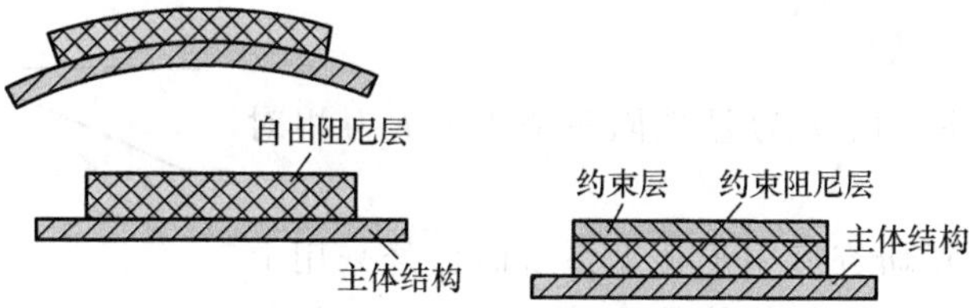


图 8-4　分布力阻尼器示意图

自由阻尼层利用拉伸变形来消耗振动能量，约束阻尼层则利用剪切变形来消耗振动能量。尤其是多层约束阻尼层，往往比自由阻尼层更为有效。

分布力阻尼器通常选用高聚合材料制成。此种阻尼器开始时用在各类运载体上，对阻尼器的重量和体积的要求苛刻，设计此类阻尼器需要解决以下几个问题。

（1）正确选用阻尼材料和阻尼层的类型，保证阻尼层在工作环境中长期正常工作，提供稳定的阻尼力。

（2）确定结构上粘贴阻尼器的最佳部位。一般来说，阻尼层应该粘贴在结构上振动变形最强烈的部位，以便吸收尽量多的振动能量。

（3）计算阻尼材料的用量。根据结构具有的振动能量，保证减振后系统的当量阻尼比达到 0.2~0.4，以此为依据，确定阻尼层必须吸收的动能，算出阻尼层的厚度和面积。

（4）进行物理模型实验，检验设计的阻尼器是否满足工程要求。

**2. 集中力阻尼器**

阻尼层抑制高频振动的能力强，抑制低频振动的能力差。因此，抑制结构低频振动，还是要用机械装置提供阻尼力。应该指出，利用摩擦力构成的阻尼器，吸收低频振动能量的能力很强。振动频率越低，摩擦阻尼力的减振作用越大。此外，油液阻尼器已经制成许多标准件。但在多数情况下还是要根据具体情况设计专用的阻尼器，才能取得理想的减振效果。

设计集中力阻尼器，也要考虑其单位重量取得的减振效果，此外，同样要求集中力阻尼器有较高的可靠性。集中力阻尼器的具体设计内容，包括选择阻尼器的结构类型、确定阻尼器的安装位置、计算阻尼力大小和进行必要的实验验证等内容。

### 8.3.2 阻尼力的计算

常见的阻尼有四种，分别是流体阻尼、动摩擦阻尼、辐射阻尼和固体材料的内阻尼。

**1. 流体阻尼**

运动物体和流体的分界面存在沿切线方向作用的分布力，它的合力就是黏性阻尼力。流体（油）流过节流孔时就有黏性阻尼力。此外，在空气或水中振动的任何物体，与其周围流体间存在相对运动，也产生流体阻尼力。阻尼力对运动物体做负功，消耗振动能量，将其转变为热能。因此，研究振动问题离不开流体黏性阻尼力。

实验结果表明，流体阻力与运动物体和周围流体间的相对速度间有函数关系，如图8-5所示。当相对速度较低时，流体阻力与相对速度的数量关系为

$$F_1(v) = -cv$$

式中，$F_1(v)$为黏性阻力；$c$为黏性阻尼系数；$v$为相对速度。

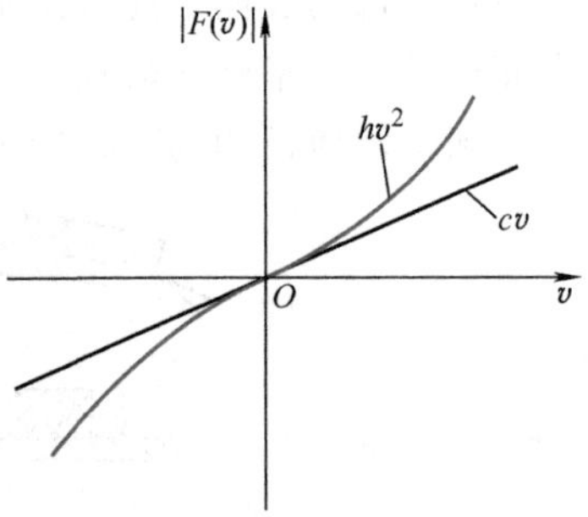

图8-5 流体阻尼力示意图

事实上，在第2章研究有阻尼振动系统时已经采用上式。式中的黏性阻尼系数$c$与物体的几何形状和流体的物理性质密切相关。除去少数几何形状特别简单的物体，可以利用流体力学理论计算黏性阻尼系数，一般形状运动物体的黏性阻尼系数要用实验方法测定。

实验结果表明，当相对运动速度较高时，流体阻力与相对速度的平方值近似成正比。

$$F_2(v) = -h|v|v$$

式中，$F_2(v)$是高速运动物体的黏性阻力；$h$称为平方阻尼系数。

采用平方阻尼力分析物体的运动方程，属于非线性动力学研究的问题，此类问题很难取得解析结果。因此，进行工程设计时常把平方阻尼力简化为等效线性阻尼力。这样一来，非线性动力学问题就简化成为等效的线性动力学问题了。

其简化原理是在一个振动循环之内，平方阻尼力和线性阻尼力消耗的动能相等，从而导出平方阻尼系数$h$的等效线性阻尼系数（推导过程参见2.5.5节）。

$$c_{eq}^{(1)} = \frac{8B\omega h}{3\pi}$$

**2. 动摩擦阻尼**

两个物体的接触表面存在相对滑动趋势，而且接触面有正压力时，就立即产生阻止相对滑动的摩擦力。利用大量实验数据，绘制成摩擦力$F(v)$与接触面相对速度$v$的关系曲线，如图8-6所示。它表明，静摩擦力与动摩擦力的差别不小，这个差别导致接触表面发生黏滑现象，此现象是自激振动理论的一个问题。减振系统内的摩擦力通常只做负功，

消耗系统的振动能量。由于极短时间内静摩擦力做的负功不大，故其影响有限，通常只需考虑动摩擦力做的负功。考虑到摩擦力方向与接触物体相对运动速度方向相反，摩擦力表达式为

$$F(v) = -F_0 \operatorname{sgn} v$$

式中，$F_0$ 为实验测定的动摩擦力数值，是相对速度的非线性函数；sgn 为符号函数；$v$ 为两个接触物体表面的相对速度。按照一个振动循环内做功相等的原则，不难导出干摩擦力的当量黏性阻尼系数

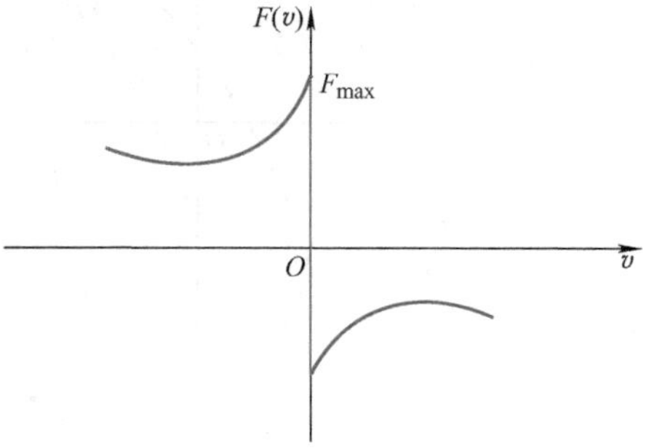

图 8-6　动摩擦阻尼力示意图

$$c_{eq}^{(2)} = \frac{4F_0}{\pi\omega B}$$

式中，$B$ 是振动的幅值；$\omega$ 是振动频率；$F_0$ 是摩擦力的数值。

**3. 辐射阻尼**

固体结构振动或者固体内部出现波动都会带动周围介质运动，同时，要耗费一部分动能。这种消耗固体动能的方式，称为固体结构的辐射阻尼。影响辐射阻尼的主要因素有以下几方面。

(1) 任何弹性结构都存在无限多个固有频率，激励频率等于任何一个固有频率，都要激发起相应的共振。一般来说，高频共振比低频共振辐射的动能多，因此，高频振动的辐射阻尼更高。

(2) 辐射阻尼与振动强度的关系尤其密切。因此，物体上振动强烈的部位的辐射能量多，该处的辐射阻尼也更高。

(3) 振动物体辐射的能量与周围介质的密度相关。因此，二者的密度比是决定结构辐射阻尼的重要因素。

精确计算振动物体的辐射阻尼必须应用弹性动力学理论，请参见有关资料。

**4. 固体材料的内阻尼**

固体材料分为晶体和非晶体两大类，用作结构材料的晶体材料有钢、铁、铝、石料和混凝土等，用作结构材料的非晶体材料有木材、塑料和橡胶等。振动的晶体材料，依靠位错和晶粒边界滑动等物理机制耗散动能；振动的非晶体材料，依靠相变和分子扩散等物理机制耗散动能。尽管这两类材料变形和耗能的物理机制不同，但其宏观效果与结构受到阻尼力作用消耗的能量相当，都使结构振动衰减。由于此种阻尼作用来自结构材料内部，因而被称为固体材料的内阻尼。

虽然人们早已认知固体材料变形和耗能的物理机制，但是微观力学理论还不能导出计算内阻尼参数的公式，仍然要用实验方法确定固体材料的内阻尼参数。常用的实验方法是在试件上施加周期变化的载荷，同时，测量试件周期变化的应力和应变。拉伸变形实验和剪切变形实验曲线分别如图 8-7 所示。图中 $\sigma$ 为正应力，$\varepsilon$ 为正应变，$\tau$ 为切应力，$\gamma$ 为切应变。当简谐变化的载荷的幅度不变时，加载和卸载时的曲线不重合，但随着载荷周期性变化，形成封闭的曲线。根据图 8-7 中的曲线，可以计算出试件材料的内阻尼系数。

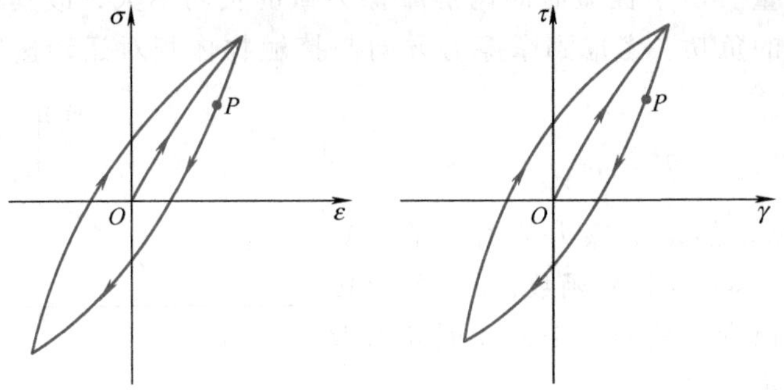


a) b)

图 8-7 周期力作用下固体材料的应力应变示意图

## 8.4 动力吸振器

### 8.4.1 无阻尼吸振器

在主系统上附加一子系统，使得其吸收主要系统的振动能量，这样的子系统统称为吸振器。图8-8是一个无阻尼动力吸振器的示意图，其中由质量 $m_1$ 和弹簧 $k_1$ 组成的系统，称为主系统；由质量 $m_2$ 和弹簧 $k_2$ 组成的辅助系统称为吸振器。显然，这是两自由度的无阻尼受迫振动系统。现建立该系统的运动微分方程为

$$\begin{pmatrix} m_1 & 0 \\ 0 & m_2 \end{pmatrix}\begin{pmatrix} \ddot{x}_1 \\ \ddot{x}_2 \end{pmatrix}+\begin{pmatrix} k_1+k_2 & -k_2 \\ -k_2 & k_2 \end{pmatrix}\begin{pmatrix} x_1 \\ x_2 \end{pmatrix}=\begin{pmatrix} F \\ 0 \end{pmatrix}\sin\omega t \tag{8-5}$$

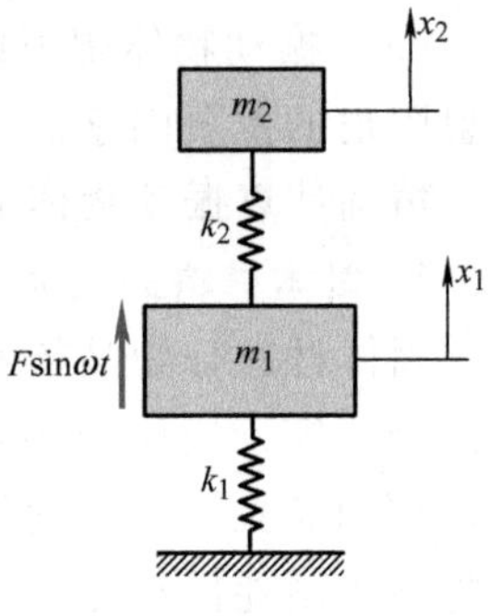


图 8-8 无阻尼吸振器示意图

设式（8-5）的稳态响应为

$$\begin{pmatrix} x_1 \\ x_2 \end{pmatrix}=\begin{pmatrix} B_1 \\ B_2 \end{pmatrix}\sin\omega t \tag{8-6}$$

将式（8-6）代入式（8-5），得到

$$\left(\begin{pmatrix} k_1+k_2 & -k_2 \\ -k_2 & k_2 \end{pmatrix}-\omega^2\begin{pmatrix} m_1 & 0 \\ 0 & m_2 \end{pmatrix}\right)\begin{pmatrix} B_1 \\ B_2 \end{pmatrix}=\begin{pmatrix} F \\ 0 \end{pmatrix} \tag{8-7}$$

设式（8-7）中的系数行列式不为零，即

$$\nabla(\omega^2)=(k_1+k_2-\omega^2 m_1)(k_2-\omega^2 m_2)-k_2^2\neq 0 \tag{8-8}$$

因此，可得受迫振动的振幅

$$B_1=\frac{(k_2-\omega^2 m_2)F}{(k_1+k_2-\omega^2 m_1)(k_2-\omega^2 m_2)-k_2^2}$$

$$B_2=\frac{k_2 F}{(k_1+k_2-\omega^2 m_1)(k_2-\omega^2 m_2)-k_2^2} \tag{8-9}$$

令 $p_1=\sqrt{\dfrac{k_1}{m_1}}$为主系统的固有圆频率，$p_2=\sqrt{\dfrac{k_2}{m_2}}$为吸振器的固有圆频率，$B_0=\dfrac{F}{k_1}$为主系统的等效静位移，$\mu=\dfrac{m_2}{m_1}$为吸振器质量与主系统质量的比。则式（8-9）可写成

$$
\begin{aligned}
B_1(\omega)&=\frac{\left[1-\left(\frac{\omega}{p_2}\right)^2\right]B_0}{\left[1+\mu\left(\frac{p_2}{p_1}\right)^2-\left(\frac{\omega}{p_1}\right)^2\right]\left[1-\left(\frac{\omega}{p_2}\right)^2\right]-\mu\left(\frac{p_2}{p_1}\right)^2}\\
B_2(\omega)&=\frac{B_0}{\left[1-\mu\left(\frac{p_2}{p_1}\right)^2-\left(\frac{\omega}{p_1}\right)^2\right]\left[1-\left(\frac{\omega}{p_2}\right)^2\right]-\mu\left(\frac{p_2}{p_1}\right)^2}
\end{aligned}
\tag{8-10}
$$

动力放大系数为

$$
\begin{aligned}
\beta_1(\omega)&=\frac{B_1}{B_0}=\frac{\left[1-\left(\frac{\omega}{p_2}\right)^2\right]}{\left[1+\mu\left(\frac{p_2}{p_1}\right)^2-\left(\frac{\omega}{p_1}\right)^2\right]\left[1-\left(\frac{\omega}{p_2}\right)^2\right]-\mu\left(\frac{p_2}{p_1}\right)^2}\\
\beta_2(\omega)&=\frac{B_2}{B_0}=\frac{1}{\left[1-\mu\left(\frac{p_2}{p_1}\right)^2-\left(\frac{\omega}{p_1}\right)^2\right]\left[1-\left(\frac{\omega}{p_2}\right)^2\right]-\mu\left(\frac{p_2}{p_1}\right)^2}
\end{aligned}
\tag{8-11}
$$

由式（8-10）可知，当 $\omega=p_2=\sqrt{\dfrac{k_2}{m_2}}$时，主系统质量 $m_1$ 的振幅 $B_1=0$。这就是说，倘若使吸振器的固有圆频率与主系统的工作圆频率（激振力的圆频率）相等，则主系统的振动将被消除，这种现象称为反共振。当 $\omega=p_2$ 时，式（8-10）第二式成为

$$
B_2(\omega)=-\left(\frac{p_1}{p_2}\right)^2\frac{B_0}{\mu}=-\frac{F}{k_2}
\tag{8-12}
$$

这时吸振器的质量 $m_2$ 的运动为

$$
x_2(t)=-\frac{F}{k_2}\sin\omega t
$$

吸振器经过弹簧 $k_2$ 对 $m_1$ 的作用力为

$$
k_2x_2=-F\sin\omega t
$$

这个力恰与作用在主质量 $m_1$ 上的激振力 $F\sin\omega t$ 大小相等、方向相反，互相平衡。这就是吸振器消除主系统振动的原理。

作为算例，选择质量比 $\mu=0.2$，固有圆频率比 $p_1=p_2$，利用式（8-11）计算动力放大系数 $\beta_1$、$\beta_2$，取不同频率比进行数值计算，得到动力放大系数 $\beta_1$、$\beta_2$ 与频率比的关系曲线，如图 8-9 所示。

从图 8-9 的幅频曲线可清楚地看到以下特点：

（1）该振动系统存在两个频率比 $\lambda_1=\dfrac{w}{p_{n1}}$、$\lambda_2=\dfrac{w}{p_{n2}}$，在这两个频率比相应位置的动力放

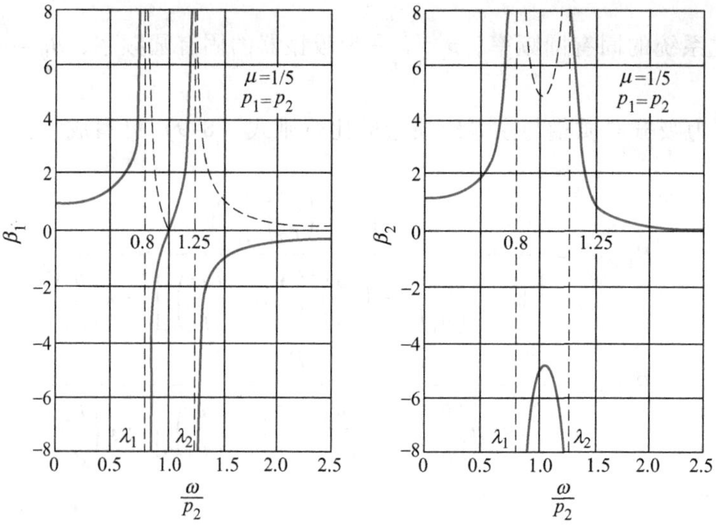


图 8-9　幅频曲线

大系数 $\beta_1$、$\beta_2$ 值都无限大。它们是共振状态的频率比。

（2）在满足动力调谐条件时，主振动系统的固有圆频率 $p_1$ 与吸振器的固有圆频率 $p_2$ 之比为1时，共振状态的频率比 $\lambda_1$、$\lambda_2$ 分布在它的两侧。$\lambda_1$、$\lambda_2$ 的分布位置与它们的质量比有关，如图 8-10 所示，质量比 $\mu$ 越小它们的距离越近，$\mu$ 越大它们的距离越远。

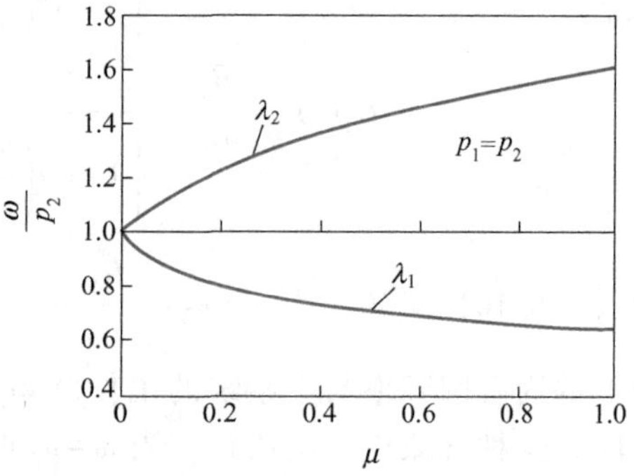


图 8-10　质量比 $\mu$ 对共振点的影响

（3）如果激励频率偏离主振动系统的固有频率，即频率比的数值稍许偏离 1.0，主质量位移振幅就要急剧增大。因此，激励频率和主振动系统的固有频率必须保持稳定，无阻尼动力吸振器才能取得稳定的减振效果；否则，减振能力会急剧下降。因此，无阻尼动力吸振器稳定工作的频带宽度很小，这是它的严重缺点。

为了扩大无阻尼吸振器的工作频带宽度，R. E. Roberson 和 F. R. Arnold 分别研究了非线性弹簧对减振效果的影响。结果表明，用软弹簧构成的无阻尼动力吸振器，其有效频带有所扩展；相反，用硬弹簧构成的无阻尼动力吸振器，其有效频带变得更加狭窄。

总之，这种吸振器的缺点是使单自由度系统成为两自由度系统，因而有两个固有频率。如果激振力的频率发生变化，就可能出现两次共振。解决这些问题的途径是：（1）采用阻尼动力吸振器；（2）增加控制系统，使原来的被动吸振器变为有源的主动吸振器。

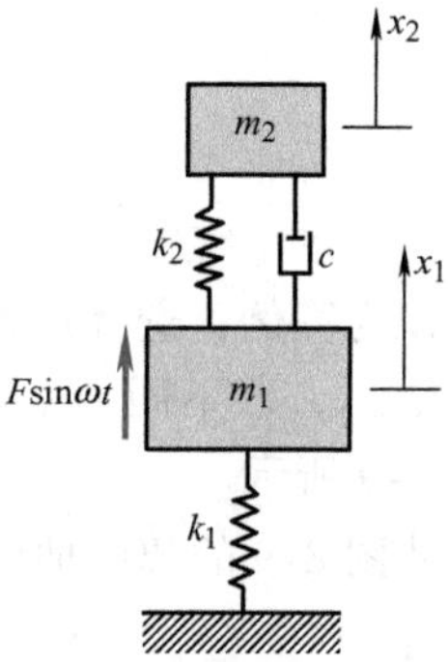


图 8-11　有阻尼吸振器示意图

## 8.4.2　有阻尼吸振器

在图 8-11 中，由质量 $m_1$ 和弹簧 $k_1$ 组成的系统是主系统。

为了在相当宽的工作速度范围内，使主系统的振动减小到要求的强度，设计了由质量 $m_2$、弹簧 $k_2$ 和黏性阻尼器 $c$ 组成的系统，称之为有阻尼吸振器。显然，主系统和吸振器组成了一个新的两自由度系统。建立其运动微分方程为

$$\begin{pmatrix} m_1 & 0 \\ 0 & m_2 \end{pmatrix}\begin{pmatrix} \ddot{x}_1 \\ \ddot{x}_2 \end{pmatrix}+\begin{pmatrix} c & -c \\ -c & c \end{pmatrix}\begin{pmatrix} \dot{x}_1 \\ \dot{x}_2 \end{pmatrix}+\begin{pmatrix} k_1+k_2 & -k_2 \\ -k_2 & k_2 \end{pmatrix}\begin{pmatrix} x_1 \\ x_2 \end{pmatrix}=\begin{pmatrix} F \\ 0 \end{pmatrix}\sin\omega t \tag{8-13}$$

为了确定系统的稳态响应，用复指数法求解。以 $\boldsymbol{F}\mathrm{e}^{\mathrm{j}\omega t}$ 代换 $\boldsymbol{F}\sin\omega t$，并令式（8-13）的稳态响应为

$$x_1(t)=\overline{B}_1\mathrm{e}^{\mathrm{j}\omega t},\quad x_2(t)=\overline{B}_2\mathrm{e}^{\mathrm{j}\omega t} \tag{8-14}$$

式中，$\overline{B}_1$、$\overline{B}_2$ 是复振幅。将式（8-14）代入式（8-13），得

$$\begin{pmatrix} k_1+k_2-\omega^2 m_1+\mathrm{j}\omega c & -k_2-\mathrm{j}\omega c \\ -k_2-\mathrm{j}\omega c & k_2-\omega^2 m_2+\mathrm{j}\omega c \end{pmatrix}\begin{pmatrix} \overline{B}_1 \\ \overline{B}_2 \end{pmatrix}=\begin{pmatrix} F \\ 0 \end{pmatrix} \tag{8-15}$$

所以，有

$$\begin{aligned}\begin{pmatrix} \overline{B}_1 \\ \overline{B}_2 \end{pmatrix}&=\begin{pmatrix} k_1+k_2-\omega^2 m_1+\mathrm{j}\omega c & -k_2-\mathrm{j}\omega c \\ -k_2-\mathrm{j}\omega c & k_2-\omega^2 m_2+\mathrm{j}\omega c \end{pmatrix}^{-1}\begin{pmatrix} F \\ 0 \end{pmatrix}\\ &=\frac{F}{\nabla(\omega)}\begin{pmatrix} k_2-m_2\omega^2+\mathrm{j}\omega c \\ k_2+\mathrm{j}\omega c \end{pmatrix}\end{aligned} \tag{8-16}$$

其中

$$\begin{aligned}\nabla(\omega)&=(k_1+k_2-m_1\omega^2+\mathrm{j}\omega c)(k_2-m_2\omega^2+\mathrm{j}\omega c)-(k_2+\mathrm{j}\omega c)^2\\ &=(k_1-m_1\omega^2)(k_2-m_2\omega^2)-k_2m_2\omega^2+\mathrm{j}\omega c(k_1-m_1\omega^2-m_2\omega^2)\end{aligned}$$

式（8-16）还可以写成

$$\begin{cases} \overline{B}_1=\dfrac{k_2-m_2\omega^2+\mathrm{j}\omega c}{\nabla(\omega)}F=B_1\mathrm{e}^{-\mathrm{j}\varphi_1} \\ \overline{B}_2=\dfrac{k_2+\mathrm{j}\omega c}{\nabla(\omega)}F=B_2\mathrm{e}^{-\mathrm{j}\varphi_2} \end{cases} \tag{8-17}$$

式中，$B_1$、$B_2$ 和 $\varphi_1$、$\varphi_2$ 分别为系统稳态响应的振幅和相位差。可以得到主系统的振幅为

$$B_1=\sqrt{\frac{F[(k_2-m_2\omega^2)^2+(c\omega)^2]}{[(k_1-m_1\omega^2)(k_2-m_2\omega^2)-k_2m_2\omega^2]^2+[c\omega(k_1-m_1\omega^2-m_2\omega^2)]^2}} \tag{8-18}$$

令

$$B_0=\frac{F}{k_1},\quad p_1=\sqrt{\frac{k_1}{m_1}},\quad p_2=\sqrt{\frac{k_2}{m_2}},\quad \mu=\frac{m_2}{m_1},\quad \alpha=\frac{p_2}{p_1},\quad \lambda=\frac{\omega}{p_1},\quad \zeta=\frac{c}{2m_2p_1}$$

将式（8-18）写成下列无量纲形式

$$\beta(\lambda,\mu,\zeta)=\frac{B_1}{B_0}=\sqrt{\frac{(\lambda^2-\alpha^2)^2+(2\zeta\lambda)^2}{[\mu\lambda^2\alpha^2-(\lambda^2-1)(\lambda^2-\alpha^2)]^2+(2\zeta\lambda)^2(\lambda^2-1+\mu\lambda^2)^2}} \tag{8-19}$$

若给定参数 $\mu=0.05$，$\alpha=1.0$，给定几个阻尼比 $\zeta$ 的数值，按式（8-19）计算主质量位移的动力放大系数，得到描述动力放大系数与频率比关系的一组曲线，如图 8-12 所示。

它表明，不同阻尼比的动力吸振器的动力放大系数曲线不同，但存在两个公共点。为了严格论证存在两个公共点 $A$ 和 $B$，把阻尼比 $\zeta$ 作为变量，将式（8-19）写成下列形式：

$$\beta^2(\lambda)=\frac{A(\lambda)\zeta^2+B(\lambda)}{C(\lambda)\zeta^2+D(\lambda)} \tag{8-20}$$

其中

$$\begin{cases}A(\lambda)=4\lambda^2,\quad B(\lambda)=\lambda^2-\alpha^2,\quad C(\lambda)=\lambda^2(1+\mu)-1,\\ D(\lambda)=[\mu\alpha^2\lambda^2-(\lambda^2-1)(\lambda^2-\alpha^2)]^2\end{cases} \tag{8-21}$$

按照式（8-20），保证动力放大系数 $\beta(\lambda)$ 与阻尼比 $\zeta$ 不相关的数学条件为

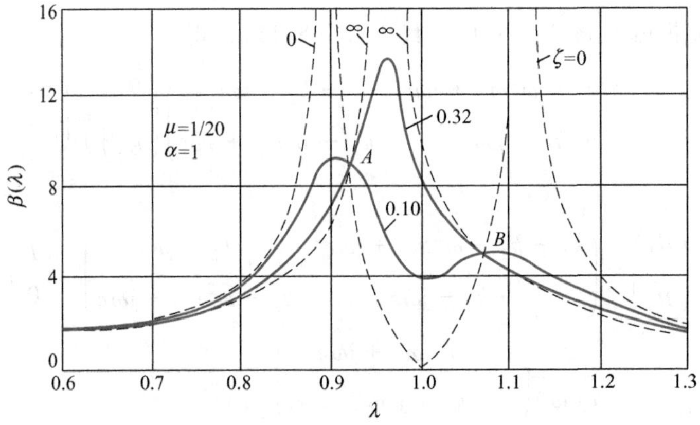


图 8-12 幅频响应曲线

$$\frac{A(\lambda)}{C(\lambda)}=\frac{B(\lambda)}{D(\lambda)}$$

将式（8-21）代入上式，经过整理，得到动力放大系数曲线族公共点 $A$ 和 $B$ 的横坐标 $\lambda_A$ 和 $\lambda_B$ 应该满足的代数方程

$$\lambda^4-b\lambda^2+e=0 \tag{8-22}$$

式中

$$b=\frac{2[1+(1+\mu)\alpha^2]}{2+\mu},\quad e=\frac{2\alpha^2}{2+\mu}$$

式（8-22）是 $\lambda^2$ 的二次代数方程，有实根的判别式为 $b^2-4e>0$。只要满足此数学条件，方程（8-22）就有两个正实根 $\lambda_A{}^2$ 和 $\lambda_B{}^2$。此时，图 8-11 中的动力放大系数曲线就有公共点 $A$ 和 $B$。

写出方程（8-22）的二实根的和

$$\lambda_A^2+\lambda_B^2=\frac{2[1+(1+\mu)\alpha^2]}{2+\mu} \tag{8-23}$$

作为一个特殊情况，若吸振器的阻尼比 $\zeta$ 接近无限大，此系统就成为单自由度振动系统。此时，主质量位移的动力放大系数为

$$\beta(\lambda)=\frac{1}{1-(1+\mu)\lambda^2},\quad \zeta\to\infty \tag{8-24}$$

显然，按照式（8-24）绘制的曲线，也要经过上述动力放大系数曲线族的公共点 $A$ 和 $B$，如图 8-12 所示。

由图 8-12 可知，改变固有频率比 $\alpha$ 的数值，会使一个公共点升高，另一个公共点降低。因此，若通过改变 $\alpha$ 的数值，使两个公共点等高，则可得

$$\beta(\lambda_A)=\beta(\lambda_B) \tag{8-25}$$

这个方程是确定最优阻尼比的第一个数学条件。根据这个数学条件，由式（8-24）可得

$$\frac{1}{1-\lambda_A^2\ (1+\mu)}=\frac{-1}{1-\lambda_B^2\ (1+\mu)}$$

整理可得

$$\lambda_A^2+\lambda_B^2=\frac{2}{1+\mu}$$

将此式与式（8-23）相比，得最优固有圆频率比 $\alpha_{opt}$ 为

$$\alpha_{opt}=\frac{1}{1+\mu} \tag{8-26}$$

将最优固有圆频率比 $\alpha_{opt}$ 作为 $\alpha$ 代入式（8-19），由于质量比 $\mu$ 已给定，求 $\beta(\lambda,\zeta)$ 对 $\lambda$ 的导函数，令导函数在 $\lambda=\lambda_A$ 和 $\lambda=\lambda_B$ 两点等于零，为吸振器取得最优阻尼的第二个数学条件，利用这个数学条件，求得最优阻尼比 $\zeta_1$ 和 $\zeta_2$ 平方值的解析式

$$\zeta_{1,\ 2}^2=\frac{\mu\left[3\mp\left(\dfrac{\mu}{2+\mu}\right)^{1/2}\right]}{8(1+\mu)^3}$$

由于质量比 $\mu$ 的数值通常较小，因而 $\zeta_1^2$ 和 $\zeta_2^2$ 的数值差别不大。因此，可以取它们的平均值作为实际采用的最优阻尼比

$$\zeta_{opt}=\left[\frac{3\mu}{8(1+\mu)^3}\right]^{1/2} \tag{8-27}$$

若将式（8-26）代入方程（8-23），解出 $\lambda_A{}^2$ 和 $\lambda_B{}^2$，再将它们代入式（8-19），最终得到 $A$、$B$ 两点的动力放大系数为

$$\beta_{opt}=\beta(\lambda_A)=\beta(\lambda_B)=\left(1+\frac{2}{\mu}\right)^{1/2} \tag{8-28}$$

综上所述，设计吸振器的步骤为，首先确定 $\beta(\lambda_A)$、$\beta(\lambda_B)$的值，再用式（8-28）计算质量比 $\mu$，确定吸振器的质量。然后利用式（8-26）和式（8-27），算出最优固有圆频率比 $\alpha_{opt}$ 和最优阻尼比 $\zeta_{opt}$。最后根据 $\alpha_{opt}$ 和 $\zeta_{opt}$ 的数值，确定吸振器弹簧的弹性系数和阻尼器的阻尼系数。

选取吸振器的质量比 $\mu=0.25$，利用上述计算方法，求得最优固有圆频率比 $\alpha_{opt}=0.8$，最优阻尼比 $\zeta_{opt}=0.2191$。再将这些数据代入式（8-19），算出采用最优结构参数的振动系统的动力放大系数，并且，绘制相应的动力放大系数曲线，如图 8-13 所示。同时，绘制阻尼比分别为零和无限大的动力放大系数曲线。前者相当于采用无阻尼吸振器，后者相当于吸振器质量已经与主质量固连。

应该指出，$\lambda_A$、$\lambda_B$ 两点的距离与质量比 $\mu$ 有关，质量比很小时它们的距离也很小。由于吸振器内部存在阻尼力，弹簧的回复力不能完全平衡外界的激振力。因而有阻尼吸振器不

可能完全消除主振动系统的振动。这就是说，主质量必定存在残余振幅。式 (8-28)表明，采用最优阻尼比参数的吸振器，增加吸振器的质量，提高质量比，能够减小主振动系统残存振动的强度。而且，随着质量比的增加，最优阻尼比的数值也增加，吸振器的有效工作频带宽度将明显扩大。

上述结论是主振动系统受到外力激励，而且，是用主质量位移振幅最小作为优化目标推导出来的。显然，如果主振动系统受到其他类型的外界激励，或者选择其他形式的优化目标，那么将会导出不同的最优固有圆频率比和最优阻尼比的解析式。表 8-1 中给出了不同激励的不同最优固有圆频率比和最优阻尼比的解析结果。

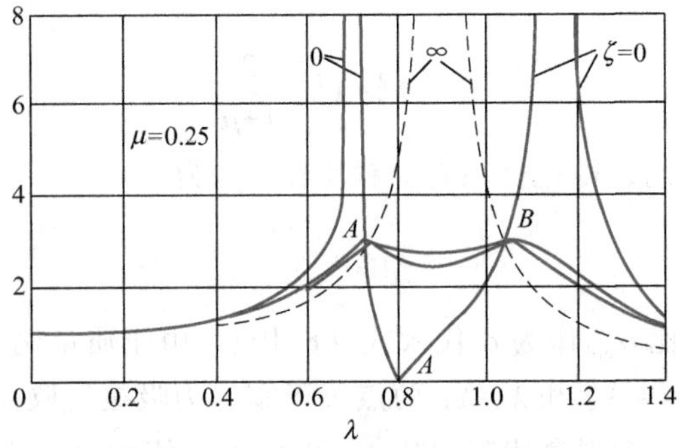


图 8-13 优化设计后的幅频响应曲线

**表 8-1 与不同激励方式和不同优化目标相应的有阻尼动力吸振器的最优参数**

| 情况 | 激励类型 | 激励位置 | 优化目标 | $\alpha_{opt}$ | $\zeta_{opt}$ | $\beta_{opt}$ |
|---|---|---|---|---|---|---|
| 1 | $p_0 e^{j\omega t}$ | 主质量 | (位移振幅) $\dfrac{Kx_1}{p_0}$ | $\dfrac{1}{1+\mu}$ | $\dfrac{3\mu}{8(1+\mu)^3}$ | $\left(\dfrac{2}{\mu}\right)^{\frac{1}{2}}\left(1+\dfrac{\mu}{2}\right)^{\frac{1}{2}}$ |
| 2 | $p_0 e^{j\omega t}$ | 主质量 | $\dfrac{K\dot{x}_1}{p_0}$ | $\dfrac{\left(1+\dfrac{\mu}{2}\right)^{\frac{1}{2}}}{1+\mu}$ | $\dfrac{3\mu\left(1+\mu+\dfrac{5\mu^2}{24}\right)}{8(1+\mu)\left(1+\dfrac{\mu}{2}\right)^2}$ | $\left(\dfrac{2}{\mu}\right)^{\frac{1}{2}}\left(\dfrac{1+\dfrac{\mu}{2}}{1+\mu}\right)^{\frac{1}{2}}$ |
| 3 | $p_0 e^{j\omega t}$ | 主质量 | $\dfrac{M\ddot{x}_1}{p_0}$ | $\dfrac{1}{(1+\mu)^{\frac{1}{2}}}$ | $\dfrac{3\mu}{8\left(1+\dfrac{\mu}{2}\right)}$ | $\left(\dfrac{2}{\mu}\right)^{\frac{1}{2}}\dfrac{1}{(1+\mu)^{\frac{1}{2}}}$ |
| 4 | $p_0 e^{j\omega t}$ | 主质量 | (基座反力) $\dfrac{Kx_1}{p_0}$ | 同 1 | 同 1 | 同 1 |
| 5 | $\ddot{x}_0 e^{j\omega t}$ | 基座 | $\dfrac{\omega_1^2(x_1-x_0)}{\ddot{x}_0}$ | $\dfrac{\left(1-\dfrac{\mu}{2}\right)^{\frac{1}{2}}}{1+\mu}$ | $\dfrac{3\mu}{8(1+\mu)\left(1-\dfrac{\mu}{2}\right)}$ | $\left(\dfrac{2}{\mu}\right)^{\frac{1}{2}}(1+\mu)$ |
| 6 | $\ddot{x}_0 e^{j\omega t}$ | 基座 | $\dfrac{\ddot{x}_1}{\ddot{x}_0}$ | 同 1 | 同 1 | 同 1 |
| 7 | $\ddot{x}_0 e^{j\omega t}$ | 基座 | $\dfrac{\omega_1^2 x_1}{\ddot{x}_0}$ | $\dfrac{\left[1-\dfrac{\mu}{2}+\left(1-3\mu-\dfrac{7}{4}\mu^2\right)^{\frac{1}{2}}\right]^{\frac{1}{2}}}{2(1+\mu)^2}$ | $\dfrac{3\mu(1-3\mu+\cdots)}{8(1-3.5\mu-\cdots)}$ | $\left(\dfrac{2}{\mu}\right)^{\frac{1}{2}}(1+2\mu+2.128\mu^2+\cdots)$ |
| 8 | $b\omega^2 e^{j\omega t}$ | 基座 | $\dfrac{Mx_1}{b}$ | 同 3 | 同 3 | 同 3 |
| 9 | $b\omega^2 e^{j\omega t}$ | 基座 | $\dfrac{Kx_1}{b\omega^2}$ | 同 3 | 同 3 | 同 3 |

总之，如果主振动系统的阻尼足够大，共振现象就不明显。因此，应用吸振器的主振动系统本身的阻尼力都很低。增加主振动系统的黏性阻尼，吸振器的最优阻尼比也要增加，最优固有圆频率比将稍微减小。同时，主振动系统的最大动力放大系数将明显减小。特别是质量比很小时，主振动系统的最大动力放大系数减小得更多。

## 8.5　振动的主动控制技术

振动的主动控制又称为振动的有源控制。这种控制需要消耗能量，而能量要靠能源来补充，通常有开环控制与闭环控制。闭环控制又称为反馈控制，是目前用得比较多的一种。主动式动力吸振器有两种形式；一种是按干扰力频率主动改变吸振器的参数，如弹簧的刚度系数或重块的质量，使吸振器始终处于反共振状态，即使其固有圆频率始终“跟踪”外干扰力频率。另一种是通过反馈主动驱动吸振器的质量块，使对需要减振的结构或系统产生最有利的振动抑制。

这里只介绍一种有源吸振器，其原理如图 8-14 所示。在吸振器中与弹簧并联一个附加的有源部件。主系统 $m_1$ 的运动用加速度传感器来监测，其输出信号经相位补偿器和功率放大器后驱动液压执行机构，经改变相位可使有源部件起到正向或反向弹性力的作用。

设由有源部件产生的力正比于子系统质量 $m_2$ 的绝对位移 $x_2$，比例系数 $k_e$ 是常数，是有源部件的有效刚度系数，则 $m_1$ 和 $m_2$ 的运动方程如下

$$\begin{cases} m\ddot{x}_1+k_2(x_1-x_2)+k_1x_1=k_ex_2+F\sin\omega t \\ m_2\ddot{x}_2+k_2(x_2-x_1)=-k_ex_2 \end{cases} \tag{8-29}$$

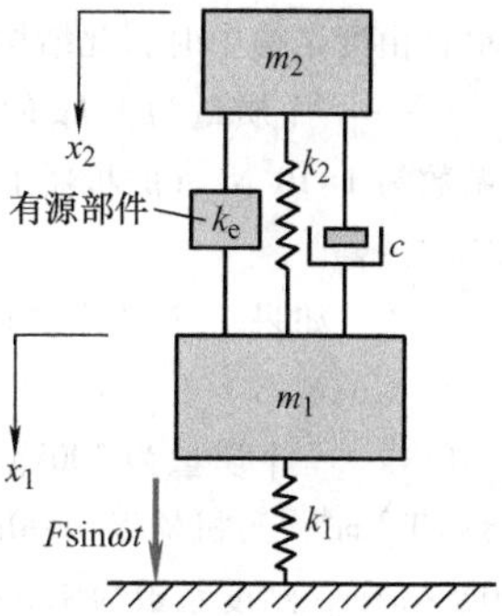

图 8-14　有源吸振器原理图

设

$$x_1=X_1\sin\omega t,\qquad x_2=X_2\sin\omega t$$

其解为

$$X_1=\frac{F(k_2-k_e-m_2\omega^2)}{(k_1+k_2-m_1\omega^2)(k_2-k_e-m_2\omega^2)-k_2(k_e+k_2)} \tag{8-30}$$

进而可解出包含有源部件时的振幅 $X_1$ 与不含有源部件时的振幅之比为

$$r=\frac{\left[1-\left(\frac{\omega}{p_2}\right)^2-\left(\frac{k_e}{k_2}\right)\right]\left\{\left[2-\left(\frac{\omega}{p_1}\right)^2\right]\left[1-\left(\frac{\omega}{p_1}\right)^2\right]-1\right\}}{\left[1-\left(\frac{\omega}{p_1}\right)^2\right]\left\{\left[1-\left(\frac{\omega}{p_1}\right)^2+\left(\frac{k_2}{k_1}\right)\right]\left[1-\left(\frac{\omega}{p_2}\right)^2-\left(\frac{k_e}{k_2}\right)\right]-\left[\left(\frac{k_e}{k_1}\right)+\left(\frac{k_2}{k_1}\right)\right]\right\}} \tag{8-31}$$

当比值 $r$ 小于 1 时，说明有源部件的作用有所体现，当比值等于 1 时，相当于没有有源部件。

主动振动控制有很多优点，减振效果好，能适应不可预知的外界扰动以及结构参数的不确定性，对原结构改动不大，调整方便，既适用于干扰力频率变化较大的场合，也适用于低

频区域的减振。

## 习 题

8-1 对一质量为200kg，转速为100r/min的电风扇提供效率为81%的隔振，所需的无阻尼吸振器的最大弹簧刚度系数是多少？

8-2 为一个转速为1500~2000r/min的泵提供效率为75%的隔振，所用无阻尼隔振器的最小静变形为多少？

8-3 一个质量为20kg的实验器材安装在桌子上，该桌子与实验室的地板用螺栓相连接，测量结果显示由于附近的泵以2000r/min速度工作，桌子有一个0.25mm的稳态位移，用最大刚度系数为多少的一个无阻尼隔振器放在器材与桌子之间才能使器材的加速度小于$0.4\mathrm{m/s^2}$？

8-4 一个质量为100kg的涡轮机以2000r/min的速度转动，如果把它放在并联的四个相同的弹簧上，每个弹簧的刚度系数均为$3\times10^5\mathrm{N/m}$，则涡轮机获得的隔振效率为多少？

8-5 一个质量为200kg的机器与一个刚度系数为$4\times10^5\mathrm{N/m}$的弹簧相连。在运转过程中，机器受到一个大小为500N，频率为50rad/s的简谐激励，设计一个无阻尼吸振器，使得主质量的稳态振幅为0，吸振器质量的稳态振幅小于2mm。

8-6 带有吸振器的题8-5所示的系统的固有频率是多少？

8-7 质量为100kg的机器放在一个长度为3m的简支梁上。梁的弹性模量为$200\times10^9\mathrm{Pa}$，惯性矩为$1.3\times10^{-6}\mathrm{m^4}$，机器在工作过程中受到一个大小为5000N，速度为600~700r/min的简谐激励。设计一个无阻尼吸振器使得机器在以各种速度运转时，其稳态振幅均小于3mm。

8-8 一个质量为10kg的无阻尼吸振器，圆频率调整为100rad/s。当把它安装到刚度系数为$5\times10^6\mathrm{N/m}$的单自由度结构中时，此结构的最低固有圆频率为85.44rad/s。求此结构的较高固有系数频率为多大？

8-9 一个质量为15kg的无阻尼吸振器，圆频率调整到250rad/s，把它放在一个质量为150kg、底座刚度系数为$1\times10^7\mathrm{N/m}$的机器上。当圆频率为250rad/s时，吸振器的振幅为3.9mm，求圆频率为275rad/s时机器的振幅。

8-10 如果一个最佳设计的有阻尼吸振器用于题8-7的系统中，质量比为0.25，在转速为600r/min时，机器的稳态振幅为多少？

8-11 一个质量为300kg的机器放在长为1.8m的悬臂梁末端。梁的弹性模量为$200\times10^9\mathrm{Pa}$，惯性矩为$1.8\times10^{-5}\mathrm{m^4}$，当机器以1000r/min的速度运转时，稳态振幅为0.8mm。当一个质量为30kg，阻尼系数为650N·s/m，刚度系数为$1.5\times10^{-5}\mathrm{N/m}$的吸振器加到悬臂梁的末端时，机器的稳态振幅为多少？

8-12 一个发动机飞轮的偏心距为1.2cm，质量为40kg，若阻尼比为0.05，当发动机在1000~2000r/min转速范围内运转时，其旋转振幅均小于1.2mm，求发动机轴承所需的刚度系数为多大？

# 第 9 章
# 非线性振动

一般来说，振动系统总是非线性的，线性系统只是一种简化模型。如果线性理论能反映所要考察的物理现象的定性性质和适当的定量结果，那么就把它当作线性系统来处理；否则，就要研究非线性系统。因为在工程技术领域中，非线性系统的振动与线性系统的振动一样，是一种常见的运动现象。

在线性系统的研究中可以应用叠加原理，即系统对不同激励的响应可以线性相加，而对非线性系统叠加原理不成立，因此对非线性系统的研究比线性系统要复杂得多。因而从研究方法上或是振动过程的变化规律上，非线性振动与线性振动之间有本质区别。研究非线性振动有两种基本方法，一种是定性方法，另一种是定量方法。定性方法关心的是在已知解的邻域内系统的一般稳定性特征，而定量方法关心的是运动的时间历程，一般应用摄动法来求得这类方程的近似解析解。

## 9.1 非线性振动的例子

单摆的振动是最简单的一个例子。如图 9-1 所示，它的运动微分方程为

$$ml\ddot{\varphi} = -mg\sin\varphi$$

即

$$\ddot{\varphi} + \frac{g}{l}\sin\varphi = 0 \tag{9-1}$$

式中，$l$ 为摆长；$m$ 为摆球的质量。对于微幅振动，$\sin\varphi \approx \varphi$，其振动可以看作线性系统的简谐振动。如果振幅不是很小，则必须考虑非线性因素。取 $\sin\varphi$ 的幂级数展开式的前两项代入式（9-1）得非线性方程

$$\ddot{\varphi} + \frac{g}{l}\left(\varphi - \frac{\varphi^3}{6}\right) = 0 \tag{9-2}$$

另一个简单例子是质量 $m$ 在拉紧着的钢丝中的振动。设质量 $m$ 附着在长度为 $2l$ 的钢丝中间，钢丝两端的拉力为 $F$。当质量从其平衡位置侧向移动距离 $x$ 时，钢丝产生恢复力，如

图 9-2 所示。这样，质点的运动微分方程为

$$m\ddot{x} + 2\left(F + \frac{AE\Delta l}{l}\right)\sin\theta = 0 \tag{9-3}$$

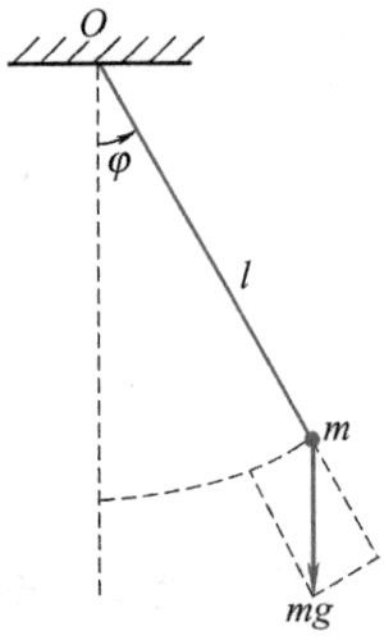


图 9-1 单摆示意图

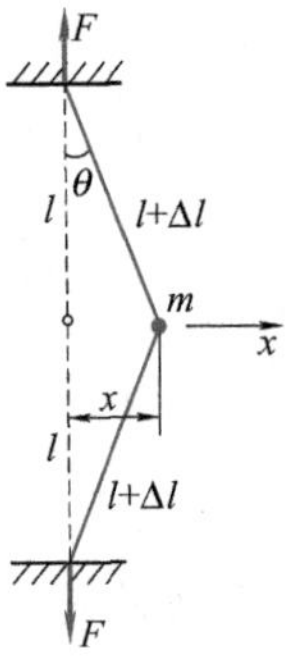


图 9-2 钢丝弹性系统

式中，$A$，$E$ 和 $\Delta l$ 分别表示钢丝的横截面积、弹性模量和长度增量；$\theta$ 为钢丝与竖直线的夹角。由此可知

$$\Delta l = \sqrt{l^2 + x^2} - l \approx \frac{x^2}{2l}$$

$$\sin\theta = \frac{x}{\sqrt{l^2 + x^2}} \approx \frac{x}{l}$$

代入式（9-3）整理得非线性方程为

$$m\ddot{x} + \frac{2F}{l}x + \frac{AE}{l^3}x^3 = 0 \tag{9-4}$$

一般来说，单自由度系统的振动问题可以简化为一个集中质量和一个弹簧的系统。如果不再假设位移 $x$ 很小，那么弹簧的弹性恢复力一般是位移 $x$ 的非线性函数，设为 $-F(x)$，则系统的运动微分方程可表示为

$$m\ddot{x} + F(x) = 0 \tag{9-5}$$

如果 $xF''(x) \geqslant 0$，则称弹性恢复力为硬特性恢复力（相应的弹簧称为硬弹簧）；如果 $xF''(x) \leqslant 0$，则称弹性恢复力为软特性恢复力（相应的弹簧称为软弹簧）。例如，设 $F(x) = \alpha x + \gamma x^3$，$\alpha > 0$。当 $\gamma > 0$ 时表示硬弹簧；当 $\gamma < 0$ 时表示软弹簧。式(9-2)和式(9-4)分别对应于软弹簧和硬弹簧的情况。对应的恢复力曲线如图 9-3 和图 9-4 所示。

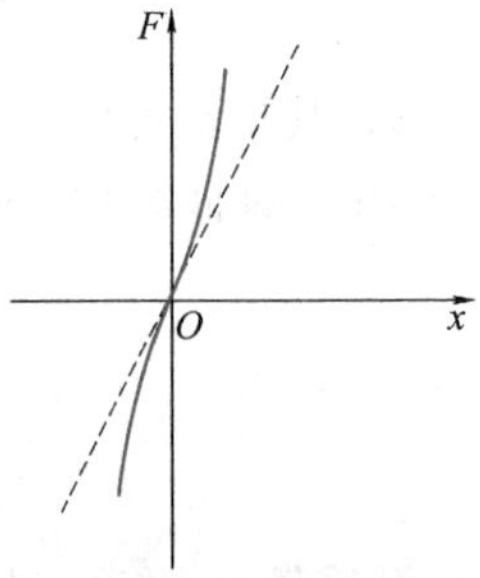


图 9-3 软弹簧曲线示意图

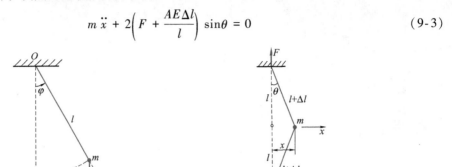

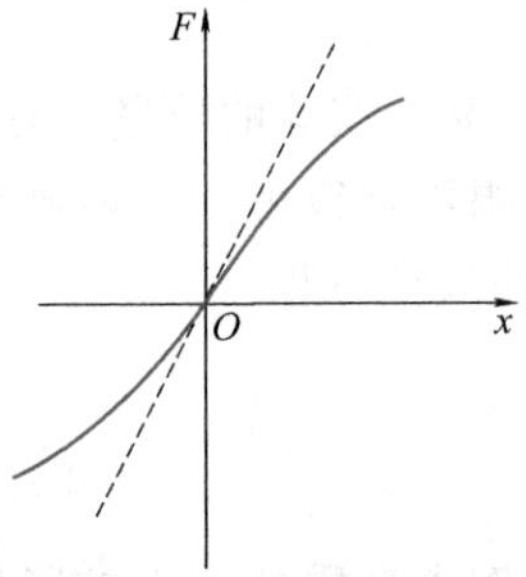


图 9-4 硬弹簧曲线示意图

如果系统还受到阻尼力 $-\Phi(\dot{x})$（假设它是速度的函数）和强迫力 $F(t)$ 的作用，则系统的运动微分方程为

$$m\ddot{x}+\Phi(\dot{x})+F(x)=F(t)$$

在一般情况下，单自由度系统的运动微分方程可以写成

$$m\ddot{x}+F(x,\dot{x},t)=0$$

或

$$\ddot{x}+f(x,\dot{x},t)=0 \tag{9-6}$$

其中

$$f(x,\dot{x},t)=\frac{1}{m}F(x,\dot{x},t)$$

它是 $x$ 和 $\dot{x}$ 的非线性函数。

如果函数 $f$ 不显含 $t$，则称这个系统为自治系统，否则称为非自治系统。

---

## 9.2　相平面　平衡点

相平面法是研究单自由度系统非线性振动的定性方法，设自治系统可表示为

$$\ddot{x}+f(x,\dot{x})=0 \tag{9-7}$$

或

$$\dot{x}=y,\quad \dot{y}=-f(x,y)$$

对于更一般的情形，方程可表示为

$$\dot{x}=X(x,y),\ \dot{y}=Y(x,y) \tag{9-8}$$

式中，$x$ 表示质点的位移；$y=\dot{x}$ 表示质点的速度。如果把 $(x, y)$ 看作平面上点的坐标，则该平面称为相平面。质点在某一时刻的位移 $x$ 和速度 $y$ 对应于相平面上的一个点 $(x, y)$，称为相点。微分方程式（9-8）的一个解 $x=x(t)$，$y=y(t)$ 对应于相平面上的一条曲线，称为相轨迹。通过相轨迹的分析可以知道质点运动的某些特性。

若相平面上的点对应 $\dot{x}=0$，$\dot{y}=0$，即

$$X(x_S,y_S)=0,\qquad Y(x_S,y_S)=0$$

则称点 $(x_S, y_S)$ 为方程式（9-8）的平衡点。

设系统的初始条件为 $x_0=x(t_0)$，$y_0=y(t_0)$，若对于任意给定的 $\varepsilon>0$，存在 $\delta(\varepsilon)>0$，使当

$$|x_0-x_S|\leqslant\delta,\quad |y_0-y_S|\leqslant\delta$$

时，方程式（9-8）的解 $x(t)$，$y(t)$ 满足不等式

$$|x(t)-x_S|<\varepsilon,\ |y(t)-y_S|<\varepsilon,\ 对于一切\ t\geqslant t_0 \tag{9-9}$$

则称平衡点 $(x_S, y_S)$ 是稳定的，否则称为不稳定的。若满足条件式（9-9），而且

$$\lim_{t\to+\infty} x(t) = x_S,\ \lim_{t\to+\infty} y(t) = y_S$$

则称平衡点（$x_S$，$y_S$）是渐进稳定的。

假设 $X(x, y)$ 和 $Y(x, y)$ 在区域 $D$ 内有意义且有连续的偏导数；点 $O(x_S, y_S)$ 是一个平衡点。令

$$\begin{cases} a = \left(\dfrac{\partial X}{\partial x}\right)_O,\ b = \left(\dfrac{\partial X}{\partial y}\right)_O \\ c = \left(\dfrac{\partial Y}{\partial x}\right)_O,\ d = \left(\dfrac{\partial Y}{\partial y}\right)_O \end{cases} \tag{9-10}$$

式中，括号下角的 $O$ 表示函数在点 $O(x_S, y_S)$ 取值。不妨设平衡点 $O$ 为原点，则式（9-8）可写成

$$\dot{x} = ax + by + X_1(x, y),\quad \dot{y} = cx + dy + Y_1(x, y) \tag{9-11}$$

其中 $X_1(0,0) = Y_1(0,0) = 0$。对于线性方程组

$$\dot{x} = ax + by,\quad \dot{y} = cx + dy \tag{9-12}$$

其特征方程为

$$\lambda^2 + p\lambda + q = 0 \tag{9-13}$$

其中

$$p = -(a+d),\ q = ad - bc$$

由式（9-13）确定的两个特征根为

$$\lambda_1 = \frac{1}{2}(-p + \sqrt{p^2 - 4q}),\ \lambda_2 = \frac{1}{2}(-p - \sqrt{p^2 - 4q})$$

假设 $p$，$q$ 均不等于零，则两个特征值实部不等于零，而线性方程组（9-12）的平衡点（0，0）有如下类型：

（1）特征值均为负实数（$p>0$，$p^2 \geqslant 4q > 0$），则平衡点是稳定结点。

（2）两特征值均为正实数（$p<0$，$p^2 \geqslant 4q > 0$），则平衡点是不稳定结点。

（3）特征值为正、负号相异的两个实数（$q<0$），则平衡点称为鞍点。

（4）特征值为复数，实部为负（$p>0$，$4q>p^2$），则平衡点称为稳定焦点。

（5）特征值为复数，实部为正（$p<0$，$4q>p^2$），则平衡点称为不稳定焦点。

（6）特征值为一对共轭的纯虚数，则平衡点称为中心，此时相迹为封闭的圆。

**例 9-1**　设质量为 $m$，长为 $l$ 的单摆在具有黏性阻尼的介质中运动，设阻尼系数为 $c$，其运动微分方程为

$$ml\ddot{\varphi} + cl\dot{\varphi} + mg\sin\varphi = 0 \tag{a}$$

试研究单摆运动的相图。

解：令 $p_n^2 = \dfrac{g}{l}$，$\zeta = \dfrac{c}{2mp_n}$，则式（a）可写成

$$\ddot{\varphi} + 2p_n\zeta\dot{\varphi} + p_n^2\sin\varphi = 0 \tag{b}$$

再令 $x = \varphi$，$y = \dot{\varphi}$，则式（b）可表示为

$$\dot{x} = y = X(x, y),\quad \dot{y} = Y(x, y) \equiv -2p_n\zeta y - p_n^2\sin x \tag{c}$$

则式（c）的平衡点为

$$x=\pm n\pi,\quad y=0,\quad n=0,1,2,\cdots$$

对于平衡点（0，0），按式（9-10）求得

$$a=0,\quad b=1,\quad c=-p_n^2,\quad d=-2p_n\zeta \tag{d}$$

特征方程为

$$\lambda^2+2p_n\zeta\lambda+p_n^2=0 \tag{e}$$

特征值为

$$\lambda_1=-p_n(\zeta-\sqrt{\zeta^2-1}),\quad \lambda_2=-p_n(\zeta+\sqrt{\zeta^2-1})$$

当 $\zeta>1$ 时，两特征值均为负实数且 $\lambda_1\neq\lambda_2$，点（0，0）为稳定结点；当 $\zeta=1$ 时，两特征值为相等的负实数，点（0，0）为稳定的非正常结点；当 $\zeta<1$ 时，两特征值为复数，实部为负，点（0，0）为稳定焦点。

对于平衡点（π，0），则

$$a=0,\quad b=1,\quad c=p_n^2,\quad d=-2p_n\zeta$$

特征方程为

$$\lambda^2+2p_n\zeta\lambda-p_n^2=0$$

两特征值为符号相异的实数，点（π，0）为鞍点。

其他平衡点可类似讨论。一般来说，平衡点（0，0），（±2π，0），（±4π，0），…为同类型平衡点，当 $\zeta>1$ 时，为稳定结点；当 $\zeta=1$ 时，为稳定非正常结点；当 $\zeta<1$ 时为稳定焦点。而平衡点(±π，0)，(±3π，0)，…则同为鞍点。据此可作相图，如图 9-5 所示。

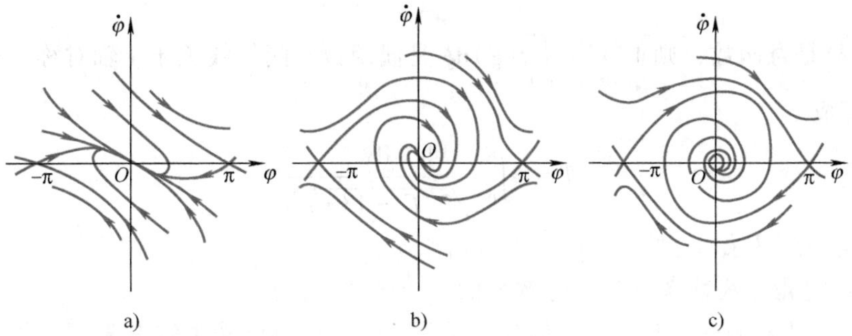


图 9-5　摆的相平面示意图

a）$\zeta>1$　b）$\zeta=1$　c）$\zeta<1$

由摆的相图可见，摆的最低位置（$\varphi=0$）是稳定的，而摆的最高位置（$\varphi=\pi$）是不稳定的。摆的运动特征与阻尼比 $\zeta$ 的大小有关。当 $\zeta\geqslant1$ 时，摆的运动是非振荡性的衰减运动；当 $\zeta<1$ 时，摆的运动才呈现为衰减振动。

## 9.3　保守系统

现在应用相平面方法来研究最简单的非线性振动系统——保守系统。保守系统的运动微

分方程可以写成

$$\ddot{x}+f(x)=0 \tag{9-14}$$

将上式积分得

$$\frac{1}{2}\dot{x}^2+V(x)=E \tag{9-15}$$

式中，$\frac{1}{2}\dot{x}^2$ 是质点的动能；$V(x)=\int_0^x f(u)\mathrm{d}u$ 是质点的势能（设 $x=0$ 处势能为零）；$E$ 是积分常数，它表示质点的机械能。式（9-15）表明系统的机械能守恒。

下面研究保守系统的相轨迹特性，首先将式（9-14）写成

$$\dot{x}=y, \quad \dot{y}=-f(x) \tag{9-16}$$

如果 $a$ 是 $f=(x)$ 的根，则点（$a$，0）是上式的平衡点。由 $f(x)=\frac{\mathrm{d}V}{\mathrm{d}x}$ 可得 $V'(a)=0$。因此 $x=a$ 是势能 $V(x)$ 的极值或拐点。

当给定势能 $V(x)$ 后，可以用简单作图法做出相轨迹。由式（9-15）得

$$y=\pm\sqrt{2[E-V(x)]} \tag{9-17}$$

显然，仅当 $E-V(x)\geqslant 0$ 时，存在相轨迹。上式表明，相轨迹族关于 $x$ 轴是对称的。

保守系统中的周期运动对应于相平面上的闭轨线。闭轨线不是孤立的，由于闭轨线关于 $x$ 轴对称，根据式（9-17）可得周期运动的周期为

$$T=2\int_{x_0}^{x_m}\frac{\mathrm{d}x}{\sqrt{2[E-V(x)]}} \tag{9-18}$$

如果 $f(x)$ 是奇函数，则 $V(x)=\int_0^x f(\xi)\mathrm{d}\xi$ 是偶函数，闭轨线关于 $y$ 轴对称，$x_0=-x_m$，式（9-18）可写成

$$T=4\int_0^{x_m}\frac{\mathrm{d}x}{\sqrt{2[E-V(x)]}} \tag{9-19}$$

由于 $E$ 依赖于初始条件，因此周期与初始条件有关，而对于线性系统，周期与初始条件是无关的。这是非线性系统与线性系统的一个区别。

**例 9-2** 求质量为 $m$、长为 $l$ 的单摆，在做无阻尼自由振动时的周期 $T$。

**解**：单摆的运动微分方程为

$$\ddot{\varphi}+\frac{g}{l}\sin\varphi=0 \tag{a}$$

令 $p_n^2=\frac{g}{l}$，并对式（a）积分得

$$\frac{\dot{\varphi}^2}{2}-p_n^2\cos\varphi=E \tag{b}$$

式中，$V(\varphi)=-p_n^2\cos\varphi$ 为势能。设 $\dot{\varphi}=0$ 时，$\varphi=A(0<A<\pi)$，即 $A$ 为摆幅，则 $E=-p_n^2\cos A$。单摆振动的周期为

$$T=4\int_0^A\frac{\mathrm{d}\varphi}{\sqrt{2p_n^2(\cos\varphi-\cos A)}}$$

$$= \frac{2}{p_n}\int_0^A \frac{d\varphi}{\sqrt{\sin^2\frac{A}{2} - \sin^2\frac{\varphi}{2}}} \tag{c}$$

设 $\sin\frac{\varphi}{2} = \sin\frac{A}{2}\sin\theta$，则上式可写成

$$T = \frac{4}{p_n}\int_0^{\frac{\pi}{2}} \frac{d\theta}{\sqrt{1 - \left(\sin\frac{A}{2}\sin\theta\right)^2}} \tag{d}$$

令 $k=\sin\frac{A}{2}(<1)$，则上式展开后积分得

$$T = \frac{4}{p_n}\int_0^{\frac{\pi}{2}}\left(1 + \frac{1}{2}k^2\sin^2\theta + \frac{3}{8}k^4\sin^4\theta + \cdots\right)d\theta$$

$$= \frac{2\pi}{p_n}\left(1 + \frac{1}{4}k^2 + \frac{9}{64}k^4 + \cdots\right)$$

以 $k = \sin\frac{A}{2} = \frac{A}{2} - \frac{1}{48}A^3 + \cdots$ 代入上式得

$$T = \frac{2\pi}{p_n}\left(1 + \frac{1}{16}A^2 + \frac{11}{3072}A^4 + \cdots\right) \tag{e}$$

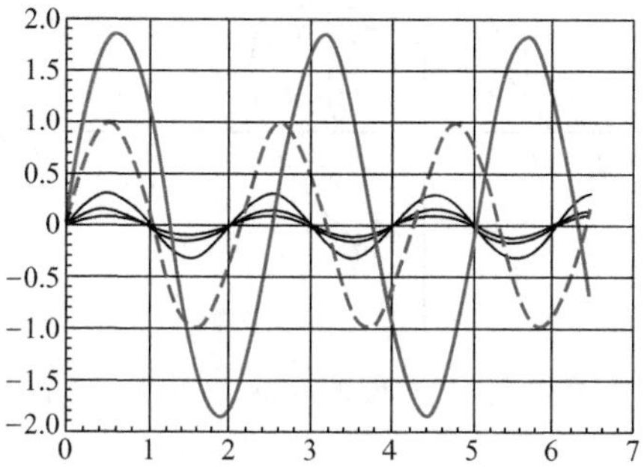

图 9-6　时间历程示意图

若将式（a）直接进行数值积分求其数值解，其时间历程如图 9-6 所示，它与解析结果表达式（e）是基本一致的。由此可知，非线性振动的周期与振幅的大小有关。

## 9.4　非保守系统

保守系统的特点是在振动过程中系统的机械能守恒。但是，实际系统由于阻尼的存在，其总能量将随时间而变化，这一类系统称为非保守系统。如果系统的总能量随时间的增加而单调减少，则称为耗散系统。在耗散系统中不存在周期运动。若在有阻尼的情况下实现周期振动，必须不断地补充能量。如果用外加周期力来补充能量，就是受迫振动。如果系统内部存在非振荡性的能源，由它引起周期性的振动，叫作自激振动，简称自振。

### 9.4.1　极限环

因为在非线性系统中存在着封闭的相轨线，这样的相轨线对应于系统的周期运动，反之也一样，周期运动对应于相平面上的封闭相轨线。而在非保守系统中，也存在着一条孤立的简单的封闭相轨线，而其邻域内的曲线均以螺旋形式向该闭曲线无限逼近，则这条闭曲线称为极限环。

极限环是一条封闭相轨线，更重要的是极限环的振幅仅取决于系统的参数。也可以这样认识极限环，在非线性非保守系统中经过一整个振动周期后，这个系统的能量的增量为零。这意味着在这一周的部分过程中有能量耗散，而在这一周的其他过程中系统有能量补偿。因

此，从理论上讲，若微分方程

$$\dot{x}=X(x, y), \dot{y}=Y(x, y)$$

的极限环 $L$ 有一个环形邻域 $S(\varepsilon)$，从 $S(\varepsilon)$ 中出发的所有轨线当 $t\to+\infty$ 时，都无限趋近极限环 $L$，则称此极限环为稳定的，如图 9-7 所示；反之，如果从 $S(\varepsilon)$ 中出发的轨线，当 $t\to+\infty$ 时，都远离极限环 $L$，则称此极限环为不稳定的，如图 9-8 所示；而如果从 $S(\varepsilon)$ 中出发的轨线，当 $t\to+\infty$ 时，属于 $L$ 外部的（内部的）趋于 $L$，属于 $L$ 内部的（外部的）离开 $L$，这种极限环称为半稳定的，如图 9-9 所示。因此，极限环是否存在，是否唯一，是否稳定，以及其位置如何，都要根据具体问题认真分析讨论。

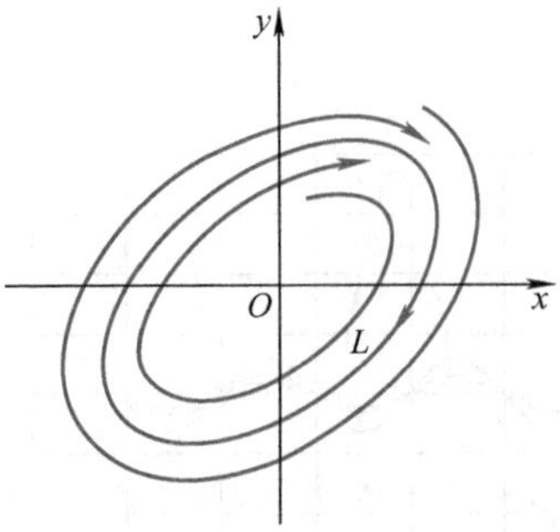


图 9-7 稳定的极限环

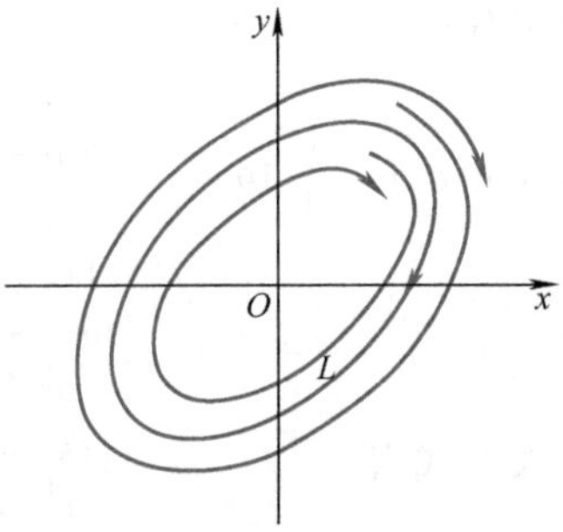


图 9-8 不稳定的极限环

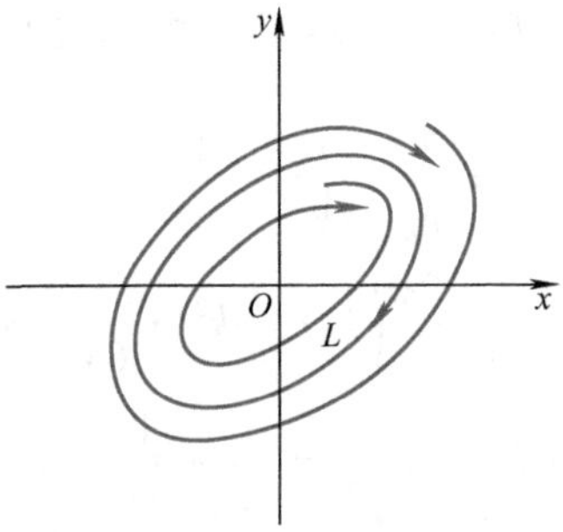


图 9-9 半稳定的极限环

### 9.4.2 一个由摩擦引起的自激振动现象

设重物 $M$ 连接弹簧 $k$ 置于粗糙的皮带上，如图 9-10 所示，用电动机拖动皮带使其以速度 $\dot{x}_0=v_0$ 等速运动。如果皮带速度适当，则 $M$ 将发生自激振动。取弹簧不受力时物块的位置 $O$ 为原点，设 $x_1$ 为 $M$ 离开原点的距离，则皮带相对于 $M$ 的速度为

$$v_r=\dot{x}_0-\dot{x}_1$$

摩擦力 $F_d$ 是皮带对物体的相对速度 $v_r$ 的函数

$$F_d(v_r)=g(\dot{x}_0-\dot{x}_1)$$

实验证明,这种干摩擦力是相对速度的非线性函数,如图 9-11 所示。所以,物块 $M$ 的运动微分方程为

$$m\ddot{x}_1+kx_1=F_d(\dot{x}_0-\dot{x}_1) \tag{9-20}$$

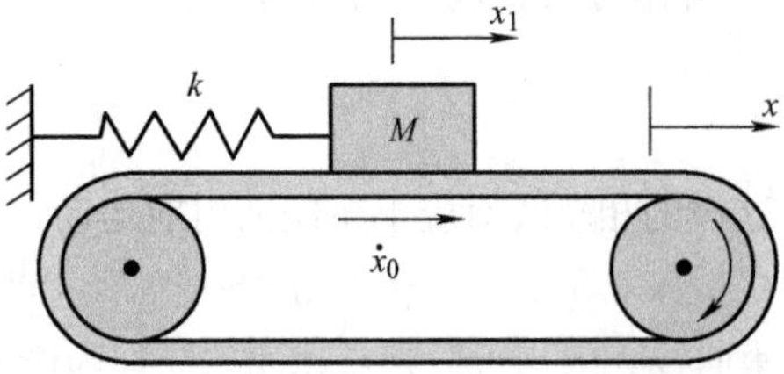


图 9-10 干摩擦引起的自激振动

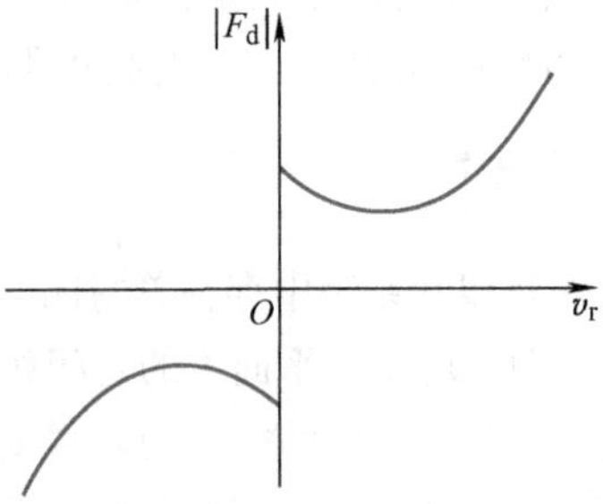


图 9-11 干摩擦力

设物块的平衡位置为 $x_{01}$，以 $t=0$ 时 $\dot{x}_{01}=\ddot{x}_{01}=0$ 代入上式得

$$x_{01}=\frac{1}{k}F_{\mathrm{d}}(\dot{x}_{01})$$

以 $x_0$ 为新的坐标原点，其位移为 $x$，即

$$x=x_1-x_{01}=x_1-\frac{F_{\mathrm{d}}(\dot{x}_0)}{k}$$

则式（9-20）可表示为

$$m\ddot{x}+G(\dot{x})+kx=0 \tag{9-21}$$

其中令

$$G(\dot{x})=F_{\mathrm{d}}(\dot{x}_{01})-F_{\mathrm{d}}(\dot{x}_{01}-\dot{x})$$

则函数 $G(\dot{x})$ 的图形如图 9-12 所示。

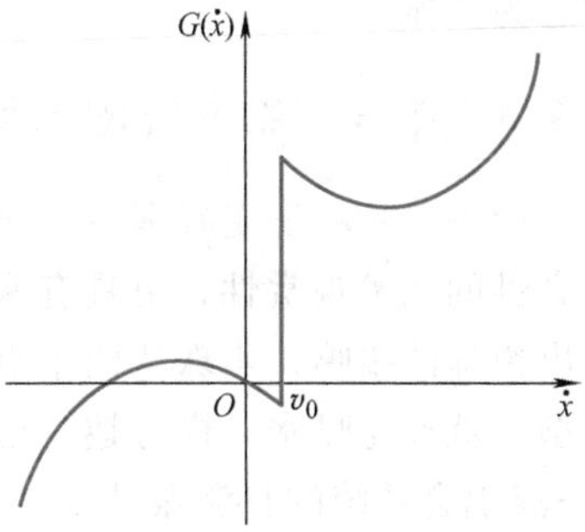


图 9-12　$G(\dot{x})$ 的图形示意图

现在来考察系统的能量。按式（9-21）对 $E=\frac{1}{2}(m\dot{x}^2+kx^2)$ 求导得

$$\frac{\mathrm{d}E}{\mathrm{d}t}=-\dot{x}G(\dot{x})\begin{cases}>0, & \text{当}|\dot{x}|\text{较小时}\\<0, & \text{当}|\dot{x}|\text{较大时}\end{cases}$$

这个系统区别于保守系统和耗散系统。积分上式得

$$E(t)-E(0)=-\int_0^t\dot{x}G(\dot{x})\,\mathrm{d}t$$

式中，$-\int_0^t\dot{x}G(\dot{x})\,\mathrm{d}t$ 表示系统能量的变化。当运动速度较小时，$-\dot{x}G(\dot{x})>0$，振动系统由外部供给能量；当运动速度较大时，$-\dot{x}G(\dot{x})<0$，振动系统消耗能量。如果运动一周，则供给的能量与消耗的能量平衡。

从式（9-21）可知，系统的阻尼系数为 $G'(\dot{x})$。当 $|\dot{x}|$ 较小时，$G'(\dot{x})<0$，这种情形称为负阻尼；而当 $|\dot{x}|$ 较大时，$G'(\dot{x})>0$，这种情形称为正阻尼。负阻尼的存在是自激振动的一个重要条件。但是，如果仅仅有负阻尼，则振幅不断增大，最终导致系统破坏。为了维持一定振幅的振动，必须有正阻尼。

若将此系统的运动在相平面$(x, y)$上表示，则由任意初始状态确定的相点 $P_0(x_0, y_0)$ 出发，延伸相轨迹曲线，则绘制成的相轨迹如图 9-13 所示。

在离坐标原点较远处，由于摩擦力耗散运动能量，相轨迹不断趋近坐标原点。当相轨迹与平行于 $x$ 轴的线段 $P_2P_1$ 相交时，相轨迹沿着该线段移到 $P_1$ 点。接着，相点离开这个线段，继续延伸这条相轨迹，直到它与 $P_2P_1$ 线段第二次相交于 $P_3$ 点。相轨迹再一次沿该线段移到 $P_1$ 点，此后，相点 $P$ 就周期地重复这种运动过程了。这样，由直线 $P_3P_1$ 和曲线 $P_1PP_3$ 构成的封闭曲线 $S$ 成为一个稳定的极限环，与它相应的具有恒定频率和恒定振幅的周期运动就是滑块的自激振动，工程中

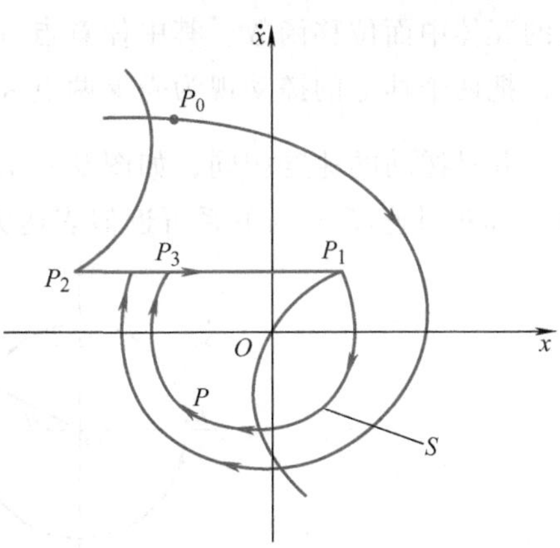


图 9-13　自激振动的相平面示意图

称它为颤振。

### 9.4.3　中华文物龙洗的振动机理

中华文物龙洗是我国古代成功利用干摩擦引起壳-液耦合振动的一个典型范例。它不仅有高雅的艺术观赏性，更具有深刻的科学价值。当龙洗内部充满水、两耳被搓动摩擦时，将发出悦耳的嗡鸣，水珠从四个点（或六个点）喷起，加之内壁两条龙的图案及优美的艺术造型，就像龙喷水一样有趣。这种现象并非是线性振动中的共振现象，而是由干摩擦引起的壳-液耦合系统的自激振动。

龙洗模型如图9-14所示，如果忽略其厚度的小量的不均匀性，它是一个铜制的近似旋转薄壳，靠近边缘有两个供手搓动摩擦的耳。假设其中充满无黏、无旋和不可压缩的流体。由实验测得，在摩擦作用下，壳体的振动很小，完全在线性范围内，流体的运动随摩擦力的大小变化很大。本文处理流体的运动也属于线性范围，所以流体速度势表示为

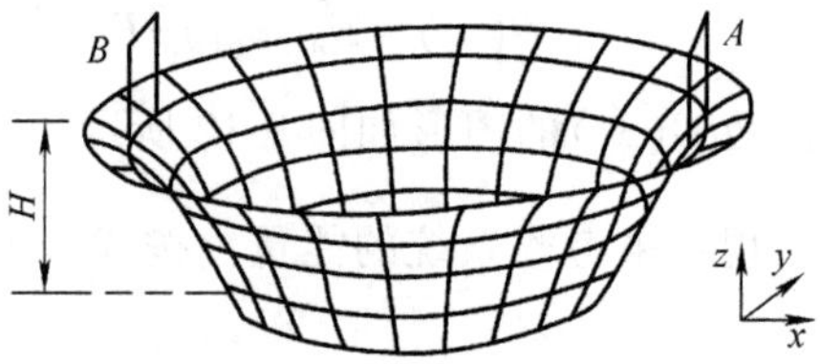


图9-14　龙洗

$$\Phi(r,\theta,z,t)=\varphi(r,\theta,z)\dot{T}(t)$$

式中，$\dot{T}(t)$是振动广义坐标的广义速度。由势流理论，$\varphi(r,\theta,z)$应满足Laplace方程，即

$$\nabla^2\varphi(r,\theta,z)=0$$

流场的边界条件是

$$\left.\frac{\partial\Phi}{\partial t}\right|_{z=H}=-gf(r,\theta,t),\qquad \frac{\partial\Phi}{\partial n}=\dot{w}_n$$

第一式表示流体自由表面上的边界条件，$f(r,\theta,t)$是流场自由表面上的波形函数；第二式表示流固交际面上法线方向上的边界条件，$\dot{w}_n$为壳体法向速度的幅值。

设$u(r,\theta,z,t)$、$v(r,\theta,z,t)$、$w(r,\theta,z,t)$分别表示沿龙洗母线、纬线和法线方向的壳体中面位移函数。其中任意点$(r,\theta,z)$应满足壳体的母线方程$z=f(r)$。为简单起见，把两个耳上的搓动视为壳上两点$A(r=r_0,\theta=0,z=z_0)$和$B(r=r_0,\theta=\pi,z=z_0)$上的搓动。并且搓动的速度相同，如图9-15所示。搓动方向沿纬线方向，搓动速度为$\dot{S}_0$，干摩擦力$F$和相对速度$v_r$的关系可近似表达为

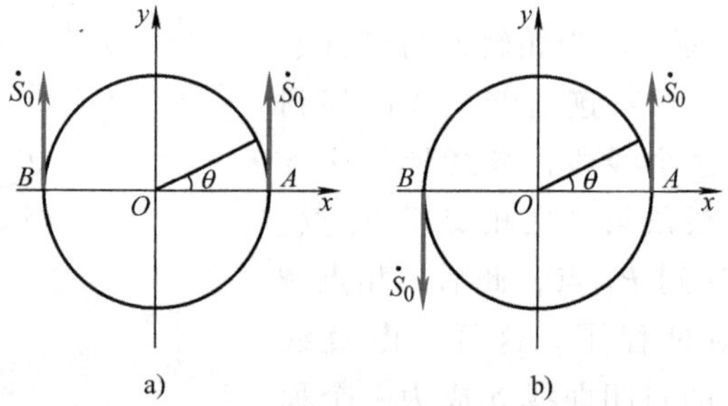


图9-15　龙洗搓动速度示意图

$$F(v_r)=a_1\operatorname{sgn}(v_r)-b_1v_r+c_1v_r^3 \tag{9-22}$$

式中，$a_1$ 为最大静摩擦因数；$b_1$、$c_1$ 为动摩擦黏滑系数。

假设两耳用同样材料摩擦，则壳体的振动方程为

$$L_1(u,\ v,\ w)+\rho h\frac{\partial^2 u}{\partial t^2}=0 \tag{9-23a}$$

$$L_2(u,\ v,\ w)+\rho h\frac{\partial^2 v}{\partial t^2}=F_{NA}F(\dot{S}_0-\dot{v}_A)\delta(r=r_0,\ \theta=0,\ z=z_0)+ \tag{9-23b}$$

$$F_{NB}F(\dot{S}_0-\dot{v}_B)\ \delta(r=r_0,\ \theta=\pi,\ z=z_0)$$

$$L_3(u,\ v,\ w)+\rho h\frac{\partial^2 w}{\partial t^2}=-\rho_0\frac{\partial\varphi}{\partial n}\ddot{T}(t) \tag{9-23c}$$

式中，$L_i(i=1,\ 2,\ 3)$是壳体的微分算子；$\rho$ 和 $h$ 分别表示壳体的密度和厚度；$\delta(\cdot)$表示 $\delta$ 函数；$\rho_0$ 为流体密度；$F_{NA}$、$F_{NB}$为法向正压力；$\dot{v}_A$、$\dot{v}_B$分别为 $A$、$B$ 两点的振动速度。

当壳-液耦合系统不受力，即 $F=0$ 时，由方程式（9-23）可得相应特征值问题的解，也就是耦合系统的湿模态，记为

$$\boldsymbol{U}_i=(U_i(r,\ \theta,\ z)\quad V_i(r,\ \theta,\ z)\quad W_i(r,\ \theta,\ z)),\qquad i=1,\ 2,\ \cdots$$

将摩擦引起的振动位移 $\boldsymbol{u}^{\mathrm{T}}=(u\quad v\quad w)$，即方程式（9-23）的解表示为模态的线性组合

$$\boldsymbol{u}\ (r,\ \theta,\ z,\ t)\ =\ \sum_{i=1}^{\infty}\boldsymbol{U}_iT_i\ (t)$$

这些壳-液耦合系统的湿模态 $\boldsymbol{U}_i$ 是相互正交的，将上式代入式（9-23）并进行坐标变换得模态坐标 $T_i(t)$的运动方程

$$\ddot{T}_i(t)+p_i^2T_i(t)=\ P_i(t),\quad i=1,\ 2\cdots \tag{9-24}$$

式中，$P_i(t)$为模态广义力，其值等于外力在相应模态上做的功。

由于壳-液耦合系统对 $Oxz$ 坐标平面和 $Oyz$ 坐标平面是镜面对称的，理论上可以证明其模态可分为三类：（Ⅰ）对 $Oxz$ 坐标平面对称；（Ⅱ）对 $Oxz$ 坐标平面反对称，对 $Oyz$ 坐标平面也反对称；（Ⅲ）对 $Oxz$ 坐标平面反对称，对 $Oyz$ 坐标平面对称。这些模态在 $Oxy$ 坐标平面上的投影如图 9-16 所示。

对于第Ⅰ类，模态在 $A$、$B$ 点处周向位移为零，$P_{\mathrm{I}\,i}(t)=0$，$i=1,\ 2,\ \cdots$。因此，计算非线性模态广义力 $P_i(t)$时，搓动摩擦形式可分为两种情形分别计算，并且设 $F_{NA}=F_{NB}$。

第一种情形，双耳同向搓动，如图 9-15a 所示：

$$P_{\mathrm{II}\,i}(t)=2F_{NA}\{[a_1\operatorname{sgn}(\dot{S}_0-\sum V_{\mathrm{II}\,i}\dot{T}_{\mathrm{II}\,i})-b_1(\dot{S}_0-\sum V_{\mathrm{II}\,i}\dot{T}_{\mathrm{II}\,i})+$$

$$c_1(\dot{S}_0-\sum V_{\mathrm{II}\,i}\dot{T}_{\mathrm{II}\,i})^3]-[a_1-b_1\dot{S}_0+c_1\dot{S}_0^3]\}V_{\mathrm{II}\,i},\qquad i=1,\ 2,\cdots \tag{9-25}$$

第二种情形，双耳反向搓动，如图 9-15b 所示：

$$P_{\mathrm{III}\,i}(t)=2F_{NA}\{[a_1\operatorname{sgn}(\dot{S}_0-\sum V_{\mathrm{III}\,i}\dot{T}_{\mathrm{III}\,i})-b_1(\dot{S}_0-\sum V_{\mathrm{III}\,i}\dot{T}_{\mathrm{III}\,i})+$$

$$c_1(\dot{S}_0-\sum V_{\mathrm{III}\,i}\dot{T}_{\mathrm{III}\,i})^3]-[a_1-b_1\dot{S}_0+c_1\dot{S}_0^3]\}V_{\mathrm{III}\,i}\quad i=1,\ 2,\ \cdots \tag{9-26}$$

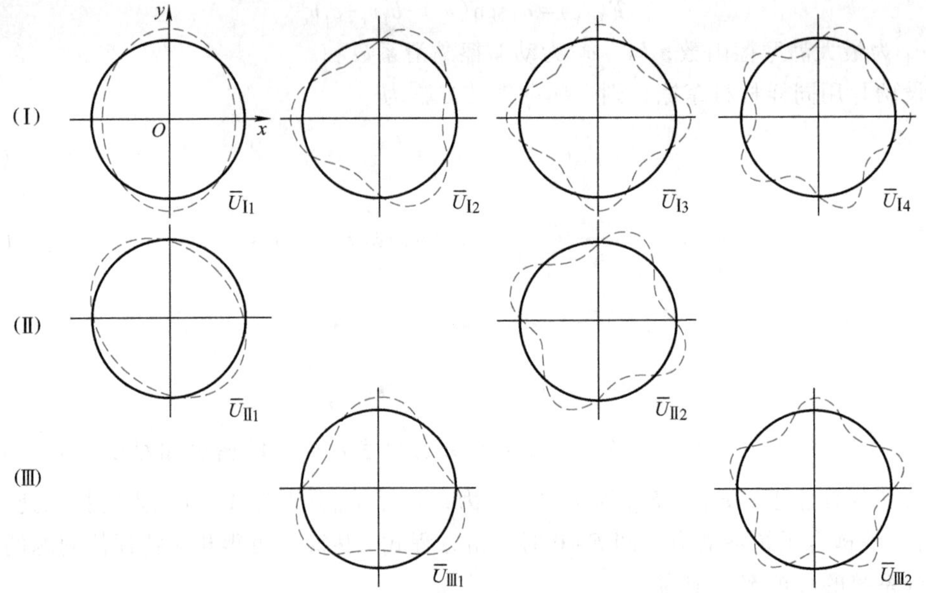


图 9-16　龙洗模态分析图

模态广义力是广义速度的非线性函数，方程式（9-24）是一类多自由度自激振动系统。并且由式（9-25）、式（9-26）可知，第一种情形只产生第Ⅱ类模态的自激振动；第二种情形只产生第Ⅲ类模态的自激振动。

方程式（9-24）是多自由度的非线性振动方程。直接求解析解较困难，下面以第一种情形为例进行数值解。首先对时间 $t$ 进行坐标变换，引入新变量$\tau$，设

$$\tau=p_{\mathrm{II}1}t,\qquad \frac{\mathrm{d}\tau}{\mathrm{d}t}=p_{\mathrm{II}1}$$

则

$$\frac{\mathrm{d}T}{\mathrm{d}t}=\frac{\mathrm{d}T}{\mathrm{d}\tau}p_{\mathrm{II}1},\qquad \frac{\mathrm{d}^2T}{\mathrm{d}t^2}=\frac{\mathrm{d}^2T}{\mathrm{d}\tau^2}p_{\mathrm{II}1}^2$$

代入方程式（9-24），只取前两阶湿模态进行研究，则可得

$$\left.\begin{aligned}\ddot T_{\mathrm{II}1}(\tau)+T_{\mathrm{II}1}(\tau)&=2F_{NA}\{[a_1\mathrm{sgn}(\dot S_r)-b_1\dot S_r+c_1\dot S_r^3]-[a_1-b_1\dot S_0+c_1\dot S_0^3]\}V_{\mathrm{II}1}\\ \ddot T_{\mathrm{II}2}(\tau)+KT_{\mathrm{II}2}(\tau)&=2F_{NA}\{[a_1\mathrm{sgn}(\dot S_r)-b_1\dot S_r+c_1\dot S_r^3]-[a_1-b_1\dot S_0+c_1\dot S_0^3]\}V_{\mathrm{II}2}\end{aligned}\right\}\tag{9-27}$$

式中，$\dot S_r=\dot S_0-[V_{\mathrm{II}1}\dot T_{\mathrm{II}1}(\tau)+KV_{\mathrm{II}2}\dot T_{\mathrm{II}2}(\tau)]$；$K=\omega_{\mathrm{II}2}^2/\omega_{\mathrm{II}1}^2$。由模态实验结果，湿模态参数为 $V_{\mathrm{II}1}=0.269\ 813$，$V_{\mathrm{II}2}=0.044\ 804\ 2$，相应于湿模态的固有圆频率为 $p_{\mathrm{II}1}=853.15$，$p_{\mathrm{II}2}=3169.68$，并取 $F_{NA}=10$，$a_1=0.3$，$b_1=0.1$，$c_1=0.2$，以 $S_0$ 为参数，计算结果的相平面图如图 9-17 所示。

由计算结果的相平面图可知，$T_{\mathrm{II}2}$、$\dot T_{\mathrm{II}2}$的数值均在 $T_{\mathrm{II}1}$、$\dot T_{\mathrm{II}1}$相应数值的3%以下，并且都是稳定解。由此可得结论：在此多自由度非线性振动系统中，自激振动主要以同类最低阶湿模态为主，高阶湿模态可忽略不计。

以$\dot S_0$ 为横坐标，$T_{\mathrm{II}1}$的振幅 $y$ 为纵坐标，计算结果曲线如图 9-18 所示。

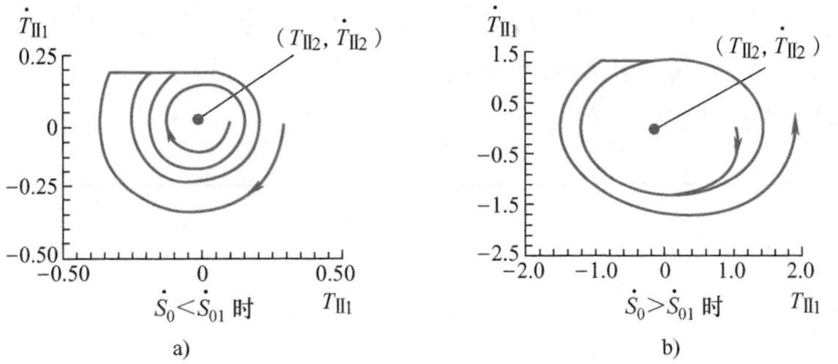


图 9-17　数值计算结果

它表示当黏滑系数一定时振幅与搓动速度的变化关系，当 $0<\dot{S}_0<\dot{S}_{01}$时，振幅随搓动速度的增大而增大，当 $\dot{S}_0>\dot{S}_{01}$时，振幅随搓动速度的增大而减小，即振幅的最大值发生在 $\dot{S}_{01}$点。

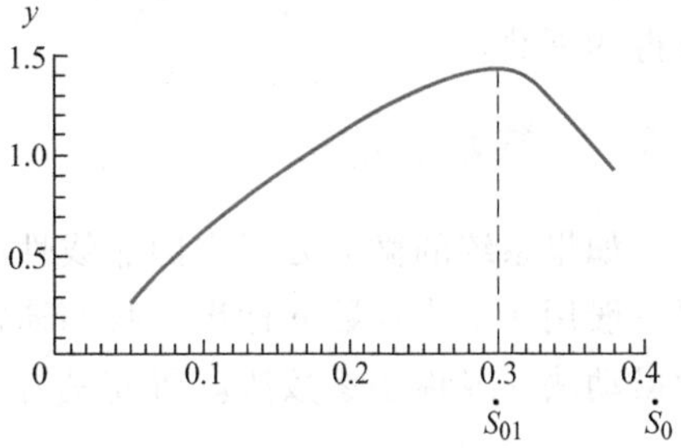


图 9-18　振幅与搓动速度的关系曲线

由以上数值计算及解析分析，定常解振幅值与黏滑系数 $b_1$、$c_1$ 和搓动速度 $\dot{S}_0$ 有关。所以在搓动龙洗时，要达到振幅较大值，使水珠喷得高，不但要调整搓动速度 $\dot{S}_0$ 的大小，还要选择适当的黏滑系数 $b_1$、$c_1$ 的值。这就是为什么在搓动之前要反复用肥皂洗手的原因。

在第一种情形中，龙洗振动表现的是第Ⅱ类中第一阶模态。因为它比其他阶振幅大得多。此时振型如图 9-19a 所示。它有四个振动的波峰，此处的振动最大，这时水在这些地方振动也最大，而与之交错的节线将水面分成四部分，且节线处振动最小，因此就形成了水珠在四个部位被喷起的景观。

对于第二种情形，其数值解和近似解的拓扑结构与第一种情形相同，同第一种情形的讨论，龙洗振动表现的是第Ⅲ类第一阶模态，此时振型如图 9-19b 所示。振动的六个波峰与节线相互交错将水面分成六个区域，从而形成了水珠在六个部位被喷起的壮观场景。

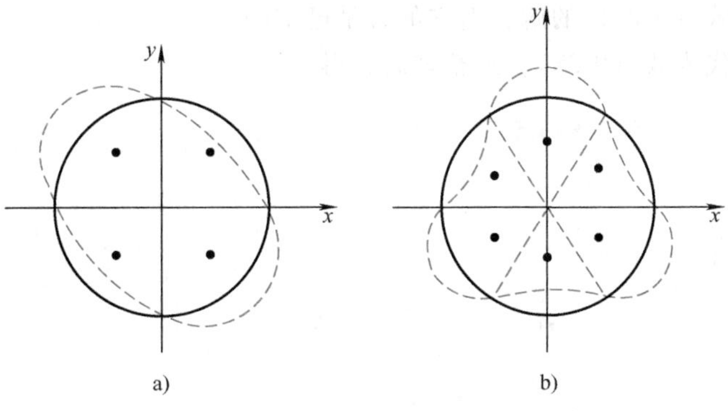


图 9-19　龙洗喷水示意图

在工程中自激振动的例子很多，例如：飞机机翼的颤振，汽车前轮的摆振，钟摆借擒纵机构激起的振动，油膜引起的转轴回旋振动，管路系统自动阀引起的振动，置于流体中的圆形截面物体由卡门涡引起的振动等。

## 9.5 摄动法

众所周知，只有为数很少的非线性微分方程可求得精确的解析解。在一般情况下，只能用近似方法求解，将微分方程的解近似地表述为幂级数形式，其近似程度取决于级数解中所取得的项数。

### 9.5.1 基本摄动法

如果系统的微分方程中的非线性项是个小量，那么这个小的非线性项就称为摄动。摄动项一般用一个小参数 $\varepsilon$ 标出。我们通常是求小参数 $\varepsilon$ 的幂级数形式的解。这种求解方法统称为摄动法，或称小参数法。研究具有小参数 $\varepsilon$ 的非线性自治系统，方程可表示为

$$\ddot{x}+p_n^2x=\varepsilon f(x,\ \dot{x}) \tag{9-28}$$

式中，$f(x,\ \dot{x})$ 是 $x$ 和 $\dot{x}$ 的非线性解析函数；$\varepsilon$ 为小参数；$\varepsilon f(x,\ \dot{x})$ 是一个小量，以至于可以被看作是一个摄动。当 $\varepsilon=0$ 时，式（9-28）变为

$$\ddot{x}+p_n^2x=0 \tag{9-29}$$

这是一个线性方程。式（9-28）和式（9-29）相差甚小，称式（9-28）所表示的系统为拟线性系统，而式（9-29）称为式（9-28）的派生系统。显然，式（9-28）的解是时间 $t$ 和小参数 $\varepsilon$ 的函数，设式（9-28）满足初始条件：$t=0$，$x=x_0$，$\dot{x}=\dot{x}_0$，其解表示为

$$x=x(t,\ \varepsilon)$$

将其展成小参数 $\varepsilon$ 的幂级数，即

$$x(t,\ \varepsilon)=x_0(t)+\varepsilon x_1(t)+\varepsilon^2x_2(t)+\cdots \tag{9-30}$$

式中，函数 $x_i(t)$，$i=1，2，\cdots，n$ 是与 $\varepsilon$ 无关的函数；而 $x_0(t)$ 是在 $\varepsilon=0$ 的情况下方程的解，即其派生系统式（9-29）的解，而它的解是已知的。

将式（9-30）代入式（9-28），经整理后，得

$$\ddot{x}_0+p_n^2x_0+\varepsilon(\ddot{x}_1+p_n^2x_1)+\varepsilon^2(\ddot{x}_2+p_n^2x_2)+\cdots$$

$$=\varepsilon\left[f(x_0,\dot{x}_0)+\varepsilon\left(x_1\frac{\partial f(x_0,\dot{x}_0)}{\partial x}+\dot{x}_0\frac{\partial f(x_0,\dot{x}_0)}{\partial\dot{x}}\right)+\varepsilon^2\left(x_2\frac{\partial f(x_0,\dot{x}_0)}{\partial x}+\dot{x}_2\frac{\partial f(x_0,\dot{x}_0)}{\partial\dot{x}}+\right.\right.$$

$$\left.\left.\frac{1}{2!}x_1^2\frac{\partial^2f(x_0,\dot{x}_0)}{\partial x^2}+x_1\dot{x}_1\frac{\partial^2f(x_0,\dot{x}_0)}{\partial x\partial\dot{x}}+\frac{1}{2!}\dot{x}_2^2\frac{\partial^2f(x_0,\dot{x}_0)}{\partial\dot{x}^2}\right)\right]+\cdots$$

上式满足于 $\varepsilon$ 为任意值，而且 $x_i$ 与 $\varepsilon$ 无关，因而上式等号两端 $\varepsilon$ 的同幂项的系数必须相等，

于是有

$$\begin{cases}\ddot{x}_0+p_n^2x_0=0\\ \ddot{x}_1+p_n^2x_1=f(x_0,\ \dot{x}_0)\\ \ddot{x}_2+p_n^2x_2=x_1\dfrac{\partial f(x_0,\ \dot{x}_0)}{\partial x}+\dot{x}_1\dfrac{\partial f(x_0,\ \dot{x}_0)}{\partial \dot{x}}\\ \vdots\end{cases}\tag{9-31}$$

由此，得到一系列关于函数 $x_0$、$x_1$、$x_2$、…的微分方程。这样，解非线性微分方程就代之以解一系列线性微分方程，而且可以递归求解。可得精确到 $\varepsilon^n$ 的近似解

$$x=x_0+\varepsilon x_1+\varepsilon^2x_2+\cdots+\varepsilon^nx_n+O(\varepsilon^{n+1})$$

符号 $O(\varepsilon^{n+1})$ 表示量级为 $\varepsilon^{n+1}$的小量项之和，上式为精确到 $O(\varepsilon^n)$ 的近似解，即它的截断误差为 $O(\varepsilon^{n+1})$。式（9-28）的解可以看作它的派生方程的解加上微小摄动的结果，这种求解方法称为摄动法。在研究非线性系统寻求形式如式（9-30）级数的解时，只取前几项就会有一个较好的近似解。但在应用基本摄动法时，在解中经常出现久期项，若只保留前几项，它将随时间无限增长，但是，如果取无限多项，那么级数必定是收敛的，但我们又不能求出无限多项。所以解决问题的关键在于如何避免久期项的出现。下面将介绍林斯特-庞加莱法、渐近法（KBM 法）及多尺度法，这些方法都是采取变量变换，以避免所得到的新形式的解的展开式中久期项的出现。

### 9.5.2　林斯特-庞加莱法

林斯特-庞加莱法给出了用摄动法求系统（9-28）

$$\ddot{x}+p_n^2x=\varepsilon f(x,\ \dot{x})$$

周期解的步骤，这个方法考虑到非线性项不仅影响系统的振幅，也影响系统的周期，因而也将其展成 $\varepsilon$ 的幂级数

$$\omega(\varepsilon)=p_n+\varepsilon\omega_1+\varepsilon^2\omega_2+\cdots\tag{9-32}$$

做变量变换

$$\tau=\omega t\tag{9-33}$$

新变量$\tau$表明 $x$ 是以 2π 为周期的周期函数。对于上述变换，有

$$\frac{\mathrm{d}}{\mathrm{d}t}=\omega\frac{\mathrm{d}}{\mathrm{d}\tau},\qquad \frac{\mathrm{d}^2}{\mathrm{d}t^2}=\omega^2\frac{d^2}{d\tau^2}$$

将其代入方程（9-28）中，得到

$$\omega^2\frac{\mathrm{d}^2x}{\mathrm{d}\tau^2}+p_n^2x=\varepsilon f\left(x,\ \omega\frac{\mathrm{d}x}{\mathrm{d}\tau}\right)\tag{9-34}$$

将解展成幂级数，即

$$x(\tau,\ \varepsilon)=x_0(\tau)+\varepsilon x_1(\tau)+\varepsilon^2x_2(\tau)+\cdots\tag{9-35}$$

上式中 $x_0(\tau)$、$x_1(\tau)$、$x_2(\tau)$、…均为周期函数，周期为 2π。为书写方便，以“·”表示$\dfrac{\mathrm{d}}{\mathrm{d}\tau}$，

将式（9-32）和式（9-33）代入方程（9-34），等号两端的相同幂次项应相等，经整理后得到线性方程组

$$\begin{cases}\ddot{x}_0+x_0=0\\ \ddot{x}_1+x_1=\dfrac{1}{p_n^2}\left[f\left(x_0,p_n\dot{x}_0\right)-2p_n\omega_1\ddot{x}_0\right]\\ \ddot{x}_2+x_2=\dfrac{x_1}{p_n^2}\dfrac{\partial f\left(x_0,p_n\dot{x}_0\right)}{\partial x}+\dfrac{1}{p_n^2}\left(p_n\dot{x}_1+\omega_1\dot{x}_0\right)\dfrac{\partial f\left(x_0,p_n\dot{x}_0\right)}{\partial\dot{x}}-\\ \qquad 2\dfrac{\omega_1}{p_n}\ddot{x}_1-\dfrac{1}{p_n^2}\left(\omega_1^2+2\omega_0\omega_2\right)\ddot{x}_0\\ \vdots\end{cases}\tag{9-36}$$

不失普遍性，设方程（9-34）周期解的初始条件为

$$\begin{cases}x_0=A_0+\varepsilon A_1+\varepsilon^2A_2+\cdots\\ \dot{x}_0=0\end{cases}\tag{9-37}$$

式中，$A_0$、$A_1$、$A_2$ 为未知常数，由解的周期性条件 $x_i(\tau+2\pi)=x_i(\tau)$ 得出，其中 $i=1,2,\cdots$。对于方程(9-36)，初始条件为

$$\begin{cases}x_0(0)=A_0,\ \dot{x}_0(0)=0\\ x_i(0)=A_i,\ \dot{x}_i(0)=0,\quad i=1,2,\cdots\end{cases}\tag{9-38}$$

现在的问题就归结为对方程（9-36）递归求解，可求出

$$x_0(\tau),\ x_1(\tau),\ x_2(\tau),\ \cdots;\ \omega_1,\ \omega_2,\ \omega_3,\ \cdots;\ A_0,\ A_1,\ A_2,\ \cdots$$

从而可得到式（9-28）的近似解。

林斯特-庞加莱法与基本摄动法不同，基本摄动法只对函数 $x$ 摄动，因而出现久期项，并难以将它消除，导致在无限域时间内失效。从观察拟线性系统知，振动频率不再是常数，因而林斯特-庞加莱法除了函数 $x$ 外，还增加了摄动变量 $\omega$，即与函数 $x$ 一样，将圆频率 $\omega$ 视为依赖于小参数 $\varepsilon$ 的函数。另外，这个方法改变了基本摄动法的时间尺度，引入自变量$\tau$，令$\tau=\omega t$。这样，对$\tau$而言，$x$ 是以 $2\pi$ 为周期的周期函数，于是就可消除久期项。

林斯特-庞加莱法最大的优点是方法简单，易于理解，便于应用，而且仅取级数解的前几项就会得到较好的近似。但是，在计算高阶近似时，计算工作量是较大的。

## 9.6 平均法

所谓平均法就是将以位移为未知量的振动方程，化成以振幅、相位为未知量的标准方程组，因为振幅和相位的导数都是 $O(\varepsilon)$ 量级的周期函数，因此，可用一个周期的平均值代替它，故称其为平均法。

### 9.6.1 自治系统的平均法

已知一个自由度系统的自由振动方程为

$$\frac{\mathrm{d}^2x}{\mathrm{d}t^2}+p_n^2x=\varepsilon f\left(x,\ \frac{\mathrm{d}x}{\mathrm{d}t}\right) \tag{9-39}$$

式中，$\varepsilon$ 为正的小参数；$x$ 为振动位移；$f\left(x,\ \frac{\mathrm{d}x}{\mathrm{d}t}\right)$ 为 $x$ 和$\frac{\mathrm{d}x}{\mathrm{d}t}$的非线性函数。

在式（9-39）中，如 $\varepsilon=0$，可得其解为

$$\begin{cases} x=a\cos\varphi \\ \dot{x}=-ap_n\sin\varphi \end{cases} \tag{9-40}$$

式中，$\varphi=p_nt+\theta$；而 $a$，$\theta$ 为由起始条件确定的常数。当 $\varepsilon\neq0$ 时，即有非线性干扰力存在，则 $a$，$\theta$ 将为 $t$ 的函数。现研究 $a$，$\theta$ 是什么函数时，式（9-40）满足方程式（9-39），为此，以式（9-40）作为进行变量变换的公式。

微分式（9-40）的第一式

$$\frac{\mathrm{d}x}{\mathrm{d}t}=\frac{\mathrm{d}a}{\mathrm{d}t}\cos\varphi-a\left(p_n+\frac{\mathrm{d}\theta}{\mathrm{d}t}\right)\sin\varphi \tag{9-41}$$

令上式与式（9-40）的第二式相等，则有

$$\frac{\mathrm{d}a}{\mathrm{d}t}\cos\varphi-a\frac{\mathrm{d}\theta}{\mathrm{d}t}\sin\varphi=0 \tag{9-42}$$

微分式（9-40）的第二式

$$\frac{\mathrm{d}^2x}{\mathrm{d}t^2}=-\frac{\mathrm{d}a}{\mathrm{d}t}p_n\sin\varphi-a\omega\left(p_n+\frac{\mathrm{d}\theta}{\mathrm{d}t}\right)\cos\varphi \tag{9-43}$$

将式（9-40），式（9-43）代入式（9-39），则

$$-\frac{\mathrm{d}a}{\mathrm{d}t}p_n\sin\varphi-ap_n\frac{\mathrm{d}\theta}{\mathrm{d}t}\cos\varphi=\varepsilon f\ (a\cos\varphi,\ -ap_n\sin\varphi) \tag{9-44}$$

将式(9-42)×$p_n\cos\varphi$−式(10−44)×$\sin\varphi$，从中解出

$$\frac{\mathrm{d}a}{\mathrm{d}t}=-\frac{\varepsilon}{p_n}f\ (a\cos\varphi,\ -ap_n\sin\varphi)\ \sin\varphi=\varepsilon\phi(a,\ \varphi) \tag{9-45a}$$

将式(9-42)×$p_n\sin\varphi$+式(9-44)×$\cos\varphi$，从中解出

$$\frac{\mathrm{d}\theta}{\mathrm{d}t}=-\frac{\varepsilon}{ap_n}f\ (a\cos\varphi,\ -ap_n\sin\varphi)\ \cos\varphi=\varepsilon\phi^*(a,\ \varphi) \tag{9-45b}$$

式（9-45）称为标准方程组，从其形式知，振幅和相位的导数是与 $\varepsilon$ 成比例的量。关于上式的两个方程，是对给定的方程（9-28）做了变量变换，把 $x$、$\dot{x}$ 换成 $\dot{a}$、$\dot{\theta}$，把二阶方程（9-28）变换成两个 $\dot{a}$、$\dot{\theta}$ 的一阶方程，二者是等价的。变换后的两个 $\dot{a}$、$\dot{\theta}$ 的一阶方程的右端都是 $\varphi$ 的周期函数，因而是有限量，而且都是 $O(\varepsilon)$ 量级。由此可以得出以下结论：$a(t)$、$\varphi(t)$ 依赖于时间 $t$ 的变化量比函数 $x(t)$ 的变化要缓慢，是缓变函数。也就是说，$a(t)$ 和 $\varphi(t)$ 在一个周期 $T=\frac{2\pi}{\omega_0}$ 内变化很小。由于 $a(t)$ 和 $\varphi(t)$ 是缓变函数，因此，在相位从 0 到 $2\pi$ 的一个周期内，$a$ 和 $\varphi$ 的变化甚微。这样，在周期 $2\pi$ 内用平均值来表示 $\dot{a}$ 和 $\dot{\varphi}$ 的变化是可行的，这就是平均法。对式（9-45）两式的右端函数在一个周期 $T=2\pi$ 内取平均值，有

$$\begin{cases} \dot{a}=-\dfrac{\varepsilon}{2\pi p_n}\displaystyle\int_0^{2\pi}\sin\varphi f\ (a\cos\varphi,\ -ap_n\sin\varphi)\ \mathrm{d}\varphi \\ \dot{\theta}=-\dfrac{\varepsilon}{2\pi ap_n}\displaystyle\int_0^{2\pi}\cos\varphi f\ (a\cos\varphi,\ -ap_n\sin\varphi)\ \mathrm{d}\varphi \end{cases} \tag{9-46}$$

由于上式中均为与时间 $t$ 无关而只是 $a$ 的函数，因此易于求解。

**例 9-3** 应用平均法求解范德波方程

$$\ddot{x}+\varepsilon(x^2-1)\dot{x}+x=0$$

解：与方程（9-28）比较，$p_n=1$，$f(x,\dot{x})=(1-x^2)\dot{x}$，注意到变换关系 $x=a\cos\psi$，$\psi=t+\varphi$，将其代入平均值方程（9-46）中，有

$$\dot{a}=\frac{-\varepsilon}{2\pi}\int_0^{2\pi}(1-a^2\cos^2\psi)(-a\sin\psi)\sin\psi\mathrm{d}\psi=\frac{\varepsilon}{8}a(4-a^2) \tag{a}$$

$$\dot{\varphi}=-\frac{\varepsilon}{2\pi a}\int_0^{2\pi}(1-a^2\cos^2\psi)(-a\sin\psi)\cos\psi\mathrm{d}\psi=0 \tag{b}$$

将式（a）应用初始条件：$a(0)=a_0$，于是最后解得

$$a=-\frac{2}{\sqrt{1+\left(\dfrac{4}{a_0^2}-1\right)\mathrm{e}^{-\varepsilon t}}}$$

由式（b）解得

$$\varphi=\varphi_0$$

故而得到范德波方程的解为

$$x=-\frac{2}{\sqrt{1+\left(\dfrac{4}{a_0^2}-1\right)\mathrm{e}^{-\varepsilon t}}}\cos(t+\varphi_0)$$

这个近似解给出了整个运动过程。在任意给定的初始条件 $a_0$、$\varphi_0$ 下，经过一个周期 $2\pi$ 后，振幅将增大或减小，当 $a_0>2$ 时，振幅减小；当 $a_0<2$ 时，振幅将增大，当 $t\to\infty$时，系统为趋于定常的周期运动，方程为

$$x=2\cos(t+\varphi_0)$$

## 9.6.2 渐近法（KBM 法）

渐近法是求解拟线性系统周期解的另一种方法，渐近法也称 KBM 法，是以苏联的三位科学家克雷洛夫（Krylov）、包戈留包夫（Bogoliulov）和米特罗波尔斯基（Mitropolsky）命名的。

这个方法是在平均法的基础上发展得到的，也是平均法中的一种。KBM 法应用于保守系统，一般只求一阶、二阶近似就可以得到令人满意的近似解；而对自振系统，除能求得极限环和平衡点外，还能得到系统趋于极限环或平衡点的过程；对于耗散系统，应用此法也能得出振幅与时间的函数关系。因而，KBM 法是求解非线性振动的一个重要方法。

到目前为止，式（9-45）和式（9-46）是精确的，尚未引入近似关系。由于它们是非线性的，一般只能求其近似解。

设函数 $a$、$\theta$ 由平稳变化的项 $y$、$\vartheta$ 和小振动相叠加而成，取 KB 变换为

$$\begin{cases}a=y+\varepsilon U_1(t,y,\vartheta)+\varepsilon^2U_2(t,y,\vartheta)+\cdots\\\theta=\vartheta+\varepsilon V_1(t,y,\vartheta)+\varepsilon^2V_2(t,y,\vartheta)+\cdots\end{cases} \tag{9-47}$$

并要求新变量 $y$，$\vartheta$ 的导数为

$$\begin{cases}\dfrac{dy}{dt}=\varepsilon Y_1(y)+\varepsilon^2 Y_2(y)+\varepsilon^3 Y_3(y)+\cdots \\ \dfrac{d\vartheta}{dt}=\varepsilon Z_1(y)+\varepsilon^2 Z_2(y)+\varepsilon^3 Z_3(y)+\cdots\end{cases} \tag{9-48}$$

式中，$Y_1$，$Y_2$，$Y_3$，$Z_1$，$Z_2$，$Z_3$ 不显含 $t$；$U_1$，$U_2$，$V_1$，$V_2$ 为 $\vartheta$ 的以 $2\pi$ 为周期的周期函数，以及为 $t$ 的以 $T$ 为周期的周期函数。

将式（9-47）代入式（9-45）和式（9-46），考虑到（9-48），则得

$$\begin{cases}\varepsilon Y_1+\varepsilon^2 Y_2+\varepsilon^3 Y_3+\varepsilon\dfrac{\partial U_1}{\partial t}+\varepsilon\dfrac{\partial U_1}{\partial y}(\varepsilon Y_1+\varepsilon^2 Y_2+\varepsilon^3 Y_3)+ \\ \varepsilon\dfrac{\partial U_1}{\partial\vartheta}(\varepsilon Z_1+\varepsilon^2 Z_2+\varepsilon^3 Z_3)+\varepsilon^2\dfrac{\partial U_2}{\partial t}+ \\ \varepsilon^2\dfrac{\partial U_2}{\partial y}(\varepsilon Y_1+\varepsilon^2 Y_2+\varepsilon^3 Y_3)+\varepsilon\dfrac{\partial U_2}{\partial\vartheta}(\varepsilon_2 Z_1+\varepsilon^2 Z_2+\varepsilon^3 Z_3) \\ =\varepsilon\phi(t,y,\vartheta,\varepsilon)=\varepsilon\phi_0+\varepsilon^2\phi_1+\cdots \\ \varepsilon Z_1+\varepsilon^2 Z_2+\varepsilon^3 Z_3+\varepsilon\dfrac{\partial V_1}{\partial t}+\varepsilon\dfrac{\partial V_1}{\partial y}(\varepsilon Y_1+\varepsilon^2 Y_2+\varepsilon^3 Y_3)+ \\ \varepsilon\dfrac{\partial V_1}{\partial\vartheta}(\varepsilon Z_1+\varepsilon^2 Z_2+\varepsilon^3 Z_3)+\varepsilon^2\dfrac{\partial V_2}{\partial t}+ \\ \varepsilon^2\dfrac{\partial V_2}{\partial y}(\varepsilon Y_1+\varepsilon^2 Y_2+\varepsilon^3 Y_3)+\varepsilon\dfrac{\partial V_2}{\partial\vartheta}(\varepsilon Z_1+\varepsilon^2 Z_2+\varepsilon^3 Z_3) \\ =\varepsilon\phi^*(t,y,\vartheta,\varepsilon)=\varepsilon\phi_0^*+\varepsilon^2\phi_1^*+\cdots\end{cases} \tag{9-49}$$

令上面等式两端 $\varepsilon$ 同次方的系数相等，则可得到确定 $Y$、$Z$、$V$、$U$ 的微分方程式，下面只写出 $\varepsilon$ 前二阶的系数方程

$$\begin{cases}Y_1+\dfrac{\partial U_1}{\partial t}=\phi_0 \\ Z_1+\dfrac{\partial V_1}{\partial t}=\phi_0^*\end{cases} \tag{9-50}$$

和

$$\begin{cases}Y_2+\dfrac{\partial U_1}{\partial y}Y_1+\dfrac{\partial U_1}{\partial\vartheta}Z_1+\dfrac{\partial U_2}{\partial t}=\phi_1 \\ Z_2+\dfrac{\partial V_1}{\partial y}Y_1+\dfrac{\partial V_1}{\partial\vartheta}Z_1+\dfrac{\partial V_2}{\partial t}=\phi_1^*\end{cases} \tag{9-51}$$

式中，$\phi_0$，$\phi_1$，$\phi_0^*$，$\phi_1^*$，…为将 $\phi$，$\phi^*$ 在 $\varepsilon=0$ 点展成泰勒级数时 $\varepsilon$ 的系数。

根据 $Y$、$Z$ 不显含 $t$ 的条件，可用下列方法确定它们

$$\begin{cases} Y_1=\dfrac{1}{T}\displaystyle\int_0^T \phi_0\,\mathrm{d}t=\dfrac{1}{2\pi}\int_0^{2\pi}\phi_0\mathrm{d}\phi \\ Z_1=\dfrac{1}{T}\displaystyle\int_0^T \phi_0^*\,\mathrm{d}t=\dfrac{1}{2\pi}\int_0^{2\pi}\phi_0^*\,\mathrm{d}\phi \end{cases} \tag{9-52}$$

和

$$\begin{cases} Y_2=\dfrac{1}{T}\displaystyle\int_0^T\left(\phi_1-\frac{\partial U_1}{\partial y}Y_1-\frac{\partial U_1}{\partial \vartheta}Z_1\right)\mathrm{d}t \\ \quad=\dfrac{1}{2\pi}\displaystyle\int_0^{2\pi}\left(\phi_1-\frac{\partial U_1}{\partial y}Y_1-\frac{\partial U_1}{\partial \vartheta}Z_1\right)\mathrm{d}\phi \\ Z_2=\dfrac{1}{T}\displaystyle\int_0^T\left(\phi_1^*-\frac{\partial V_1}{\partial y}Y_1-\frac{\partial V_1}{\partial \vartheta}Z_1\right)\mathrm{d}t \\ \quad=\dfrac{1}{2\pi}\displaystyle\int_0^{2\pi}\left(\phi_1^*-\frac{\partial V_1}{\partial y}Y_1-\frac{\partial V_1}{\partial \vartheta}Z_1\right)\mathrm{d}\phi \end{cases} \tag{9-53}$$

式中，$T$ 为振动周期。而

$$\begin{cases} U_1=\displaystyle\int_0^t(\phi_1-Y_1)\,\mathrm{d}t-U_{10} \\ V_1=\displaystyle\int_0^t(\phi_0^*-Z_1)\,\mathrm{d}t-V_{10} \end{cases} \tag{9-54}$$

和

$$\begin{cases} U_2=\displaystyle\int_0^t\left(\phi_1-Y_2-\frac{\partial U_1}{\partial y}Y_1-\frac{\partial U_1}{\partial \vartheta}Z_1\right)\mathrm{d}t-U_{20} \\ V_2=\displaystyle\int_0^t\left(\phi_0^*-Z_2-\frac{\partial U_1}{\partial y}Y_1-\frac{\partial U_1}{\partial \vartheta}Z_1\right)\mathrm{d}t-V_{20} \end{cases} \tag{9-55}$$

在式（9-52）~式（9-55）中，对显含 $t$ 的自变量进行运算，在这个运算过程中，将不显含 $t$ 者当作常数。故第一次近似解为

$$\begin{cases} x=y\cos(\omega t+\vartheta) \\ \dfrac{\mathrm{d}y}{\mathrm{d}t}=\varepsilon Y_1(y) \\ \dfrac{\mathrm{d}\vartheta}{\mathrm{d}t}=\varepsilon Z_1(y) \end{cases} \tag{9-56}$$

第二次近似解为

$$\begin{cases} x=a\cos(\omega t+\theta) \\ a=y+U_1(t,\ y,\ \vartheta) \\ \theta=\vartheta+V_1(t,\ y,\ \vartheta) \end{cases} \tag{9-57}$$

式中

$$\begin{cases} U_1(t,\ y,\ \vartheta)=\displaystyle\int_0^t(\phi_1-Y_1)\,\mathrm{d}t-U_{10} \\ V_1(t,\ y,\ \vartheta)=\displaystyle\int_0^t(\phi_0^*-Z_1)\,\mathrm{d}t-V_{10} \end{cases} \tag{9-58}$$

和

$$\begin{cases}\dfrac{\mathrm{d}y}{\mathrm{d}t}=\varepsilon Y_1(y)+\varepsilon^2 Y_2(y)\\ \dfrac{\mathrm{d}\vartheta}{\mathrm{d}t}=\varepsilon Z_1(y)+\varepsilon^2 Z_2(y)\end{cases} \tag{9-59}$$

由此可知，如果将式（9-47）和式（9-48）写成 $\varepsilon$ 的 $m$ 阶级数，当有关的系数确定后，则可求得其 $m$ 次近似解。

### 9.6.3　非共振情况的平均法

如果在振动系统上作用有外干扰力 $E\sin\nu t$，则此振动方程为

$$\frac{\mathrm{d}^2x}{\mathrm{d}t^2}+p_n^2x=\varepsilon f_1\left(x,\ \frac{\mathrm{d}x}{\mathrm{d}t}\right)+E\sin\nu t \tag{9-60}$$

这是一个自由度非线性系统受迫振动的方程式。

在线性系统中，系统做受迫振动时，定常解的频率与干扰频率相同，并且定常解和起始条件无关。在非线性系统中，其受迫振动的定常解中除含有和干扰力相同的频率成分外，还有高频率成分存在，并且定常解决定于起始条件。

如果干扰力频率和派生系统（当 $\varepsilon=0$ 时的系统）的固有频率差值较大，则为非共振情况。在式（9-60）中，当 $\varepsilon=0$ 时其解为

$$\begin{cases}x=a\cos(p_nt+\phi)+\dfrac{E}{p_n^2-\nu^2}\sin\nu t\\ \dfrac{\mathrm{d}x}{\mathrm{d}t}=-ap_n\sin(p_nt+\phi)+\dfrac{E\nu}{p_n^2-\nu^2}\cos\nu t\end{cases} \tag{9-61}$$

式中，$a$、$\phi$ 为任意常数。

如果 $\varepsilon\neq0$，受迫振动的解仍取式（9-61）的形式，则其中的 $a$、$\phi$ 将为 $t$ 时间的函数，现以 $a$、$\phi$ 作为新变量，对式（9-60）进行变量转换。微分式（9-61）的第一式

$$\frac{\mathrm{d}x}{\mathrm{d}t}=\frac{\mathrm{d}a}{\mathrm{d}t}\cos(p_nt+\phi)-a\left(p_n+\frac{\mathrm{d}\phi}{\mathrm{d}t}\right)\sin(p_nt+\phi)+\frac{E\nu}{p_n^2-\nu^2}\cos\nu t$$

令上式与式（9-61）的第二式相等，则有

$$\frac{\mathrm{d}a}{\mathrm{d}t}\cos(p_nt+\phi)-a\frac{\mathrm{d}\phi}{\mathrm{d}t}\sin(p_nt+\phi)=0 \tag{9-62}$$

微分式（9-61）的第二式

$$\frac{\mathrm{d}^2x}{\mathrm{d}t^2}=-\frac{\mathrm{d}a}{\mathrm{d}t}p_n\sin(p_nt+\phi)-ap_n\left(p_n+\frac{\mathrm{d}\phi}{\mathrm{d}t}\right)\cos(p_nt+\phi)-\frac{E\nu^2}{p_n^2-\nu^2}\sin\nu t \tag{9-63}$$

将式（9-61）、式（9-63）代入式（9-60），则

$$-\frac{\mathrm{d}a}{\mathrm{d}t}p_n\sin(p_nt+\phi)-ap_n\frac{\mathrm{d}\phi}{\mathrm{d}t}\cos(p_nt+\phi)$$

$$=\varepsilon f_1\left[a\cos(p_nt+\phi)-\frac{E}{p_n^2-\nu^2}\sin\nu t,\ -ap_n\sin(p_nt+\phi)+\frac{E\nu}{p_n^2-\nu^2}\cos\nu t\right] \tag{9-64}$$

从式（9-62）和式（9-64）中可解出$\frac{\mathrm{d}a}{\mathrm{d}t}$和$\frac{\mathrm{d}\phi}{\mathrm{d}t}$

$$\begin{cases}\frac{\mathrm{d}a}{\mathrm{d}t}=-\frac{\varepsilon}{p_n}f_1\left[a\cos(p_nt+\phi)+\frac{E}{p_n^2-\nu^2}\sin\nu t,\right.\\ \qquad\left.-ap_n\sin(p_nt+\phi)+\frac{E\nu}{p_n^2-\nu^2}\cos\nu t\right]\sin(p_nt+\phi)\\ \quad=\varepsilon\phi(a,\phi,t)\\ \frac{\mathrm{d}\phi}{\mathrm{d}t}=-\frac{\varepsilon}{ap_n}f_1\left[a\cos(p_nt+\phi)+\frac{E}{p_n^2-\nu^2}\sin\nu t,\right.\\ \qquad\left.-ap_n\sin(p_nt+\phi)+\frac{E\nu}{p_n^2-\nu^2}\cos\nu t\right]\cos(p_nt+\phi)\\ \quad=\varepsilon\phi^*(a,\phi,t)\end{cases}\tag{9-65}$$

式（9-65）称为非共振情况下的标准方程组，对之可取一次近似的 KB 变换

$$\begin{cases}a=y+\varepsilon U_1(t,y,\vartheta)\\ \theta=\vartheta+\varepsilon V_1(t,y,\vartheta)\end{cases}\tag{9-66}$$

并要求新变量 $y$、$\vartheta$ 的导数为

$$\begin{cases}\frac{\mathrm{d}y}{\mathrm{d}t}=\varepsilon Y_1(y)+\varepsilon^2Y_2(t,y,\vartheta,\varepsilon)\\ \frac{\mathrm{d}\vartheta}{\mathrm{d}t}=\varepsilon Z_1(y)+\varepsilon^2Z_2(t,y,\vartheta,\varepsilon)\end{cases}\tag{9-67}$$

式中，$Y_1$、$Z_1$ 不显含 $t$；$U_1$、$V_1$、$Y_2$、$Z_2$ 为 $\vartheta$ 的以 $2\pi$ 为周期的周期函数，以及 $t$ 的周期函数。将式（9-66）代入式（9-65），并考虑式（9-67）的关系，通过类似于自治系统的平均法的计算，即可求出非共振情况的近似解析解。

### 9.6.4 共振情况的平均法

在方程式（9-60）中，如果 $\nu$ 与 $p_n$ 相等或二者的差值为与 $\varepsilon$ 同价的量，即有所谓共振情况，此时方程的解中将出现永年项而无周期解。但是我们知道，有很多机械系统和无线电系统在共振情况下实际上是有周期解的，此时干扰力的幅值与 $\varepsilon$ 同量级，为此，方程式（9-60)将有如下的形式

$$\begin{aligned}\frac{\mathrm{d}^2x}{\mathrm{d}t^2}+p_n^2x&=\varepsilon f_1\left(x,\frac{\mathrm{d}x}{\mathrm{d}t}\right)+\varepsilon E\sin\nu t\\ &=\varepsilon f\left(\nu t,x,\frac{\mathrm{d}x}{\mathrm{d}t}\right)\end{aligned}\tag{9-68}$$

下面讨论上述方程在共振情况下的渐近解。

设$f\left(\nu t,x,\frac{\mathrm{d}x}{\mathrm{d}t}\right)$是 $\nu t$ 的以 $2\pi$ 为周期的周期函数，并可表示为

$$f\left(\nu t,x,\frac{\mathrm{d}x}{\mathrm{d}t}\right)=\sum_{n=-N}^{N}\mathrm{e}^{in\nu t}f_n\left(x,\frac{\mathrm{d}x}{\mathrm{d}t}\right)\tag{9-69}$$

式中，有限级数的系数$f_n\left(x,\dfrac{dx}{dt}\right)$是 $x$ 和$\dfrac{dx}{dt}$的多项式。

在方程式（9-68）中如无干扰，即 $\varepsilon=0$，则系统将有简谐振动

$$x=a\cos(p_n t+\phi)$$

将 $x$，$\dfrac{dx}{dt}$代入式（9-68），并将 $f\left[\nu t,\ a\cos\ (p_n t+\phi),\ -ap_n\sin\ (p_n t+\phi)\right]$ 展成傅里叶级数，由于它对 $\nu t$ 来说是周期函数，所以其傅氏级数中将有 $\sin(n\nu+mp_n)t$ 和 $\cos(n\nu+mp_n)t$，其中 $n$ 和 $m$ 是整数。这说明在干扰力中将有组合频率为 $n\nu+mp_n$ 的谐波成分。

很明显，任何一个组合频率成分与固有频率相接近时，则具有该频率成分的干扰力对振动特性将发生很显著的影响，即将引起振幅和相位连续、缓慢地变化，而不管该谐波的振幅大小如何。因此在非线性系统中，共振现象不但发生在 $p_n\approx\nu$ 时，而且也发生在 $n\nu+mp_n\approx p_n$ 时，故在单频干扰力作用下，共振关系可近似取为

$$\nu=\frac{p}{q}p_n$$

式中，$p$、$q$ 为与非线性函数有关的正的或负的互质的整数，且有 $p=m-1$，$q=1$。

共振情况一般有以下几种：①当外干扰力频率等于派生系统的固有频率时，即 $\nu\approx p_n$，称为主共振；②当系统固有频率为外干扰力频率的整数倍时，发生的共振称为超谐共振；③当外干扰力的频率为系统的固有频率的整数倍，即 $\nu\approx pp_n$ 时，发生的共振称为亚谐共振；④当外干扰力的频率与系统的固有频率有任意分数关系 $\nu\approx pp_n/q$ 时，发生的共振称为分数共振。由于共振的类别很多，所以在研究共振情况的渐近解时，应指明是 研究哪种共振类型的渐近解。现研究对应 $p_n\approx\dfrac{qp_n}{p}$时的情况，即

$$p_n-\frac{q\nu}{p}=\varepsilon\sigma$$

时的渐近解，其中 $\sigma=O(1)$ 称为调谐参数。

为将方程式（9-68）化成标准形式的方程组，以 $a$，$\theta$ 作为新变量，取变量为

$$\begin{cases}x=a\cos\left(\dfrac{q\nu}{p}t+\theta\right)\\ \dfrac{dx}{dt}=-ap_n\sin\left(\dfrac{q\nu}{p}t+\theta\right)\end{cases}\tag{9-70}$$

微分式（9-70）的第一式，并令其等于第二式，则

$$\frac{da}{dt}\cos\left(\frac{q\nu}{p}t+\theta\right)-a\left(\frac{q\nu}{p}-p_n+\frac{d\theta}{dt}\right)\sin\left(\frac{q\nu}{p}t+\theta\right)=0\tag{9-71}$$

微分式（9-70）的第二式，将之代入式（9-68），则

$$\begin{aligned}&-\frac{da}{dt}p_n\sin\left(\frac{q\nu}{p}t+\theta\right)-ap_n\left(\frac{q\nu}{p}-p_n+\frac{d\theta}{dt}\right)\cos\left(\frac{q\nu}{p}t+\theta\right)\\&=\varepsilon f\left[\nu t,\ a\cos\left(\frac{q\nu}{p}t+\theta\right),\ -a\,\frac{q\nu}{p}\sin\left(\frac{q\nu}{p}t+\theta\right)\right]\end{aligned}\tag{9-72}$$

从式（9-71）和式（9-72）将$\dfrac{da}{dt}$和$\dfrac{d\theta}{dt}$解出，则得

$$\begin{cases}\dfrac{\mathrm{d}a}{\mathrm{d}t}=-\dfrac{\varepsilon}{p_n}f\left[\nu t,\ a\cos\left(\dfrac{q\nu}{p}t+\theta\right),\ -a\dfrac{q\nu}{p}\sin\left(\dfrac{q\nu}{p}t+\theta\right)\right]\sin\left(\dfrac{q\nu}{p}t+\theta\right)\\ \dfrac{\mathrm{d}\theta}{\mathrm{d}t}=p_n-\dfrac{q\nu}{p}-\dfrac{\varepsilon}{ap_n}f\left[\nu t,\ a\cos\left(\dfrac{q\nu}{p}t+\theta\right),\ -a\dfrac{q\nu}{p}\sin\left(\dfrac{q\nu}{p}t+\theta\right)\right]\cos\left(\dfrac{q\nu}{p}t+\theta\right)\end{cases}\tag{9-73}$$

式（9-73）称为共振情况下的标准方程组，对之可取二次近似的 KB 变换

$$\begin{cases}a=y+\varepsilon U_1(t,\ y,\ \vartheta)+\varepsilon^2U_2(t,\ y,\ \vartheta)\\ \theta=\vartheta+\varepsilon V_1(t,\ y,\ \vartheta)+\varepsilon^2V_2(t,\ y,\ \vartheta)\end{cases}\tag{9-74}$$

并要求新变量 $y$，$\vartheta$ 的导数为

$$\begin{cases}\dfrac{\mathrm{d}y}{\mathrm{d}t}=\varepsilon Y_1(y,\ \vartheta)+\varepsilon^2Y_2(y,\ \vartheta)+\varepsilon^3Y_3(t,\ y,\ \vartheta,\ \varepsilon)\\ \dfrac{\mathrm{d}\vartheta}{\mathrm{d}t}=\varepsilon Z_1(y,\ \vartheta)+\varepsilon^2Z_2(y,\ \vartheta)+\varepsilon^3Z_3(t,\ y,\ \vartheta,\ \varepsilon)\end{cases}\tag{9-75}$$

式中，$Y_1$、$Y_2$、$Z_1$、$Z_2$ 不显含 $t$；$U_1$、$U_2$、$V_1$、$V_2$、$Y_3$、$Z_3$ 为 $\vartheta$ 的以 $2\pi$ 为周期的周期函数和 $t$ 的周期函数。将式（9-74）代入式（9-73），并考虑式（9-75）的关系，通过类似于自治系统的平均法的计算，即可求出共振情况的近似解析解。

### 9.6.5 干摩擦引起的分段光滑系统自激振动的近似解析解

龙洗是著名中华文物之一，它不仅有较高的艺术观赏性，更包含着深刻的科学道理。描述其现象的动力学方程是分段光滑非线性方程。其主要表现在干摩擦力 $F^*$ 的数学表达式上。由式（9-22）可知，作用于龙洗两耳上的干摩擦力 $F^*$ 和相对速度 $\dot{v}_{\mathrm{r}}$ 的关系可近似表示为

$$F^*(\dot{v}_{\mathrm{r}})=[a_1\operatorname{sgn}(\dot{v}_{\mathrm{r}})-b_1\dot{v}_{\mathrm{r}}+c_1\dot{v}_{\mathrm{r}}^3]F_{\mathrm{NA}}$$

式中，$a_1$ 为静摩擦因数；$b_1$、$c_1$ 为实验曲线拟合的动摩擦黏滑系数；$F_{\mathrm{NA}}$ 为作用于龙洗双耳上 $A$ 点的正压力。此函数是由三段光滑非线性曲线组成的。如图 9-20 所示。

由于当 $\dot{v}_{\mathrm{r}}=0$ 时，摩擦力函数 $F^*$ 为跳跃的非确定性函数，对求解此系统的解析解增加了很大困难，为得到此非线性系统的动力学普遍表达式，必须对此系统进行相平面的定性分析。

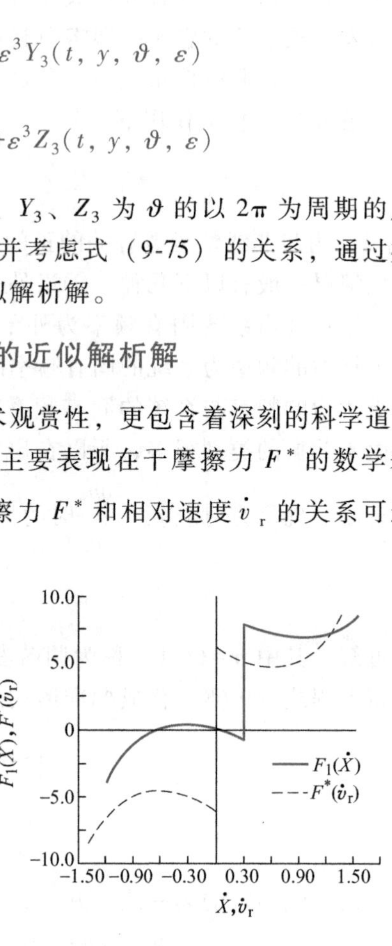

图 9-20 非线性摩擦力与速度的关系曲线

由 9.4.3 中的结论，略去高阶模态，只考虑龙洗的第一阶模态，则 $\dot{v}_{\mathrm{r}}=\dot{S}_0-V_{\mathrm{II}1}\dot{T}$，式（9-24）可写为

$$\ddot{T}(t)+p_n^2T(t)=2F^*(\dot{S}_0-V_{\mathrm{II}1}\dot{T})V_{\mathrm{II}1}\tag{9-76}$$

现引入新变量

$$X(t)=T(t)-2\frac{1}{p_n^2}F^*(\dot{S}_0)V_{\mathrm{II}1}$$

以代替原变量 $T(t)$，从上式可看出 $2\frac{1}{\omega^2}F^*(\dot{S}_0)V_{\mathrm{II}1}-T(t)=0$ 标志着以弹簧力和摩擦力作用下的平衡位置为 $X(t)=0$，运动微分方程式（9-76）变为

$$\ddot{X}(t)+\omega^2X(t)=F_1(\dot{X}) \tag{9-77}$$

式中

$$F_1(\dot{X})=2F^*(\dot{S}_0-V_{\mathrm{II}1}\dot{X})V_{\mathrm{II}1}-2F^*(\dot{S}_0)V_{\mathrm{II}1}$$

引入新变量

$$\tau=p_nt$$

代入式（9-77）则得

$$\ddot{X}(\tau)+X(\tau)=F(\dot{X}) \tag{9-78}$$

式中

$$F(\dot{X})=2F_{\mathrm{N_A}}\{a_1\operatorname{sgn}(\dot{S}_0-V_{\mathrm{II}1}\dot{X}(\tau))-b_1[\dot{S}_0-V_{\mathrm{II}1}\dot{X}(\tau)]+$$
$$c_1[\dot{S}_0-V_{\mathrm{II}1}\dot{X}(\tau)]^3-[a_1-b_1\dot{S}_0+c_1\dot{S}_0^3]\}V_{\mathrm{II}1}$$

利用数值解，则式（9-78）的相平面图如图 9-21 所示，在运动过程中，无论初始条件如何变化，轨线一旦与 $P_1P_2$ 线段中 $P_3$ 或 $P'_3$ 接触，就将自左至右到达 $P_1$ 点，因为在此 $P_1P_2$ 线段上 $\ddot{X}(\tau)=0$，因而 $\dot{X}(\tau)=$ 常量是式（9-78）的一个解，这部分解的物理意义是：作用于龙洗两耳上的静摩擦力随着龙洗的弹性恢复力的变化而变化，但并没有达到发生相对滑动的静摩擦力最大值，因而作用在龙洗双耳上的合力为零，则 $\ddot{X}(\tau)=0$，即龙洗两耳随着手的匀速搓动速度产生匀速运动，此阶段为手与龙洗双耳相互滞停阶段。因此，从 $P_1$ 点出发的轨线与 $P_1P_2$ 线段在 $P_3$ 点接触后，又将达到 $P_1$ 点，这就形成一个封闭的轨线，也就是本方程的极限环。

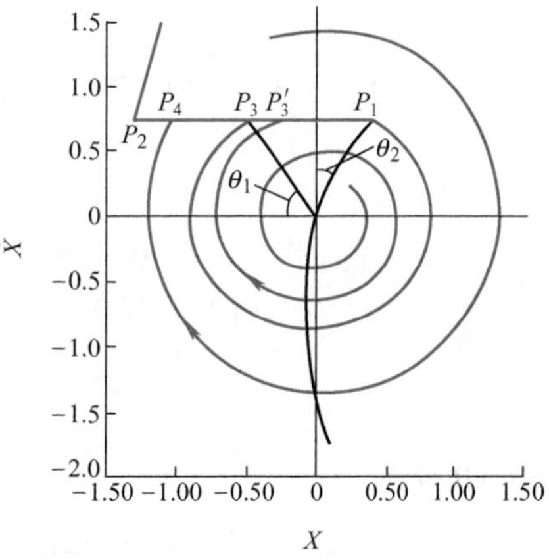


图 9-21　相平面轨线示意图

由以上的描述可知，将方程（9-78）表示成分段光滑非线性数学方程的形式为

$$\ddot{X}(\tau)+X(\tau)=\begin{cases}X(\tau), & \dot{X}(\tau)V_{\mathrm{II}1}=\dot{S}_0<\dot{S}_{01}\\ a_{11}\dot{X}(\tau)+b_{11}\dot{X}^2(\tau)+c_{11}\dot{X}^3(\tau), & \dot{X}(\tau)V_{\mathrm{II}1}<\dot{S}_0<\dot{S}_{01}\\ a_{11}\dot{X}(\tau)+b_{11}\dot{X}^2(\tau)+c_{11}\dot{X}^3(\tau), & \dot{S}_0>\dot{S}_{01}\end{cases} \tag{9-79}$$

式中

$$\begin{cases}a_{11}=2N_A(b_1-3c_1\dot{S}_0^2)V_{\mathrm{II}1}^2\\ b_{11}=6N_Ac_1\dot{S}_0V_{\mathrm{II}1}^3\\ c_{11}=-2N_Ac_1V_{\mathrm{II}1}^4\end{cases}$$

由于非线性方程的复杂性，不可能直接得到方程（9-79）的解析解，因此可用平均法来求式（9-79）的近似解析解。因为非线性项是小量，故引进小参数$\varepsilon$。设式（9-79）的解为

$$X(\tau)=a\cos(\tau+\phi), \qquad \dot{X}(\tau)=-a\sin(\tau+\phi)$$

代入方程（9-79）可得标准方程

$$\frac{\mathrm{d}a}{\mathrm{d}\tau}=\begin{cases}\begin{cases}-\varepsilon a\cos(\tau+\phi)\sin(\tau+\phi), & \dot{X}(\tau)V_{\mathrm{II}1}=\dot{S}_0<\dot{S}_{01}\\ \varepsilon[a_{11}a\sin^2(\tau+\phi)-b_{11}a^2\sin^3(\tau+\phi)+c_{11}a^3\sin^4(\tau+\phi)], & \\ & \dot{X}(\tau)V_{\mathrm{II}1}<\dot{S}_0<\dot{S}_{01}\end{cases}\\ \varepsilon[a_{11}a\sin^2(\tau+\phi)-b_{11}a^2\sin^3(\tau+\phi)+c_{11}a^3\sin^4(\tau+\phi)], \\ \qquad\qquad \dot{S}_0>\dot{S}_{01}\end{cases} \tag{9-80}$$

$$\frac{\mathrm{d}\phi}{\mathrm{d}\tau}=\begin{cases}\begin{cases}-\varepsilon\cos^2(\tau+\phi), & \dot{X}(\tau)V_{\mathrm{II}1}=\dot{S}_0<\dot{S}_{01}\\ \varepsilon[a_{11}\sin(\tau+\phi)-b_{11}a\sin^2(\tau+\phi)+c_{11}a^2\sin^3(\tau+\phi)]\cos(\tau+\phi), & \\ & \dot{X}(\tau)V_{\mathrm{II}1}<\dot{S}_0<\dot{S}_{01}\end{cases}\\ \varepsilon[a_{11}\sin(\tau+\phi)-b_{11}a\sin^2(\tau+\phi)+c_{11}a^2\sin^3(\tau+\phi)]\cos(\tau+\phi) \\ \qquad\qquad \dot{S}_0>\dot{S}_{01}\end{cases} \tag{9-81}$$

采用KB变换

$$\begin{cases}a=y+\varepsilon G_1(\tau,\ y,\ \psi)+\varepsilon^2G_2(\tau,\ y,\ \psi)+\cdots\\ \phi=\psi+\varepsilon R_1(\tau,\ y,\ \psi)+\varepsilon^2R_2(\tau,\ y,\ \psi)+\cdots\end{cases} \tag{9-82}$$

$$\begin{cases}\dfrac{\mathrm{d}y}{\mathrm{d}\tau}=\varepsilon Y_1(y)+\varepsilon^2Y_2(y)+\cdots\\ \dfrac{\mathrm{d}\psi}{\mathrm{d}\tau}=\varepsilon Z_1(y)+\varepsilon^2Z_2(y)+\cdots\end{cases} \tag{9-83}$$

式中，$Y_1$、$Y_2$、$Z_1$、$Z_2$不显含时间$\tau$；$G_1$、$G_2$、$R_1$、$R_2$是$\tau$、$\psi$的周期函数。注意到运动学关系

$$\begin{cases}\sin\theta_1=\dfrac{\dot{S}_0}{V_{\mathrm{II}1}y}\\ \tan\theta_2=2N_A(b_1-c_1\dot{S}_0^2)V_{\mathrm{II}1}^2\end{cases} \tag{9-84}$$

式中，$\theta_1$、$\theta_2$的具体位置如图9-21所示，将式（9-82）~式（9-84）代入式（9-80）、式

（9-81），经计算得

$$Y_1=\begin{cases}\dfrac{1}{2\pi}\left\{\dfrac{1}{2}y(\sin^2\theta_1-\cos^2\theta_2)+\left(\dfrac{1}{2}a_{11}y+\dfrac{3}{8}c_{11}y^3\right)\left(\dfrac{3}{2}\pi+\theta_1-\theta_2\right)-\right.\\ \dfrac{1}{2}\left(\dfrac{1}{2}a_{11}y+\dfrac{1}{2}c_{11}y^3\right)(\sin2\theta_1+\sin2\theta_2)-\\ \dfrac{3}{4}b_{11}y^2(\sin\theta_2+\cos\theta_1)-\dfrac{1}{12}b_{11}y^2(\sin3\theta_2-\cos3\theta_1)+\\ \left.\dfrac{1}{32}c_{11}y^3(\sin4\theta_1-\sin4\theta_2)\right\} & \dot{S}_0<\dot{S}_{01}\\ \dfrac{1}{2}a_{11}y+\dfrac{3}{8}c_{11}y^3 & \dot{S}_0>\dot{S}_{01}\end{cases}\tag{9-85}$$

$$Z_1=\begin{cases}\dfrac{1}{2\pi}\left[-\dfrac{1}{2}\left(\dfrac{1}{2}\pi+\theta_2-\theta_1\right)+\dfrac{1}{4}(\sin2\theta_2+\sin2\theta_1)+\right.\\ \dfrac{1}{2}a_{11}(\sin^2\theta_1-\cos^2\theta_2)-\dfrac{1}{3}b_{11}y(\cos^3\theta_2-\sin^3\theta_1)+\\ \left.\dfrac{1}{4}c_{11}y^2(\sin^4\theta_1-\cos^4\theta_2)\right] & \dot{S}_0<\dot{S}_{01}\\ 0 & \dot{S}_0>\dot{S}_{01}\end{cases}\tag{9-86}$$

为求第一次近似的定常解，将式（9-85）、式（9-86）代入式（9-83），令

$$\begin{cases}\dfrac{dy}{d\tau}=\varepsilon Y_1(y)=0\\ \dfrac{d\psi}{d\tau}=\varepsilon Z_1(y)=0\end{cases}$$

则可得一次稳定的近似定常解。

利用定常解的稳定性条件及 9.4.3 的有关数据，计算了近似解析解的非零解 $\dot{S}_0\sim y$ 关系的非零解曲线。为检验近似解析解的精度，又直接对方程式（9-78）进行了数值解，近似解析解与数值解进行比较，其非零定常解曲线如图 9-22a 所示，数值解与近似解吻合良好。通过近似解析解，还得到了角频率变化量 $Z_1$ 与搓动速度 $\dot{S}_0$ 等参数之间的关系，如图 9-22b所

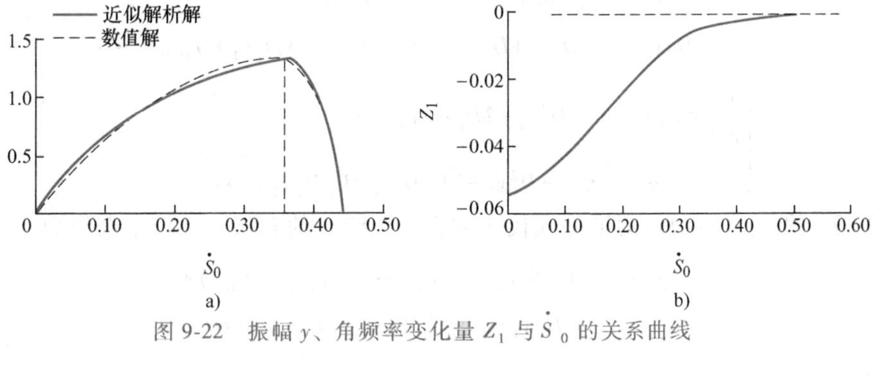


图 9-22　振幅 $y$、角频率变化量 $Z_1$ 与 $\dot{S}_0$ 的关系曲线

示。这是单纯用数值解方法所不易求出的。

因此，在求此类分段非线性系统的近似解时，可先通过相平面分析建立分段光滑非线性数学方程，再利用平均法求解。这不失为是得到此类系统的近似解析解的一个有效的好方法。

---

## 9.7 多尺度法

在解决非线性振动问题中，平均法是采用了KB变量变换，从而得到了近似解。多尺度法也是做自变量变换，它是将方程中的自变量变换成为不同等级变化的多个自变量，即引用多个不同尺度的自变量，它的解是多个自变量的函数。

研究非线性自治系统

$$\ddot{x}+p_n^2x=\varepsilon f(x, \dot{x}) \tag{9-87}$$

首先对式（9-87）的自变量 $t$ 做变换，取多尺度的时间变量

$$T_0=t,\ T_1=\varepsilon t,\ T_2=\varepsilon^2 t,\ \cdots,\ T_m=\varepsilon^m t \tag{9-88}$$

并设系统的一般解对多尺度的时间变量的展开式为

$$\begin{aligned} x &= x_0(T_0, T_1, T_2, \cdots, T_m)+\varepsilon x_1(T_0, T_1, T_2, \cdots, T_m)+\cdots \\ &\quad +\varepsilon^m x_m(T_0, T_1, T_2, \cdots, T_m)+O(\varepsilon^{m+1}) \end{aligned} \tag{9-89}$$

此时对 $t$ 的导数变换为

$$\frac{\mathrm{d}}{\mathrm{d}t}=\frac{\partial}{\partial T_0}\frac{\mathrm{d}T_0}{\mathrm{d}t}+\frac{\partial}{\partial T_1}\frac{\mathrm{d}T_1}{\mathrm{d}t}+\cdots+\frac{\partial}{\partial T_m}\frac{\mathrm{d}T_m}{\mathrm{d}t}=\sum_{n=0}^{m}\varepsilon^n\frac{\partial}{\partial T_n}=\sum_{n=0}^{m}\varepsilon^n D_n$$

式中，$D_n$ 表示$\dfrac{\partial}{\partial T_n}$。而

$$\begin{aligned} \frac{\mathrm{d}^2}{\mathrm{d}t^2} &= \frac{\partial^2}{\partial T_0^2}+2\varepsilon\left(\frac{\partial^2}{\partial T_0 \partial T_1}\right)+\varepsilon^2\left(\frac{\partial^2}{\partial T_1^2}+2\frac{\partial^2}{\partial T_0 \partial T_2}\right)+\cdots \\ &= D_0^2+2\varepsilon D_0D_1+\varepsilon^2(D_1^2+2D_0D_2)+\cdots \end{aligned}$$

因此，$x$（$t$，$\varepsilon$）对时间的导数为

$$\begin{cases} \dfrac{\mathrm{d}x}{\mathrm{d}t}=\dfrac{\partial x_0}{\partial T_0}+\varepsilon\left(\dfrac{\partial x_1}{\partial T_0}+\dfrac{\partial x_0}{\partial T_1}\right)+\varepsilon^2\left(\dfrac{\partial x_2}{\partial T_0}+\dfrac{\partial x_1}{\partial T_1}+\dfrac{\partial x_0}{\partial T_2}\right)+\cdots \\ \quad =D_0x_0+\varepsilon\ (D_0x_1+D_1x_0)\ +\varepsilon^2\ (D_0x_2+D_1x_1+D_2x_0)\ +\cdots \\ \dfrac{\mathrm{d}^2x}{\mathrm{d}t^2}=D_0^2x_2+\varepsilon\ (D_0^2x_1+2D_0D_1x_0)\ + \\ \quad \varepsilon^2\ (D_0^2x_2+D_1^2x_0+2D_0D_2x_02D_0D_1x_1)\ +\cdots \end{cases} \tag{9-90}$$

将式（9-89）和式（9-90）的第一式代入方程（9-87）的右端，并按泰勒级数展开，得到

$$\begin{aligned} f(x, \dot{x}) &= f(x_0, D_0x_0)+\varepsilon[x_1f'_x(x_0, D_0x)+ \\ &\quad (D_0x_1+D_1x_0)f'_{\dot{x}}(x_0, D_0x_0)]+O(\varepsilon^2) \end{aligned}$$

将式（9-90）的第二式及式（9-89）代入式（9-87）中，并令等式两端 $\varepsilon$ 的同幂项的系数相等，得到

$$\begin{cases} D_0^2x_0+p_n^2x_0=0 \\ D_0^2x_1+p_n^2x_1=-2D_0D_1x_0+f(x_0,D_0x_0) \\ D_0^2x_2+p_n^2x_2=-2D_0D_2x_0-D_1^2x_0-2D_0D_1x_1+ \\ \qquad f'_x(x_0,D_0x_0)x_1+f'_{\dot{x}}(x_0,D_0x_0)(D_0x_1+D_1x_0) \\ \vdots \end{cases} \tag{9-91}$$

不失一般性，可令解（9-89）的初始条件为

$$x(\varepsilon,\ 0)=A,\ \dot{x}(\varepsilon,\ 0)=0 \tag{9-92}$$

在误差为 $O(\varepsilon^3)$ 的情况下，由式（9-89）和式（9-90）的第一式可令函数 $x_0$，$x_1$，…及其导数的初始条件为

$$\begin{cases} x_0(0,\ 0,\ 0)=A \\ x_m(0,\ 0,\ 0)=0,\ m=1,\ 2, \\ D_0x_0(0,\ 0,\ 0)=0 \\ D_0x_1(0,\ 0,\ 0)+D_1x_0(0,\ 0,\ 0)=0 \\ D_0x_2(0,\ 0,\ 0)+D_1x_1(0,\ 0,\ 0)+D_2x_0(0,\ 0,\ 0)=0 \end{cases} \tag{9-93}$$

式中

$$D_nx_m(0,\ 0,\ 0)=\left.\frac{\partial x_m(T_0,\ T_1,\ T_2)}{\partial T_n}\right|_{T_0=T_1=T_2=0}$$

这样，可以从方程组（9-91）中依次解出 $x_0$，$x_1$，$x_2$，…它们均为多时间尺度 $T_0$，$T_1$，$T_2$，…的函数，最后结果再按式（9-88）表示为时间 $t$ 的函数。

**例 9-4**　用多尺度法求解 RayLeigh 方程

$$\ddot{x}+x=\varepsilon\left(\dot{x}-\frac{1}{3}\dot{x}^3\right)$$

**解**：对应方程（9-87），

$$f(x,\ \dot{x})=\dot{x}-\frac{1}{3}\dot{x}^3,\ p_n=1$$

设只取两重尺度变量 $T_0$、$T_1$。由

$$D_0^2x_0+x_0=0$$

得到

$$x_0=A_0(T_1)\cos T_0+B_0(T_1)\sin T_0 \tag{a}$$

方程（9-91）的第二式为

$$D_0^2x_1+x_1=-2D_1D_0x_0+D_0x_0-\frac{1}{3}(D_0x_0)^3$$

将式（a）代入上式，有

$$D_0^2x_1+x_1=-A_0(T_1)\sin T_0+B_0(T_1)\cos T_0-2\left(-\frac{\mathrm{d}A_0}{\mathrm{d}T_1}\sin T_0+\frac{\mathrm{d}B_0}{\mathrm{d}T_1}\cos T_0\right)-\frac{1}{3}[-A_0(T_1)\sin T_0+B_0(T_1)\cos T_0]^3$$

整理后得到

$$D_0^2x_1+x_1=\left[2\frac{\mathrm{d}A_0}{\mathrm{d}T_1}-A_0\left(1-\frac{A_0^2+B_0^2}{4}\right)\right]\sin T_0+\left[-2\frac{\mathrm{d}B_0}{\mathrm{d}T_1}+B_0\left(1-\frac{A_0^2+B_0^2}{4}\right)\right]\cos T_0+\mathrm{NST} \tag{b}$$

式中，NST 表示不致产生长期项的各项。消去长期项，有

$$2\frac{\mathrm{d}A_0}{\mathrm{d}T_1}=A_0\left(1-\frac{A_0^2+B_0^2}{4}\right),\ 2\frac{\mathrm{d}B_0}{\mathrm{d}T_1}=B_0\left(1-\frac{A_0^2+B_0^2}{4}\right) \tag{c}$$

由此得到

$$\frac{\mathrm{d}B_0}{\mathrm{d}A_0}=\frac{B_0}{A_0} \tag{d}$$

对上式分离变量后，得到

$$B_0=CA_0 \tag{e}$$

式中，$C$ 为一常数。设初始条件为

$$x_0(0,\ 0)=A,\ D_0x_0(0,\ 0)=0$$

得到

$$A_0(0)=A,\ B_0(0)=0$$

将其代入式（e）中，有 $C=0$，故

$$B_0\equiv 0$$

由式（c），得到

$$\frac{\mathrm{d}A_0}{\mathrm{d}T_1}=\frac{A_0}{2}\left(1-\frac{A_0^2}{4}\right)$$

积分后，得到

$$A_0=\frac{2}{\sqrt{1-\left(1-\frac{4}{A^2}\right)\mathrm{e}^{-T_1}}}$$

故

$$x_0=\frac{2}{\sqrt{1-\left(1-\dfrac{4}{A^2}\right)\mathrm{e}^{-T_1}}}\cos T_0$$

方程的解为

$$x=\frac{2}{\sqrt{1-\left(1-\dfrac{4}{A^2}\right)\mathrm{e}^{-\varepsilon t}}}\cos t+O(\varepsilon)$$

以上分别介绍了平均法和多尺度法。平均法对于计算一次近似，只需计算两个定积分，所以对于处理分段导数不连续系统具有一定的优势，由此得到振幅 $a$ 和相角 $\phi$ 对时间的导数，十分简便。对于自振系统，除能求出平衡点外，还能得到系统趋于极限环及平衡点的过程。对于耗散系统，此法也能得出振幅与时间的依赖关系。此法在计算高阶近似时，计算过于烦冗，而得到的仅是微小的修正量。

多尺度法有其自己的特点。由于在一些问题中，本来就有几个具有物理意义的时间尺度，这时应用多尺度法则可得解与这些时间尺度的依赖关系，便于阐明解的物理意义，也便于与实验相比较。但是，可以看出，即使要求一次近似，也要解若干个偏微分方程，不能处理分段导数不连续的非线性系统。当方程的非线性项比较复杂时，多尺度法的运算往往变得相当困难。

---

## 习　题

9-1　试求下列保守系统的平衡点，画出系统的相轨线，并说明平衡点的类型：

(a) $\ddot{x}+x+x^3=0$；(b) $\ddot{x}+x-x^3=0$；(c) $\ddot{x}-x+x^3=0$；(d) $\ddot{x}-x-x^3=0$

9-2　试确定系统

$$\dot{x}=x^2-y,\quad \dot{y}=x-y$$

的奇点及其稳定性，并定性地画出其线性近似系统的相轨线。

9-3　试确定系统 $\dot{x}=x^2+y^2-5$，$\dot{y}=xy-2$ 的平衡点及其稳定性。

9-4　试求自激振动方程

$$\ddot{x}+\varepsilon(1-x^4)\dot{x}+x=0$$

的振幅及一阶近似解。初始条件为 $x(0)=A$，$\dot{x}(0)=0$。

9-5　已知长为 $l$ 的刚性杆在半径为 $r$ 的圆柱面上做无滑动的摆动，如图 9-23 所示。其运动微分方程为

$$\left(\frac{l^2}{12}+r^2\theta^2\right)\ddot{\theta}+r^2\dot{\theta}^2\theta+gr\theta\cos\theta=0$$

试应用林斯特-庞加莱法求杆摆动角频率的近似表达式。（提示：将 $\cos\theta=1-\dfrac{\theta^2}{2}$代入方程中求解）

9-6　如图 9-24 所示，一长为 $l$ 的刚性细直杆上端与一半径为 $r$ 的滚轮固连，其下端与一质量为 $m$ 的重球固连，重球可视为质点。当此摆做摆动时，滚轮随之在固定平面上做纯滚动，杆及滚轮质量不计，证明其运动微分方程为

$$(l^2+r^2-2rl\cos\theta)\ddot{\theta}+rl\sin\theta\,\dot{\theta}^2+gl\sin\theta=0$$

并求摆动角频率的近似值。（提示：将方程中的 $\cos\theta$、$\sin\theta$ 展开，代入方程求解）

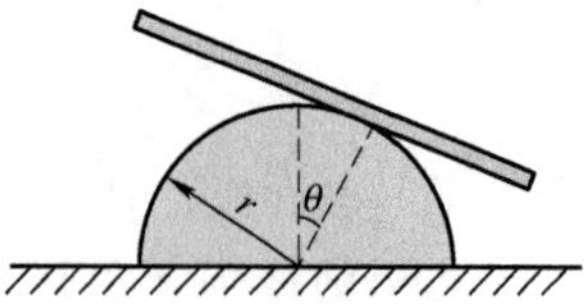


图　9-23

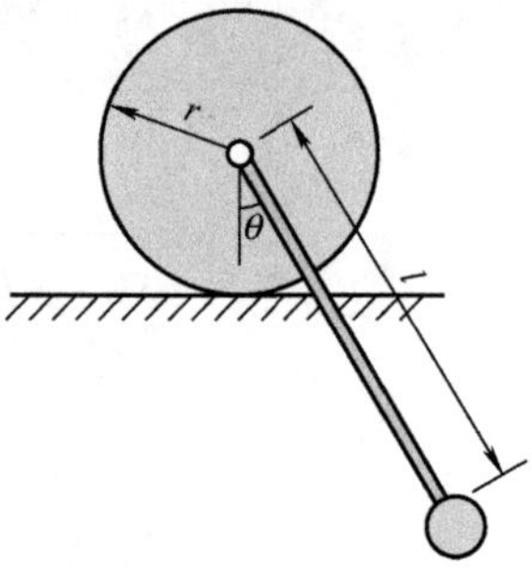


图　9-24

9-7　试用 KBM 法求系统 $\ddot{x}+\omega_0^2x=-\varepsilon\omega_0^2x^3$ 的二阶近似解。

9-8　试用 KBM 法求方程 $\ddot{x}+x=\varepsilon(1-x^2)\dot{x}+\varepsilon x^3$ 的一阶近似解。

9-9　试用平均法求系统

$$\ddot{x}-\varepsilon(1-x^4)\dot{x}+x=0$$

的近似解和稳定振幅。

# 附　　录

## 附录 A　简单弹性元件的刚度系数

| 序　号 | 简　　图 | 刚度系数 | 说　　明 |
|---|---|---|---|
| 1 | 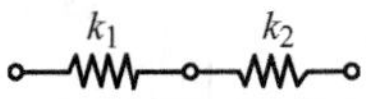 | $k=\dfrac{k_1k_2}{k_1+k_2}$ | 串联弹簧 |
| 2 | 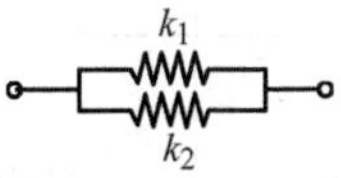 | $k=k_1+k_2$ | 并联弹簧 |
| 3 |  | $k_\theta=\dfrac{EI}{l}$ | 卷簧<br>$I$——截面惯性矩<br>$l$——总长度 |
| 4 | 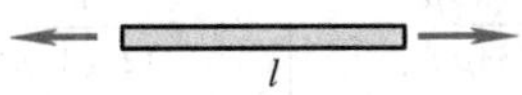 | $k=\dfrac{EA}{l}$ | 等直杆<br>$A$——截面积 |
| 5 | 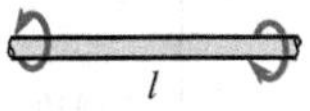 | $k_\theta=\dfrac{GI_{\mathrm{p}}}{l}$ | $I_{\mathrm{p}}$——截面扭转系数（圆截面时即极惯性矩） |
| 6 | 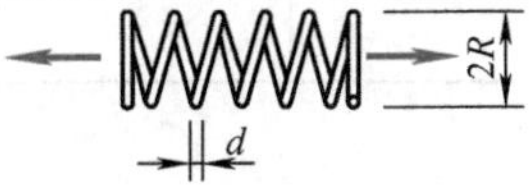 | $k=\dfrac{Gd^4}{64nR^3}$ | $n$——弹簧有效圈数 |
| 7 | 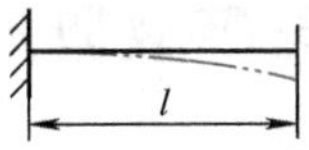 | $k=\dfrac{3EI}{l^3}$ | 悬臂梁<br>$k$——载荷位置上的刚度<br>$I$——截面惯性矩 |
| 8 | 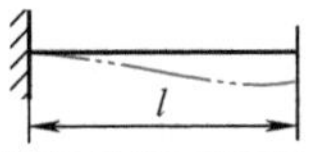 | $k=\dfrac{12EI}{l^3}$ | 悬臂梁<br>自由端无转角 |
| 9 | 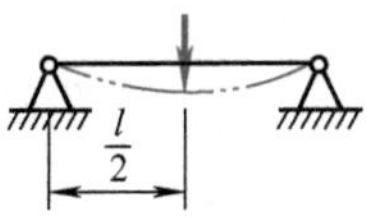 | $k=\dfrac{48EI}{l^3}$ | 两端简支梁 |
| 10 | 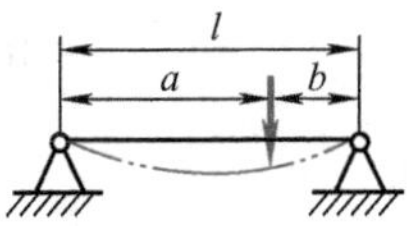 | $k=\dfrac{3EIl}{a^2b^2}$ | 两端简支梁 |

（续）

| 序 号 | 简 图 | 刚度系数 | 说 明 |
|---|---|---|---|
| 11 | 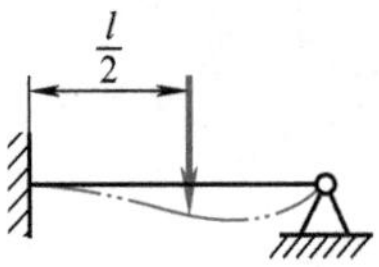 | $k=\dfrac{768EI}{7l^3}$ | 一端固定一端简支梁 |
| 12 | 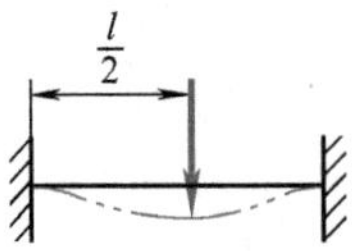 | $k=\dfrac{192EI}{l^3}$ | 两端固定梁 |
| 13 | 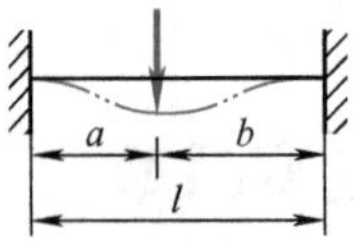 | $k=\dfrac{3EIl^3}{a^3b^3}$ | 两端固定梁 |
| 14 | 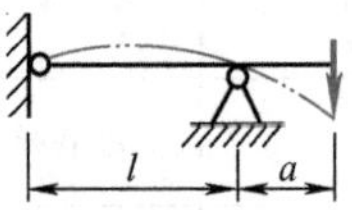 | $k=\dfrac{3EI}{(l+a)a^2}$ | 一端简支的外伸梁 |
| 15 | 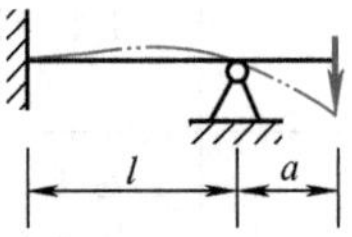 | $k=\dfrac{24EI}{(3l+8a)a^2}$ | 一端固定的外伸梁 |
| 16 | 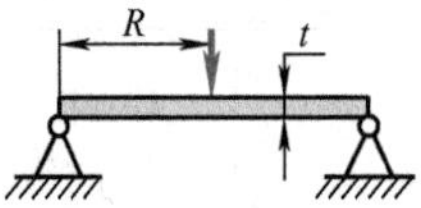 | $k=\dfrac{16\pi D(1+\mu)}{R^2(3+\mu)}$ | 周边铰支的圆板<br>$D=\dfrac{Et^3}{12(1-\mu^2)}$<br>$\mu$——泊松比 |
| 17 | 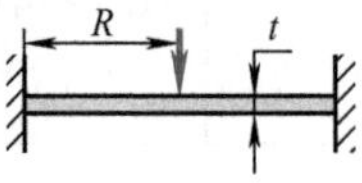 | $k=\dfrac{12\pi D}{R^2}$ | 周边固定的圆板 |

# 附录 B 等效质量、等效刚度系数与等效阻尼系数

## 等 效 质 量

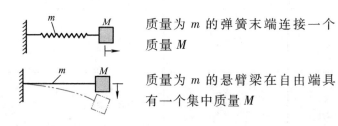

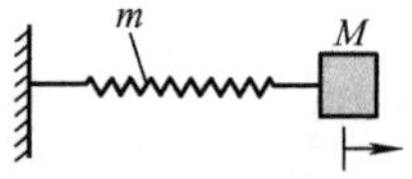


质量为 $m$ 的弹簧末端连接一个质量 $M$

$$m_{eq}=M+\frac{m}{3}$$

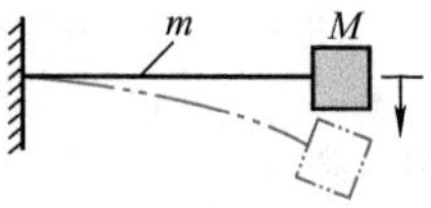


质量为 $m$ 的悬臂梁在自由端具有一个集中质量 $M$

$$m_{eq}=M+0.23m$$

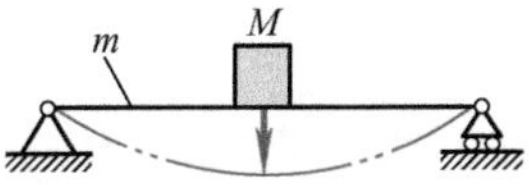


质量为 $m$ 的简支梁在跨度中点具有一个集中质量 $M$

$$m_{eq}=M+0.5m$$

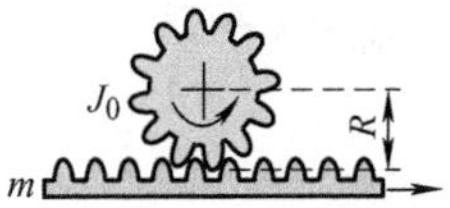


平移质量与转动质量耦合的情况

$$m_{eq}=m+\frac{J_0}{R^2}$$

$$J_{ep}=J_0+mR^2$$

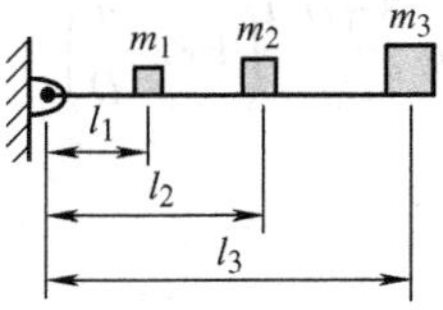


铰支杆上的若干集中质量

$$m_{eq_1}=m_1+\left(\frac{l_2}{l_1}\right)^2 m_2+\left(\frac{l_3}{l_1}\right)^2 m_3$$

## 等效刚度系数

受轴向载荷作用的杆（$l$ 为杆的长度，$A$ 为杆的横截面面积）

$$k_{eq}=\frac{EA}{l}$$

受轴向载荷作用的变截面杆（$D$ 和 $d$ 分别为两个端面的直径）

$$k_{eq}=\frac{\pi EDd}{4l}$$

轴向载荷作用下的螺旋弹簧（$d$ 为簧丝直径，$D$ 为簧圈的平均直径，$n$ 为有效圈数）

$$k_{eq}=\frac{Gd^4}{8nD^3}$$

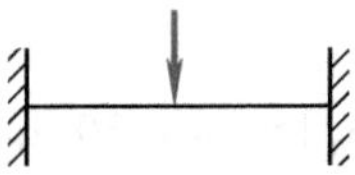

载荷作用在跨度中点的两端固定梁

$$k_{eq}=\frac{192EI}{l^3}$$

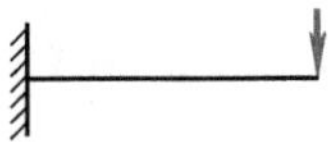

载荷作用在自由端的悬臂梁

$$k_{eq}=\frac{3EI}{l^3}$$

载荷作用在跨度中点的简支梁

$$k_{eq}=\frac{48EI}{l^3}$$

串联弹簧

$$\frac{1}{k_{ep}}=\frac{1}{k_1}+\frac{1}{k_2}+\cdots+\frac{1}{k_n}$$

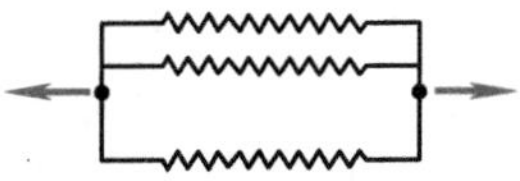

并联弹簧

$$k_{ep}=k_1+k_2+\cdots+k_n$$

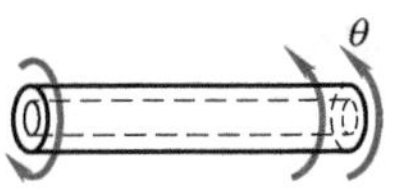


发生扭转变形的空心轴（$l$ 为长度，$D$ 为外径，$d$ 为内径）

$$k_{ep}=\frac{\pi G}{32l}\left(D^4-d^4\right)$$

## 等效阻尼系数

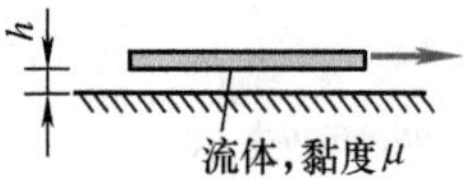


两个平行表面间有相对运动（A 为较小板的面积）

$$c_{ep}=\mu\frac{A}{h}$$

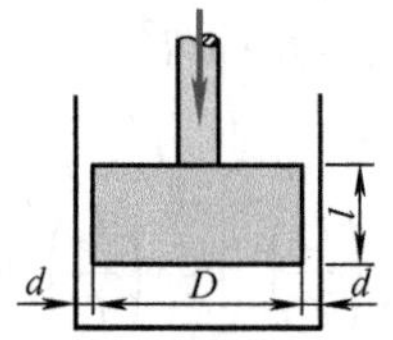


缓冲器（活塞在缸体中做轴向运动）

$$c_{ep}=\mu\frac{3\pi D^3 l}{4d^3}\left(1+2\frac{d}{D}\right)$$

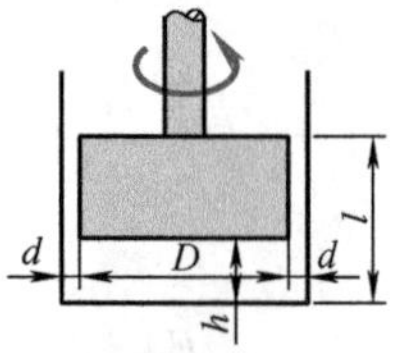


扭转阻尼器

$$c_{ep}=\frac{\pi\mu D^2(l-h)}{2d}+\frac{\pi\mu D^3}{32h}$$

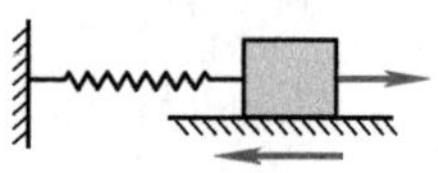

干摩擦（库仑阻尼）（F 为摩擦力，ω 为圆频率，A 为振幅）

$$c_{ep}=\frac{4F}{\pi\omega A}$$

# 附录 C　部分习题参考答案

## 第 1 章

1-1　（1）$u(t)=10.44e^{j(\omega t+65.5°)}$；（2）$\phi=35.5°$

1-2　$\bar{u}_{max}=\sqrt{34+30}\text{cm}=8\text{cm}$，$\bar{u}_{min}=\sqrt{34-30}\text{cm}=2\text{cm}$，$\omega_{拍}=|\omega_2-\omega_1|=|40-39|\text{rad/s}=1\text{rad/s}$，$T_{拍}=\frac{2\pi}{|\omega_2-\omega_1|}=\frac{2\pi}{|40-39|}\text{s}=2\pi\text{s}$

1-3　三角函数法　$x(t)=A\cos(\omega t+\alpha)$

$$A=\sqrt{(10+15\cos2)^2+(15\sin2)^2}\text{cm}=14.1477\text{cm}$$

$$\alpha=\arctan\left(\frac{15\sin2}{10+15\cos2}\right)=74.5963°$$

矢量法　$x(t)=14.1477\cos(\omega t+74.5963°)$

复数法　$x(t)=\text{Re}\left[Ae^{j(\omega t+\alpha)}\right]$

$$A=14.1477,\quad \alpha=74.5963°$$

1-4　$A\leqslant 9.93\text{mm}$

1-5　$T=2.964\text{s}$；$A=10.69\text{cm}$；$v_{max}=22.63\text{cm/s}$

1-6　是简谐振动；$A=0.583\text{cm}$；$v_{max}=18.3\text{cm/s}$；$a_{max}=574.6\text{cm/s}^2$

1-7　不是简谐振动，图略

1-8　$z=\sqrt{34}e^{j(5\pi t+\phi)}$，其中 $\phi=\arctan\frac{5}{3}$

1-9　$x(t)=\frac{1}{2}+\frac{4}{\pi^2}\left(\cos\omega t+\frac{1}{3^2}\cos 3\omega t+\frac{1}{5^2}\cos 5\omega t+\cdots\right)$

1-10　$F(t)=\frac{1}{2}-\sum_{n=1}^{\infty}\frac{1}{n\pi}\sin n\omega t$，图略

1-11　$F(t)=\sum_{n=-\infty}^{\infty}\left(-\mathrm{j}\frac{4F_0}{n^2\pi^2}\sin\frac{n\pi}{2}\right)\mathrm{e}^{\mathrm{j}n\omega t}$，其中 $\omega=\frac{2\pi}{T}$，图略

1-12　$X(\omega)=\mathrm{j}\frac{x_0}{\omega}(\mathrm{e}^{-\mathrm{j}\omega t_1}-1)$，图略

1-13　$F(\omega)=2\pi f_0F_0\left(\frac{1+\mathrm{e}^{-\mathrm{j}\frac{\omega}{2f_0}}}{(2\pi f_0)^2-\omega^2}\right)$，图略

1-14　$\sum_{n=0}^{\infty}\delta(t-nT)\leftrightarrow\frac{1}{1-e^{-Ts}}$，　$\mathrm{Re}(s)>0$

1-15　$\mathrm{e}^{-t}f(3t-2)\leftrightarrow\frac{s+1}{(s+1)^2+9}\mathrm{e}^{-\frac{2}{3}(t+1)}$

1-16　$t^n\varepsilon(t)\leftrightarrow\frac{n!}{s^{n+1}}$

1-17　$f(t)=3\mathrm{e}^{-t}\cos(3t)\varepsilon(t)$

1-18　$f(t)=\sqrt{2}\,\mathrm{e}^{-t}\cos\left(t-\frac{\pi}{4}\right)\varepsilon(t)$

1-19　$f(t)=\left[\frac{1}{\sqrt{2}}t\mathrm{e}^{-2t}\cos\left(t-\frac{\pi}{4}\right)+\frac{1}{2}\mathrm{e}^{-2t}\cos\left(t+\frac{\pi}{2}\right)\right]\varepsilon(t)$

## 第 2 章

2-1　$k_{\mathrm{eq}}=\frac{\bar{k}_{\mathrm{eq}}k_3}{\bar{k}_{\mathrm{eq}}+k_3}=\frac{(k_1+k_2)k_3}{k_1+k_2+k_3}$；$f_{\mathrm{n}}=\frac{1}{2\pi}\sqrt{\frac{k_{\mathrm{eq}}}{m}}=41.7\mathrm{Hz}$

2-2　（a）$f_{\mathrm{n}}=\frac{70}{2\pi}\mathrm{Hz}$；（b）$f_{\mathrm{n}}=\frac{30.3}{2\pi}\mathrm{Hz}$

2-3　$f=\frac{1}{2\pi}p_{\mathrm{n}}=\frac{1}{2\pi}\sqrt{\frac{24EI}{mh^3}}$

2-4　$\frac{1}{12}\frac{\omega}{g}l^2\ddot{\theta}+\frac{\omega a^2}{4h}\theta=0$；$T=\frac{2\pi l}{a}\sqrt{\frac{h}{3g}}$

2-5　$f=\frac{1}{2\pi}p_{\mathrm{n}}=\frac{1}{2\pi}\sqrt{\frac{k_1k_2k_4+k_2k_3k_4+k_1k_2k_4}{m(k_1k_3+k_2k_3+k_1k_2+k_1k_4+k_2k_4)}}$

2-6　$f=\frac{1}{2\pi}p_{\mathrm{n}}=\frac{1}{2\pi}\sqrt{\frac{G(I_1I_2I_3+l_2I_3I_1+l_1I_2I_3)}{Jl_1(I_2l_3+I_3l_2)}}$

2-7　$f=\dfrac{1}{2\pi}p_n=\dfrac{1}{2\pi}\sqrt{\dfrac{k_1\dfrac{R_1^2}{R_2^2}+k_2}{\left(m_1+\dfrac{3}{2}m_2+\dfrac{J}{R_2^2}\right)}}$

2-8　$f=\dfrac{1}{2\pi}p_n=\dfrac{1}{2\pi}\sqrt{\dfrac{k_1a^2+k_3b^2+k_2l^2}{J_0+m_1a^2+m_2l^2}}$

2-9　$c=6.9\text{N}\cdot\text{s/m}$

2-10　$c_c=\dfrac{2a}{l}\sqrt{\dfrac{mk}{3}}$，　$f=\dfrac{1}{2\pi}p_n=\dfrac{1}{2\pi}\sqrt{\dfrac{3ka^2}{ml^2}}$

2-11　$c_c=\dfrac{2bl}{a^2}\sqrt{mk}$；　$f=\dfrac{1}{2\pi}\sqrt{\dfrac{kb^2}{ml^2}}$

2-12　$t=0.30\text{s}$，$|x_{max}|=0.0051\text{cm}$

2-13　$f=\dfrac{1}{2\pi T_d}\sqrt{8\pi^2-\omega_m^2T_d^2}$；$\zeta=\sqrt{\dfrac{4\pi^2-\omega_m^2T_d^2}{8\pi^2-\omega_m^2T_d^2}}$；$\delta=\sqrt{4\pi^2-\omega_m^2T_d^2}$

2-14　$x(t)=1.103\cos(3t-0.898)$（m）

2-15　$m=20.69\text{kg}$；$k=744.84\text{N/m}$

2-16　$B=\dfrac{Qe\omega^2\delta_{st}}{W(g-\omega^2\delta_{st})}$

2-17　$x(t)=\dfrac{1}{1-\lambda^2}\sqrt{\left(\dfrac{F_0}{k}\right)^2+a^2}\sin\left(\omega t+\arctan\dfrac{ak}{F_0}\right)$，式中 $\lambda=\dfrac{\omega}{p_n}$；$p_n=\sqrt{\dfrac{k}{m}}$

2-18　$B=\dfrac{F_0}{k_1}\dfrac{1}{1-\left(\dfrac{\omega}{p_n}\right)^2}$；式中 $p_n=\sqrt{\dfrac{k_1k_2}{m(k_1+k_2)}}$

2-19　$\ddot{\theta}+\dfrac{4c}{m}\dot{\theta}+\dfrac{9k}{m}\theta=\dfrac{3}{ml}F_0\sin\omega t$，（1）$B=\dfrac{F_0}{4c}\sqrt{\dfrac{m}{k}}$，（2）$B=\dfrac{4F_0}{9k}\dfrac{1}{\sqrt{1+\dfrac{64c^2}{81mk}}}$

2-20　$\ddot{\varphi}+\dfrac{c}{4m}\dot{\phi}+\dfrac{k}{4m}\varphi=\dfrac{ka}{4ml}\sin\omega t$，$f=\dfrac{1}{2\pi}p_n=\dfrac{1}{2\pi}\sqrt{\dfrac{k}{4m}}$，$\zeta=\dfrac{c}{8mp_n}$，

$B=\dfrac{2a}{\sqrt{(1-\lambda^2)^2+(2\zeta\lambda)^2}}$，式中 $\lambda=\dfrac{\omega}{p_n}$

2-21　（1）$F_T=514.7\text{ N}$，（2）$B=0.584\text{mm}$

2-22　$W_1=-15.39\text{ J}$；$W_2=0.0395\text{J}$

2-25　$x(t)=\dfrac{F_1}{k}(1-\cos p_nt)$，$0\leqslant t\leqslant t_1$

$x(t)=\dfrac{F_1}{k}[\cos p_n(t_1-t)-\cos p_nt]-\dfrac{F_1}{k}[1-\cos p_n(t_1-t)]$，$t_1<t<t_2$

$$x(t)=\frac{F_1}{k}[\cos p_n(t_1-t)-\cos p_n t]-\frac{F_1}{k}[\cos p_n(t_2-t)-\cos p_n(t_1-t)],\ t>t_2$$

2-26　$x_r(t)=\dfrac{-b}{n^2+p_d^2}\left(1-\dfrac{n\mathrm{e}^{-nt}}{p_d}\sin p_d t-\mathrm{e}^{-nt}\cos p_d t\right)$，式中 $p_d=\sqrt{p_n^2-n^2}$，

$p_n^2=\dfrac{k}{m}$，$2n=\dfrac{c}{m}$

2-27　$x(t)=a\left[1-\mathrm{e}^{-\zeta p_n t}\left(\dfrac{\zeta p_n}{p_d}\sin p_d t+\cos p_d t\right)\right]$，其中 $p_d=\sqrt{p_n^2-n^2}$，$p_n^2=\dfrac{k}{m}$，$2n=\dfrac{c}{m}$

2-28　$x(t)=\dfrac{F_0}{k}\dfrac{1}{1-\left(\dfrac{\omega}{p_n}\right)^2}\left(\sin\omega t-\dfrac{\omega}{p_n}\sin p_n t\right)$，$0\leqslant t<t_1$

$$x(t)=\frac{F_0}{k}\frac{\dfrac{\omega}{p_n}}{1-\left(\dfrac{\omega}{p_n}\right)^2}[\sin p_n(t_1-t)-\sin p_n t],\quad t>t_1$$

2-29　$x(t)=\dfrac{F_0}{k}\left[\left(1+\dfrac{2}{p_n^2t_1^2}\right)(1-\cos p_n t)-\dfrac{t^2}{t_1^2}\right]$，$0\leqslant t<t_1$

$$x(t)=\frac{F_0}{k}\left\{\frac{2}{p_n^2t_1^2}[\cos p_n(t-t_1)-\cos p_n t]-\frac{2}{p_n t_1}\sin p_n(t-t_1)-\cos p_n t\right\},\quad t>t_1$$

2-30　$x_r(t)=\dfrac{-b}{p_n^2}\left(\dfrac{t}{t_1}-\dfrac{\sin p_n t}{p_n t_1}\right)$，$0<t<t_1$

$$x_r(t)=\frac{-b}{p_n^2}\left[1+\frac{\sin p_n(t-t_1)-\sin p_n t}{p_n t_1}\right],\quad t>t_1$$

2-31　$x(t)=a_1(1-\cos p_n t)-\dfrac{a_1+a_2}{t_1}\left(t-\dfrac{\sin p_n t}{p_n}\right)$，$0<t<t_1$

$$x(t)=-a_1\cos p_n t+\frac{a_1+a_2}{p_n t}[\sin p_n t-\sin p_n(t-t_1)]-a_2\cos p_n(t-t_1),\quad t>t_1$$

2-32　(1) $y(t)=a+\dfrac{a}{p_n^2-\omega^2}(\omega^2\cos p_n t-p_n^2\cos\omega t)$，$0<t<t_1$

(2) $y(t)=\dfrac{\omega^2 a}{p_n^2-\omega^2}[\cos p_n t-\cos p_n(t-t_1)]$，$t\geqslant t_1$。其中，$p_n^2=\dfrac{k}{m}$，$\omega=\dfrac{2\pi}{l}v$。

## 第3章

3-1　$x_1(t)=\dfrac{5}{2}\cos\sqrt{\dfrac{k}{m}}t+\dfrac{5}{2}\cos\sqrt{\dfrac{3k}{m}}t$

$$x_2(t)=\frac{5}{2}\cos\sqrt{\frac{k}{m}}t-\frac{5}{2}\cos\sqrt{\frac{3k}{m}}t$$

3-2 $\begin{cases} m_1\ddot{x}+\left(k_1+\dfrac{m_1+m_2}{l_1}g+\dfrac{m_2}{l_2}g\right)x_1-\dfrac{m_2 g}{l_2}x_2=F_1(t) \\ m_2\ddot{x}_2-\dfrac{m_2 g}{l_2}x_1+\left(k_2+\dfrac{m_2 g}{l_2}\right)x_2=F_2(t) \end{cases}$

3-3 $\begin{cases} J_1\ddot{\theta}_1+(k_{\theta1}+k_{\theta2})\theta_1-k_{\theta2}\theta_2=M_1(t) \\ J_2\ddot{\theta}_2-k_{\theta2}\theta_1+k_{\theta2}\theta_2=M_2(t) \end{cases}$

3-4 $\begin{pmatrix} x_1 \\ x_2 \end{pmatrix}=\begin{pmatrix} \dfrac{l^3}{24EI} & \dfrac{5l^3}{48EI} \\ \dfrac{5l^3}{48EI} & \dfrac{l^3}{3EI} \end{pmatrix}\left(\begin{pmatrix} F_1(t) \\ F_2(t) \end{pmatrix}-\begin{pmatrix} m_1 & 0 \\ 0 & m_2 \end{pmatrix}\begin{pmatrix} \ddot{x}_1 \\ \ddot{x}_2 \end{pmatrix}\right)$

3-5 $\begin{pmatrix} m_1 & 0 \\ 0 & m_2 \end{pmatrix}\begin{pmatrix} \ddot{x}_1 \\ \ddot{x}_2 \end{pmatrix}+\begin{pmatrix} \dfrac{2F_T}{l} & -\dfrac{F_T}{l} \\ -\dfrac{F_T}{l} & \dfrac{2F_T}{l} \end{pmatrix}\begin{pmatrix} x_1 \\ x_2 \end{pmatrix}=\begin{pmatrix} 0 \\ 0 \end{pmatrix}$

3-6 $f_1=\dfrac{1}{2\pi}p_1=\dfrac{1}{2\pi}\sqrt{(2-\sqrt{2})\,g/l}$, $f_2=\dfrac{1}{2\pi}p_2=\dfrac{1}{2\pi}\sqrt{(2+\sqrt{2})g/l}$, $\nu_1=1/(1+\sqrt{2})$, $\nu_2=1/(1-\sqrt{2})$

3-7 $f_1=\dfrac{1}{2\pi}p_1=1.65\dfrac{1}{2\pi}\sqrt{\dfrac{EI}{ml^3}}$, $f_2=\dfrac{1}{2\pi}p_2=10.99\dfrac{1}{2\pi}\sqrt{\dfrac{EI}{ml^3}}$, $\nu_1=0.32$, $\nu_2=-3.12$

3-8 $f_1=\dfrac{1}{2\pi}p_1=\dfrac{1}{2\pi}\sqrt{\dfrac{F_T}{m}l}$, $f_2=\dfrac{1}{2\pi}p_2=\dfrac{1}{2\pi}\sqrt{\dfrac{3F_T}{m}l}$, $\nu_1=1$, $\nu_2=-1$

3-9 $\begin{pmatrix} m & 0 \\ 0 & 2m \end{pmatrix}\begin{pmatrix} \ddot{x}_1 \\ \ddot{x}_2 \end{pmatrix}+\begin{pmatrix} 5k & -4k \\ -4k & 5k \end{pmatrix}\begin{pmatrix} x_1 \\ x_2 \end{pmatrix}=\begin{pmatrix} 0 \\ 0 \end{pmatrix}$,

$f_1=\dfrac{1}{2\pi}p_1=0.811\dfrac{1}{2\pi}\sqrt{\dfrac{k}{m}}$, $f_2=\dfrac{1}{2\pi}p_2=2.616\dfrac{1}{2\pi}\sqrt{\dfrac{k}{m}}$, $\nu_1=1.0875$, $\nu_2=-0.4625$

3-10 $f_1=\dfrac{1}{2\pi}p_1=0$, $f_2=\dfrac{1}{2\pi}p_2=1.732\dfrac{1}{2\pi}\sqrt{\dfrac{k}{m}}$, $\nu_1=1$, $\nu_2=-2$

3-11 $f_1=\dfrac{1}{2\pi}p_1=0.342\dfrac{1}{2\pi}\sqrt{\dfrac{k}{m}}$, $f_2=\dfrac{1}{2\pi}p_2=1.46\dfrac{1}{2\pi}\sqrt{\dfrac{k}{m}}$

3-12 $f_1=\dfrac{1}{2\pi}p_1=0$, $f_2=\dfrac{1}{2\pi}p_2=\dfrac{1}{2\pi}\sqrt{2k/m}=\dfrac{15.84}{2\pi}\text{Hz}$

$A_1=\begin{pmatrix} 1 \\ 1 \end{pmatrix}$, $A_2=\begin{pmatrix} 1 \\ -1 \end{pmatrix}$

3-13 $f_1=\dfrac{1}{2\pi}p_1=\dfrac{1}{2\pi}\sqrt{\dfrac{k_\theta}{4J_0}(5-\sqrt{17})}$, $f_2=\dfrac{1}{2\pi}p_2=\dfrac{1}{2\pi}\sqrt{\dfrac{k_\theta}{4J_0}(5+\sqrt{17})}$

振型 $\nu_1=\dfrac{\Theta_2^{(1)}}{\Theta_1^{(1)}}=2-\dfrac{5-\sqrt{17}}{4}$，$\nu_2=\dfrac{\Theta_2^{(2)}}{\Theta_1^{(2)}}=2-\dfrac{5+\sqrt{17}}{4}$

3-14 $f_{1,2}=\dfrac{1}{2\pi}p_{1,2}=\dfrac{1}{2\pi}\dfrac{3g}{2W}[(2k_1+k)\mp\sqrt{k^2+4k_1^2}]$，$\nu_1=(-k+\sqrt{k^2+4k_1^2})/2k_1$，

$\nu_2=(-k-\sqrt{k^2+4k_1^2})/2k_1$

3-15 （1）$k_2=7.99\times10^4\text{N/m}$；（2）$B_2=2.22\text{mm}$

3-16 $l=g/\omega^2$

## 第4章

4-1 $\Delta=\dfrac{l_3}{768EI}\begin{pmatrix}9&11&7\\11&16&11\\7&11&9\end{pmatrix}$

4-2 $\boldsymbol{m}\ddot{\boldsymbol{x}}+\boldsymbol{c}\dot{\boldsymbol{x}}+\boldsymbol{kx}=\boldsymbol{F}$

$$\boldsymbol{m}=\begin{pmatrix}m_1&0&0\\0&m_2&0\\0&0&m_3\end{pmatrix},\ \boldsymbol{c}=\begin{pmatrix}c_1+c_2+c_5&-c_2&-c_5\\-c_2&c_2+c_3+c_4&-c_3\\-c_5&-c_3&c_3+c_5\end{pmatrix}$$

$$\boldsymbol{k}=\begin{pmatrix}k_1+k_2&-k_2&0\\-k_2&k_3+k_3&-k_3\\0&-k_3&k_3\end{pmatrix},\ \boldsymbol{x}=\begin{pmatrix}x_1(t)\\x_2(t)\\x_3(t)\end{pmatrix},\ \boldsymbol{F}=\begin{pmatrix}F_1(t)\\F_2(t)\\F_3(t)\end{pmatrix}$$

4-3 $$\begin{pmatrix}m_1&0\\0&m_2\end{pmatrix}\begin{pmatrix}\ddot{x}_1\\\ddot{x}_2\end{pmatrix}+\begin{pmatrix}k_1+\dfrac{(m_1+m_2)g}{l_1}+\dfrac{m_2g}{l_2}&-\dfrac{m_2g}{l_2}\\-\dfrac{m_2g}{l_2}&k_2+\dfrac{m_2g}{l_2}\end{pmatrix}\begin{pmatrix}x_1\\x_2\end{pmatrix}=\begin{pmatrix}F_1(t)\\F_2(t)\end{pmatrix}$$

4-4 $$\begin{pmatrix}\rho Al&0\\0&\dfrac{1}{12}\rho Al^3\end{pmatrix}\begin{pmatrix}\ddot{x}_C\\\ddot{\theta}_C\end{pmatrix}+\begin{pmatrix}k_1+k_2&\dfrac{l}{2}(k_2-k_1)\\\dfrac{l}{2}(k_2-k_1)&\dfrac{l^2}{4}(k_1+k_2)-\dfrac{l}{2}mg\end{pmatrix}\begin{pmatrix}x_C\\\theta_C\end{pmatrix}=\begin{pmatrix}F_C(t)\\M_C(t)\end{pmatrix}$$

4-5 $$\begin{pmatrix}x_1\\x_2\end{pmatrix}=\begin{pmatrix}\dfrac{h_1^3}{24EI_1}&\dfrac{h_1^3}{24EI_1}\\\dfrac{h_1^3}{24EI_1}&\dfrac{h_1^3}{24EI_1}+\dfrac{h_2^3}{24EI_2}\end{pmatrix}\left(\begin{pmatrix}F_1(t)\\F_2(t)\end{pmatrix}-\begin{pmatrix}m_1&0\\0&m_2\end{pmatrix}\begin{pmatrix}\ddot{x}_1\\\ddot{x}_2\end{pmatrix}\right)$$

4-6 $f_1=\dfrac{1}{2\pi}p_1=\dfrac{1}{2\pi}\sqrt{(2-\sqrt{2})\dfrac{g}{l}}$，$f_2=\dfrac{1}{2\pi}p_2=\dfrac{1}{2\pi}\sqrt{(2+\sqrt{2})\dfrac{g}{l}}$，

$$\boldsymbol{\varphi}_1=\begin{pmatrix}-1+\sqrt{2}\\1\end{pmatrix},\ \boldsymbol{\varphi}_2=\begin{pmatrix}-1-\sqrt{2}\\1\end{pmatrix}$$

4-7 $$\begin{vmatrix}k_1b^2+k_2a^2-\frac{1}{3}m_1a^2p^2 & -k_2a\\ -k_2a & k_2-m_2p^2\end{vmatrix}=0$$

4-8 $$\boldsymbol{K}=\begin{pmatrix}\frac{9}{16}k_1l^2 & -\frac{9}{16}k_1l^2\\ -\frac{9}{16}k_1l^2 & \frac{9}{16}k_1l^2+\frac{1}{4}k_2l^2\end{pmatrix},\ \boldsymbol{\Delta}=\begin{pmatrix}\frac{4}{k_2l^2}+\frac{16}{9k_1l^2} & \frac{4}{k_2l^2}\\ \frac{4}{k_2l^2} & \frac{4}{k_2l^2}\end{pmatrix}$$

$$f_1=\frac{1}{2\pi}p_1=0.6505\frac{1}{2\pi}\sqrt{\frac{k}{m}},\qquad f_2=\frac{1}{2\pi}p_2=2.6145\frac{1}{2\pi}\sqrt{\frac{k}{m}}$$

4-9 $$p_1=0,\ p_2=\sqrt{\frac{k}{m}},\ p_3=\sqrt{\frac{2k}{m}},\ \boldsymbol{A}_1=\begin{pmatrix}1\\-1\\\frac{1}{R}\end{pmatrix},\ \boldsymbol{A}_2=\begin{pmatrix}1\\1\\0\end{pmatrix},\ \boldsymbol{A}_3=\begin{pmatrix}1\\-1\\-\frac{1}{R}\end{pmatrix}$$

4-10 $$f_1=\frac{1}{2\pi}p_1=\frac{1}{2\pi}\sqrt{\frac{g}{l}},\qquad f_2=\frac{1}{2\pi}p_2=\frac{1}{2\pi}\sqrt{\frac{g}{l}+\frac{kh^2}{ml^2}},$$

$$f_3=\frac{1}{2\pi}p_3=\frac{1}{2\pi}\sqrt{\frac{g}{l}+\frac{3kh^2}{ml^2}};$$

$$\boldsymbol{A}_1=\begin{pmatrix}1\\1\\1\end{pmatrix},\qquad \boldsymbol{A}_2=\begin{pmatrix}-1\\0\\1\end{pmatrix},\qquad \boldsymbol{A}_3=\begin{pmatrix}1\\-2\\1\end{pmatrix}$$

4-11 $$f_1=\frac{1}{2\pi}p_1=4.93\frac{1}{2\pi}\sqrt{\frac{EI}{ml^3}},\qquad f_2=\frac{1}{2\pi}p_2=19.6\frac{1}{2\pi}\sqrt{\frac{EI}{ml^3}},$$

$$f_3=\frac{1}{2\pi}p_3=\frac{1}{2\pi}41.6\sqrt{\frac{EI}{ml^3}}$$

$$\boldsymbol{A}_1=\begin{pmatrix}1.000\\1.414\\1.000\end{pmatrix},\qquad \boldsymbol{A}_2=\begin{pmatrix}-1.000\\0.000\\1.000\end{pmatrix},\qquad \boldsymbol{A}_3=\begin{pmatrix}1.000\\-1.414\\1.000\end{pmatrix}$$

4-12 $$f_1=\frac{1}{2\pi}p_1=0,\qquad f_2=\frac{1}{2\pi}p_2=\frac{1}{2\pi}\sqrt{(2-\sqrt{2})\ \frac{k}{m}},\qquad f_3=\frac{1}{2\pi}p_3=\frac{1}{2\pi}\sqrt{\frac{2k}{m}},$$

$$f_4=\frac{1}{2\pi}p_4=\frac{1}{2\pi}\sqrt{(2+\sqrt{2})\ \frac{k}{m}}$$

$$\boldsymbol{A}_1=\begin{pmatrix}1\\1\\1\\1\end{pmatrix},\qquad \boldsymbol{A}_2=\begin{pmatrix}-1\\1-\sqrt{2}\\-(1-\sqrt{2})\\1\end{pmatrix},\qquad \boldsymbol{A}_3=\begin{pmatrix}1\\-1\\-1\\1\end{pmatrix},\qquad \boldsymbol{A}_4=\begin{pmatrix}-1\\1+\sqrt{2}\\-(1+\sqrt{2})\\1\end{pmatrix}$$

4-13 $f_1=\frac{1}{2\pi}p_1=\frac{1}{2\pi}\sqrt{9.979\frac{EI}{mh^3}}$, $f_2=\frac{1}{2\pi}p_2=\frac{1}{2\pi}\sqrt{55.07\frac{EI}{mh^3}}$,

$f_3=\frac{1}{2\pi}p_3=\frac{1}{2\pi}\sqrt{151.0\frac{EI}{mh^3}}$

$$\boldsymbol{\psi}=\frac{1}{\sqrt{m}}\begin{pmatrix}0.2149 & -0.5049 & 0.8361\\ 0.4927 & -0.6846 & -0.5390\\ 0.8432 & 0.5278 & 0.1017\end{pmatrix}$$

4-14 $f_1=\frac{1}{2\pi}p_1=\frac{1}{2\pi}\sqrt{\frac{k}{m}}$, $f_2=\frac{1}{2\pi}p_2=\frac{1}{\pi}\sqrt{\frac{k}{m}}$, $f_3=\frac{1}{2\pi}p_3=\frac{1}{\pi}\sqrt{\frac{k}{m}}$;

$$\boldsymbol{A}=\begin{pmatrix}1 & -1 & 1\\ 1 & 0 & -2\\ 1 & 1 & 1\end{pmatrix}$$

4-15 $\theta_1(t)=\frac{\alpha}{3}(\cos p_1t-\cos p_3t)$, $\theta_2(t)=\frac{\alpha}{3}(\cos p_1t+2\cos p_3t)$

$\theta_3(t)=\frac{\alpha}{3}(\cos p_1t-\cos p_3t)$

其中 $p_1=\sqrt{\frac{g}{l}}$, $p_2=\sqrt{\frac{g}{l}+\frac{kh^2}{ml^2}}$, $p_3=\sqrt{\frac{g}{l}+\frac{3kh^2}{ml^2}}$

4-16 $x_1(t)=\frac{v}{2}\left(t+\frac{1}{p_3}\sin p_3t\right)$, $x_2(t)=\frac{v}{2}\left(t-\frac{1}{p_3}\sin p_3t\right)$, $x_3(t)=\frac{v}{2}\left(t-\frac{1}{p_3}\sin p_3t\right)$

$x_4(t)=\frac{v}{2}\left(t+\frac{1}{p_3}\sin p_3t\right)$; 其中 $p_3=\sqrt{\frac{2k}{m}}$

4-17 $$\boldsymbol{x}(t)=\frac{Fh^3}{144EI}\begin{pmatrix}2.615\cos p_1t-0.6973\cos p_2t+0.08018\cos p_3t\\ 5.995\cos p_1t-0.9395\cos p_2t-0.05169\cos p_3t\\ 10.26\cos p_1t+0.7241\cos p_2t+0.009753\cos p_3t\end{pmatrix}$$

式中，$p_1=3.159\sqrt{\frac{EI}{mh^3}}$, $p_2=7.421\sqrt{\frac{EI}{mh^3}}$, $p_3=12.29\sqrt{\frac{EI}{mh^3}}$

4-18 $$\boldsymbol{\theta}(t)=\frac{F}{3ml}\begin{pmatrix}\frac{1}{p_1^2}\left(t-\frac{1}{p_1}\sin p_1t\right)-\frac{1}{p_3^2}\left(t-\frac{1}{p_3}\sin p_3t\right)\\ \frac{1}{p_1^2}\left(t-\frac{1}{p_1}\sin p_1t\right)+\frac{2}{p_3^2}\left(t-\frac{1}{p_3}\sin p_3t\right)\\ \frac{1}{p_1^2}\left(t-\frac{1}{p_1}\sin p_1t\right)-\frac{1}{p_3^2}\left(t-\frac{1}{p_3}\sin p_3t\right)\end{pmatrix}$$

式中，$p_1=\sqrt{\frac{g}{l}}$, $p_3=\sqrt{\frac{g}{l}+\frac{3kh^2}{ml^2}}$

4-19 $x(t)=\dfrac{F}{4m}\begin{pmatrix} t^2+\dfrac{m}{k}(1-\cos p_3 t) \\ t^2-\dfrac{m}{k}(1-\cos p_3 t) \\ t^2-\dfrac{m}{k}(1-\cos p_3 t) \\ t^2+\dfrac{m}{k}(1-\cos p_3 t) \end{pmatrix}$，式中 $p_3=\sqrt{\dfrac{2k}{m}}$

4-20 $\boldsymbol{x}_r(t)=-a\sin\omega t\begin{pmatrix} 0.334\dfrac{\beta_1}{p_1^2}+0.333\dfrac{\beta_2}{p_2^2}+0.333\dfrac{\beta_3}{p_3^2} \\ 0.765\dfrac{\beta_1}{p_1^2}+0.450\dfrac{\beta_2}{p_2^2}-0.215\dfrac{\beta_3}{p_3^2} \\ 1.307\dfrac{\beta_1}{p_1^2}-0.348\dfrac{\beta_2}{p_2^2}+0.041\dfrac{\beta_3}{p_3^2} \end{pmatrix}$

式中，$\beta_i=\dfrac{1}{1-\left(\dfrac{\omega}{p_i}\right)^2}$，$i=1, 2, 3$；$p_1^2=9.979\dfrac{EI}{mh^3}$，$p_2^2=55.07\dfrac{EI}{mh^3}$，$p_3^2=151.0\dfrac{EI}{mh^3}$

4-21 $m_2 \geqslant 2.5\text{kg}$，$k_2 \geqslant 8.88\times10^4\text{N/m}$

4-22 （1）$\theta_{\max}=\dfrac{2a}{l}$；（2）$f_1=\dfrac{1}{2\pi}p_1=\dfrac{1}{2\pi}\sqrt{\dfrac{g}{l}+\dfrac{k}{m}+\sqrt{\left(\dfrac{g}{l}\right)^2+\left(\dfrac{k}{m}\right)^2}}$，

$f_2=\dfrac{1}{2\pi}p_2=\dfrac{1}{2\pi}\sqrt{\dfrac{g}{l}+\dfrac{k}{m}-\sqrt{\left(\dfrac{g}{l}\right)^2+\left(\dfrac{k}{m}\right)^2}}$

4-23 （1）$B_1=\dfrac{(1-a^2)(3-2a^2)}{Z}\dfrac{F_0}{k}$，$B_2=\dfrac{3-2a^2}{Z}\dfrac{F_0}{k}$，$B_3=\dfrac{2(1-a^2)}{Z}\dfrac{F_0}{k}$

式中，$a^2=\dfrac{m\omega^2}{k}$，$Z=14-41a^2+34a^4-8a^6$，

$f_1=\dfrac{1}{2\pi}p_1=\dfrac{1}{2\pi}\sqrt{0.590\dfrac{k}{m}}$，$f_2=\dfrac{1}{2\pi}p_2=\dfrac{1}{2\pi}1.211\dfrac{k}{m}$，$f_3=\dfrac{1}{2\pi}p_3=\dfrac{1}{2\pi}2.449\dfrac{k}{m}$

4-24 $x_1(t)=x_{N1}(t)+x_{N2}(t)$，$x_2(t)=x_{N1}(t)-x_{N2}(t)$

式中，$x_{N1}(t)=\dfrac{p}{k}\left[1-\dfrac{e^{-\zeta_1 p_1 t}p_1}{p_{d1}}\sin(p_{d1}t+\varphi_1)\right]$，

$x_{N2}(t)=\dfrac{p}{3k}\left[1-\dfrac{e^{-\zeta_2 p_2 t}p_2}{p_{d2}}\sin(p_{d2}t+\varphi_2)\right]$；

$p_1=\sqrt{\dfrac{k}{m}}$，$p_2=\sqrt{\dfrac{3k}{m}}$，$\zeta_1=\dfrac{c}{\sqrt{km}}$，$\zeta_2=\dfrac{2c}{\sqrt{3km}}$

$$p_{di}=p_i\sqrt{1-\zeta_i^2},\qquad \varphi_i=\arctan\frac{\sqrt{1-\zeta_i^2}}{\zeta_i},\qquad i=1,\ 2$$

## 第 5 章

5-10 $f_1=\frac{1}{2\pi}p_1=0,\quad f_2=\frac{1}{2\pi}p_2=\frac{1}{2\pi}\sqrt{0.451\frac{k}{J}},\quad f_3=\frac{1}{2\pi}p_3=\frac{1}{2\pi}\sqrt{2.215\frac{k}{J}},$

$f_4=\frac{1}{2\pi}p_4=\frac{1}{\pi}\sqrt{\frac{k}{J}}$

$\boldsymbol{A}^{(1)}=[1.00\quad 1.00\quad 1.00\quad 1.00]\qquad \boldsymbol{A}^{(2)}=[1.00\quad 0.55\quad -0.15\quad -0.46]$

$\boldsymbol{A}^{(3)}=[1.00\quad -1.22\quad -0.74\quad 0.32]\qquad \boldsymbol{A}^{(4)}=[1.00\quad -3.00\quad 5.00\quad 18.50]$

5-11 $f_1=\frac{1}{2\pi}p_1=\frac{1}{2\pi}\sqrt{0.311\frac{EI}{ml^3}},\quad f_2=\frac{1}{2\pi}p_2=\frac{1}{2\pi}\sqrt{8.26\frac{EI}{ml^3}}$

## 第 6 章

6-1 （1） $u(x,t)=\frac{8vl}{\pi^2 a}\sum_{i=1,3,\cdots}^{\infty}\frac{1}{i^2}\sin\frac{i\pi x}{2l}\sin\frac{i\pi a}{2l}t$

（2） $u(x,t)=\frac{8vl}{\pi^2 a}\sum_{i=1,3,\cdots}^{\infty}(-1)^{\frac{i-1}{2}}\frac{1}{i^2}\cos\frac{i\pi x}{2l}\sin\frac{i\pi a}{2l}t$

（3） $u(x,t)=\frac{4vl}{\pi^2 a}\sum_{i=1,3,\cdots}^{\infty}(-1)^{\frac{i-1}{2}}\frac{1}{i^2}\cos\frac{i\pi x}{l}\sin\frac{i\pi a}{l}t,\qquad 0\leqslant x\leqslant\frac{l}{2}$

6-2 （1） $u(x,t)=\frac{2Fl}{\pi^2 EA}\sum_{i=1,3,\cdots}^{\infty}\frac{(-1)^{\frac{i-1}{2}}}{i^2}\sin\frac{i\pi x}{l}\cos\frac{i\pi a}{l}t$

（2） $u(x,t)=\frac{2Fl}{\pi^2 EA}\sum_{i=1}^{\infty}\frac{1}{i^2}\sin\frac{i\pi}{3}\sin\frac{i\pi x}{l}\cos\frac{i\pi a}{l}t$

（3） $u(x,t)=\frac{4Fl}{\pi^2 EA}\sum_{i=2,6,10,\cdots}^{\infty}\frac{(-1)^{\frac{i-2}{4}}}{i^2}\sin\frac{i\pi x}{l}\cos\frac{i\pi a}{l}t$

6-3 $u(x,t)=\frac{16F_0 l}{\pi^3 EA}\sum_{i=1,3,\cdots}^{\infty}\frac{1}{i^3}\sin\frac{i\pi x}{2l}\cos\frac{i\pi a}{2l}t$

6-4 $u(x,t)=\frac{2Fl}{\pi^2 EA}\sum_{i=1,3,\cdots}^{\infty}\frac{(-1)^{\frac{i-2}{2}}}{i^2}\sin\frac{i\pi x}{l}(1-\cos\frac{i\pi a}{l}t)$

6-5 $u(x,t)=\frac{4F_0\sin\omega t}{\pi\rho Al}\sum_{i=1,3,\cdots}^{\infty}\frac{1}{i(p_i^2-\omega^2)}\sin\frac{i\pi x}{2l}$，其中 $p_i=\frac{i\pi a}{2l},\quad a=\sqrt{\frac{E}{\rho}}$

6-6 $u(x,t)=\frac{F_1}{12\rho Alt_1^2}t^4+\frac{2F_1 l}{\pi^2 a^2\rho At_1^2}\sum_{i=2,4,\cdots}^{\infty}\frac{(-1)^{\frac{i}{2}}}{i^2}\cos\frac{i\pi x}{l}\left[t^2-\frac{2l^2}{i^2\pi^2 a^2}(1-\cos\frac{i\pi a}{l}t)\right]$

6-7　$\tan\dfrac{pl}{a}=\dfrac{2\dfrac{J_0}{J_s}\dfrac{pl}{a}}{\left(\dfrac{J_0}{J_s}\right)^2\left(\dfrac{pl}{a}\right)^2-1}$，　其中 $a^2=\dfrac{G}{\rho}$

6-8　$\tan\dfrac{pl}{a}=-\dfrac{GI_p}{k_\theta}\dfrac{p}{a}$，　其中　$a^2=\dfrac{E}{\rho}$

6-9　频率方程　$\tan\dfrac{p}{a}l=\dfrac{EAp}{a\left(mp^2-k\right)}$

$$\int_0^l \rho AU_iU_j\mathrm{d}x+mU_i(l)U_j(l)=M_i\delta_{ij}$$

$$\int_0^l EAU_i'U_j'\mathrm{d}x+kU_i(l)U_j(l)=K_i\delta_{ij}$$

6-10　（1）频率方程　$1-2\cos\beta l\,\mathrm{ch}\beta l+\mathrm{ch}^2\beta l-\mathrm{sh}^2\beta l=0$

$$y_i=\left(\frac{C_1}{C_2}\right)_i=\frac{\sin\beta_i l+\mathrm{sh}\beta_i l}{\cos\beta_i l-\mathrm{ch}\beta_i l}$$

主振型函数　$Y_i(x)=C_i\left[\cos\beta_i x-\mathrm{ch}\beta_i x+r_i\left(\sin\beta_i x-\mathrm{sh}\beta_i x\right)\right]$，$i=1,2,3,\cdots$

（2）频率方程　$\sin\beta l\,\mathrm{ch}\beta l=\mathrm{sh}\beta l\cos\beta l$

$$r_i=\left(\frac{C_1}{C_2}\right)_i=-\frac{\cos\beta_i l-\mathrm{ch}\beta_i l}{\sin\beta_i l-\mathrm{sh}\beta_i l}$$

主振型函数　$Y_i(x)=C_i\left[\cos\beta_i x-\mathrm{ch}\beta_i x+r_i\left(\sin\beta_i x-\mathrm{sh}\beta_i x\right)\right]$，$i=1,2,3,\cdots$

（3）频率方程　$\sin\beta l\,\mathrm{ch}\beta l=\mathrm{sh}\beta l\cos\beta l$

$$r_i=\left(\frac{C_1}{C_3}\right)_i=\frac{\mathrm{sh}\beta_i l}{\sin\beta_i l}$$

主振型函数　$Y_i(x)=C_i\left[r_i\sin\beta_i x+\mathrm{sh}\beta_i x\right]$，　$i=1,2,3,\cdots$

6-11　（1）$y(x,t)=\dfrac{2Fl^3}{\pi^4EI}\sum\limits_{i=1}^{\infty}\dfrac{1}{i^4}\sin\dfrac{i\pi a}{l}\sin\dfrac{i\pi x}{l}\cos p_it$

其中 $p_i=i^2\pi^2\sqrt{\dfrac{EI}{\rho Al^4}}$，　$a^2=\dfrac{EI}{\rho A}$

（2）$y(x,t)=\dfrac{4Fl^3}{\pi^4EI}\sum\limits_{i=2,6,10,\cdots}^{\infty}(-1)^{\frac{i-2}{4}}\dfrac{1}{i^4}\sin\dfrac{i\pi x}{l}\cos p_it$

其中 $p_i$ 同上

6-12　$y(x,t)=\dfrac{4F_0l^4}{\pi^5EI}\sum\limits_{i=1,3,\cdots}^{\infty}\dfrac{1}{i^5}\sin\dfrac{i\pi x}{l}\cos p_it$，　其中 $p_i=i^2\pi^2\sqrt{\dfrac{EI}{\rho Al^4}}$

6-13　$y(x,t)=\dfrac{4vl^2}{\pi^3a}\sum\limits_{i=1,3,\cdots}^{\infty}\dfrac{1}{i^3}\sin\dfrac{i\pi x}{l}\sin p_it$

其中　$p_i=i^2\pi^2\sqrt{\dfrac{EI}{\rho Al^4}}$，　$a^2=\dfrac{EI}{\rho A}$

6-14　$y(x,t)=\dfrac{2Fl^3}{\pi^4 EI}\sum\limits_{i=1,3,\cdots}^{\infty}(-1)^{\frac{i-1}{2}}\dfrac{1}{i^4}\sin\dfrac{i\pi x}{l}(1-\cos p_i t)$

其中　$p_i=i^2\pi^2\sqrt{\dfrac{EI}{\rho Al^4}}$

6-15　$y(x,t)=\dfrac{4F_0l^3}{\pi^4 EI}\sum\limits_{i=1,3,\cdots}^{\infty}(-1)^{\frac{i-1}{2}}\dfrac{\cos\dfrac{i\pi}{6}}{i^4-\alpha^2}\sin\dfrac{i\pi x}{l}\sin\omega t$

其中　$\alpha=\dfrac{\omega}{p_i}$，　$p_i=\pi^2\sqrt{\dfrac{EI}{\rho Al^4}}$

6-16　$(y_{\max})_{\frac{l}{2}}=\dfrac{2F_0l^4}{\pi^5 EI}\sum\limits_{i=1,3,\cdots}^{\infty}\dfrac{(-1)^{\frac{i-1}{2}}}{i(i^4-\alpha^2)}$

其中　$\alpha=\dfrac{\omega}{p_i}$，　$p_i=\pi^2\sqrt{\dfrac{EI}{\rho Al^4}}$

6-17　$y(x,t)=\dfrac{F_0l^4}{\pi^4 EI}\dfrac{1}{1-\dfrac{\omega^2l^4\rho A}{\pi^4\ EI}}\sin\dfrac{\pi x}{l}\sin\omega t$

6-18　$y(x,t)=\dfrac{F_0}{\omega^2\rho A}\sin\omega t\left[\dfrac{\cos\beta\left(\dfrac{l}{2}-x\right)}{2\cos\dfrac{\beta l}{2}}+\dfrac{\mathrm{ch}\beta\left(\dfrac{l}{2}-x\right)}{2\mathrm{ch}\dfrac{\beta l}{2}}-1\right]$

其中　$\beta^4=\dfrac{\omega^2\rho A}{EI}$（下同）

6-19　$y(x,t)=\dfrac{F_0\sin\omega t}{2\omega^2\rho A}\left(\dfrac{\sin\beta x}{\sin\beta l}+\dfrac{\mathrm{sh}\beta x}{\mathrm{sh}\beta l}-\dfrac{2x}{l}\right)$

6-20　$y(x,t)=\dfrac{1}{2}b\sin\omega t\left(\dfrac{\sin\beta x}{\sin\beta l}+\dfrac{\mathrm{sh}\beta x}{\mathrm{sh}\beta l}\right)$

6-21　频率方程　$EI\beta^3(1+\mathrm{ch}\beta l\cos\beta l)=-k(\mathrm{ch}\beta l\sin\beta l-\mathrm{sh}\beta l\cos\beta l)$

$$\int_0^l \rho AY_iY_j\mathrm{d}x=M_i\delta_{ij}$$

$$\int_0^l EIY_i''Y_j''\mathrm{d}x+kY_i(l)Y_j(l)=K_i\delta_{ij}$$

6-22　(1) $f_1=\dfrac{1}{2\pi}p_1=4.9344\dfrac{1}{2\pi}\sqrt{\dfrac{EI}{\rho Al^4}}$，　(2) $f_1=\dfrac{1}{2\pi}p_1=7.746\dfrac{1}{2\pi}\sqrt{\dfrac{EI}{\rho Al^4}}$，

$f_2=\dfrac{1}{2\pi}p_2=35.4965\dfrac{1}{2\pi}\sqrt{\dfrac{EI}{\rho Al^4}}$

6-23　$f_1=\dfrac{1}{2\pi}p_1=3.1068\dfrac{1}{2\pi}\sqrt{\dfrac{EI_0}{\rho A_0l^4}}$，　$f_2=\dfrac{1}{2\pi}p_2=52.6701\dfrac{1}{2\pi}\sqrt{\dfrac{EI_0}{\rho A_0l^4}}$，

其中 $I_0=\dfrac{A_0^3}{12b^2}$

6-24 $f_1=\frac{1}{2\pi}p_1=\frac{1}{2\pi}\sqrt{\frac{2\pi^4 EI}{l^3\left(m+\frac{3}{8}\rho Al\right)}}$

6-25 （1）$f_1=\frac{1}{2\pi}p_1=3.5327\frac{1}{2\pi}\sqrt{\frac{EI}{\rho Al^4}}$， $\Delta_1=0.49\%$

$f_2=\frac{1}{2\pi}p_2=34.8069\frac{1}{2\pi}\sqrt{\frac{EI}{\rho Al^4}}$， $\Delta_2=57.97\%$

（2）$Y(x)=\psi_1(x)$： $f_1=\frac{1}{2\pi}p_1=4.4721\frac{1}{2\pi}\sqrt{\frac{EI}{\rho Al^4}}$， $\Delta=27.2\%$

$Y(x)=\psi_2(x)$： $f_1=\frac{1}{2\pi}p_1=3.8056\frac{1}{2\pi}\sqrt{\frac{EI}{\rho Al^4}}$， $\Delta=8.25\%$

## 第7章

7-1 $f_1=\frac{1}{2\pi}p_1=\frac{1}{2\pi}\sqrt{\frac{3E}{\rho l^2}}$

7-2 $\boldsymbol{K}=\frac{EA}{l}\begin{pmatrix}2&-1&0&0\\-1&2&-1&0\\0&-1&2&-1\\0&0&-1&1\end{pmatrix}$， $\boldsymbol{M}=\frac{\rho Al}{6}\begin{pmatrix}4&1&0&0\\1&4&1&0\\0&1&4&1\\0&0&1&2\end{pmatrix}$

7-3 $f_1=\frac{1}{2\pi}p_1=\frac{1.278}{L}\frac{1}{2\pi}\sqrt{\frac{G}{\rho}}$， $f_2=\frac{1}{2\pi}p_2=\frac{4.31}{L}\frac{1}{2\pi}\sqrt{\frac{G}{\rho}}$

7-4 $\frac{\rho Al}{6}\begin{pmatrix}4&1\\1&2\end{pmatrix}\begin{pmatrix}\ddot{\psi}_1\\\ddot{\psi}_2\end{pmatrix}+\frac{EA}{l}\begin{pmatrix}2&-1\\-1&1\end{pmatrix}\begin{pmatrix}\psi_2\\\psi_3\end{pmatrix}=\begin{pmatrix}0\\F_0\sin\omega t\end{pmatrix}$

7-5 $f_1=\frac{1}{2\pi}p_1=3.53\frac{1}{2\pi}\sqrt{\frac{EI}{\rho l^4}}$；

$A(x)=1.622\frac{x^2}{L^2}-0.622\frac{x^3}{L^3}$

7-6 $f_1=\frac{1}{2\pi}p_1=\frac{1}{\pi l}\sqrt{\frac{3G}{\rho}}$

7-7 $f_1=\frac{1}{2\pi}p_1=26.833\frac{1}{2\pi}\sqrt{\frac{EI}{\rho l^4}}$

7-8 $f_1=\frac{1}{2\pi}p_1=\frac{0.594}{l}\frac{1}{2\pi}\sqrt{\frac{E}{\rho}}$

## 第8章

8-1 $k=3.51\times10^3\text{N/m}$

8-2　$\delta_{st}=1.99\text{mm}$

8-3　$k=3.32\times10^4\text{N/m}$

8-4　$\eta=62.4\%$

8-5　$k_2=2.5\times10^5\text{N/m}$，$m_2=100\text{kg}$

8-6　$f_1=5.2\text{Hz}$，　$f_2=10.89\text{Hz}$

8-7　$\mu=0.5968$，　$m_2=\mu m_1=0.5968\times100\text{kg}=59.68\text{kg}$

$k_2=2.76\times10^5\text{N/m}$

8-8　$p_2=102.82\text{rad/s}$

8-9　$9.01\times10^{-4}\text{m}$

8-10　$B_1=2.9\text{cm}$

8-11　$B_1=9.08\times10^{-4}\text{m}$

8-12　$k=1.93\times10^7\text{N/m}$

## 第9章

9-1　(a)(0，0)，中心。(b)(0，0)，中心；(1，0)，(1，0)，鞍点。(c)(0，0)，鞍点；(−1，0)，(1，0)中心。(d)(0，0)，鞍点

9-2　(0，0)，稳定焦点，稳定。(1，1)，鞍点，不稳定

9-3　(2，1)，不稳定结点；(1，2)，鞍点，不稳定；(−1，−2)，鞍点，不稳定；(−2，−1)稳定结点

9-4　$A=\sqrt[4]{8}$，　$x=\sqrt[4]{8}\cos\tau$

9-5　$\omega=\dfrac{2\sqrt{3gr}}{l}\left[1-3\left(\dfrac{r^2}{l^2}+\dfrac{1}{16}\right)\varepsilon a\right]$

9-6　$\omega=\dfrac{\sqrt{gr}}{1-r}\left\{1-\dfrac{\varepsilon^2a^2}{2}\left[1+\dfrac{4lr}{(l-r)^2}\right]\right\}$

9-7　$x=y\cos\psi+\varepsilon\dfrac{y^3}{64}(4\cos\psi+5\cos3\psi+\cos5\psi)$，$y=\text{const}$

$$\psi=\omega_0\left(1+\varepsilon\frac{3}{8}y^2-\varepsilon^2\frac{51}{256}y^4\right)t+\psi_0$$

9-8　$a^2=\dfrac{4}{\left[1+\left(\dfrac{4}{y_0^2}-1\right)e^{-\varepsilon t}\right]}$，　$\psi=t-\dfrac{3}{2}\ln\left[1+\left(\dfrac{y_0}{2}\right)^2(e^{\varepsilon t}-1)\right]$，　$x=a\cos\psi$

9-9　$x=A\cos(t+\varphi_0)$，　$A^4=\dfrac{8A_0^4e^{2\varepsilon t}}{8-A_0^4(1-e^{2\varepsilon t})}$，　$A=\sqrt[4]{8}=1.68$

# 参考文献


[1] 倪振华. 振动力学 [M]. 西安：西安交通大学出版社，1989.

[2] 丁文镜. 减振理论 [M]. 北京：清华大学出版社，2014.

[3] 毕学涛. 高等动力学 [M]. 天津：天津大学出版社，1994.

[4] 张相庭. 结构振动学 [M]. 上海：同济大学出版社，1994.

[5] 张世基. 振动学基础 [M]. 北京：北京航空航天大学出版社，1990.

[6] 刘习军，贾启芬，张文德. 工程振动与测试技术 [M]. 天津：天津大学出版社，1999.

[7] 大崎顺彦. 振动理论 [M]. 谢礼立，译. 北京：地震出版社，1990.

[8] 王彬. 振动分析及应用 [M]. 北京：海潮出版社，1992.

[9] 刘习军，贾启芬. 工程振动理论与测试技术 [M]. 北京：高等教育出版社，2004.

[10] Liu xijun, Wang dajun, Chen yushu. Self-excited vibration of the shell-liquid coupled system induced by dry friction [J]. Acta Mechanica Sinica, 1995, 11 (4): 373-382.

[11] Liu xijun, Wang dajun, Chen yushu. Approximate analytical Solution of the self-excited vibration of piecewise-smooth systems induced by dry friction [J]. Acta Mechanica Sinica, 1998, 14 (1): 78-84.

[12] 陈予恕. 非线性振动 [M]. 北京：高等教育出版社，2002.

[13] 刘习军，高媛媛，张素侠，等. 矩形弹性壳液耦合系统的非线性振动分析 [J]. 机械强度，2011，33 (5)：660-665.

[14] 刘习军，张素侠. 关于振动力学教学中的趣味性与科学性 [J]. 力学与实践，2012，34 (5)：63-66.

[15] 刘习军，等. 一个可做多种动力学实验的模型 [J]. 力学与实践，1999，21 (5)：70-72.

[16] Liu xijun, Wang dajun, Chen yushu. Self-Excited vibration of the shell-liquid coupled system induced by dry friction [J]. Acta Mechanica Sinica, 1995, 11 (4): 373-382.

[17] Liu xijun, Wang dajun, Chen yushu. Approximate analytical Solution of the self-excited vibration of piecewise-smooth systems induced by dry friction [J]. Acta Mechanica Sinica, 1998, 14 (1): 78-84.

[18] Singiresu S Rao. 机械振动 [M]. 李欣业，张明路，编译. 4 版. 北京：清华大学出版社，2009.

[19] 清华大学力学系. 机械振动：上 [M]. 北京：机械工业出版社，1980.